プロフェッショナル R

関数型プログラミング，オブジェクト指向，
他言語インターフェースによる拡張

著　John M. Chambers
訳　中村 道宏
監訳　株式会社ホクソエム

Extending R

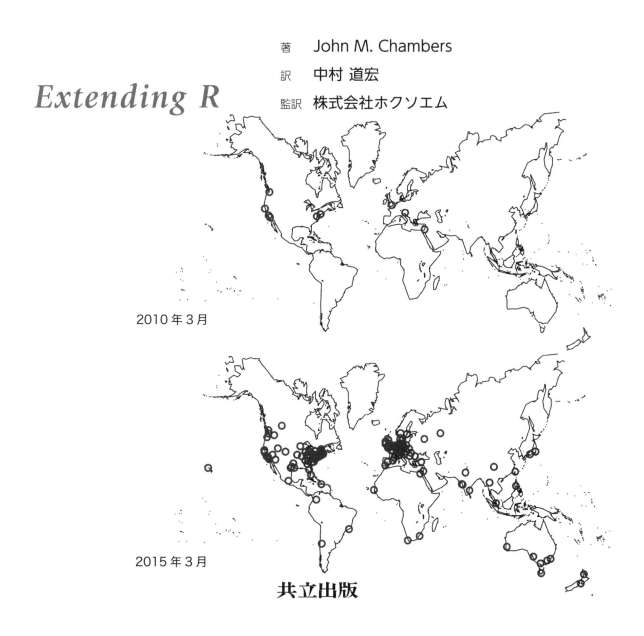

2010 年 3 月

2015 年 3 月

共立出版

Extending R, First Edition

by John M. Chambers

©2016 by Taylor & Francis Group, LLC
All Rights Reserved.
Authorised translation from the English language edition published by CRC Press, a member of Taylor & Francis Group LLC

Japanese language edition published by KYORITSU SHUPPAN CO., LTD.

*In memory
of my dear soulmate*

まえがき

　Rの役割は，単なるプログラミング言語やインタラクティブなデータ分析環境にはとどまらない．Rはそれらの両方を提供するが，私が思うに，Rの最も革新的な役割は，個人やグループが自分自身の貢献を加えて，Rを**拡張**してきたことにある．そのような拡張には数千個にも及ぶパッケージもあれば，その他の，データについての学習や結果の共有の助けになるものも含まれる．

　本書は，現在と将来の貢献者にアイディアやツールを提供し，その助けとなることを目指している．

　Rの拡張には，控えめなものも野心的なものもありうる．よくあるタスクをこなすために，ちょっとしたソフトウェアを追加するだけかもしれないし，Rを自分のワークフローに統合するだけかもしれない．自分の研究成果を他人が利用できるようにするだけで済むかもしれない．他方，まったく逆に，挑戦的な目標を持つ野心的なプロジェクトの一部としてRが用いられることもありうる．どんな規模であれ，あなたが作成するソフトウェアには何らかの価値がある．ソフトウェアを効果的に構成し，適切な技法を用いることで，プログラミングのプロセスと成果物が改善される．

　私が3つの基本原則と呼んでいる概念が，Rの拡張を設計し構成するためのガイドになる．それはオブジェクト，関数，そしてインターフェースである．Rのもとになったオリジナルのス言語にまで遡る設計の要は，ユーザはシステムを拡張するはずだということであった．これは統計学の研究コミュニティに由来しており，そこでは新しいアイディアというものが我々の主な関心事であった．オブジェクトベースで関数型の形式を持つRによって，新しい計算や新しい型のデータを自然に扱うことができる．他のソフトウェアへのインターフェースはRによるプログラミングには欠かせないものであり，これまでもつねにそうであった．Rの拡張におけるオブジェクト，関数，そしてインターフェースを理解することが本書を通じて反復されるテーマとなる．

　本書は4部に分けられる．上述のテーマはすべての部を貫くものであるが，各部は相当異なっている．第I部はアイディアと歴史に関するものである．第II部ではRプログラミングに関わる重要なトピックを議論する．第III部ではオブジェクト指向プログラミングをある程度深く扱う．第IV部は主に，Rから他のソフトウェアへのインターフェースについての新しいアプローチを紹介する．平坦な景色のような内容ではないのは確かだが，

鍵となるアイディアをそれなりの厚さの一巻本に収めるためには避けられないことであった．このまえがきと各部の導入ページでは，道案内や道標を提供するように努める．

後ろのほうから案内すると，後半の2つの部では本格的なプロジェクトにおいて特に重要な2つの技法を扱う．オブジェクト指向プログラミング (object-oriented programming, OOP) による R のデータ構造の拡張と，R から他のソフトウェアへのインターフェースの利用である．OOP（第III部）は複雑さに対処するための鍵となる技法である．新たなデータ構造の本質を**クラス** (class) と**メソッド** (method) で表現することで，ユーザが書く R の式[a]は単純で見慣れた形に保たれたまま，新しい構造のコンテキストにおいて解釈されることになる．

インターフェース（第IV部）は R の不可欠な構成要素である．OOP は重要で新しい計算機能をユーザにとって単純な形で組み込むことを可能にするが，インターフェースを用いたプログラミングもまた，ビッグデータや膨大な計算への要求に R を適応させるための重要なツールである．第IV部には，様々な言語に対して適用可能なインターフェースのための新しい構造が含まれている．そこでの目標は，アプリケーションパッケージの実装者に単純で首尾一貫したものの見方を提供すること，そして，R パッケージのユーザにとって他のソフトウェアへのインターフェースが本質的に透過的になるようにすることである．

第II部では，上述したような拡張や，さらに別の拡張を行う助けになるツールを紹介する．基本的な構成要素となるのは関数である．関数を**書く**のは R の初歩だが，R の機能を効果的に拡張する関数を**設計する**には，関数やオブジェクトがどのように動作しているのか理解する必要がある．これが第II部で強調されるトピックである．その次のステップとしては，拡張のスケールを上げて R のパッケージ開発に取り組む．パッケージは R で新しいソフトウェアをやりとりするための最も重要な手段である．

これらの部では，R プログラミングへの完全なガイドを与えようとしているわけではない．私は，読者が R を拡張したいと望んで本書を手に取っており，したがってある程度 R を使ったことがあり，何か役に立つ計算のアイディアを持っているものと想定している．R プログラミングの様々な側面についてのガイドとなるリソースは数多く存在しており，書籍もあれば多様なオンラインの記事もある．特にいくつかのトピックについては，私の前著 [11] を参照することで補完できるだろう（もちろん，これが他書より優れているなどと言うつもりはないが）．

第I部は，後ろの部で必要となる概念や背景を理解するためのものである．三原則や関連するアイディアを紹介し，その文脈に沿って現在の R に至るまでの発展の道筋を眺め，R がどのように動作しているのかの概略を見る．

---

[a] 訳注：本書では "expression" を「式」と訳す．R に関する文献では「表現式」とも訳されるが，本書では R 以外の言語も扱うため，より一般的な訳語を選んだ．

小さな例

　Rを拡張して役立てるにはいろいろなやり方がありうるが，最初は非常に控えめにスタートすることが多い．

　私自身の関心事であるバードウォッチングから例をとりたい．これはRの拡張，特に第Ⅱ部と第Ⅳ部で強調されるテーマの意義を示すものになっている．

　野鳥観察のあとには，経験を共有したり将来参照するために記録しておくのがよい．見かけた種や興味深い行動，特に美しかった鳥を書き留めておくのだ．だが2時間も歩いていれば，30か40，あるいはさらに多くの種を見ることになるかもしれない．それらをすべて覚えていられる人はほとんどいない．歩きながらノートをとるのは気が散るし，結局はあとで整理する必要がある．

　鳥に関するあらゆることについて私の先生であるJohn Debellが，もっとよいやり方を教えてくれた．当該地域で目撃されたことのあるすべての種を，スプレッドシートの行に用意しておくのだ．これは数百行になるが，認識記憶は想起記憶より強力なので，散策のあとでも，大抵は見つけた野鳥に印を付けることができる．

　しかしバードウォッチャーというのは変わり者の集まりなので，彼のスプレッドシートは私が欲しいものとは違っていた．また保存と共有のために，空行を削除して結果をきれいなレポートにするには，私の貧弱な経験ではどうにもならないスプレッドシートプログラミングが必要であった．

　当然，Rを使うというのが明らかな解決策だった．Rはスプレッドシート用プログラムではないし，きれいなレポートを出力するために特別に作られているというわけでもない．むしろ，Rの**拡張**の中に，私のタスクをより簡単で快適にするのに役立つ貢献が含まれているのだ．出発点は種名と目撃頻度の指標（何を見たのか曖昧なときに判断の助けになる）が書かれたExcelシートのフォームだった．私はその日の散策の内容をフォームの写しに記入した．

　`XLConnect`パッケージがExcelへのインターフェースを提供している．ワークブックやシートがRのオブジェクトとして表現され，そこからデータをRのデータフレームとして読み出すことができる．簡単なRのコードによって表が整形でき，そのあとはレポートからウェブでの表示まで，様々なプレゼンテーション用ソフトウェアへのインターフェースがある．Excelインターフェースの例として，スプレッドシートからRオブジェクトを構築する関数を12.7節に記載してある．こうしてほとんど苦労せずにタスクが達成できた．

　以上の例ではRの拡張が鍵であった．第一のポイントは，関数による計算と，拡張を可能にする`XLConnect`のようなパッケージによってソフトウェアを構成することだ（第Ⅱ部）．第二のポイントは，オブジェクト指向プログラミングである．`XLConnect`では，Excelワークブックのプロキシとなるオブジェクトを使っている（第Ⅲ部）．第三のポイントは，インターフェースそれ自体である（第Ⅳ部）．`XLConnect`はそれ自体がインターフェースとなっているだけでなく，既存のJavaインターフェースの上に構築されている．

　上の例は計画性を持って始めようとしたものではないが，Rプログラミングが予期せぬ

形で将来の拡張を助けることになるという利益を示してもいる．地元で使うために始めたものだったが，旅先や別の地域で野鳥観察をするならどうなるだろう？　種のリストを新しい地域用のチェックリストで置き換える必要がある．そのようなリストは存在しているが（たとえば，`https://avibase.bsc-eoc.org`），既存のフォームに挿入する必要がある．これは R と `XLConnect` による拡張があれば簡単にできる．

それに John Debell が過去の記録を大量に持っている．ひょっとすると，これは将来おもしろいデータ分析になるのではないだろうか？

表紙について

R コミュニティでは貢献者や関心のあるユーザが集まって R ユーザグループを形成し，セミナーや議論を行ったり，経験を共有したりしている．ユーザグループは R コミュニティの活気を支える要素のひとつであり，まさに本書の理念に沿うものであると思う．

表紙の地図[b] に示したのは，R の最初のリリースから 10 年後に知られていたユーザグループと，それからさらに 5 年後のユーザグループである．グループの数が約 10 倍に増加して世界中に広がっていることが，R コミュニティの成長を視覚的に示している．とりわけ，この期間には R を拡張する数千ものパッケージや他のツールの貢献があった．

R ユーザグループのデータは，Microsoft の Joseph Rickert が寛大にも提供してくれたものである．リストの詳細と最新版については以下を見てほしい[c]．

`http://msdsug.microsoft.com/find-user-group/`

また，`http://r-users-group.meetup.com/` では，`meetup.com` を使っている R 関係のグループが報告されている．2016 年 1 月時点で，200 を超えるグループと約 10 万人のメンバーがいる．

パッケージ

本書で引用したインターフェース，ツール，パッケージ例は `https://github.com/johnmchambers` から利用可能であり，すべての XR インターフェース，XRtools，それから Python，Julia，C++ へのインターフェースとして提示した例を含んでいる．いくつかのパッケージはリポジトリからも利用可能かもしれないが，GitHub の個々のパッケージのウェブページに最新の情報が書かれているだろう．

謝辞

長年にわたってアイディアや提案，意見を通じて私を助けてくれたすべての人々に対して十分に感謝することは，端的にいって不可能である．不幸にも私の記憶力はそれほどよ

---

[b] 訳注：本書扉ページの地図を参照．
[c] 訳注：本書（邦訳）出版時点ではこのウェブサイトはアクセス不可能となっている．

くないが，仮に私が細部をよく覚えていられたとしても感謝しきれないだろう．

はじめに，草稿に対して詳細なコメントをくれた Michael Lawrence, Dirk Eddelbuetel, Julie Josse と，出版社のレビュアの 2 人に特に感謝したい．

Balasubramanian Narasimhan には多くの有益な議論と，スタンフォードでの Statistics 290 コースのことで特別に感謝したい．コースでは長年にわたってアイディアを試し，考えを詳しく説明する機会が得られた．質問やコメントをくれたコースの学生とティーチングアシスタントにも感謝したい．

R もそれ以前の S も，つねにコミュニティのメンバーがそのコミュニティのために開発するという，平等な関係の下でのプロジェクトであった．本書を通じて強調されるように，コミュニティとの関わりがこのプロジェクトの最大の強みである．それゆえ，私が最も恩義を感じ，感謝したいのはコミュニティに対してである．直接的には，現在の R core の同僚たち，そして，R とその拡張を世界中で利用できるようにするプロセスを支えているコミュニティの多くの人々に．さらに過去を振り返れば，S のアイディアとソフトウェアに貢献してくれた人々に．S プロジェクトはそのはじめから，ベル研究所における刺激的な共同プロジェクトであり，データ分析と研究のためのアイディアと実装を探求するものであった．第 2 章ではその歴史を伝えようと試みている．S はオープンソースソフトウェアではなかったが，後に R コミュニティの隆盛へとつながるような，ユーザと貢献者のコミュニティの成長は S から始まった．

それから 7 冊の前著と同じく，編集者の John Kimmel と仕事をするのは喜びであった．30 年を超える楽しい旅路だったが，これからも続きますように．

目 次

まえがき v

第 I 部　R を理解する　　1

第 1 章　オブジェクト，関数，インターフェース　　3
1.1　三原則 3
1.2　すべてはオブジェクトである 5
1.3　すべては関数呼び出しである 7
1.4　インターフェースは R の構成要素である 10
1.5　関数型プログラミング 11
1.6　オブジェクト指向プログラミング 14

第 2 章　R の発展　　17
2.1　計算方法 18
 2.1.1　データ構造 20
 2.1.2　プログラムの構造 21
 2.1.3　アルゴリズムとライブラリ 23
2.2　最初のバージョンの S 25
2.3　関数型オブジェクトベースの S 31
2.4　R の登場と発展 34
2.5　オブジェクト指向プログラミングの発展 36
2.6　S と R における関数型 OOP 41
 2.6.1　例：関係データベース 43
2.7　S4 と R 44

第 3 章　R の動作　　47
3.1　オブジェクトと参照 47
3.2　関数呼び出し 51
3.3　インターフェース 55
3.4　R 評価器 56

第 II 部　R によるプログラミング　61

第 4 章　小規模／中規模／大規模プログラミング　63

第 5 章　関数　71

- 5.1　関数型プログラミングと R ・・・・・・・・・・・・ 72
- 5.2　代入と置換 ・・・・・・・・・・・・・・・・・・・ 75
  - 5.2.1　置換式 ・・・・・・・・・・・・・・・・・ 76
  - 5.2.2　置換関数とメソッド ・・・・・・・・・・・ 77
  - 5.2.3　局所的置換 ・・・・・・・・・・・・・・・ 79
- 5.3　言語に対する計算 ・・・・・・・・・・・・・・・・ 81
  - 5.3.1　言語オブジェクトの構造 ・・・・・・・・・ 82
  - 5.3.2　言語オブジェクトに対する反復処理 ・・・・ 84
- 5.4　インターフェースとプリミティブ ・・・・・・・・・ 87
- 5.5　関数の高速化 ・・・・・・・・・・・・・・・・・・ 90
  - 5.5.1　例：畳み込み ・・・・・・・・・・・・・・ 92

第 6 章　オブジェクト　99

- 6.1　オブジェクトの構造：型と属性 ・・・・・・・・・・ 99
  - 6.1.1　属性 ・・・・・・・・・・・・・・・・・・ 103
- 6.2　オブジェクト管理 ・・・・・・・・・・・・・・・・ 105
- 6.3　参照オブジェクト：環境 ・・・・・・・・・・・・・ 108

第 7 章　パッケージ　113

- 7.1　パッケージの理解 ・・・・・・・・・・・・・・・・ 113
  - 7.1.1　構造 ・・・・・・・・・・・・・・・・・・ 113
  - 7.1.2　処理過程 ・・・・・・・・・・・・・・・・ 115
  - 7.1.3　セットアップステップ ・・・・・・・・・・ 116
- 7.2　インストール ・・・・・・・・・・・・・・・・・・ 118
- 7.3　ロードとアタッチ ・・・・・・・・・・・・・・・・ 120
  - 7.3.1　インポート ・・・・・・・・・・・・・・・ 122
  - 7.3.2　ロードアクション ・・・・・・・・・・・・ 123
  - 7.3.3　ロードアクションとセットアップステップ ・ 124
  - 7.3.4　コンパイル済みサブルーチンのリンク ・・・ 125
  - 7.3.5　検索リスト ・・・・・・・・・・・・・・・ 126
- 7.4　共有 ・・・・・・・・・・・・・・・・・・・・・・ 127

第 8 章　大規模開発　133

第 III 部　オブジェクト指向プログラミング　135

第 9 章　R におけるクラスとメソッド　137
9.1　R における OOP　137
9.2　関数型 OOP とカプセル化 OOP　138
9.3　R におけるクラス作成　140
9.4　R におけるメソッド作成　144
9.4.1　関数型メソッド　144
9.4.2　カプセル化メソッド　146
9.5　例：モデルクラス　147

第 10 章　関数型オブジェクト指向プログラミング　151
10.1　R の拡張における関数型 OOP　151
10.2　クラス定義　153
10.2.1　スロット　155
10.2.2　継承　158
10.3　メソッドと総称関数の定義　160
10.3.1　総称関数　163
10.4　R パッケージにおけるクラスとメソッド　167
10.4.1　クラスとメソッドのロード　168
10.4.2　メソッドを書く権利　169
10.5　関数型クラスの詳細　170
10.5.1　クラス継承："data.frame" の例　170
10.5.2　仮想クラス：クラスユニオン　176
10.5.3　R の基本データ型　180
10.5.4　R データ型を拡張するクラス　181
10.5.5　参照型の拡張　183
10.5.6　オブジェクトの初期化　186
10.5.7　参照オブジェクトと関数型クラス　188
10.6　総称関数の詳細　191
10.6.1　R セッション内の総称関数　191
10.6.2　暗黙的総称関数　194
10.6.3　新しい明示的総称関数　195
10.6.4　総称関数のシグネチャ　198
10.7　関数型メソッドの詳細　199
10.7.1　メソッド選択の例　200
10.7.2　メソッド選択の手続き　205
10.7.3　特殊なメソッド選択：as()　210

           10.7.4 次のメソッドまたは総称関数の呼び出し ・・・・・・・・211
    10.8 S3 メソッドとクラス ・・・・・・・・・・・・・・・・・・・214
           10.8.1 S4 内での S3 クラスの使用 ・・・・・・・・・・・・・216
           10.8.2 形式的クラスに対する S3 メソッド ・・・・・・・・・217
           10.8.3 S3 のメソッド選択 ・・・・・・・・・・・・・・・・218

第 11 章　カプセル化オブジェクト指向プログラミング　　221
    11.1 カプセル化 OOP の構造 ・・・・・・・・・・・・・・・・・221
    11.2 カプセル化 OOP の使用 ・・・・・・・・・・・・・・・・・223
    11.3 参照クラスの定義 ・・・・・・・・・・・・・・・・・・・・225
           11.3.1 参照クラスにおける継承 ・・・・・・・・・・・・・227
           11.3.2 クラス設計の例 ・・・・・・・・・・・・・・・・・229
    11.4 参照クラスにおけるフィールド ・・・・・・・・・・・・・・231
           11.4.1 フィールドの定義 ・・・・・・・・・・・・・・・・232
           11.4.2 フィールドの参照 ・・・・・・・・・・・・・・・・233
           11.4.3 フィールドの代入と修正 ・・・・・・・・・・・・・234
           11.4.4 参照フィールドと非参照フィールド ・・・・・・・・235
    11.5 参照クラスにおけるメソッド ・・・・・・・・・・・・・・・236
           11.5.1 メソッドの書き方 ・・・・・・・・・・・・・・・・238
           11.5.2 参照クラスのメソッドのデバッグ ・・・・・・・・・239
           11.5.3 参照クラスの `$initialize()` メソッド ・・・・・・・240
           11.5.4 外部メソッドとクラス継承 ・・・・・・・・・・・・242
    11.6 参照クラスに対する関数型メソッド ・・・・・・・・・・・・244
           11.6.1 カプセル化メソッドを特殊化する関数型メソッド ・・244
           11.6.2 参照クラスのオブジェクトに対する関数型 OOP ・・・245

第 IV 部　インターフェース　　251

第 12 章　インターフェースを理解する　　253
    12.1 導入 ・・・・・・・・・・・・・・・・・・・・・・・・・・253
    12.2 利用可能なインターフェース ・・・・・・・・・・・・・・・253
    12.3 サブルーチンと評価器 ・・・・・・・・・・・・・・・・・・255
    12.4 サーバ言語のソフトウェア ・・・・・・・・・・・・・・・・257
    12.5 サーバ言語の計算 ・・・・・・・・・・・・・・・・・・・・259
    12.6 サーバ言語のオブジェクト参照 ・・・・・・・・・・・・・・260
    12.7 データの変換 ・・・・・・・・・・・・・・・・・・・・・・261
    12.8 性能のためのインターフェース ・・・・・・・・・・・・・・265

第13章　インターフェースのためのXR構造　　269

- 13.1　導入　　269
  - 13.1.1　目標　　269
  - 13.1.2　プログラミングのレベル　　270
- 13.2　XRインターフェース構造　　271
- 13.3　評価器オブジェクトとメソッド　　274
  - 13.3.1　評価器テーブル　　277
- 13.4　アプリケーションプログラミング　　278
  - 13.4.1　サーバ言語でのプログラミング　　279
  - 13.4.2　アプリケーションパッケージの構成　　280
- 13.5　サーバ言語への特殊化　　282
- 13.6　プロキシオブジェクト　　287
  - 13.6.1　プロキシオブジェクトの保存：シリアライズ　　289
- 13.7　プロキシ関数とプロキシクラス　　290
  - 13.7.1　プロキシ関数　　291
  - 13.7.2　プロキシクラス　　292
  - 13.7.3　サーバ言語からのメタデータ　　293
  - 13.7.4　ロードアクションとセットアップステップ　　294
- 13.8　データ変換　　297
  - 13.8.1　基本的なオブジェクト変換　　298
  - 13.8.2　任意のRオブジェクトの表現　　300
  - 13.8.3　任意のサーバ言語オブジェクト　　302
  - 13.8.4　Rオブジェクトの送信　　303
  - 13.8.5　JSONにおける基本データ型　　306
  - 13.8.6　オブジェクト送信用メソッド　　307
  - 13.8.7　サーバオブジェクトの取得　　310
  - 13.8.8　"vector_R"クラス　　311
  - 13.8.9　例外用オブジェクト　　312

第14章　Pythonへのインターフェース　　315

- 14.1　RとPython　　315
- 14.2　Pythonによる計算　　316
- 14.3　Pythonプログラミング　　319
- 14.4　Pythonの関数　　323
- 14.5　Pythonのクラス　　327
- 14.6　データ変換　　331

第15章　Juliaへのインターフェース　　335

- 15.1　RとJulia ………… 335
- 15.2　Juliaによる計算 ………… 337
- 15.3　Juliaプログラミング ………… 339
- 15.4　Juliaの関数 ………… 342
- 15.5　Juliaの型 ………… 344
- 15.6　データ変換 ………… 346
  - 15.6.1　RとJuliaにおけるベクトルと配列 ………… 346
  - 15.6.2　Juliaオブジェクトの変換 ………… 349
  - 15.6.3　一般のRクラスの表現例 ………… 351

第16章　C++によるサブルーチンインターフェース　　355

- 16.1　R，サブルーチン，そしてC++ ………… 355
- 16.2　C++インターフェースプログラミング ………… 355
  - 16.2.1　例 ………… 356
- 16.3　C++の関数 ………… 358
  - 16.3.1　例：RのためのC++ ………… 360
  - 16.3.2　例：C++ライブラリに対するインターフェース ………… 362
- 16.4　C++のクラス ………… 364
- 16.5　データ変換 ………… 368

参考文献　　371

訳者あとがき　　374

索　引　　376

第 I 部

R を理解する

　本書は R の拡張についての書籍である．
　既存のソフトウェアにうまく適合し，それを最大限活用するように R を拡張するには，何が拡張されるのかを理解しておく必要がある．R には独特な点があるが，そこには R の目標と，現在の形のソフトウェアになるまでの発展過程が反映されている．R の本質は，第 1 章で三原則として述べられる基本的特性を認識することによって，よりよく理解される．
　R の内容と特徴には，このソフトウェアの発展過程もまた反映されている（第 2 章）．そこには R のモデルとなった S 言語や，最初の R の誕生，そして最後に，現在のバージョンを支えている基盤が含まれる．同時期に発展した，コンピューティングにおける 2 つの一般的なテーマ，すなわち，関数型プログラミングとオブジェクト指向プログラミングが R の発展に影響を与えており，今後の拡張にとっても重要である．
　最初の 2 章を背景知識として，第 3 章では，R が使われているときに実際には何が起きているのかを見る．

第1章
オブジェクト，関数，インターフェース

　本書の目的はRの拡張を奨励し，その手助けとなることである．そのような拡張の各々が，作成者にとっても，広くコミュニティにとっても，価値のあるものである．

　ある意味で，Rを使って真剣な仕事をするほとんどすべての人にはRを拡張する可能性がある．Rは容易に拡張できるように設計されており，最も単純な場合には，1つかそれ以上の新しい関数を定義することで拡張がなされる．どんな入門書もオンラインガイドもこの手続きを紹介しており，そこに付け加えることはほとんどない．

　関数さえ定義すれば事足りる場合もあるかもしれない．特にRの拡張をこれから始めようというときにはそうである．だが本書では「拡張する」ということをより広い意味で捉える．根本的には，あなたの貢献が，あなたにとっても他者にとってもより大きなスコープと潜在的価値を持ち始める段階にまで進んでいくことになるだろう．

　私の主張は，より野心的な拡張を行うためには，Rの基礎となる設計を理解しておくのが有益だということである．その設計の大半は，この後に紹介する三原則に集約される．Rとその前身であるS言語は，データを計算するための最良のソフトウェアを素早く効果的な形でユーザに届けるために作成された，という事実が三原則には反映されている．

　Rを理解することが，Rの本質的特徴にうまく適合する拡張を作成することにつながる．Rの拡張という創造的なプロセスがより容易でやりがいのあるものになり，成果物はより大きな価値を持つものになるだろう．

1.1　三原則

　本書を通じて，Rを理解するための3つの基本原則が，Rを拡張するためのガイドとなる．三原則は，Rに至るまでのバージョンのS，さらにはそれ以前から，このソフトウェアの中核をなすものである．

　ここで，三原則を最も単純な形で示そう．本書を通じて三原則を参照するためのアイコンも付けておく．

OBJECT 原則	：Rの中に存在するものはすべてオブジェクトである
FUNCTION 原則	：Rの中で起こることはすべて関数呼び出し (function call) である
INTERFACE 原則	：他のソフトウェアへのインターフェースはRの構成要素である

Rの拡張のどんな側面について議論するとしても，各原則の詳細とその含意がくり返し現れるテーマとなるだろう．

Rには，あらゆるオブジェクトを表現するための同質な内部構造がある．**評価** (evaluation) プロセスはその構造を受け取り，本質的には関数呼び出し／引数オブジェクト／戻り値オブジェクトから構成される単純な方法で処理する．

Rとそれに先立つSには，これらのソフトウェアは計算ツールの基盤の上に構築されるものだという考えが，つねに明示的に含まれていた．Rは OBJECT 原則 や FUNCTION 原則 との整合性を保っているが，他言語で書かれたソフトウェアのオブジェクトと通信したり，オブジェクトを交換したりする関数の機能に依存している．この機能によって，新しいシステムを有用にするために必要な大量の計算手法のツールキットが最初から提供された． INTERFACE 原則 は，Rを本格的に拡張するための中核的な**方針** (strategy) であり続けているのだ．

三原則のうち最初の2つは，これらの原則に対応する2つの一般的な計算パラダイムと関係している．**オブジェクト指向プログラミング（OOP）**と**関数型プログラミング** (functional programming) である．プログラミングパラダイムの中でこれらが最も生産的で人気がある部類に属するということは，長い時間をかけて証明されてきた．多くのアプリケーション領域やプログラミング言語，プログラミングシステムが，いずれかのパラダイム（特にOOP）に基づいているか，その影響を受けている．

オブジェクト指向プログラミングは複雑なものを管理するのに特に有用である．OOPによってデータと計算を構造化することで，明瞭性と可読性を保ちながらソフトウェアを発展させ，専門的な要件に応えていくことが可能になる．

関数型プログラミングの技法は，ソフトウェアの品質と信頼性を高めるのを支援する．ソフトウェアの意図も明白になる．理想的には計算の妥当性が示されることによってソフトウェアが意図通りに動くことが保証される．理論的観点やアプリケーションの重要性という観点からソフトウェアの品質が問題にある場合には，そのような保証に価値がある．また，複数の関数呼び出しが並列に評価可能であることが保証されるといったご利益もある．

ここでの我々の関心の中心である統計計算は，両方のパラダイムと自然に関係する．だが我々は我々自身の道を辿った．現在のRは，関数型プログラミングを複数のバージョンのOOPと組み合わせているという点において際立っており，もしかすると他に類がないものかもしれない．1.5節と1.6節では，我々が本書で探求する関数型プログラミングとオブジェクト指向プログラミングの概要を紹介する．

どちらのプログラミングパラダイムの考え方も非常に重要なのだが，Rは他言語とは異

なるアプローチを採用している．私の経験上，そうなった経緯と理由を理解しておくことは混乱を避けるのに役立つ．とりわけ，読者自身が主にR以外の言語のプログラミングをしてきた場合にはそうである．

私はRのアプローチを**関数型オブジェクトベース計算** (functional object-based computing) と呼ぶ．関数型計算と**オブジェクトベース計算** (object-based computing) は，関数型プログラミングとオブジェクト指向プログラミングの自然な基盤であるが，それらより緩やかなものである．Rで実装されているように，これらは形式的なプログラミングパラダイムの規則を押し付けるものではない．

Rのアプローチにはその発展過程を反映している部分もある．第2章では，Rのアプローチを正当化する，あるいは少なくとも説明することを目的として，この発展過程について論じる．

以上の原則と発展を背景として，第3章ではRが実際にはどう機能しているのか，その要点を示す．第II部から第IV部では一般論を述べた後，オブジェクト指向プログラミングとインターフェースを通じて，Rの拡張に関する詳細へと進んでいく．

1.2 すべてはオブジェクトである

Rと初めて関わるときには，特定のデータと目下の関心事についての結果に注目するのが自然である．分析あるいは処理の対象となるデータは，たとえばスプレッドシートに入ったものに限られているかもしれない．

```
> w <- read.csv("./myWeather.csv")
> class(w)
[1] "data.frame"
> str(w[, "TemperatureF"])
```

同様に，初めてのプログラミングタスクは次のような限られた特定の結果を生成することかもしれない．「温度の中央値はいくつだったか？」これをRでやるのは簡単だ．

次の段階に進むと，同じ質問をいくつかのバリエーションで何度もくり返していることに気付くことが多い．もしかすると，計算結果は今や何かのレポートで使われていたり，ウェブページに掲載されていたりするかもしれない．これは我々が**小規模プログラミング** (programming in the small) と呼ぶ段階である．Rはこれにも適している．鍵となるステップは関数を定義することであり，この段階に至るのは早い（64ページ）．

こうした限られた範囲の活動では，使用されているオブジェクトに関する一般的な見方について，まだ無関心でいられるかもしれない．しかし，プロジェクトがソフトウェアの拡張や新しいアイディアに関してより本格的になってくると，オブジェクトについての一般的な理解が効果的な選択を行う助けになるだろう．

ありふれたデータ形式——ベクトル，行列，データフレーム等——はRオブジェクトのインスタンスでもある．オブジェクトはRのプロセスによって動的に作成され，操作さ

れ，管理される．すべてのオブジェクトは基本的なレベルにおいては等価である．すべてのオブジェクトがある固有の**プロパティ** (property) を持っており，ユーザはそれを問い合わせたり（通常は）設定したりできるが，管理するのは R 自身である．この同質性は，すべてのオブジェクトが C 言語のレベルでは単一の**型** (type) の構造体のインスタンスである，という意味で，標準的な R の実装に組み込まれている．

しかし OBJECT 原則 が意味しているのは，存在するものは本当に**すべて**がオブジェクトであるということだ．プログラミングで使用したり作成したりする関数はオブジェクトである．

```
> class(read.csv)
[1] "function"
```

関数を呼んだりオブジェクトを操作するのに用いる式もまたオブジェクトである．R パッケージの内容を定義しているものも，少なくともパッケージが R プロセスにロードされているときには，オブジェクトである．R にできることを拡張したいときには，関数とパッケージの両方のレベルにおいて OBJECT 原則 が重要である．

関数オブジェクトや言語オブジェクトを用いて，プログラミング／ソフトウェア開発／テストのためのパッケージが R のために，R によって開発されてきた．

```
> ### 関数内にある大域的オブジェクトへの参照をすべて見つける
> codetools::findGlobals(read.csv)
[1] "read.table"
```

このようなパッケージの多くが R に同梱されているか (`codetools`)，リポジトリで見つけることができる（たとえば CRAN の `devtools`）．

他のツールにはパッケージそれ自体をオブジェクトとして扱うものがある．ひとたびパッケージが R プロセスにロードされると，それに対応する**名前空間** (namespace) は，そのパッケージ内のオブジェクトをすべて包含するオブジェクト（環境 `"environment"`）となる．

```
> ns <- asNamespace("codetools")
> str(ns)
<environment: namespace:codetools>
> str(ns$findGlobals)
function (fun, merge = TRUE)
```

パッケージ開発支援ツールは，パッケージがどんなソフトウェアを含んだり依存したりしているかを分析するために，名前空間やそれに似たオブジェクトを用いる．第 7 章で多くの例を見ることになるだろう．

オブジェクトはそれが持つプロパティ（クラス，次元，要素の名前等）に基づいて区別される．あらゆる区別は**動的**である．すなわち，R プロセス内でオブジェクトそれ自体から動的にプロパティの問合せが行われるのだ．

R以外の言語には，一見オブジェクトのように見えるが実は一般のオブジェクトとは異なる**基本データ型** (basic data type) を持つものがある．だがRはそのような言語とは違って，すべてがオブジェクトである．特にRでは，単一の数値や文字列と，1要素しか持たない数値ベクトルや文字ベクトルは区別されない．単一の数値を入力するとRプロセスは長さ1のベクトルを作成するが，このベクトルと数千要素もあるベクトルとの区別は動的なものにすぎない．

```
> 2
[1] 2
> sqrt(2)
[1] 1.414214
```

スカラー型が存在しないことは OBJECT原則 と INTERFACE原則 に関係している．オリジナルのSの設計では，配列 (array) をFortranとやりとりできるようにオブジェクトの表現方式が設計されており，スカラー型はそのようなオブジェクトには含まれていなかった．第2章で述べるように，基本的で低水準な計算機構をS言語に含めるつもりはなかったので，スカラー型がなくても我々は気にしなかった．

OBJECT原則 は次のように言い換えることもできるだろう．

Rはオブジェクトベースのシステムである．

第5章ではオブジェクトベースの計算についてより詳しく議論する．この用語は意図的にオブジェクト**指向**プログラミングとは異なるものにしている．OOPはクラスやメソッドを扱うためにより多くの構造を持つからである．だがOOPのパラダイムもRを拡張する上で重要である．1.6節でOOPとの関連を紹介し，第10章と第11章ではRにおけるOOPの2つの実装を提示する．

1.3 すべては関数呼び出しである

ユーザとRは，式のパースと評価を行う計算環境を通じてやりとりする．式を書くための言語は，量的計算向けの他の多くのインタラクティブな言語（PythonやJulia等）と似ており，より「プログラミング言語」らしい言語（JavaやC++）の手続き的な式にも似ている．これらの言語のすべてが構文の一部として関数呼び出しを持っており，また代入やループ，条件式 (conditional expression) の構文もある．

これらの言語が家族のように似ているのは偶然ではない．初期の成功した言語，特にC言語が，当時「科学技術計算」と呼ばれていたものの構文スタイルを確立したのである．上述の言語や他の言語はC言語風の構文を様々にカスタマイズしたが，基本的な形は維持した．他の構文スタイルも現れたものの，その多くは消えていった（少なくとも少数のユーザの間で存続したスタイルのひとつは，Lispに見られるような純粋に関数型の形式であり，これはRの関数呼び出しを理解するのに役立つ）．

Rの場合，C言語風の構文というのはやや誤解を招く恐れがある．Rには一見多様な式があるように見えるが，その大部分はパーサが入力を処理すれば消えてしまう．パーサは OBJECT原則 に忠実であり，入力テキストを，それに対するRの解釈を表すオブジェクトへと変換するだけである．

「Rの中では何が起きるのか？」と問うのは，Rの**評価器** (evaluator) が任意のオブジェクトを与えられたときに何をするのかと問うのと同じである．答えは3通りしかない．

(1) 定数．たとえば "1.77" をパースした結果．
(2) 名前．`sqrt` のような構文上の名前や，逆引用符で囲んだ任意の文字列をパースした結果．
(3) 関数呼び出し．

定数にも名前にもパースされないものはすべて，Rでは内部的に "language" 型を持つオブジェクトとして表現される．これが実質的には関数呼び出しであり，オブジェクトの第1要素が普通は関数の名前になっている．

`sqrt(pi)` という式は，予想はつくだろうが，`sqrt` という名前の関数呼び出しへとパースされる．だが演算子やループ，その他の構文構造もまた，関数呼び出しによって評価されるのだ．`pi/2` は `` `/` `` の呼び出しであり，`{ sqrt(pi); pi/2 }` は `` `{` `` の呼び出しである．波括弧付きの式の全体を関数らしく表現することもできるだろう．

`` `{`(sqrt(pi), `/`(pi, 2)) ``

さらに実際の関数呼び出しオブジェクトを思い起こさせるのは，Lisp風の記法である．Lisp風に書くと，関数名とすべての引数をコンマで区切って丸括弧で囲むことになる．

(`` `{` ``, (sqrt, pi), (`` `/` ``, pi, 2))

この記法が示唆するように，関数呼び出しというのはリストに似たオブジェクトである．第1要素は関数名で，引数の式があとに続く．3.2節では，評価において呼び出しと関数のオブジェクトがどう使われているのかを見る．

この，我々が**関数型計算** (functional computing) と呼ぶ方式の計算が意味するところは，Rの任意の式の評価は「パイプライン」と見なせるということである．そこでは関数呼び出しが返す値が外側の関数呼び出しの引数となっている．

OBJECT原則 と FUNCTION原則 をひとつにまとめてRを特徴付けることができる．

Rは関数型でオブジェクトベースの言語である．

以下の例で示すように，これらの原則はRの具体的な計算を理解する助けになる．

`signature` が我々の書いている関数のオプション引数だとしよう．この引数には文字ベクトルが渡されるものとする．デフォルト値は `NULL` とする．そして，`signature` に与えられた文字ベクトルの要素を結合して `tag` というひとつの文字列を構築する（ちなみにメ

ソッドはこのようにしてテーブルに保持されている）．引数に何も渡されないか，または NULL である場合には，tag を構築せずに他の計算を行う．以上の方針を R で簡潔に実装すると次のようになる．

```
tag <- if(is.character(signature))
         paste(signature, collapse = "#")
```

この式にはちょっと繊細なところがあるのだが，2つの原則がそれを理解する助けになる．もし signature が文字ベクトルではない場合には，何が起こるだろうか？

まず，この式は代入式である[a]．OBJECT 原則 によれば，この式が実行されると tag はオブジェクトになる．次に FUNCTION 原則 によって，代入式の右辺は `if` 関数への呼び出しとして評価される（条件式の慣習的な記法のせいで `if` が関数であることは少し隠されているが）．完全な形の if() ... else ... 式は `if` 関数に3つの引数を与えて呼び出す．式に else 節がなければ3つめの引数が省略される．こうして，条件が FALSE なときの結果は，3つめの引数なしで関数を呼び出したときの値だということになる．

?if のドキュメントを調べると，この場合の式の値は NULL になることがわかる．したがって上で示した式は，完璧に明快というわけではないが，tag を定義する妥当で簡潔な方法ではあるということだ．`if` を呼ぶ側の関数は，正しく分岐処理を行うために is.null(tag) かどうかテストすべきである．

言語によっては条件式が関数呼び出しのようには動作しないことがあり，上で用いたような構文は不正かもしれない．そのような言語に合わせるなら条件式は次のような形にする必要があるだろう．

```
if(is.character(signature))
  tag <- paste(signature, collapse = "#")
```

この場合，else 節を付けるか，ここより前の計算で代入をするかしない限り，tag は未定義のままになるだろう．

関数型計算は緩い意味で関数型**プログラミング**と言われることもある．しかしこの用語はより厳密な定義のためにとっておくべきだ．関数型プログラミングにおける計算結果というのは戻り値がすべてであり，副作用 (side effect) はなく，他のデータに依存することなく引数のみによって完全に値が定まるものである．R や他のいくつかの言語は関数型スタイルの計算をサポートしているが，この厳密な方式を強制するわけではない．ただし，R は関数呼び出しと局所的代入の実装によって関数型プログラミングを奨励している．関数型プログラミングは R で優れたソフトウェアを開発するための重要な概念である．1.5 節では一般的な関数型プログラミングのパラダイムを R における計算と関連付ける．

---

[a] 訳注：本書では "assign(ment)" を「代入（する）」または「割り当て（る）」と訳す．R に関する文献では「付値（する）」と訳されることも多いが，本書では R 以外の言語も扱うので，より一般的な訳語を選択した．

1.4 インターフェースは R の構成要素である

第 IV 部の全体が R を拡張するためのインターフェースに費やされる．インターフェースには多くの形式があり，わくわくするような新しい技法を取り入れるための決定的な手段となりうるものである．

だが，通常の R セッション内のあらゆる処理で，実はインターフェースを使っているのだ．R の評価器にとっては，起こることすべてが関数呼び出しである．特に，どんなコード片も機械語にコンパイルされることはなく，機械語のレベルで直接解釈されることもない．こうした基本的な計算は確かに実行されてはいるのだが，機械語レベルへの内部的インターフェースを提供する関数の中で計算されているのである．5.4 節では，R が備えている多数の内部的インターフェースについて紹介する．R を拡張するのに役立つのは，R プロセスに動的にリンクされた**コンパイル済みサブルーチン** (compiled subroutine) を呼び出すインターフェースだけである．base パッケージは C ルーチンへのより低水準なインターフェースを使っていることがあるが，これは一般的な関数呼び出しの評価過程を回避するものである．このことは分析をいくらか複雑にするが，本質的なポイントは同じである．それ自体が R でプログラムされていない基本的計算はすべて，サブルーチンインターフェースを通じてなされるということだ．

第 2 章では S の最初のバージョンにまで遡り，R の歴史におけるインターフェースの本質的な役割を見ることになるだろう．

R を拡張するという文脈において，R からのインターフェースを使う最も大きな理由は，何か新しいことをするためということである．我々の目標にとって重要な計算をするには，他言語での既存の実装を使うか，計算を他言語でプログラミングするというのが最も魅力的な選択肢だ．第 IV 部では，様々な言語とのインターフェースに対する取り組みを紹介する．サブルーチンへのインターフェースだけでなく，Python や Julia といった言語の評価器へのインターフェースや，データの管理と構成のための言語へのインターフェースも含む．

R の外部で計算を行うもうひとつの動機として効率性がある．これは正当な理由である場合もあれば，そうでない場合もある．

計算の効率性が制約になると思っているのであれば，機械語レベルの計算がないというのは心配かもしれない．すべては関数呼び出しであり，R は

```
pi/2
```

という式を `/` 関数を呼び出して評価する．

```
> `/`
function (e1, e2)  .Primitive("/")
```

これはプリミティブインターフェースのひとつである．基本的には，評価器は関数定義を探索し，それが特別な種類のオブジェクトだとわかったら，そのオブジェクトを用いて

既知の**サブルーチン** (subroutine) の一群を直ちに呼び出す．この計算は組み込みプリミティブのテーブルで見つかる関数に依存しており，標準的な R の関数呼び出しより相当単純で高速である．だが，この仕組みは本質的に拡張不可能なものである．

より効率的であるとはいえ，これも R の関数呼び出しではある．畳み込み演算を行う関数の拙い R 実装から例をとって 1 行見てみよう（5.5 節，93 ページ）．

```
z[[ij]] <- z[[ij]] + xi * y[[j]]
```

この式は 4 つの関数を呼び出す．`` `+` `` と `` `*` `` と，2 種類の `` `[[` `` 演算子だ．`` `[[` `` は `<-` の右辺でデータ抽出用のバージョンが 2 回，左辺で置換用のバージョンが 1 回呼び出されている．予想していたかもしれないが，これらはすべてプリミティブ関数 (primitive function) である．だがそうだとしても，明らかにループの中にある式を評価するたびに，数値を 1 つ計算するために R の関数が 5 回呼び出されている．機械レベルでのフェッチ，ストア，そして算術演算と比較すると，これは大量の計算である．だからこれを拙い実装だと言いたくなるわけだ．

しかしそれが何だというのだろう？ 簡単なプログラミングで得られるおもしろい成果が欲しいとき，私は R でほとんど下手くそといってよい計算をよくやっている．ほとんどつねに，それがいかに非効率な計算なのか考えもしないうちに計算は終わる．もう少し重要なこととして，同僚たちは統計手法に関するアイディアを数多く実装して私に見せてくれたものだが，それらはどうしようもなく非効率に見えても，各人が我慢できる程度の時間で答えを返していたのだ．

一方で，データやなすべき計算の規模が大きく，計算時間が重大な問題となるようなアプリケーションがますます重要になっている．他言語での実装による高速化が，必ずそうなるとはいえないが，大いに助けになることもあるだろう．高速化については 5.5 節でさらに述べる．

1.5　関数型プログラミング

関数型プログラミングの基本原則は以下のようにまとめられる．

1. 計算は関数呼び出しの評価によって構成される．したがってプログラミングは**関数**を定義することで構成される．
2. 言語における任意の妥当な関数定義について，その関数の呼び出しは妥当な引数の組に対して一意な値を返す．返される値は引数のみに依存する．
3. 関数呼び出しの効果は，ただ値を返すことだけである．後続の計算を変えることはない．

最初の点は R の FUNCTION 原則 を示唆している．すなわち，起こることはすべて関数呼び出しである．

第二の点が意味しているのは，プログラミング言語における関数は数学的な関数に似ており，許容される引数の集合から出力の値域への写像であるということだ．関数呼び出しが評価される際に，戻り値は評価器の**状態**に依存してはならない．このことは，計算が**ステートレス**（状態なし，stateless）であるという要件として表現されることもある．第三の点は，関数呼び出しは状態を変更してはならないということを言っている．つまり**副作用**はあってはならない．

関数型プログラミングのパラダイムは自然な形で統計モデル (statistical model) に当てはまる．線形回帰モデルを当てはめる簡単な関数は次のような形をしているかもしれない．

```
lsfit(X, y)
```

たとえば幾何学的な定式化では，線形回帰は関数の用語によって定義される．「y の X に対する最小二乗線形モデル (linear model) は，X の列によって張られる空間への y の射影である．」モデルはデータの**関数**である．もし明日モデルを当てはめても結果は同じになるべきであり，理想的には異なる計算環境においても同じ結果が得られるべきである．

回帰結果は事前に手を加えていた他の量に依存してはならないし，回帰計算が計算環境において他の何かを変更することもない．

理想的な関数型プログラミングの構成単位は自己充足的な関数定義である．定義からは，指定された任意の引数に対する関数の値を推論しうる．**定義**というのは，結果の計算方法を示す手続き的命令と対比してのことである．例として，Haskell 言語でスカラー整数に対する `factorial` 関数の定義を示そう．

```
factorial x = if x > 0 then x * factorial (x-1) else 1
```

定義自体には含まれていないが，`x` はスカラー整数だという要件もある．実際には，実引数が与えられたら定義を展開する何らかの手続きが必要である．この展開の手続きは R の評価器によく似ている．R の評価器は，引数のオブジェクトを含む環境において関数の**本体** (body) を評価することによって，関数呼び出しを処理する（詳細は 3.4 節で検討する）．

単純な例では，そのような評価は関数型のプログラムと本質的に同じものとなる．Haskell の `factorial` の定義は，構文の違いは置いておくとすれば，R の関数で書けるだろう．

```
factorial <- function(x) {
  if(x > 1)
    x * Recall(x-1)
  else
    1
}
```

R では `factorial()` の代わりに `Recall()` を使うことで，オブジェクトとして正しい関数

が再帰で呼び出されることが保証される．ここにも OBJECT 原則 が関わっている．

1970 年代に関数型プログラミングが導入されて以来数十年の間に，数多くの言語が明確にこのパラダイムに沿って構築されてきた．我々が S で行ったように，関数型プログラミングに厳密に従うわけではない言語にも関数型計算のパラダイムが取り入れられてきた．このアプローチの追求は続いており，たとえば JavaScript には「JavaScript 言語の奇妙な点や安全でない機能を克服する」ための関数型拡張がある（文献 [17] のための出版社の宣伝文句）．Julia は関数型計算のパラダイムに従っているが，副作用は禁止されていない．

本節冒頭の第一の要件からは，関数とは何であるか，そして，そうした定義の中にどうやって他の関数を含めることができるのかという疑問が生じる．すべての関数定義が本当に自己充足的であることを実用的な言語に要求するのは無理である．そうした要求は `factorial()` のような簡単な例では満たせるが，本格的なプログラミングというのは関数のライブラリ等に依存するものである．純粋な関数型言語は外部の関数定義を，関数呼び出しの代わりに関連するコードを含める処理の「短縮形」として扱う．これは本質的にはマクロ定義と呼ばれてきたものと同じである．現代の関数型言語は古いスタイルのマクロシステムよりも洗練されていることが多い．たとえば Haskell では，関数呼び出しとオブジェクト両方の**遅延評価** (lazy evaluation) という，強力な概念が用いられている．

純粋な関数型の性質を真に実現するのは容易ではない．より一般的な言語の中に埋め込んで実現しようとするときには特にそうである．一般的にいって，関数型でない側面を持つ言語に埋め込まれた関数型プログラミングは部分的なものに留まり，その言語の関数型らしい部分を使うかどうかはプログラマによる．

さらに，モデルの当てはめのような量的なアプリケーションにおける重要な結果は，完全な精度で計算することができない．少なくとも機械の精度という意味で**状態**が入り込んでくる．R では計算の構成要素のいくつかは前提とされるものである．たとえば数値線形代数の基本的な計算がそうであり，これらは R のインストール環境ごとに異なりうる．

それでもなお，重要な計算について考えるときには関数型の観点が有益でありうる．R プログラミングの中心は関数定義にあるということが FUNCTION 原則 によって保証されている．多くのユーザが言及するように，特にプロジェクトの初期においては，関心のある計算に対応する関数を容易に作成できるのが R の強みである．インタラクティブな R プログラミングでは，関数をいくつか書き，興味あるデータを引数にしてそれらの関数を呼び出すというのが普通である．結果が望んだものと違っていたり，新しい機能について考えたりする場合には，関数を書き直して処理を続ける．

そうした関数が関数型**プログラミング**の要件に従っているかというのは別の問題である．簡潔に答えるなら，R は関数型プログラミングをサポートしてはいるが，それが保証されているわけではないし，自動的にそうなるわけでもないということになる．だが，望ましい目標としてなら，また R の関数の設計を理解する方法としてなら，関数型プログラミングは有益である．5.1 節では，R の拡張に適用する際の関数型プログラミングの基準

を検討する．

1.6 オブジェクト指向プログラミング

　長い期間をかけて発展してきた方式のオブジェクト指向プログラミングは，ある一連の概念に基礎を置いている．それらを簡潔に述べると以下のようになる．

1. データは計算のための**オブジェクト**として構成されるべきであり，オブジェクトは計算の目的に沿うように構造化されるべきである．
2. このための鍵となるプログラミングツールが**クラス**定義である．クラス定義は，そのクラスに属するオブジェクトが共通の**プロパティ**によって定義される構造を共有していることを示す．プロパティそれ自体も特定のクラスに属するオブジェクトである．
3. クラスはより単純なスーパークラスを継承（包含）することができる．当該クラスのオブジェクトは同時にスーパークラスのオブジェクトでもある．
4. オブジェクトを用いて計算を行うために**メソッド**を定義することができる．メソッドはオブジェクトが特定のクラスに属するときにだけ使用される．

多くのプログラミング言語がこれらのアイディアを反映しており，はじめからそうだった場合もあれば，既存の言語に追加された場合もある．場合によっては，これらの概念が完全には形式化されていないこともある．

　第Ⅲ部ではRに追加されてきたオブジェクト指向プログラミングの実装を提示する．R自身はどのようにOOPと関連しているのだろうか？　特に OBJECT 原則 と FUNCTION 原則 の観点から見るとどうなっているのだろうか？

　上述のリストの第1項目は明らかに OBJECT 原則 である．オブジェクトは自己記述的なものである．すなわち，オブジェクトそれ自体がその構造と内容を解釈するのに必要な情報を含んでいる．Rには様々な型のオブジェクトが組み込まれており，構造に関する情報（特にRでは**属性**）を保持するためのメカニズムが存在する．

　この第1項目で述べられたオブジェクトベースのアプローチは，ユーザに統計計算を使いやすくするための重要なステップではあるが，上述のリストの他の項目を含意するものではない．第2章では，現在のRに至るまでの過程で加えられた変更点を見る．これらの変更により，オブジェクト指向プログラミングの残りの側面が，基本的言語とは別に選択可能な拡張として段階的に導入されてきた．

　RのOOPについて論じる際には欠かせない区別がある．上述のリストの最後の項目で，メソッドはクラスに依存した計算を実装するためのメカニズムだと述べたが，メソッドとは何なのか，またそれはどのように使われるのかについて，具体的には何も述べていない．実際のところ，2つの非常に異なるアプローチが存在している．Rではその両方が利用可能である．第Ⅲ部で詳細を述べるが，2つのアプローチはそれぞれ**カプセル化**オブジェクト指向プログラミング (encapsulated OOP) と**関数型**オブジェクト指向プログラミ

ングと呼ばれる．この区別は，FUNCTION原則が当てはまるような関数型計算の枠組みに，オブジェクト指向プログラミングが統合されているか否かに関わるものである．

伝統的には，OOPのパラダイムを採用するほとんどの言語はオブジェクトとクラスを主要な契機として始まったものであるか (SIMULAやJava)，既存の言語に非関数型概念としてのOOPパラダイムを追加したものであった (C++やPython)．この方式ではメソッドはクラスと関連付けられており，本質的にはオブジェクトの呼び出し可能なプロパティのことであった．そうした言語は，特定のオブジェクトのメソッドを呼び出す，あるいは**起動する**ための構文（大抵は中置演算子の「.」を使うもの）を持っている．クラス定義は当該クラスのソフトウェアの全機能を**カプセル化**する．メソッドはクラス定義の一部分である．

RのFUNCTION原則の下では，関数型計算の拡張としてのメソッドの自然な役割が，「メソッド（方法）」という言葉の直観的な意味と対応している．すなわち，関数呼び出しの値を計算する方法という意味である．個々の関数呼び出しにおいて，実引数のオブジェクトをそのオブジェクトに最もよく適合するメソッドにマッチさせることによって，計算方法（メソッド）が選択される．具体的には，引数として何のクラスが想定されているのかを示す**シグネチャ** (signature) を用いてメソッドが定義される．この場合にはメソッドはクラスではなく関数に属している．こうした関数は**総称的**である．つまり，関数が引数のクラスに応じて異なるが適切な動作をするように期待するということである．

Rで標準的**総称関数** (generic function) と呼ばれている最も単純でありふれたケースにおいて，総称関数は仮引数を定義するが，総称関数の他の構成要素は，対応するメソッドのテーブルと，引数のクラスにマッチするメソッドをそのテーブルから選び出す命令だけである．総称関数の呼び出しは，選択されたメソッドのへの呼び出しとして評価される．

我々はこの方式のオブジェクト指向プログラミングを**関数型OOP**(functional OOP)と呼ぶことにし，メソッドがクラス定義の一部であるような方式は**カプセル化OOP**と呼ぶことにする．

オブジェクト指向プログラミングという用語で最も想起されやすいのはカプセル化OOPの方式である．Rではカプセル化OOPが利用可能であり，オブジェクトが変化しながらも持続する（OOPの用語でいうと**変更可能な**）ときには自然な選択肢となる．そのようなオブジェクトは，ある種のモデルや，ウェブやグラフィックスに基づいたツールなどを扱う多くの状況で現れるものである．

代替となるパラダイムである関数型オブジェクト指向プログラミングは，Rと他の少数の言語で使われている．現在そして将来のプロジェクトにおいて，R以外の実装で最も重要なのはJulia (www.julialang.org) である．Rと同様に，JuliaではJuliaの型に従って関数がメソッドへと特殊化される．Juliaへのインターフェースは第15章で議論する．Dylan[32]にもある種の関数型OOPがある．この言語は計算機科学の研究の対象となってきたものである．DylanはRやJuliaよりも厳格で形式的な観点をとっている．

2.5節と2.6節では，Rの発展におけるカプセル化OOPと関数型OOPについて議論す

る．第III部はRを拡張するためのオブジェクト指向プログラミングに関するものである．

第 2 章

R の発展

　本章では，統計ソフトウェア，特にデータ分析と統計学の研究を支援するソフトウェアの歴史が辿った道を考察する．この道程は，現在の R 言語とその拡張へと至るまでの発展の過程に沿ったものである．

　直接的な発展の道のりは，「データ分析とグラフィックスのためのインタラクティブな環境」と銘打たれた最初のバージョンの S とともに始まった [3]．S は，ベル研究所の統計学研究コミュニティのコンピューティングに関心を持つ統計学者たちによって作成された．ベル研究所の統計学研究は，方法論の研究と，決まりきった形ではない挑戦的なデータ分析の研究との組み合わせであった．S はそうした活動におけるコンピューティングの必要性から設計された．

　S はいくつかのバージョンを経て発展し，開発元の企業内で，また企業外でもライセンス契約を通じて，次第に使われるようになった．とりわけ大学の統計学部が S のユーザ，そしてそれを拡張するソフトウェアの貢献者となった．S の最初の企画から 20 年ほど経った後，R が「データ分析とグラフィックスのための言語」として登場した．それから，コンピューティングに関心を持つ統計学者たちの国際的なグループが，この新しい言語の設計に S の機能を取り入れたフリーでオープンソースのシステムへと R を発展させ，2000 年には R のバージョン 1.0.0 がリリースされた．

　それ以来 R は成長し，発展し，拡張されてきた．本章の各所で，最初の S から現在の R への発展の道筋を考察する．この発展の道筋を理解するには，外部からの影響や，発展のために不可欠だったソフトウェアについても理解する必要がある．2.1 節では，オリジナルの S がインターフェースを提供することになった極めて重要なソフトウェアを紹介し，このソフトウェアの発展について見ていくことにしよう．2.2 節から 2.4 節では S と R の発展を追う．2.5 節では寄り道してオブジェクト指向プログラミングについて考察する．オブジェクト指向プログラミング (OOP) は S と R のその後の発展に大きな影響を与えたものであり，第 III 部のトピックである．2.5 節と 2.6 節では S と R のその後の発展を概観する．

2.1 計算方法

1980年代に最初のSが流通するまでの20年間に，統計計算の分野において充分な量の仕事がなされていた．統計学会はコンピューティングに関する部会やワーキンググループを設立した．統計計算に関する専門家の会議は定例のイベントとなった．

統計計算に関する数多くのソフトウェアプロジェクトが遂行され，そのうちのいくつかは広く使われる統計システムを生み出した．有名なのはBMDPとSASである．だがそれらの主要なシステムのいずれも，SとRに至る道筋を歩む祖先ではなかった．

最もよく使われた「システム」や「パッケージ」はコマンド言語によって高水準の統計計算を実現することを目指しており，分析やデータ処理に対応するキーワードで構成されているのが普通だった．以下はBMDPのマニュアル[14]からとった線形回帰のコマンドである（ただし単純化して数行省いてある）．

```
/ PROBLEM   TITLE IS 'WERNER BLOOD CHEMISTRY DATA'.
/ INPUT     VARIABLES ARE 5.
            FORMAT IS '(A4, 4F4.1)'.
/ VARIABLE  NAMES ARE ID, AGE, WEIGHT, URICACID, CHOLSTRL.

/ REGRESS   DEPENDENT IS CHOLSTRL.
            INDEPENDENT ARE AGE, WEIGHT, URICACID.
/ END
```

これは適切な入力データとともに実行すべきバッチジョブを与えるものだった．この例の線形回帰の結果は，入力された問題と実行された計算を要約して出力として表示するものだった．

こういったシステムはデータの処理と分析をサービスとして提供するのが普通であった．特殊なキーワードからなる語句のセットを用いるというのは，プログラミング言語を設計せずに済ませる試みだと見なせるだろう．

このアプローチは統計学の研究や挑戦的なデータ分析にとっては不適切であった．Rの発展にとってより関連が深いのは，「科学技術計算」の技法を実装するための一連のプログラミング言語によって書かれたソフトウェアである．我々の話にとっては，コンピュータの発展の3つの側面がとりわけ重要である．(1) データの構成，(2) プログラミングの構造，(3) 結果として得られるソフトウェアライブラリ（もし読者がこれは第1章の三原則と関係があるのではないかと思ったとすれば，それはまったく正しい）．これらの3つの側面のすべてが，デジタルコンピュータの最初の数十年の間に劇的に発展した．

今日ではほとんどあらゆるものにコンピュータとデジタルデバイスが埋め込まれているため，コンピュータのもとになっている基本的アイディアのインパクトを理解するには多少の努力が必要である．「プログラム内蔵式コンピュータ」という用語が最も重要なイノベーションを表している．コード化された操作命令（**プログラム**）と，その命令が作用するデータが両方とも記憶装置に内蔵されるということだ．マシンはある箇所から命令を

図 2.1　IBM 650 計算機，1950 年代中頃

ロードし実行を開始して，それから（通常は）次の命令へと進んでいく．

　それ以前のデバイスに比べると，計算できることの範囲が革命的に広がったのである．たとえば，私は IBM のシーケンスコントロール計算機 (IBM Sequence-Controlled Calculator) を，外部の配線盤に命令をコーディングすることで「プログラム」していた．データの入出力にはパンチカードを使っていた．表形式のデータの列は，入力となる一連のカード上のフィールドで表現されていた．配線によるプログラムでは，限られた種類の数値演算のうちのひとつを実行するよう計算機に命令することができた．したがって，表のひとつかふたつの列に対して線形演算を行うことは可能だったが，それがこの装置の概念的な限界でもあった．

　これとは対照的に，内蔵式プログラムの柔軟性と，汎用的な方法でデータと命令を読んで変更しうる機能によって，我々がいまだに探求し尽くしていない可能性が開かれたのである．1970 年代初期までの間に，データの構成やプログラムの構造，そして計算を実行するための数値的技法やその他の技法に関して，鍵となるアイディアが導入された．これらのアイディアは我々が今日使っているソフトウェア，とりわけ R において見ることができる．

　IBM 650（図 2.1）はおそらく広く販売され使用された最初のデジタルコンピュータであった（私が 1960 年頃に初めてプログラミングしたコンピュータでもあった）．

　これはトランジスタが導入される前の最後の世代のコンピュータだった．その頃はこれらのコンピュータはシーケンスコントロール計算機のような電気機械的なマシン（それ以前の数十年間に IBM を成功に導いた「ビジネスマシン」）の後継者だと見なされていた．

この時代のコンピュータは非常にお金がかかり場所をとるもので，排出される熱もかなりのものだった（夏にコンピュータを使う仕事をすると，研究所内で唯一エアコンが効いている部屋で働けるという恩恵があった）．

2.1.1 データ構造

1950年代にプログラム可能なデジタルコンピュータが科学計算に初めて広く適用された頃は，コンピュータ内のデータには，バイトやワードのような物理メディア内の固定された単位のオフセットによってアドレスが付けられていた．

IBM 650のデータストレージは，数千ワード分の記憶領域を持つ回転磁気ドラムを使っていた（図2.1の紳士が指差しているのがこれで，キャビネの下部3分の1を占めている）．ワードは読み書きヘッドが特定の位置にあるときにだけ読み書き可能だったので，効率的な計算のためには明らかにデータの物理的位置が重要であった！

IBM 650を支援するソフトウェアとして，IBMのSOAPというシンボリックアセンブラのプログラムがあった[21]．SOAPではユーザのプログラム内でストレージの個々のワードやブロックを宣言することができた．アセンブラは計算が効率的になるように命令とデータをドラム上に配置するよう試みるが（SOAPのOはOptimizing（最適化）のOである），やはり表現されるべきデータではなくハードウェアとしてのストレージに重点が置かれていた．いずれにせよ，物理的制約のせいで目の前にある計算以上のことを考える余裕はほとんどなかった．

この段階においてもデータのある程度の抽象化は可能であり，それによって数量を取り扱うアプリケーションにとって重要な計算を表現するための道が開かれた．SOAPでは記号（1文字だけだが）をドラム上の領域と関連付けることができた．

```
REG x 1000 1099
REG y 1100 1199
```

これによって，xとyという名前の100ワードからなるブロック2つが確保される．IBM 650の命令は，これら2つの領域間の対応するワードに対して反復計算を行うのに適していた．たとえば各領域にある値を数値的に組み合わせることなどである（ちょうどシーケンスコントロール計算機に似ているが，パンチカードは不要だった）．

ここにはベクトル化された計算の基礎概念がすでに現れている．すなわち，同じ計算を2つの類似した構造のベクトルに対して実行するという点である．内蔵式プログラムという概念には，それ以前のデバイスが配線で実現していた単純な演算を超えて，必要なだけ入り組んだ計算ができる力があった．自然な応用としては，たとえば数値線形代数の基本的な演算があった．

ハードウェアの計算能力が何桁もの規模で拡大するのに伴って，計算を実装するのに用いられるソフトウェアもまた発展した．1960年までにはFortranのような**高水準**言語によって，データの機械的な見方を超える重要な一歩が踏み出された．とはいえ，そのよう

な見方は依然として目立たないものであった．プログラマはFortranのおかげで，メモリ内の位置やブロックをユーザプログラム内では記号によって参照するという抽象化ができるようになった．そうした記号はプログラムのコンパイルと実行によって物理的なものに変換される．記号によって参照される内容は，整数や実数（浮動小数点数），文字や論理値といったデータの中身を記述する最初の**データ型**へと発展した．

```
real x(100), y(100)
```

この段階においても，単一の要素や指定したサイズの隣接するブロックといった観点でプログラミングを行う必要はあったものの，こうした要素やブロックへの参照 (reference) は今や格納されたデータの型を含むものとなり，物理的なアドレスは抽象化され考えなくて済むようになった．

特に科学技術計算においては，データが格納される実際のメモリ領域ではなく，隣接する数値の列（Fortranの配列）について考えるようになったのが大きな変化だった．配列の要素を整数変数のインデックスで指定するのは，ベクトルの要素を添字で指定する数学的な記法と自然に対応付けられた．その自然な拡張として，値の配列を列優先の2次元配列として慣習的に解釈することも可能だった．ここでもインデックスの組は行列要素の添字と対応していた．高次元配列も同様であった．

今や少なくとも数値のベクトルや配列においては，物理的なストレージという概念からデータという概念への進展がなされた．これは統計的な応用にとって転換点となった．観測されたデータをp個の変数のn個の値の集まりであると考えると，そうしたベクトルや配列といった構造と近似的に対応付けることができた．

2.1.2　プログラムの構造

データの扱い方が物理メモリと直接関連付けられたものから，単純だが強力に抽象化されたものへと発展していくにつれて，コンピュータをプログラムするための命令の扱いも同様に，マシンの命令セットを明示的にコーディングするものから，ある程度抽象化されたものへと発展していった．とはいうものの，まだハードウェアの性能を反映したものではあった．この発展に加えて，プログラムが全体として重要な構造を持つようになった．これはソフトウェアを共有し，他者の仕事を拡張できるようになるために不可欠のステップであった．

データについてもそうだったが，プログラミングについての見方も最初はマシンのハードウェアに基づくものであった．初期のプログラムには何の内部構造もなかった．プログラムはメモリのどこかにロードされる内容，すなわち「命令」によって定義されるものだった．IBM 650のSOAPアセンブラのSはSymbolic（記号的）という意味だったが，それは命令コードの数値とプログラム内の位置，それからスカラーデータあるいはデータ領域の場所に名前を付けられるということに過ぎなかった．コンピュータは通常は1つの命令を実行したら次の命令に進む．命令によってはコンピュータを異なる命令へと無条件

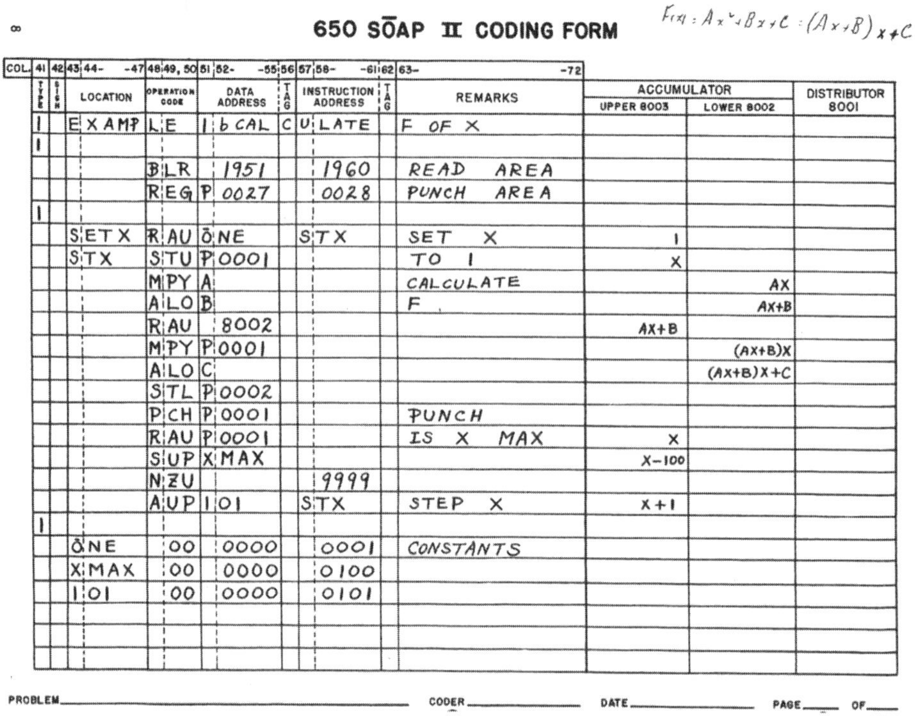
650 SŌAP II CODING FORM

F(x) = Ax² + Bx + C = (Ax + B)x + C

TYPE	SIGN	LOCATION	OPERATION CODE	DATA ADDRESS	TAG	INSTRUCTION ADDRESS	TAG	REMARKS	ACCUMULATOR UPPER 8003	ACCUMULATOR LOWER 8002	DISTRIBUTOR 8001
1		EXAMP	LE	1 b CAL	C	U LATE		F OF X			
1											
			BLR	1951		1960		READ AREA			
			REG	P 0027		0028		PUNCH AREA			
1											
		SETX	RAU	ŌNE		STX		SET X	1		
		STX	STU	P0001				TO 1	X		
			MPY	A				CALCULATE		AX	
			ALO	B				F		AX+B	
			RAU	8002					AX+B		
			MPY	P0001						(AX+B)X	
			ALO	C						(AX+B)X+C	
			STL	P0002							
			PCH	P0001				PUNCH			
			RAU	P0001				IS X MAX	X		
			SUP	XMAX					X−100		
			NZU			9999					
			AUP	I01		STX		STEP X	X+1		
1											
		ŌNE	00	0000		0001		CONSTANTS			
		XMAX	00	0000		0100					
		I01	00	0000		0101					

PROBLEM ____ CODER ____ DATE ____ PAGE ____ OF ____

図 **2.2**　入力データの2次関数を計算するSOAPのプログラムリスト [21]

に分岐させたり，何らかのハードウェア条件をテストして（大抵はレジスタを事前に指定された長さだけ数えることで）条件分岐させたりもできた．当然ながら詳細はマシンごとに異なるものであった．

プログラムはそれ自体で完結している必要があった．プログラムは起動したら普通は実行に必要な入力データを読み込み，結果（たとえばパンチカードの束）の生成を含むすべての計算を実行し，それから停止するか，あるいはループに入って人間が介入するのを待つ．図2.2は，データをパンチカードから読み込んで2次関数の計算を行い，またパンチカードに出力するSOAPプログラムのリストである．プログラム自体はこの手書きのリストからキーパンチして作るものであった．

この段階でコンピュータには複雑な計算を行いうる可能性が芽生えたものの，意義あるソフトウェアを作成することはおろか，科学コミュニティでソフトウェアを共有することはいまだ知的な障壁が高すぎて無理であった．そこでこれに応えて第一世代の高水準言語が登場したのである．

これらの言語で書かれた命令は，人間にとって意味をより理解しやすくなるように意図されていたので，書くのがより簡単であり，おそらくは読みやすくもなっていた．命令は特定のマシンで解釈されるものではあったが，命令自体はハードウェアの詳細から比較的独立したものとなるよう意図されていた．最も広く使われた言語においてプログラムを解

釈するのに使われた方式は，プログラムを機械命令か適切なアセンブリ言語に翻訳（コンパイル）するというものであった．

プログラマが理解できるように意図された言語であっても，その言語とは，実行する必要のあるプログラムのほとんどを生成するのに十分な程度には具体的で完全なものである必要があった．また，少なくとも実際に計算が実行できる程度には効率的な形のプログラムを生成する必要もあった．こうして今日でも続いており，本書のトピックのひとつでもあるトレードオフが生じた．すなわち，アイディアをソフトウェアとして表現する能力と，挑戦的な計算タスクを実行する必要性との間のトレードオフである．

プログラムの構造に関する限り，高水準言語で導入された最も重要な概念は**プロシージャ**（手続き）であった．プロシージャとは，識別子と通常は引数のリストを用いた「呼び出し」によって進入できるという性質を持つ，その言語のコード片である．プロシージャは何か計算を行い，それが完了したら**返る**．そしてプロシージャ呼び出しの後続の箇所から実行が再開される．大抵のプロシージャは，有用なことをするためには何らかの結果をやりとりする必要がある．結果のやりとりは，単純な結果をマシンのレジスタや既知の場所に置いたり，引数を用いて呼び出しで指定したデータを変更したりすることでなされる．高水準言語とプロシージャというイノベーションは互いに独立になされうるものではあったが（アセンブリ言語でも原理的にはプロシージャを持ちうる），実際には1960年代初期に様々な形で同時に生じたのである．

当時導入された言語のうち，Rユーザにとってもっとも馴染みがありそうなのはFortranである．Fortranは最初のバージョンのSの基盤となった言語であり，多くの統計や数値計算のためのツールのライブラリで使われていた．当時は他にも多くの言語が提案されたが，そのうちの2つにはここで言及しておく価値がある．Algol系の言語は，その名が示すとおりアルゴリズム的な計算をコーディングするためのものであった．多くの重要なプロシージャが最初はAlgolで書かれて公表された．また，Algolの機能は後の言語の設計に影響を与えた．

APL言語はAlgolに比べると忘れられているが，1962年にある書籍[24]において導入された．APLの独特な設計のおかげで，行列や多次元配列の操作の実装は簡潔なものとなった．APLからSへの影響は，言語それ自体というよりは，インタラクティブに使えてユーザにリアルタイムで洞察を与える言語というコンセプトによるものであった（とはいえ，配列に対するアプローチはいくらか継承しているが）．たとえば，新しい関数によって拡張したり，式の値を自動的に表示したりといったことである．

2.1.3 アルゴリズムとライブラリ

以上で概要を述べたデータ構造とプロシージャの発展は，今日では大したことだとは思えないかもしれない．だが科学技術計算における大きな革命は，Fortranのような言語やハードウェアの改善によって支えられていたのである．様々な数値計算技法のプログラムが書かれ，ソフトウェアライブラリに組み込まれた．それらのソフトウェアは，統計学や

他の分野において鍵となる計算について，それ以前よりはるかに効率的で信頼性の高い手法を実装していた．それらを直接引き継いだソフトウェアが現在でも使われており，たとえばRにおいても数多くの計算をサポートしている．

1960年代から70年代にかけて，多くの著者が計算過程の明示的な記述方法を考案した．それらの中には科学的応用にとって重要な，数値的，記号的，あるいはその他の技法が含まれていた．計算の記述は「疑似コード」，つまり直接実行できるわけではないが概ね形式的に定義された言語で書かれることもあった．しかし，次第に出版物にも非公式な記事にも実際のプログラミング言語で書かれたコード，すなわち「アルゴリズム」が含まれるようになった．「アルゴリズム」とは，問題解決のために人間に出す一連の指示を表す用語を借りてきたものである．複数の雑誌でアルゴリズムが公表され，その中には数値解析や統計学の雑誌もあった．アルゴリズムがFortranやAlgolのような言語で実装される場合には，統計学や他の応用にとって有用となりうる**サブルーチン**が提供されることになった．

そのようなサブルーチンのコレクションは**ライブラリ**となり，程度の差こそあれ異なるコンピュータシステム間で移植可能なものとなった．そうしたサブルーチンのコレクションをつくる動機としては，関連する計算を首尾一貫した観点から扱い，アルゴリズムを構造化することでより使いやすくするということがあった．たとえば行列演算や乱数生成などである．

我々はベル研究所において，統計計算のためのそのようなライブラリを持っていた．そのライブラリは最初にSを開発する以前には，そして実際には開発のあとにも，データ分析と研究のための主要なリソースであった．そのライブラリの構成はS，そしてRの構造に大きな影響を与えた．

1977年の拙著『データ分析のための計算手法（原題：*Computational Methods for Data Analysis*)』[8] も実質的に同じ方針で構成されている．章の見出しではアルゴリズムの構造に関連する観点を提示し，その時代の多くの作者によって開発された計算手法の主な進歩を強調している．

- **データの管理と操作**：効率的なソートや部分的ソート，表の検索のためのアルゴリズムが開発された．我々は後にSのオブジェクト管理を助けることになるストレージ管理ユーティリティも提供した．科学的ソフトウェアをデータベース管理システムと接続する有効な手段が当時はなかったことが注目される．
- **数値計算**：数値ベクトルに様々な変換を施す手法が開発された．スプライン等の近似手法，高速フーリエ変換等の時系列のスペクトル解析法，数値積分法．
- **線形モデル**：この時代の主な進歩は，行列分解に基づく数値的技法によってもたらされた．それ以前には手計算による古い技法（**正規方程式**の求解）が使われていた．Rの基本的な線形モデルの関数は，今でもこの時代のQR分解や他の分解手法を修正したバージョンを使っている．
- **非線形モデル**：非線形最適化にも大きな進歩があった．非線形最小二乗法の専門的な技

- **乱数**：デジタルコンピュータによって，シミュレーションやモンテカルロ法が初めて本格的に利用可能になった．それと同時に基本的な乱数生成の品質が大きく改善された．これを近似手法と組み合わせることで，一様分布に特有の技法が汎用的なものへと拡張され，様々な分布の分位点やシミュレートされた標本を生成することが可能になった．
- **グラフィックス**：散布図のようなインタラクティブではない作図が開発された．我々はFortranサブルーチンのコレクションを改造してシステム化したが[2]，これはSのグラフィックスとRの基本グラフィックスのインターフェースとなった．この時代の終盤にはインタラクティブなグラフィックスが登場したが，まだ汎用システムには組み込まれていなかった．

実用可能な計算手法の大部分をひとつの組織内で作るというのは大事業であった．ソフトウェアの交換を容易にするインターネットのようなものもなかった．拙著の付録はソフトウェアの出典と入手方法の一覧表だったが，その項目の大部分は「プログラムリスト」としてしか存在していなかった．しかし，アルゴリズムの多くは公開された文書に記載されており，大抵は他者が自由に利用可能であることが明示されていた．このことは重要な先例となった．

こうした困難はあれど，ベル研究所にいた我々のように1970年代初期によいプロシージャのライブラリを利用できた統計学者は，データ分析と研究のための大きく改良されたツールセットを手に入れたのであった．

これらのツールを新しいアイディアを試すためにより効果的に使うにはどうすればよいか，ということが次の関心事になった．

2.2　最初のバージョンのS

ベル研究所での統計学研究は，第一世代のコンピュータの頃からコンピューティングと関わりがあった．ベル研究所でのインタラクティブな統計システムに関する初期の会合に私は参加していたが，これは1965年初頭のことであった（会合後の未公刊のメモで，John Tukeyはこれを「統計学とコンピューティングの平和な衝突」と呼んだ）．そのシステムは実現には至らなかった[1]．次の10年間の努力は計算手法に注がれた．

前節で概略を述べたとおり，1970年代中頃までには，我々は自社製の豊富なサブルーチンライブラリ (subroutine library) を備えるようになっていた．AT&Tのデータへの統計学の適度に野心的な応用や，ロバスト推定のように大量の計算を必要とする手法の研究は，これらのソフトウェアに支えられた．データサイズや計算速度は現在のラップトップ

---

[1] このシステムが対象としていたMulticsオペレーティングシステムのプロジェクトからベル研究所が手を引いたというのが主な理由であるが，この決定はベル研究所で代わりのOS，すなわちUNIXが構築されるという別の成果をもたらした．

コンピュータより何桁も下であったが，これらのソフトウェアが組織に果たした貢献は非常に重要なものであった．

　Sの目標はこれらのソフトウェアをすべて置き換えてしまうことではなく，これらのソフトウェアを基盤にして，統計学者が直接やりとりできて計算とデータ構造をより自然に表現できる言語と環境を構築することであった．それと同時に，我々は研究組織なので，どんな言語や環境をつくるにせよ，新しい研究や応用に対応できるような拡張可能なものにする必要があった．

　例として古典的な最小二乗法による線形回帰を考えよう．ベル研究所の筆者らのFortranライブラリには，線形最小二乗モデルを当てはめるサブルーチンがあった．そしてそのサブルーチンは必要な数値線形代数の計算を実行する公開ソフトウェアに依存していた．

　サブルーチンを呼び出すのに，プログラマは以下のように書く．

```
call lsfit(x, n, p, y, coef, resid)
```

この計算には4つの配列が出てくる．モデルはベクトル y を行列 X の行ベクトルの線形結合に当てはめて，当てはめられたモデルの係数ベクトルと残差ベクトルによる記述を返す．言語の型宣言によって X, y, coef, resid は数値（浮動小数点数）であること，また X は2次元配列であることがわかる．lsfit プロシージャは以下のような形だろう．

```
subroutine lsfit(x, n, p, y, coef, resid)
real x(n, p), y(n), coef(p), resid(n)
integer n, p
```

すべての配列が正しい次元と型で確保されていることを保証し，その情報を正しく `lsfit()` サブルーチンに伝える責任は，このサブルーチンを呼び出すプログラムのほうにある．

　前述のとおり，データベース管理ソフトウェアは科学計算ライブラリに通常は含まれていなかった．アプリケーションのプログラミングではデータを読み込んで整理する必要があるが，普通は専用の外部メディア，大抵は磁気テープが使われていた．

　計算が終わったら何をするか？　分析によって洞察を得るには，単に出力された2つの配列をよく見るだけでは不十分だ．出力を整理する必要があるし，それを要約したり探索したりするためにさらにプログラミングをする必要がある．とりわけデータ分析のためにはグラフによる図示が重要だと我々は確信するようになった．出力の要約や図示を行うたびにさらにプログラミングが必要になる．

　つまるところ，lsfit のアルゴリズムは非常に良いものであり，現在 R で使われている数値計算法より少しだけ劣るバージョンであったに過ぎないが，我々にとっての問題はアイディアをそのアルゴリズムを含むコードへと翻訳するプロセスにあったのである．

　`lsfit()` サブルーチンを呼び出す Fortran のメインプログラムではかなりの量のコードを書く必要があったし，新しいアイディアを思い付くたびにプログラムを変更して再実

2.2 最初のバージョンの S

行する必要があった．当時の用語で言えば，各々の分析が「ジョブ」であった．必要な Fortran プログラミングや他の特殊な命令（たとえば外部メディアをマウントするためのジョブ管理）のために要求されるスキルはデータ分析とは異なっていた（普通は統計学の主席研究者とは別のチームメンバーによって提供されるものであった）し，相当な時間がかかるものであり，当然ながら誤りが生じやすかった．

言い換えると，何かの計算で洞察を得てから，その洞察に導かれて新しいことを試すまでの間には，多くの人的労力と時間が必要であった．大きなプロジェクトでは人的労力と時間のコストは高くついた．

我々の中で S へとつながる計画に関わった人々は，ソフトウェアがより多くのことをやってくれて，計算がより直接的に表現できるような代替案を探していた．それがあればマシンに追加で計算してもらうコストはかかるが，人間の能率は上がるだろう．

S は最初の書籍 [3] の題名が『S システム：UNIX 上のデータ解析とグラフィックスのための対話型環境（原題：*S: An Interactive Environment for Data Analysis and Graphics*）』が示すとおり，**データ分析とグラフィックスのためのインタラクティブな環境**として設計された．データはワークスペースに記憶され，プログラムした式に応じて結果がすぐに表示された[2]．

1980 年代初頭に配布が始まった最初のバージョンの S では，最小二乗法による回帰は次のように表現された．

    fit <- reg(X, y)

引数 X と y は今や自己記述的なオブジェクトになっている．行列の次元を表す `dim(X)` のように，プログラマではなくオブジェクトが情報を提供してくれるようになったのだ．モデルの当てはめは関数型の計算となった．欲しいモデルを定義する引数が与えられれば，`reg()` 関数は関連するすべての情報を含んだ自己記述的オブジェクトを返す．オブジェクトの要素にはモデルの係数や残差，計算に関わる他の情報が含まれる．モデルを当てはめたあとには，残差を調べるための正規 Q-Q プロットが描ける．

    qqnorm(fit$resid)

何もかもが R とよく似ているように見えるが，関数はどうやって定義されたのだろう？ S はどうやって拡張されるのだろうか？

我々は FUNCTION 原則 と OBJECT 原則 に近づきつつある．データと当てはめたモデルはオブジェクトである．だが関数それ自体は正確にはまだオブジェクトではない．

新しい関数はオブジェクトとして作成されるものではなく，別の「インターフェース言語」でプログラムされるものであった．このインターフェース言語は S に少し似ている

---

[2] このコンピューティングの形態を開拓したのは Iverson の APL システム [24] であり，このシステム自体も利用されていたかもしれない．ただし S と違って既存の Fortran ライブラリへのインターフェースは必ずしも必要ではなく，当時の APL のパラダイムには含まれていなかった．

が,実際にはパースされて拡張版のFortranへと変換される.インターフェース言語の reg()関数は次のようなものであっただろう.

```
FUNCTION reg (
    x/MATRIX/
    y/REAL/
    )
if(NROW(x) != LENGTH(y))
    FATAL(xとyの観測値の数は一致しなければなりません)
STRUCTURE (
    coef/REAL, NCOL(x)/
    resid/LIKE(y)/
    )
call lsfit(x, NROW(x), NCOL(x), y, coef, resid)
RETURN(coef, resid)
END
```

関数とその引数の名前,それと引数の型が指定されている.ちょっとしたエラーチェックをして出力配列のデータを確保した後に,Fortranプログラムのようにして最小二乗法のアルゴリズムが呼び出される.

　この設計は最初のバージョンのSにおける INTERFACE原則 を示している.我々にはインターフェース言語で低水準のコードを書いてFortranを置き換えようというつもりはなかった.そうではなくて,引数と,インターフェースによるサブルーチン呼び出しの結果を格納する構造を用意するのが,インターフェース言語の用途であった.インターフェース言語を解説した書籍[4]の題名が『Sシステムの拡張(原題:*Extending the S System*)』なのは,そうやって新しい計算手法を取り入れるのがSを拡張するための主要な仕組みだと我々が考えていたことを示している.

　関数の引数(xとy)と新しく作成されるオブジェクト(coefとresid)の両方において,宣言を与えられるのは限られた範囲のSのデータオブジェクトであった.

　これらは本物のSオブジェクトだったが,拡張版のFortranに組み込まれて解釈された.Sオブジェクトの名前が通常のFortranコンテキスト(lsfit()呼び出しのx)に現れると,インターフェース言語はそのオブジェクトのFortranレベルのデータ(この場合は数値配列)でそれを置き換えた.Sオブジェクトの情報(たとえば行列の行数)には組み込みの関数によってアクセスしていた.

　こうしたコードにはFortranのスカラーと配列の宣言や,標準的な反復処理や制御構造を含めることもできた.実際のところ,プログラマはFortranで利用可能なすべてのリソースに加えて様々な拡張を使うことができた.インターフェース言語のソースコードはコンパイルされてライブラリにリンクされ,それがSのセッションにアタッチされた.

　Sのユーザのためのプログラミングの仕組みとしては,インターフェース言語が障害物となっていた.特にFortranプログラミングに慣れていない人にとって最初の学習の壁が高かった.

RのもとになったバージョンのS（2.6節）はインターフェース言語を本物のSの関数で置き換えた．しかしインターフェース言語には重要な利点もあり，それは効率性が問題となるような挑戦的な計算に取り組む際には現在でも考慮に値するものである．

1. インターフェース言語は結局のところFortranなので，本格的な数値計算法のための多くの既存のソフトウェアが直接利用でき，計算効率の高いコードを生成できた．
2. だが同時に，カスタマイズされた言語のおかげでプログラミングをよりSでのプログラミングに似せることができた（原始的なツールを減らせばこの方向性をもっと追求することもできただろう）．
3. Sではない言語によるプログラミングは（たとえば引数の型宣言によって）効率性と明瞭性をもたらすのに役立った．これは呼び出すべき特定のサブルーチンを作ることとは独立した利点だろう．

こうした特性の重要性は今日でも変わっておらず，実を言えばRから低水準の言語へのインターフェースに対する現在のアプローチの中で復活してきている．最も一般的なインターフェース言語の類似物はC++サブルーチンへのRcppインターフェースである（第16章）．RcppにはRに類似したプログラミングの構文が数多く含まれており，「シュガー」と呼ばれている．効率性が問題になる場合のインターフェースへの他のアプローチは12.8節で議論する．

最初のバージョンのSにおけるオブジェクトにはもとがFortranだという事実が反映されていた．Fortranの配列（同じ型のデータ要素が隣接したメモリ上のブロック）が自己記述的で，言語がユーザの代わりに管理してくれるものになったときに，それはSのベクトルとなったのであり，今日でもRのほとんどのオブジェクトの基礎になっている．

これらSのベクトルを実装するため，我々はFortranライブラリにすでに存在していたソフトウェアを再利用した．ベル研究所のアプリケーションのための，いろいろな型の動的に確保される配列を用いたデータ操作を支援する一連のFortranルーチンがあった．その中には自身の各要素が別の配列を指すような配列があり，これがすなわちベクトルのベクトルというSの**リスト**概念になった．

リスト処理言語，特にLispはFortranとは非常に異なる考え方に起源を持ち，基本的な操作はリストをグラフ的な構造として扱うことである．こうした言語はまた，再帰を基本的なプログラミングツールとして備えていることが多い．元々のFortranでは再帰が使えなかった．

回帰モデルのような特殊なリストオブジェクトをサポートするには，名前付き要素（コンポーネント）を持つベクトルを扱えるようにするという主要なステップがさらに必要だった．回帰の場合には係数と残差の2つのベクトルが自然なコンポーネントだ．後にOOPとともに導入される用語では，これらは回帰オブジェクトの**プロパティ**である．しかし最初のバージョンのSでは，そのようなオブジェクトと，特定のデータに固有の名前が付いたリスト（たとえば都市や部署といった階層的な変数を用いて構成されたリスト）

の間に特に区別はなかった．これはオブジェクトベースの計算ではあったが，まだOOPではなかった．

　ユーザから見ると，今やオブジェクトの細かい構造に対して責任をとるのは reg() 関数だということになった．返されるオブジェクトがうまく設計されていれば，ユーザは目の前のアプリケーションに関連する限りでしかオブジェクトの構造を知る必要がない．実際には reg() は 9 つのコンポーネントを持つオブジェクトを返すものだったが，その中でユーザが最も頻繁にアクセスしたのは coef と resid だっただろう．

　当てはめたモデルをオブジェクトとして眺め，計算を関数として見ることによって，ユーザは分析結果を精査し，おそらくは分析を修正するように促される．

```
coef(fit); resid(fit); abline(fit)
predict(fit, newData)
newFit <- update(fit, newData)
```

最初の 2 つの関数はよくある基本的なデータ抽象化である．関数によって情報を抽出することで，ユーザはオブジェクトの細かい構造に依存しない視点が得られる．関数を使えばオブジェクトを要約したり，abline() で可視化したりもできる．predict() のように新たなデータにオブジェクトを適用することや，新しいデータを加えてモデルを更新することもできる．

　これらの補助的関数がすべて最初のバージョンのSにあったわけではない．オリジナルの reg() 関数が後継の関数に置き換えられてから長い時間が経ったが，関数型でオブジェクトベースという形式は同じまま保たれている．

　Sの発展のこの段階は 1980 年代中盤のことである．Sのライセンスが提供され，ユーザのコミュニティは少しずつ大きくなっていった．特に大抵は大学の学部学科を拠点としている統計学研究者たちにとって，Sは魅力的であった．大学以外の組織にもユーザがいたし，いくつかの販売代理店もあった．S自体についての書籍 [3] とインターフェース言語による拡張についての書籍 [4] では，このバージョンのSについて記述している．ベル研究所と AT&T でも S は広く使われるようになり，小規模だが熱心な開発グループが特に活発に活動していた．

　ベル研究所の内部と外部の両方で配布されたSはバージョン 2 であった．バージョン 1 は広く使われることが期待できないハードウェアと OS の上で実装されていた．移植可能にできるかどうかの見通しは厳しかったが，Sに取り組み始めてから数年後に，ベル研究所で計算機科学を研究する同僚たちの仕事のおかげで移植可能なバージョンの UNIX が登場し，移植性の問題は解決した．「移植性がある」という言葉を「UNIX で実装されている」という意味に再定義することで移植性が実現され，バージョン 2 のSへと結実した．バージョン 2 では多くの変更があったが，その多くは内部的なものであり，ユーザからの見え方や Fortran ベースという観点は大きくは変わらなかった．

　他の科学研究と同じく，ソフトウェアの研究もそれに関わる人々と独立したものではない．当時 S の 2 人の主要開発者は，以前と同じく円満な技術的交流を行っていたものの，

キャリアパスがやや異なっていた．数年の間，私は研究を離れてベル研究所とAT&Tのビジネス組織を支援する新たなソフトウェアの開発を担当する部門の長となっていた．これは，Sとは異なる視点と，コンピューティングにおける最近のアイデアの影響が組み合わさって，QPE（Quantitative Programming Environment, 量的プログラミング環境）[9]という名のSとは異なるシステムに関する初期の仕事へとつながった．この言語のミドルネーム「プログラミング」は重要である．というのも，QPEはSの精神を受け継いだインタラクティブなシステムでありながらも，その言語自体を使用したプログラミングを重視していたからである．関数型プログラミングの哲学（1.5節）に一部影響を受けて，QPEの関数はその言語によって定義可能なオブジェクトとなっていた．

そうしている間に，Sをより効果的にUNIXシステムとC言語ベースのソフトウェアに適応させようとして，数多くの変更を行う開発が進行していた．そのまま事態が進めば，これはその後2つの別々の道へとつながっていたのだろうか？

だがここでより大きなスケールの事件が起こり，AT&Tが根本的に変化する時期となった．連邦政府による反トラスト訴訟に従ってAT&Tは分割に同意し，地域の系列電話会社へと再編成されることになった．この過程でベル研究所も元々ひとつであった研究組織が分割され，新しくできた地域の電話会社に共同所有されることになった．この結果，私は（今や名前が変わった）AT&Tベル研究所の統計学研究へと戻ってくることになった．

2人のアイディアは統合され，新たなバージョンのSへと結実することになるプロジェクトが始まった．このバージョンのSが後にRのモデルとなる．

2.3 関数型オブジェクトベースのS

一度「新しいS」を作るという決定がなされると，実装は極めて急速に進んだ．それは実質的にはQPEと現代化されたSを統合するものだった．1988年までには新しいSが配布されるようになっており，後にカバーの色から「青本(the blue book)」として知られるようになる『新しいS言語（原題：*The New S Language*）[a]』[5]で解説された．これはバージョン3のS，略してS3であり，前のバージョンとの後方互換性はなかった．これはSであれRであれ，前のバージョンで書いたプログラムのほとんどが新しいバージョンでは動かなくなるという意味で，根本的に互換性がなくなった（今のところ）唯一のときだった．

振り返ってみると，この痛みを伴う変更をやりおおせることができた理由の一部は，Sのコミュニティが成長中とはいえ後の規模よりはまだかなり小さく，現在のRコミュニティと比べればほんの小さなものでしかなかったことにあるのだろう．我々はベル研究所の統計学研究者だったので，変更に激怒するようなユーザが問い合わせるのは商用ソフ

---

[a] 訳注：邦訳書での題名は，『S言語：データ解析とグラフィックスのためのプログラミング環境1・2』．

ウェア組織と違って難しかった．SはRとは異なりオープンソースではなかった．バージョン2にこだわる保守的なユーザが，後方互換性を保ったままアップグレードして使い続けることはできなかった．今Rに対して，同じように根本的な変更を後方互換性へのより大きな配慮をせずに実現できるかどうかは疑問だ．

通常のユーザに新しいSに切り替えてもらうために我々が挙げた主な論拠は以下のとおりである．

1. 新しいSは端的に言ってコードを**書きやすく**なっていた．これは実質的にはオブジェクトベースで関数型という形式のおかげである．我々はまだ OBJECT 原則 と FUNCTION 原則 を直接的に述べてはいなかったが，その存在は示唆されてはいた．
2. 実装もまた同様に現代化され，FortranではなくC言語に基づくものになった．ただしFortranのほうが適している数値アルゴリズムは除く．UNIXとの統合も改善されて高速化し，UNIX風の機能が数多く追加された．
3. 様々なレベルにおいて多くの具体的な新しい機能が追加され，さらにたくさんの機能を加える予定もあった．

しかしながら，本質的な変更があったのは通常のインタラクティブな用途においてではなく，プログラミングにおいてであった．新しいSはQPEの主な特徴，つまり関数オブジェクトを持つ言語によるプログラミングを採用した．我々はプログラミングの容易さが新しいSの決定的な強みになると予想していたが，後に実際そうであることが判明した．

バージョン3のSについては詳しく説明する必要がない．要するにそれはほぼRであった．プログラミングではなくインタラクティブなデータ分析という目的に関しては特にそうである．S3とRの重要な違いについては，2.4節でRが登場するときに検討する．

さらなる根本的な変更点は，インターフェース言語をなくしたことだった．青本で我々はインターフェース言語がもはや**不要**になったと述べたが，振り返ってみるとこれは少し誇張していた．新しいインターフェース関数の .C() と .Fortran() は，対応するC言語かFortranのサブルーチンを呼び出すもので，引数は基本データ型のベクトルとして解釈された．C言語やFortranで書かれたアルゴリズムでデータを操作し，対応するデータを結果として出力するには，新しいインターフェース関数が適していた．

欠けていたのは，インターフェースでSのようにプログラミングできる機能だった．これに対する答えが後のバージョンのSにおける .Call() 関数であり，これによってSのオブジェクトをC言語から操作することが可能になった．こうした点においてSはなお発展を続けていたが，バージョン3への移行時ほど劇的な変化はなかった．

青本を書くにあたって，我々は統計学的な内容を重視しないという決断を下した．書くにはスペースが足りないということと，統計学者ではないがデータを用いた計算に興味がある人々にSでの実験を勧めたいということの両方がその理由であった（それにもかかわらず，我々が詳細なドキュメントを300ページ分の付録として付けたせいで青本は全700ページにもなってしまった）．

青本から統計学に関するトピックを省いた理由は他にもあった．統計的手法の主要分野には関数型オブジェクトベースの計算という観点から再考すべきものがあるという，漠然としてはいるが野心的な意見を我々の多くが持っていたからだ．初期の議論を経て，最も魅力的なトピックはデータに対してモデルを設定し，当てはめ，精査することだということになった．ベル研究所の多くの同僚やその研究協力者が，新しい種類のモデルの研究や，古典的なモデルに計算的な観点からアプローチする研究を行っていた．

Sにおける関数型オブジェクトベース計算は，統計モデルの計算について新しい視点を与えた．それは様々なモデルを統一的な視点で扱えるようにする可能性を秘めていた．このアイディアを認識して実践することが，10人の著者による挑戦的だが非常に有益な共同作業へとつながり，Sへの追加ソフトウェアと『Sと統計モデル（原題：*Statistical Models in S*）』という書籍 [12] に結実した．当然であるが，その書籍はカバーの色から「白本 (the wihte book)」と呼ばれた．白本と青本は，Rの実装において用いられたSの公式な仕様記述であるという点で重要である．その結果は 2.4 節で見ることになる．

白本のバージョンのSは以前のバージョンの拡張であり，後方互換性を保ちながらいくつかの拡張を加えたものだった（我々はSにバージョン番号を付けるのを嫌って日付を頼りにしていた．白本のバージョン日付は 1991 であった）．

統計モデルのプロジェクト全体にとって決定的に重要な拡張は，非形式的なオブジェクト指向プログラミングを導入したことで，これはRにも採用された．2.6 節ではSとRの発展におけるこのステップについて議論する．統計モデルは，関数型 OOP の有用性を説得的に示す例のひとつであり続けている．したがって，このトピックを議論するときには統計モデルが何度かくり返し現れることになるだろう．1991 年バージョンのSにおける他の変更点は，白本の前書きではいくつか言及されているが，本文には記載されていない．

統計的手法の様々な分野を計算という新たな観点から提示するというアイディアのうち，統計モデル以外の具体性に欠けるアイディアは追求されることがなかった．しかし現代のRの数千ものパッケージは，まさに統計学の多くの分野を多様な観点から取り扱っている．

Sの残りの発展においてはいくつかの方向性が追求され，それらは 1998 年の『データによるプログラミング（原題：*Programming with Data*）』という書籍 [10] に記述されている．主な追加事項のひとつは再び関数型 OOP に関することだった．今度は拡張された形式的なバージョンの OOP である．この書籍に記述されているバージョンのSはS4として知られるようになったが，言語自体に関する限り，このときも実質的には後方互換性が維持された．

2つの事情により，これらの新しいアイディアを受容することが難しくなった．第一に，Sが数年にわたって MathSoft（当時）という会社の独占的商用ライセンスの下で S-PLUS として配布されていたことである．配布されていたバージョンは書籍に記述されている内部向けバージョンとは少々異なっており，必ずしもすべての変更点が採用されているわけではなかった．

第二に，さらに画期的な出来事として「R：データ分析とグラフィックスのための言語（原題：R: A language for data analysis and graphics）」という論文 [23] が出版されたことである．1998 年までには R が登場しており，最初の公式バージョンへと向かって進んでいた．S の発展は R の発展と入り交じることになった．

2.4　R の登場と発展

R が広く公に認知されるようになったのは 1996 年の論文 [23] の出版以降である．Ross Ihaka と Robert Gentleman は 1993 年に Aukland 大学でこのソフトウェアの開発を始めた．初期の経緯は R のウェブサイト上の論文 [22] に非公式的に記載されている．R の初期の形は Lisp の影響を受けており，そのことは今でもソースコードから見て取れる．だがしかし，S の構文に従うと決断したのは運命的なことであった．Ross Ihaka が経緯を振り返って書いているように，事実上この決定によって単に構文だけでなく機能の多くにおいても S を再現することが確実になったのである．

ユーザの視点からは，S に似ているものを見れば，S のドキュメントに書いてある例を真似して式を入力すると S に似た結果が出力されると期待するのが自然なことだ．いわば，アヒルのように見えるものならアヒルのようにふるまうだろうというわけだ．

R のオリジナルの作者たちが初期になした他の 2 つの決断はおそらく決定的に重要であった．第一に，この新しいソフトウェアをすでに充分に検証されたライセンスを用いてオープンソースにするということ．第二に，これが最も重要なことだが，R の所有と管理は拡大しつつあった国際的なボランティアのグループが共同で行うこと．間もなくこのグループは **R core** と名付けられた．

1997 年までには，この共同プロジェクトは軌道に乗るようになっていた．Ross Ihaka は論文 [22] で R core の 11 人のメンバーを挙げている．このようなプロジェクトにとっては多い人数ではなく，特に全員がボランティアであったことを考えるとそうであるが，「できるときにできる範囲で貢献」していたという．

S を再現するというのははっきり言って小さな仕事ではない．この時点で S の開発が 20 年にわたって続いていたというだけでなく，本章でこれまでに強調したように，S 自体が相当な規模のソフトウェアライブラリに支えられて始まったものだった．少なくともこのライブラリの主要な機能が R で提供されなければならなかった．

もうひとつの問題は「S を再現する」というのが正確には何を意味しているのかということだった．たとえば，C 言語と違って S には標準化されたバージョンや定義は存在せず，青本と白本を定義の代わりにせざるを得なかった．青本のほうは完全な定義に近いものを書こうとはしていたが，これらの書籍は正式なドキュメントというよりユーザガイドとして書かれたものだった．当時私は R core のメンバーではなかったが，これらの書籍に書かれていることが不明確なせいで R core のメンバーが少なからず苛立ったであろうことは想像できる．（それほど頻繁ではなかったが）R core から連絡があったときには，

私は自分たちが言おうとしていたことを明確にするよう努めた．しかしオープンソースによる再現というものが皆そうであるように，この新しいプロジェクトも見本となるプロプライエタリなソフトウェアからは距離を置く必要があった．

さらに事態をややこしくしたのは，新しいバージョンのSが同じ時期に開発されていたことだ．そこに実装されている機能はどうすればよいのだろうか？

本書の観点からすれば，これらの出来事について主に重要なのは，それが結局Rの内容と構成にどれだけ影響したのかということである．Rのバージョン1.0.0は青本にある関数の大部分を実装していた．統計モデルについて書かれた白本からは計算ツール（データフレーム，モデル式，S3クラス）と，7種類のモデルのうちの5つがRに取り入れられた．ツリーベースのモデルと非線形モデルについては，代わりになるソフトウェアが後に開発された．S4からは，取り入れられたアイディアもあれば，修正されたものや省かれたものもあった（2.7節）．

Sとの後方互換性は個々の関数の動作にとって特に必要なことであり，Rのドキュメントにおける青本と白本の引用がそのことを示している．こうしたSを再現するための制約は不幸なことだったかもしれないが，早期にユーザの信頼を得るためには仕方ないことでもあった．

Rの拡張との関連でいうと，RがSの一般的計算モデルを引き継ぐことで生じる問題もある．たとえば，Sの既存の機能をRの新しい拡張にどう組み込むかという課題においては，Rのパッケージ名前空間という概念と，Sに由来する検索リストという概念が対立してしまう．こうした点については問題が出てきたときに提案を含めて議論しよう．結論としては大体の問題は避けられるし，全体としてはRがSを再現する方向に進んだというこの発展によるメリットのほうがデメリットよりも相当大きい．

Rの公式バージョン1.0.0の日付は2000年2月29日となっている[3]．図2.3のCD（私の宝物のひとつ）がその出来事の証拠だ．

Rを理解するために，「オープンソースのS」を作成するというのがルーチンワークではなかったし，単に仕様に従って実装するだけのことでもなかったということをくり返し述べておきたい．青本と白本は不明瞭な箇所もあったが，ユーザ視点からはSがどう見えるのかということを確定させた．Sのユーザを支援するものとして，Sが使っていた元々のサブルーチンライブラリには多くの最先端アルゴリズムが組み込まれていた（数値線形代数，整列，検索，乱数生成等）．これらの中にはRの登場時にまだ使えるものもあったが，改良されたアルゴリズムで置き換えられたものもあった．

Rにとっては「サンドイッチ」のような結果となった．つまり上層部と下層部は見慣れたものだが，その間を埋めるところに新しいアイディアや解決策が含まれていた．その中には結果的にRの重要な構成要素となったものもあり，それらは我々の議論におい

---

[3] これは巧妙に選ばれた日付であり，グレゴリオ暦に対して3次の補正が初めて用いられた日になっている（4年ごとに閏年で2月が1日増えるが，100年ごとに2次の補正でそれがキャンセルされる．3次の補正では400年ごとにまた閏年となる）．

図 2.3 最初のバージョンの R が入った CD．シリアルナンバー 1 が R core のメンバーから本書の筆者に与えられた．

て重要な役割を果たすことになるだろう．たとえば，R における環境は OBJECT 原則 と FUNCTION 原則 を実装するために不可欠なツールだが，S にはこれに対応する基本型はなかった．

ひとたび R が発表されて公式に利用可能になると，ユーザ基盤や応用領域，そしてソフトウェアによる貢献が急速に拡大していった．R パッケージの仕組みのおかげで R に貢献してユーザコミュニティに価値をもたらすことが容易になった．パッケージの仕組み，特にインターフェースによって，R の関数であっても他のツールであっても新しいソフトウェアを定型化された方法で簡単に追加できるようになった．CRAN リポジトリがそうしたパッケージの最も重要な管理場所であった．これは Perl や Python 等，他言語のリポジトリと同様である．パッケージの仕組みは R の拡張において鍵となるステップとなったが，これについては第 II 部で集中的に論じる．

パッケージやユーザインタフェース，そして世界中のユーザコミュニティとそこからもたらされる貢献，これらすべてのおかげで統計計算においてかつてないリソースが生み出された．こうした貢献によってもたらされる様々な利益のことを考えれば，重要な目標として R の拡張に着目するのは正当なことであろう．

2.5　オブジェクト指向プログラミングの発展

オブジェクト指向プログラミング (OOP) の技法は R を拡張する上で非常に有益である．我々が追い求めるアプリケーションにおいて，変更や複雑さを管理するための最も有効な手段だといってよい．OOP は R の全体的な構造にうまく適合しているが，我々が

ここまで考えてきたのとは異なる発展の潮流に由来しているというのが私の主張である．OOP を R の発展の全体像の中に収めるためには，S と R について直接考えることから一度離れる必要がある．

初期バージョンの S における関数オブジェクトには非形式的に定義された構造しかなかった．2.2 節（27 ページ）の回帰モデルの例で言えば，`reg()` 関数が何を返そうとも，それこそが回帰オブジェクトの定義であって，形式的な定義は存在しないということだ．

最初のバージョンの S と同時期のことだが，ほとんどデータ分析とは無関係に様々な文脈において導入されていたアイディア群が，徐々にオブジェクトの**クラス**という概念に収束してきた．プログラマがそうしたクラスの観点から計算を表現できる言語が登場した．Simula 言語がその先駆けであった．名前が示すとおり Simula の主な目的はコンピュータによるシミュレーションをプログラムすることだった．

Simula と，C++ や Java のような他の後続言語において，指定した 1 つのクラスに属するオブジェクトたちは同じように動作する．そこでは 1.6 節で概要を述べた概念が用いられている．オブジェクトにはあらかじめ定義された**プロパティ**があり，それを問い合わせたり（通常は）変更したりすることができる．特定のクラスに属するオブジェクトに対する計算は，あらかじめ定義された**メソッド**をそのオブジェクトに対して**呼び出す**ことで可能になる．

クラスが計算を構造化するための有効な手段となるためには，同じクラスのオブジェクトが同等なプロパティを持ち，メソッドがそのクラスのすべてのオブジェクトに対して動作するのでなければならない．オブジェクト指向プログラミングにおける完全なクラス定義には，プロパティとメソッドの定義が含まれるのだ．

Simula は継承すなわちサブクラスの概念もまた導入した．つまり，クラスは既存のクラスのサブクラスとして定義できる．サブクラスは既存のクラスのプロパティとメソッドを継承するが，新しいものを追加したり再定義したりすることも可能である．この概念は非常に有益なものだということがわかってきた．クラスを改良するにはそのサブクラス固有のプロパティやメソッドを追加したり修正したりするだけでよく，もとのクラスで使えたメソッドはすべてそのまま使い続けることができる．

任意のサブクラスのあらゆるオブジェクトは，もとのスーパークラスのプロパティを持つ．ただし各サブクラスには他のサブクラスとは共有されないプロパティが追加されるかもしれない．スーパークラスに対して定義されたメソッドはサブクラスのオブジェクトに対しても使える．なぜなら，サブクラスのオブジェクトは形式上そのメソッドが参照するすべてのプロパティを備えているからである．とはいえ，通常はサブクラスを定義する理由のひとつは計算を再定義することにある．そうした場合には，サブクラスは関連するメソッドをオーバーライドするかもしれないし，そのサブクラス自身のための新しいメソッドを定義するかもしれない．

Simula はいまだに存在しているようだが，我々がこれから明示的に議論の対象とする言語には含まれない．特定の言語について語るとき以外は，R で書けばこうなるだろうと

いう例を提示する．Simulaや他の言語はプロパティやメソッドを呼び出すのに「．」を中置演算子として使うが，Rでは「．」は名前に使うので，代わりに「$」を使う．

シミュレーションに関する例として，時間とともに進化するようなある生物個体群をモデリングしたいものとする．極めて単純なバージョンのクラスを定義してみよう．このクラスの各オブジェクトは，このような個体群の1回のシミュレーションを表す．このクラスのオブジェクトは3つのプロパティを持つ．オブジェクトは sizes（サイズ）というベクトルを持ち，これはシミュレーション中の離散的な時刻ごとに個体群の生物数を記録する．各生物は2つに分裂する確率を表す birthRate（出生率）とシミュレーションの各時刻に死亡する確率を表す deathRate（死亡率）という確率を持つ．結果としてこの個体群は拡大したり縮小したりする．

このクラスを SimplePop とする（Rによる実装は9.5節で示す）．初期サイズと出生率，死亡率を指定してシミュレートされる，個体群の1つの実現値に対応するオブジェクトを作ってみよう．

```
p <- SimplePop(sizes = 100, birthRate = .08, deathRate = .1)
```

それから，好きなステップ数だけこの個体群を進化させる．各ステップは次のメソッドを呼び出すことで得られる．

```
p$evolve()
```

進化の各ステップ後の個体群サイズはソフトウェアが記録してくれる．オブジェクト作成以降の，各ステップ後の個体群サイズのベクトルが p$sizes に含まれる． p$size() メソッドを呼び出すと現在のサイズが返ってくる．途中で個体群が全滅しない限り，進化は50ステップ続く．

```
> for(i in 1:50)
+   if(p$size() > 0)
+     p$evolve()
> plot(p$sizes)
```

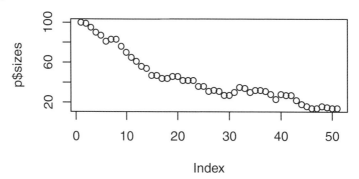

クラス SimplePop のオブジェクト p も，現代版の線形回帰のオブジェクト fit も，両方モデルを表現しているが，オブジェクトについての考え方と使い方は根本的に異なって

2.5 オブジェクト指向プログラミングの発展

いる．その違いは OOP の 2 つのパラダイムの核心をなすものだが，これについては第 III 部の全体を費やすことになる．

線形回帰モデルを表す lm クラスのオブジェクトは，lm() 関数を呼び出した結果として返ってくる（OOP の用語でいうと，lm() はクラスの**生成関数** (generator) である）．このオブジェクトの関数的な性質は本質的に重要である．オブジェクトが信頼できるものであるためには，それが明確に定義された関数型計算の結果として妥当なものになっていなければならない．

fit の成分である coef や resid の値を変えて新しいオブジェクトを作成することもできるだろうが，それを lm クラスの妥当なメンバにするためには，注意深く構築しなければならないだろう．総称関数の update() はまさにそれを行うために設計されている．つまり，既存のモデルからの変更を表現する妥当な線形回帰モデルを作成するということだ．update() には lm クラスのためのメソッドがあるが，このメソッドは注意深く関数型計算を行い，lm クラスの新しいオブジェクトを値として返す．オブジェクトのプロパティを勝手にいじると別のものになってしまい，妥当なオブジェクトでさえなくなってしまう．

一方，上述した個体群モデル (population model) のオブジェクトは作成され，検査され，変更され，発展していくものである．普通の OOP の用語で言えば，そのようなオブジェクトは**変更可能な状態** (mutable state) を持つ．すなわち，オブジェクトは内部にプロパティを持ち，それを検査することができたり，メソッド（この例では $evolve()）を呼び出して変更したりできるということだ．オブジェクトの内部状態が変わっても，それは同じオブジェクトのままである．これは関数型の場合とは対照的だ．

初期のオブジェクト指向の三大言語である Simula, Smalltalk, C++ はそれぞれ力点を置くところが異なっていた．Simula はシミュレーションを扱っていたが，統計学的観点というよりは，工学や物理学の観点によるものであった．Smalltalk は今や標準的となった対話方式（マルチウィンドウの端末画面や，マウスとメニューによるユーザとの対話）を取り入れた先駆的なプログラミング環境の礎を築いた．C++ は，基本的な計算タスクに使われるような「ベター C」としてベル研究所で始まったものであり，組合せ論（たとえばグラフ配置）や数値計算（たとえば最適化）のライブラリなど，多くの分野の主要なソフトウェアを生み出すことになった．Simula と Smalltalk は歴史的には非常に重要だが，現在では重要性は低い．対照的に C++ は発展を続け，データを用いた計算にとって重要な多くの分野へと応用されてきた．

これらの言語以降，さらに他の言語がいろいろなバージョンの OOP パラダイムを採用した．Java などははじめから OOP を採用していた．OOP は Java プログラミングの核心である．他の言語は OOP の技法をあとから追加したが，大抵の場合，元々はあまり形式張っておらず軽量なプログラミングスタイルを持つ言語に OOP を追加するものであった．Python と Perl がその例であるが，実装は必ずしも完全ではない．たとえば Python のクラス定義にはプロパティの指定が含まれていない．

SimulaとC++は既存の手続き型言語（それぞれAlgol60とC言語）にOOPの概念を追加したものである．追加されたのは主にクラス定義であり，クラスに関連付けられたメソッドも含む．また，メソッドを呼び出すための演算子も追加された．

OOP言語の中でも，カプセル化OOPを持つ言語の多くが，Rからのインターフェースにとって有益である．これについては第IV部で議論する．第12章が概論で，第14章と第16章ではそれぞれPythonとC++を具体的に扱う．

カプセル化OOPのスタイルによる例として，ベクトルの畳み込みのC++による実装を取り上げよう．この計算例はあとでRからのインターフェースを例示するために使うし，効率性に関する問題を議論するのにも使う（たとえば5.5.1項）．

```
NumericVector convolveCpp(NumericVector a, NumericVector b)
{
    int na = a.size(), nb = b.size();
    int nab = na + nb - 1;
    NumericVector xab(nab);

    for(int i = 0; i < nab; i++)
      for(int j = 0; j < nb; j++)
        xab[i + j] += xa[i] * xb[j];
    return xab;
}
```

C言語はわかるがC++には馴染みがないという人も，`a.size()`のような式を除けばコードを読むのに支障はないだろう．`"."`演算子はオブジェクト`a`に対して`size()`メソッドを呼び出す．また，`NumericVector`型に対するC言語の宣言のように見えるものが，C言語の配列長を与えるための角括弧ではなく，関数のようなスタイルの丸括弧で引数を受け取っている．実際には`NumericVector`はC++で定義されたクラスである．宣言に見えるものは実行時にコンストラクタの呼び出しも行っており，いくつかの種類のオプション引数を取りうる．`size()`メソッドとコンストラクタの定義はクラスの定義，あるいはスーパークラスの定義の中にカプセル化されている．コードには同時にOOPではない型宣言（ `int` ）と手続き的な式（ `nab=...` ）が含まれている．C言語を読める人には，どこにC++の独自性があるのかわかりにくいかもしれない．というのも，C++では`[]`のような演算子を特殊化したメソッド定義で上書きできるからだ．実際，2重ループの中の重要な計算ではそのような隠れたメソッドが使われている．

C++の`NumericVector`クラスは特に込み入ったものではないが，定義されたメソッドとオーバーロードされた演算子のおかげで，適切な計算をより単純に実装できている．このクラスの名前の由来は思いつきではなく，Rの数値ベクトルを用いた計算に便利で効率的なインターフェースを提供するクラスからである（16.3.1項）．

2.6 SとRにおける関数型OOP

「青本」に記述されており，Rで再現されたバージョンのSでは，その言語自体によって直接プログラミングすることが強調されていた．そして実質的には OBJECT原則 と INTERFACE原則 が採用されていた．

これはいまだ**オブジェクトベース**の計算であり，クラス，メソッド，**継承** (inheritance) という概念を備えた**オブジェクト指向プログラミング**とは区別されるものであった．Sのオブジェクトが初めてクラスへ構造化されたのは，『Sと統計モデル』[12] に記述されたソフトウェアの一部分としてだった．

青本では lsfit() 関数が reg() 関数に取って替わった．いくらか拡張はなされたが，本質的には同じ構造のままであった．白本の lm() 関数も似たようなオブジェクトを返すものだったが，より一般的な計算フレームワークの一部分となるように意図されていた．線形回帰だけでなく，分散分析モデル，一般化線形モデル，一般化加法モデル，ツリーベースのモデル，平滑化法，非線形モデルが含まれていた．

ユーザの視点からは，3つの特徴が強調されていた．

- モデルを定義する引数と，モデルの当てはめの結果が両方ともオブジェクトであるという点において，モデルの当てはめはオブジェクトベースであった．
- 当てはめたモデルを柔軟に表示したり分析したりすることが強調された．特にグラフの表示に重点が置かれた．
- 当てはめたモデルのオブジェクトを生成する関数と，その結果となるオブジェクトに対して計算を行う関数は，統一的に構成されており，ユーザがひとつの種類のモデルだけでなく他のモデルに対しても同様にプログラミングできるようになっていた．

たとえば，古典的な iris データに対して線形回帰する例は次のようになる．

```
irisFit <- lm(Sepal.Width ~ . - Sepal.Length, iris)
```

2つの引数はモデルを記述する式と変数の値を与えるデータフレームである．

他の種類のモデルも関数によって生成される．一般化線形モデルなら glm() 関数，一般化加法モデルなら gam() 関数といった具合である．モデル式とデータの引数も同様だが，特定の種類のモデルで必要になる追加の情報を指定するために，他の引数を用いることもできる．

モデルの当てはめを表現するオブジェクトが，今度はモデルから情報を引き出す関数の引数となる．そうしてモデルの要約やグラフを表示したり，予測値を計算したり，新しいデータに合わせてモデルを更新したりする．ユーザにとっては，こうした追加の計算のそれぞれを実行するために，モデルの種類によらない方法をひとつだけ覚えれば済むことが望ましい．

```
coef(irisfit); plot(irisfit);
predict(irisfit, newFlowers)
```

`glm()` や `gam()` が返すオブジェクトに対して，`plot()` や `predict()` という同じ関数が適切なグラフや予測値を出力しなければならない．その一方で，作図や予測のための計算はモデルの種類に応じた専用のものになっている必要がある．ソフトウェアの構成を明快に保ちながらこうしたバリエーションを実装することが計算上の課題だった．10 人の著者の中の異なるグループが異なる種類のモデルを実装するようなときには特にそうであった．各種類のモデルに対して `plot()` や `predict()` にコードを追加していては，これらの関数はすぐに管理不能になってしまう．

　我々は，進むべき道はオブジェクト指向プログラミングなのだと悟った．`plot()` 関数や `predict()` 関数のような計算は**自明にオブジェクト指向**（embarrassingly OOP）である．モデルオブジェクトのクラスに応じて関数が適切なメソッドを使ってくれることをユーザが望むのは明らかだ．モデルの当てはめオブジェクトの構造が助けになる．たとえば `coef()` は何らかの標準化された構造によって情報を見つければよい．`plot()` 関数と `predict()` 関数には各クラス専用の計算が必要だ．線形回帰の関数 `lm()` は `lm` クラスのオブジェクトを返し，`plot()` と `predict()` はクラスに対応した関数をメソッドとして呼ぶべきである．

　今や我々は OOP の本質的な概念を手に入れたが，その過程において，これらの概念は Simula 等におけるそれと比較して大きな変化を被った．オブジェクトは `lm()` のような関数によって作成され，ユーザはそのオブジェクトに対して他の関数を呼び出すが，その関数の引数はあらゆる当てはめられたモデルに対して可能な限り統一されている必要がある．

　我々が作り出したのは関数型計算に適した形式の OOP，すなわち関数型 OOP であった．我々自身，この区別を完全に把握してはいなかったし，長年の間にもらったコメントによれば，標準的な OOP のユーザも大抵は区別を把握できないということが示されている．

　S における我々の最初のバージョンの OOP は，無駄がなく単純なものであった．クラスには定義がなかった．メソッドは，関数名とオブジェクトの `class` 属性を照合して選択されるようになっていたが，原理的には `class` 属性は各オブジェクトに対して任意に設定可能であった．こうして，`plot.lm()` が `lm` クラスの作図メソッドとなった．メソッドは，いくつかの特殊なハックを除けば，関数の第一引数のみに基づいて選択された．通常は S3 のクラスとメソッドと呼ばれているこのバージョンの関数型 OOP は，いまだに活発に使用されている．最初は文献 [12] の付録で解説されたものだが，本書では 10.8 節で議論する．

　S と R のさらなる発展により，OOP に対するより形式的なアプローチが生まれた．これは通常 S4 と呼ばれている．クラスは明示的に定義され，指定されたクラスのプロパティを持つ．メソッドは形式的に設定され，評価時には総称関数が持つテーブルの中に保

2.6 SとRにおける関数型OOP   43

持されている．メソッドには1つ以上の仮引数を指定するシグネチャがある．

このS4が，我々が本書で検討するバージョンの関数型OOPである．第9章でS4を用いたプログラミングを紹介し，第10章で詳細な検討を行う．

2.6.1 例：関係データベース

関数型OOPの雰囲気を伝えるため，初期の応用例のひとつである，関係データベース管理ソフトウェアへのインターフェースを取り上げよう．

目標：数多く存在する関係データベース管理システム (Relational database management system, RDBMS) のいずれにおいても，R（元々はS）からデータへの簡便なアクセス手段を提供すること

RDBMSとは，**関係モデル**を用いてデータを管理するために，商用とオープンソースの両方において広く使われているシステム群のことである．データは概念的には表として表現され，名前付きの変数が表の「列」を定義する．Rでこれに自然に対応するものはデータフレームである．一般にデータにはSQL形式の命令を用いてアクセスするが，そのコンピューティングにおける歴史は長い．

関係モデルの実装には，商用のものとしてはOracleやIBM，マイクロソフト等によるものがある．オープンソースではMySQL，PostgreSQL，SQLite等がある．SQLに厳密には従っていないが類似したDBMSとしては，MonetDB等がある．

SQLとそれを実装したシステムは，データベースの作成，更新，問合せのすべての段階において使われている．だがRからのインターフェースにとっては，データの一部を分析するために問合せを行うことに焦点を置くのが自然だ．

目標は，問合せ（ともしかすると他の命令も）を標準化された自然な形式でDBMSと通信するRの関数を持つインターフェースを作ることである．その関数はSQL文を文字列として受け取り，特定のデータベースに関する詳細を伝えるためのRオブジェクトを用いてDBMSと通信するものになるだろう．ユーザからは可能な限りデータベースの詳細を見えなくする．

ひとたびこのように述べてしまえば，データベースについてのプロジェクトも統計モデルと同様に**自明にOOP**である．ユーザが呼び出す関数は，使用する特定のシステムに目的や呼び出し手順が依存しないという意味において，総称的である．関数を特殊化するには，特定のデータベースに対して何らかのオブジェクトのクラスを対応させる．必要な機能に応じて，それらの総称関数とクラスに対してメソッドを定義する．

この形式のデータベースインターフェースは，S4のクラスとメソッドを用いた最初のプロジェクトのひとつであった．David Jamesがその最初のバージョンをSで作成し，後にRへ DBI パッケージとして移植した [30][11, Chapter12]．これは現在でも活発に使われており，今はデータベースに関するR SIG (special interest group) によって保守されている．

ユーザは特定のデータベースシステムを用いてデータベース接続 (connection) を作成するが, それはそのシステム用に書かれた, `DBI` のクラスとメソッドを拡張するパッケージを通じて行われるのである.

たとえば, SQLite は関係データをファイルに保存するために広く使われている単純なシステムであるが, `RSQLite` パッケージ [39] がそのインターフェースを提供している. SQLite データベースの中のオブジェクトと通信するために, ユーザはデータベースに対する接続オブジェクトを開く. 接続オブジェクトのクラスによってそれが SQLite のデータベースだということがわかる.

データベースへの問合せや他の計算は, データベースの接続オブジェクトを引数として `DBI` の総称関数を呼び出すことで起動される. 関数型の構成と OOP の使用のおかげで, ユーザはデータベースと複数のレベルにおいて関わることができる. 最も単純なレベルでは, 単純な関数呼び出しによってデータベースのテーブル全体が読み込まれて, データフレームとして返ってくる. SQL の詳細はユーザからは見えない (透過的である).

たとえば巨大なテーブルをブロックに分けて処理するような, より細かい制御が必要な場合には, ユーザはある程度 SQL のクエリについて理解しておく必要がある. 接続以外の R の他のクラスが, クエリに必要となる中間的なオブジェクトを表現している. ユーザは SQL の専門知識を必要とはするが, 個々の DBMS 実装の詳細はやはりその大部分がユーザからは見えないままである.

ここで中心をなしたアイディアには長い歴史があり, 今でも強力なものである. すなわち, 計算タスクに共通する特徴を抽象化し, それを関数として実装し, タスクに特化したオブジェクトを関数の引数とする, ということだ. このアイディアは, OOP との明示的なつながりこそなかったものの, S と R の基本グラフィックスのもとになったオリジナルのグラフィックスサブルーチンの背景にあったものである.

これと同じ一般的なアプローチに動機付けられているのが, 第 13 章におけるインターフェースのための XR 構造である. XR の関数は他言語と通信し, 他言語のオブジェクトに対するプロキシを作成する. XR のクラスは個々の言語の評価器を定義する. この場合にはカプセル化されたバージョンの OOP のほうが適しており, 個々の評価器オブジェクトがインターフェース用メソッドを提供することになる.

2.7 S4 と R

S4 のメソッドとクラスは 1998 年の書籍『データによるプログラミング』[10] で提示され, それ以降のバージョンの S に含まれている. この書籍では OOP 以外にも多くの新しい機能が提示されている.

1998 年という日付は重要である. というのも, S4 が導入された当時すでに R が開発中だったが, まだ公式なバージョン 1.0.0 には到達していなかったからだ. R が 1998 年バージョンの S から何を取り入れるべきかという問題は単純ではなかった.

S4の主な新機能と，それらがRでは結局どんな運命を辿ったのかを見てみよう．

- SでもRでも，クラスとメソッドが既存の非形式的なバージョンであるS3を置き換えてしまうことはなかった．Rの `methods` パッケージへのS4の追加は2000年末頃に始まり，それ以来次第に開発の中心を占めるようになってきたが，いまだに以前のバージョンを置き換えてはいない．
- S4では，ファイルや他の形式（文字列ベクトルなど）の入出力を抽象化するオブジェクトのクラスとして，`"connection"`（接続）が導入された．いろいろな入出力形式のためのサブクラス（`"file"` や `"textConnection"` 等）もあった．

    Rは接続を採用し，後に多くの拡張や修正を加えた．Rでは接続はS4のような形式的クラスではなく，S3クラスとして作られた．
- S4ではバイト列のベクトルとして `"raw"` という概念が導入された．文字ベクトルを拡張した `string` クラスも追加された．`"string"` は表検索に使うためのスロットや，文字列を用いて辞書風の計算を行う他の機能を備えていた．

    Rは `"raw"` を採用して基本ベクトル型として追加した．これはRに非常によく適合した．Rには型（オブジェクトの内部表現）とクラス（属性）を明確に区別するという利点があり，本書で何度も見ることになるように，この区別の上に豊かで（ただし少し混乱を招く）広範にわたる計算機能を提供している．

    `"string"` クラスはRには取り入れられず，その大部分は不要なものとなった．Rは文字ベクトルに対してS（もしくはCプログラマの期待するようなもの）とは異なるアプローチをとっており，`"character"` 型は `char[]` のベクトルではなく，R内部の特殊な型である `CHARSXP` のベクトルだ．この型はいくつかの点において `"string"` と類似した目的で使われている．たとえば大域的なハッシュテーブルである．
- S4では，Sのオブジェクトを名前と紐付けて格納するための一般的な仕組みとして，**データベース**という概念が導入された．

    これをもっとすっきりさせたのがRの `"environment"` 型である．
- S4においては，**チャプタ**がSオブジェクトの集まりに対するプログラミングの構成単位だったが，現代のRではこの機能はパッケージに包摂されている．
- S4には，Duncan Temple Langが作成したオンラインドキュメントのための新しいシステムがあった [10, Chapter 9]．その主要な機能は3つあった．
    (i) 関数のソースコードは自己文書化を行うものだった．その意味は，`function` キーワードの前のコメント行が，作成される関数オブジェクトのドキュメントとして含まれていたということだ．
    (ii) 明示的なドキュメント作成にはSGMLマークアップ言語が（用意されていれば）使用された．
    (iii) ドキュメントは，チャプタ内のデータベースにあるSオブジェクトの中に保持された．

これは興味深いアプローチであり，発展の可能性はあったかもしれない．しかしながら，Rではレポート生成やウェブベースの情報表示のために多くの生産的な努力がなされており，この方向への転換はまったくありそうもない．

RがSの後継として群を抜いて有力なものになったことを踏まえて，以降，本書の説明で扱う重要な機能は，すべてRのバージョンのものとする．

第 3 章

R の動作

ソフトウェシステムがどのように動作しているのか理解しておけば，そのシステムを拡張する助けになる．そうした理解があれば，その拡張がシステムの他の部分と共存しやすいだろうし，また関連するツールや機能を活用したり，システムに対してユーザが抱いているものの見方に合致させやすくなるだろう．

R は，RStudio のようなインタラクティブなアプリケーションを通じて使われることが最も多い．emacs の中で動く ESS のような，汎用的でインタラクティブな開発環境の一部として使われることもあるかもしれない．R は元々シェルコマンドで起動されるプロセスとして設計されており，他のユーザインタフェースも結局はそのようなプロセスを起動することになる．R プロセスは入力から式を読み込んでパースし，解析された完全な式の各々を評価する．本章では R プロセスの様々な側面について考察する．特に，R の拡張はどのようにして R プロセスとともに動作すべきなのかということに重点を置く．

R における計算は 3 つの根本原則によって最もよく理解される．我々はまず，三原則がどのように R プロセスの主要な構成要素へと具現化されているのかを概観することから始める．すなわちオブジェクト，関数型計算，基本的インターフェースである．R の評価器（3.4 節）は，ユーザが要求する計算を実行するためにこれらの構成要素を用いる．第 II 部で論じる R を拡張するためのプログラミング技法は，これらの構成要素の上に成り立っている．

3.1 オブジェクトと参照

どんなプログラミング言語やコマンド方式のソフトウェアであっても，オブジェクトを扱うつもりであればユーザにそれらのオブジェクトを参照する手段を提供しなければならない．2.1.1 項で見たように，初期のアセンブリ言語では，文字列による名前でストレージブロックを参照することができた．Fortran のような言語はそうした名前を拡張してベクトルや配列を参照できるようにした．ベクトルや配列とは，妥当なデータを表す暗黙的な性質と，インデックス付けの仕組みを備えたストレージブロックである．

こうした参照は，データ内の要素にアクセスしたり要素を割り当てたりするためにプログラマが直接使うことができた．また関数の引数として渡すこともできたが，その場合に

は参照はオブジェクト（のようなもの）全体に対する参照として明示的に機能した．

初期の言語における参照はデータ宣言の一部であった．参照はデータを保持するための領域を確保するとともに，その内容の型と構造を宣言するものだった．たとえばFortranでは

```
real x(100, 5)
```

とすると500個の浮動小数点数を保持するデータ構造が作成され，x という名前を使ってそのデータを2次元配列として参照する仕組みがプログラマに与えられる．

Rのような動的言語は，これに類似したデータ構造を計算に応じて作成する．つまり，Rの基本原則に照らすと，オブジェクトが関数呼び出しの値として作成されるということを意味している．このオブジェクトに対する明示的な参照が必要な場合，通常は代入演算子を用いて参照を作成する（代入演算子自体もまた関数である）．

```
x <- matrix(rnorm(500), 100, 5)
```

代入の評価によって起こることはただひとつ．左辺の名前が右辺のオブジェクトへの参照となるということである．

どんなプログラミング言語や類似のソフトウェアにおいても，名前のような参照は特定のコンテキスト，つまり「スコープ」の中においてのみ存在する．Rにはそのようなコンテキストは1種類しかない．すなわち**環境**である．上記のような単純な代入は，つねにあるひとつの環境において評価される．これを**現在**環境と呼ぶことにする．代入は暗黙的に行われる場合もあり，関数呼び出しにおける引数がその例であるが，これも本質的には同じように動作する．

こうして，Rのオブジェクトと参照を理解するために必要な重要概念が得られる．

オブジェクトへの参照とは，名前と環境の組み合わせである．

（これを第四原則とすることも妥当かもしれないが，3つあれば充分だ）

まだ名前や環境というのが本当は何であるのかを述べていなかった．Rにおける名前とは，単に空でない文字列のことである．環境は上記の根本概念を実際に機能させるのに必要なものである．つまり，名前とそれに対応するオブジェクトの表を保持するための仕組みのことだ．

名前と環境を用いた計算については第II部で詳論する．環境はRの拡張において重要なツールであり，特にパッケージ内のオブジェクトを利用可能にするために重要だ（第7章）．だが鍵となるのは上述の原則である．

Rのオブジェクトは何かが起こるときに作成される．その後，環境内で名前をオブジェクトに割り当てることによってオブジェクトが参照可能になる．名前が評価されると，それに対応する参照が解決される．

パッケージからエクスポートされたオブジェクトに対しては，Rは参照を完全修飾する

3.1 オブジェクトと参照

ための限定的な仕組みを持っている．たとえば，`base::pi` は base パッケージの pi オブジェクトへの参照である．これ以外の場合，修飾されていない名前は評価器の検索プロセスによって解決される．

このプロセスはまず現在環境を調べることから始まり，その次に親環境（R ではエンクロージング環境とも呼ばれることもある）を調べる．それから，さらにその親環境を調べて，あとは空環境に突き当たるまで同様である．

この検索プロセスはつねに同じ規則に従うが，区別すべき 2 つの場合がある．ひとつは，名前をインタラクティブに使っていて，実質的に評価器を明示的に呼び出す場合である．もうひとつは，R プロセスにロードされたパッケージに属する関数の中で名前を使う場合である．この 2 つの場合はまったく異なっている．

インタラクティブに計算を行うときには，ユーザが与えた式は R プロセスが提供する「大域的環境」において評価される（これには `.GlobalEnv` という予約名でアクセスできる）．検索される環境には，大域的環境と，現在アタッチされているパッケージからエクスポートされているオブジェクトが含まれる．

パッケージにおけるプログラミングでは，計算はそのパッケージの名前空間内に割り当てられた関数の中で起こる．その名前空間のエンクロージング環境内に他のパッケージのどのオブジェクトが存在するかは，パッケージの実装によって管理される．

XRTools パッケージの `envNames()` 関数は，環境とその親環境たちの列に対応する「名前」の文字列ベクトルを返す．`envNames()` をインタラクティブなセッションから呼び出した場合と，何らかの関数内から呼び出した場合の結果が異なるのを見れば，何が起こるのかが明確になるだろう．

インタラクティブな場合の結果を以下に示す．最初は新しい R セッションから `envNames()` を呼び出した場合の結果を，その後に何かパッケージをアタッチした後での結果を示す．

```
> XRtools::envNames(.GlobalEnv)
[1] "<environment:R_GlobalEnv>" "package:stats"
[3] "package:graphics"          "package:grDevices"
[5] "package:utils"             "package:datasets"
[7] "package:methods"           "Autoloads"
[9] "<environment: base>"
```

この親環境の列は base パッケージの `search()` 関数が返す**検索リスト** (search list) と対応しており，R や S でインタラクティブな計算を行う際にはつねに規範となってきた，「ライブラリをアタッチする」という考え方に由来するものである．実質的に，この親環境の列は R が検索リストの仕組みを実装する手段になっている．

パッケージをアタッチすると，そのパッケージからエクスポートされたオブジェクトを含む環境が，この親環境の列に挿入される．デフォルトでは `.GlobalEnv` の新たな親環境として挿入される．たとえば codetools パッケージを通常のやり方でアタッチすると，

package::codetools という名前の環境が挿入される．

```
> library(codetools)
> XRtools::envNames(.GlobalEnv)
[1] "<environment:R_GlobalEnv>"  "package:codetools"
[3] "package:stats"              "package:graphics"
[5] "package:grDevices"          "package:utils"
[7] "package:datasets"           "package:methods"
[9] "Autoloads"                  "<environment: base>"
```

検索リストはインタラクティブな計算のためには便利である．ひとたびパッケージがアタッチされれば，ユーザはすべての公開されているオブジェクトの名前を使うことができる．"lm" という名前は stats パッケージのオブジェクトにマッチするし，"iris" は datasets パッケージのオブジェクトにマッチする．しかしパッケージのプログラミングでは，より安全で明示的な規則が欲しくなる．パッケージをアタッチすると，検索リストの後方にある他のパッケージ内の同じ名前による参照を上書きしてしまう恐れがあるからだ．

あるパッケージで他のパッケージのオブジェクトが必要なら明示的にインポートすべきである．インポートは "NAMESPACE" ファイルの import() ディレクティブ (directive) や，より明示的な importFrom() ディレクティブを用いて行う．そうすればパッケージのロード時に，現在の検索リストの状態にはよらずに，当該パッケージの関数から参照している先が見つかることが，Rの評価器によって保証される．

パッケージの関数を呼び出すと，まずその関数呼び出しのフレーム内で名前が検索され，次にパッケージの名前空間内で検索される（なぜなら名前空間がその関数自身の環境だからだ）．関数自身の環境の親環境は，パッケージにインポートされたオブジェクトで構成される（インポート環境）．そして，インポート環境の親環境は base パッケージである（したがって base パッケージからオブジェクトをインポートしても意味がない）．これがどのように動作するのか，詳しくは7.3節で考察する．

XRtools パッケージにある myEnvNames() という小さな関数で例示しよう．この関数は，自分自身の呼び出しから辿ることのできる親環境たちの列を返すだけのものだ．

```
myEnvNames <- function(...)
    return(XRtools::envNames())
```

XRtools パッケージ内のどの関数も，myEnvNames() の戻り値と同じ親環境の列を持つ．

```
> library(XRtools)
> envs <- myEnvNames()
> length(envs)
[1] 14

> envs[1:4]
[1] "<environment: frame 1: myEnvNames()>"
```

```
[2] "<environment: namespace:XRtools>"
[3] "imports:XRtools"
[4] "<environment: namespace:base>"
```

最初の4つの環境がここでは重要である．関数呼び出しのフレーム，パッケージの名前空間，そのパッケージのインポート環境，そして base パッケージだ．さらに他にも 10 個の環境があることに注意してほしい．最初の4つの環境に検索リスト全体が加えられているのだ．これはなぜかというと，以前のバージョンの R では名前空間の使用を強制できなかったことが元々の理由である．しかし，R の拡張を書くときには検索リストの状態について何も前提にしてはならない．第7章で説明するパッケージの構造を用いるのが明快で安全だ．パッケージ自身の名前空間にも base パッケージにもないオブジェクトへの参照は，すべて完全修飾形式で書くか，"NAMESPACES" ファイルのディレクティブを用いて明示的にインポートすべきである．

3.2 関数呼び出し

関数呼び出しやその等価物は，ほとんどあらゆるプログラミング言語において中心的な位置を占めてきた．初期の概念ではプロシージャやサブルーチンがそれにあたる．最も単純な形式では，プロシージャやサブルーチンというのは次のような機械命令の列のことを指していた．すなわち，自身が行う計算へとジャンプしたあとに出発点へと返る，という意味で呼び出しが可能な命令列のことである．これに加えて，プロシージャでは引数を渡す仕組みが必要になり，関数呼び出しでは結果を返す仕組みが必要となった．

幾世代ものプログラミング言語とプログラマを経て，この計算モデルは洗練され精巧なものとなった．我々はこれを手続き型モデルと呼ぶが，これは現在も C 言語や他の有力な言語にとって重要なものであり続けている（ただし現在でははるかに柔軟な形式を持つようになっているが）．

だが，これは R の関数呼び出しにとっては有用なモデルではない．このモデルや，引数の渡し方についての関連する概念を R に適用しようとしても，混乱して誤解を招くだけだろう．

R の関数呼び出しを理解するために，再び「存在するものはすべてオブジェクトである」ということから始める．特に，呼び出されている関数の定義と，呼び出しのための未評価の式の両方がオブジェクトである．関数呼び出しはこれらのオブジェクトを用いて評価されるのであり，評価される引数への単なるポインタを渡すのとは非常に異なったモデルによっている．この違いは，バイトコンパイル (byte-compilation) や他言語へのインターフェース，あるいはメソッド選択のようなツールにとっては厄介なこともある．だがこの評価モデルは R を拡張するのに不可欠なものである．多くのプログラミング技法がこのモデルに依存しているのだ．

まずはオブジェクトとしての関数呼び出し自体から説明しよう．起こることはすべて関

数呼び出しである，というのが FUNCTION 原則 だが，これは本当にそのままの意味である．R 言語のどんなコード片でも，何かを引き起こすのであれば関数呼び出しと対応している．代入や括弧で囲んだ式の集まりのように，たとえ文法上は特殊な演算に見えるものでさえも関数呼び出しなのである．XRtools の typeAndClass() 関数は引数のクラスと内部的な型を表示する．式を未評価の状態で typeAndClass() 関数に与えるには，その式を quote() 関数で包めばよい．

```
> typeAndClass(quote({1;2}),quote(if(x > 3) 1 else 0), quote(x * 10))
          quote({    quote(if (..  quote(x * ..
Class    "{"         "if"          "call"
Type     "language"  "language"    "language"
```

オブジェクトのクラスはオブジェクトの役割を表しているが，型はすべて "language" であり，実際にはどれも関数呼び出しである．ただし，クラスが "call" でないものは通常の R 関数を呼び出すのではなく，内部の C 言語コードへの特別なインターフェースであるプリミティブを呼び出す（6.1 節，101 ページ参照）．ユーザがプリミティブ関数を作成することはできないので，本節では以降，呼び出しは通常の R 関数に対するものだと仮定する．

R の関数呼び出しは環境を作成することで評価される．環境には関数定義の各引数に対応するオブジェクトが割り当てられる．関数呼び出しの値とは，この環境における関数の本体 (body) を構成する式の値である．

48 ページの例では，行列を正規分布からのサンプルで満たすために rnorm(500) という関数呼び出しを使った．args() 関数を用いると rnorm() の仮引数とそのデフォルト値が表示される．

```
> args(rnorm)
function (n, mean = 0, sd = 1)
NULL
```

rnorm() の任意の呼び出しに対して，n，mean，sd という 3 つのオブジェクトが割り当てられた環境が作成される．関数オブジェクトの本体はこの環境において評価される．

```
> body(rnorm)
.Call(C_rnorm, n, mean, sd)
```

rnorm() の本体に含まれているのは C 言語への .Call() インターフェースの呼び出しだけである．

一般に，関数呼び出しの評価には 3 つのステップがある．

1. 仮引数と実引数が照合され，これらが組み合わさって仮引数の各々に対応する特殊なオブジェクトが形成される．これは R では**プロミス**と呼ばれる．
2. 評価のための新しい環境が作成される．この環境は最初は仮引数のプロミスを含んで

いる．我々はSの用語を用いてこの環境を呼び出しの**フレーム**と呼ぶ．

フレームの親環境すなわちエンクロージング環境とは，関数を定義した環境のことである．

3. 関数呼び出しの値とは，関数定義の本体がフレーム環境において評価された値のことである．

この評価モデルが意味する重要なことは，上記のステップがモデルの完全な記述になっているということである．関数定義と引数がわかれば値は決まってしまう．そして，その値が関数呼び出しにとって大事なもののすべてである．これは1.5節で紹介した関数型プログラミングのパラダイムと関係しているが，詳しくは5.1節で論じる．

このことの重要性を理解するために，データの欠損値 (missing value) を欠損でない要素の平均値で置き換える（補完する），小さな関数を考えてみよう．

```
fillin <- function(x) {
    nas <- is.na(x)
    if(any(nas))
        x[nas] <- mean(x[!nas])
    x
}
```

我々は引数を修正して補完されたデータを作成したが，もしこれが呼び出し側のもとのデータを破壊していたら，関数型プログラミングに対する重大な違反となっていただろう．しかし通常Rは置換演算を厳密に局所的なものとして解釈する．x の局所的な参照だけが修正されるのだ．もし同じ関数定義がPythonやJuliaのような他の言語で書かれていて，関数型プログラミングをするのが目的だったなら，関数の本体では最初に引数をコピーする必要があっただろう．

この評価モデルは原理的に一貫しており明快だが，重要な点において手続き型モデルと異なっている．我々のプログラミングの目的に関連する相違点には**プロミスオブジェクト** (promise object) とフレーム環境のふたつがある．

プロミスオブジェクトは引数の**遅延評価**モデルをサポートするために構築されたものである．伝統的な手続き型モデルとは異なり，引数は上述の箇条書きのステップ1では評価されず，ステップ3で必要に応じて評価される．

プロミスは極めて特殊な種類のRオブジェクトであり，ステップ1で各々の仮引数に対して作成される．C言語のレベルでは，プロミスオブジェクトは以下のフィールドを含む．

(1) 実引数の式，または引数が欠損していればデフォルト引数の式．
(2) 引数が評価済み（R用語で言えば評価が強制 (force) された）か否かを示すフラグ．
(3) 評価済みであれば，値のRオブジェクト．
(4) 引数に対して `missing()` が `TRUE` か否かを示すフラグ．

ひとたび評価が強制されると，プロミスオブジェクトへの要求に対してはプロミス内に保持された値が返されるようになる．これによって引数は一度だけ評価すれば済むことが保証される．だがプロミスオブジェクトは，引数が欠損かどうかという情報と未評価の引数を持ったまま依然として存在し続ける．

引数の参照に対して直接代入を行うとプロミスは破壊される．これは驚くような結果をもたらすことがある．たとえば，fillin() 関数にメッセージを表示させると決めたとしよう．メッセージには substitute() が返す引数の式を含めるものとする．

```
fillin <- function(x) {
    nas <- is.na(x)
    if(any(nas))
        x[nas] <- mean(x[!nas])
        message(sum(nas), " NA's in ", deparse(substitute(x)))
    x
}
```

NA がひとつもなければ，すべて期待通りになる．

```
> xFixed[,1] <- fillin(myX[,1])
0 NA's in myX[, 1]
```

だが，もし 2 列目に欠損があれば次のようになる．

```
> xFixed[,2] <- fillin(myX[,2])
2 NA's in c(-0.48, -0.93, -0.56, -0.56, -0.94, 0.11)
```

substitute(x) の呼び出しが，myX[, 2] という式ではなく評価された引数の値を返している．その原因は，修正されたオブジェクトが置換式によって x に割り当て直され，プロミスが破壊されたことにある．引数の式に関する情報や，引数が欠損しているかどうかといった情報は，こうした代入を行う前に取得しておく必要があるのだ．

値を必要とするような C 言語レベルのコードに引数が渡される場合，引数の評価が強制される（たとえば，rnorm() の中の .Call() は 3 つの引数すべての評価を強制する）．総称関数の呼び出しにおいても，**関数型メソッド** (functional method) を選択するのに引数の値が必要な場合には，欠損でない引数の評価が強制される．

評価が強制される式の中に引数が現れる場合，その引数は間接的に評価が強制されることになる．たとえば，引数が他の関数呼び出しの引数に含まれる場合である．ある関数の引数が別の関数呼び出しにおいて使用される場合には，評価が強制されるかもしれないと思うべきである．関数の中には，標準的な評価を回避して引数に特殊な扱いをするものがある（たとえば substitute() の第一引数がそうである）．そうした特殊なケースはバイトコンパイルのような技法にとっては邪魔になるが，この仕組みは R の評価モデルにとって根本的なものであり，多くの有用なアプリケーションがこの仕組みに依存している．

評価フレーム内のオブジェクトには，仮引数だけでなく，関数本体の評価中に局所的に

割り当てられたオブジェクトも含まれる．関数本体における計算では，これらのオブジェクトはどれでも参照可能である．また，評価フレームの親環境にあるオブジェクトも参照可能だ．実際のところ，複数の親環境からなる系列上にある，任意の環境を参照することができる．とはいえ，局所的なオブジェクトと明示的にインポートされたオブジェクト，そして base パッケージだけを用いるのが良いパッケージ設計である．

Rの関数を用いたプログラミングにおいて有用な技法として，関数本体内でインラインにヘルパ（helper）関数を定義するというものがある．これらのヘルパ関数はもとの関数のフレームを自身の親環境として持つ．結果として，ヘルパ関数はもとの関数のフレームからアクセス可能な引数やその他の任意のオブジェクトを参照することができる．このようなヘルパ関数は，たとえば引数として渡すときに有用である．なぜならヘルパ関数の呼び出しは他のどんな関数の中でも評価可能だからである．

明らかに，Rの関数呼び出しを組み立てて実行するというのは，低水準の機械演算という観点からは些細なことではない．オーバーヘッドが正確にはどの程度なのか一般的に見積もるのは難しいが，大抵は心配するほどのものではない．オーバーヘッドの桁を見積もると，関数呼び出し1回あたりに必要な計算の回数はおよそ $O(10^3)$ となる．これに関連する実測結果を5.5.1項で示す．そこで議論するように，もし関数の計算時間を大幅に削減することで読者の仕事が本当に改善されるのであれば，重要な計算をCやC++のような言語でより手続き的に実装したインターフェースを探すか，自分でプログラムするのがよいだろう．

3.3 インターフェース

くり返すが，Rで起こることはすべて関数呼び出しである．だがRがそれ以前のSと同様，大抵はFortranで，ときにはC言語で実装された多くのアルゴリズムの上に構築されているということも我々は強調した．したがって，計算の中にはRの**外**で起こるものがあり，Rからそれらの計算へのインターフェースが存在しなければならない．

C言語のレベルでRプロセスのコードにリンクする**内部的** (internal) インターフェースが存在する．実際，数え方にもよるが少なくとも6つのインターフェースの形式があり，そのうち3つはRのために設計されたもので，あとの3つはSから継承したものである．

Rの拡張にとっては `.Call()` インターフェースが飛び抜けて重要である．`.Call()` 以外の内部的インターフェースは，base パッケージ専用でRを拡張するためには使えなかったり，特殊だったり，かつては重要だったものである．ただしこれらのインターフェースを知っておく必要はあるし，特殊な場合には使うこともあるかもしれない．5.4節ではいろいろな内部的インターフェースについて議論する．第16章では，Rの拡張という文脈におけるサブルーチンインターフェースのプログラミングについて説明する．`.Call()` の既存の使われ方も，現在のRの動作にとっては重要である．

前節の `rnorm()` の例では，正規分布からデータを生成するのにC言語インターフェー

スを用いていた．

```
> rnorm
function (n, mean = 0, sd = 1)
.Call(C_rnorm, n, mean, sd)
<bytecode: 0x7f99435acc70>
<environment: namespace:stats>
```

C_norm というC言語ルーチンが引数のRオブジェクトを解釈し，計算を実行して結果を含むRオブジェクトを返す．このインターフェースの一般形は次のとおり．

```
.Call(.NAME, ...)
```

... 引数は任意のRオブジェクトである．.Call() の第一引数は，関数名の文字列かその等価物を用いてC言語の関数を特定する．C言語側では各引数のデータ型は同じであり，直観的に言えば「Rオブジェクトへのポインタ」である．C言語関数の戻り値も引数と同じ型を持つ．

C言語のエントリポイントはRプロセスからアクセス可能になっていなければならないが，これは通常，C言語ルーチンをパッケージ（この場合には stats パッケージ）のソースコードに含めることによってなされる．Rは，ロードされたエントリポイントを参照する特殊なオブジェクトを返す，ルーチン登録の仕組みを提供している．このオブジェクトには必要な引数の個数のような付加的情報も含まれる．C_norm というRオブジェクトはC言語レベルで実装されたルーチンへの参照であり，すでに登録されている（7.3.4 項参照）．

.Call() は単純で汎用的な形式を持つようにうまくできている．INTERFACE原則 をどれだけ簡単に応用できるかは，必要な計算へ処理をつなげるために要求されるプログラミングの量と技量によって決まる．

.Call() インターフェースはS4で導入されRに採用された．このインターフェースは広く用いられており，多くの使用例がある．それにもかかわらず，C言語レベルでのプログラミングは依然としてそれなりに困難なものであり，落とし穴もある．Rを拡張するプロジェクトにとってインターフェースは鍵となるものである．その中にはサブルーチンへの内部的インターフェースであって，潜在的には有用かもしれないものが数多く含まれる．しかし，それらのインターフェースの大部分に対して推奨できる使用法は，C++ への Rcpp によるインターフェースを通じて使うことである．Rcpp パッケージによってインターフェースに必要なことの多くが自動化され，安全で柔軟な方法でRオブジェクトを参照することができる（第16章）．

3.4 R評価器

オブジェクト，関数呼び出し，そしてサブルーチンインターフェースと，Rで計算する

ために不可欠な要素はすべて揃った．いまや我々に必要なのは，これらの要素がどのようにしてまとめあげられているのかを理解することである．根本的にはそれは **R 評価器** の仕事だ．

Rはパースして評価する (parse-eval) という，古典的なプログラムである．元々のユーザインタフェースは，プログラムが標準入力からテキスト行を読み，それをパースし，パースされた完全な式の各々を評価するというものだった．パースされた式は必ずオブジェクトになる．

評価において基礎となるオブジェクトの種類が3つある．名前，関数呼び出し，そしてその他すべてである．その他すべてのオブジェクトというのはデータ（定数）のことであり，評価されるとそのオブジェクト自身になる．（オブジェクト参照としての）名前と関数呼び出しは，3.1節と3.2節で説明したとおりに評価される．すでに見たとおり，オブジェクト参照と関数呼び出しは，評価がその中で行われる環境が与えられていなければ評価できない．

R評価器はC言語によるサブルーチンとして実装されており，パースされたオブジェクトと現在の環境を引数にとる．評価についてより詳しく調べるのに便利なものとして，評価器に類似した同じ名前のR関数 `eval(expr, envir)` がある．この関数は第二引数のデフォルト値として自身の呼び出し環境をとる．

すでに述べたように，データすなわち定数を特徴付けるのは，データオブジェクトは評価されるとそれ自身になるということである．たとえば，数値定数の 1.0 ならこうだ．

```
> eval(quote(1.0))
[1] 1

> identical(quote(1.0), 1.0)
[1] TRUE
```

データオブジェクトのうち，パースされるテキストにおいて定数として簡単に入力できるのは数値と文字列だけである．だが評価器はあらゆるデータを同様に扱う．さらに，Rは定数としてパースされる構文上の名前をいくつか導入している．その中で注目すべきは `TRUE` と `FALSE` である．

オブジェクトとしての名前は `"symbol"` という固定された型を持つ．

```
> x <- 3.14
> typeof(quote(x))
[1] "symbol"

> typeof(x)
[1] "double"
```

3.1節で論じたように，評価器は名前を現在環境から探し始める．

3.2節で見たように，関数呼び出しもまた `"language"` という固定された型を持つ．し

たがって eval() というのは図式的に示すと3つの選択肢を持つ switch にすぎない．

```
function(expr, envir) {
    switch(typeof(expr),
    symbol = findName(expr, envir), # オブジェクト参照
    language = callFun(expr, envir), # 関数呼び出し
    expr) # その他のすべて（すなわち定数）
}
```

上記の eval() の実装もどきの中にある findName() 関数と callFun() 関数は，3.1節と3.2節で述べたとおりに名前と関数呼び出しに対する計算を実行する．実際のC言語による実装を見れば，これらの関数は findVar() と applyClosure() というルーチンの類似物だということがわかる．

Rセッションでユーザが入力した式を評価するときのように，評価器がトップレベルから呼び出されるときには**評価して表示する** (eval-print) 操作を行う．つまり，評価器は式を評価して，それから（通常は）何かを標準出力に表示するという追加の計算を必要に応じて実行する．

トップレベルの評価器では eval() より少しだけ多くのことが起こる．トップレベルの式の値が通常は表示されるということだ．C言語のコードはRのソースコードの"main.c" ファイルの中，特に Rf_replInteration() ルーチンのところにある．

Rの計算モデルを単純化すると，評価器は実質的には以下の関数を呼び出していることになる．ここで expr はパースされた完全な式に，.GlobalEnv は大域的環境に対応している．

```
mainEval <- function(expr) {
    value <- eval(expr, .Globalenv)
    assign(".Last.value", value, envir = .Globalenv)
    if(isVisible(value))
        printValue(value, .Globalenv)
}
```

パースされた式は大域的環境で評価され，そこに割り当てられる．

次に評価器は結果を表示すべきか否かを決定する．厳密に正確な言い方ではないが，評価結果には対応する「ビット」があり，ビットが立っていれば評価器は値を表示するという考え方である．printValue() に対応する計算では，**形式的クラス** (formal class) のオブジェクト（R用語では**S4オブジェクト**）に対しては show() 総称関数が呼び出され，その他のオブジェクトに対しては print() が呼び出される（S4メソッドが利用可能だとは限らないと想定されている）．

base のC言語コードだけがこの表示のための疑似ビットを直接制御できるが，プリミティブ関数の invisible() を使えばビットをオフにできる．visible() 関数というものは存在しないが，c(x) を使えば望む効果が得られる．

様々な特殊な計算に対応するプリミティブ関数は，大抵は合理的な動作をする．たとえば代入関数では代入されたオブジェクトが返されるが表示はされないし，else 節のない if() 関数で条件が FALSE となる場合には NULL が返されるが表示はされない．

実際の評価器において mainEval() に対応する計算は，「コンソール」から与えられた式をパースして評価するループの一部であり，エラーや警告の処理も行う．

第 II 部

R によるプログラミング

　第 3 章では三原則に対応する R の構成要素について，それらの要素が R の実装においてそれぞれどのように実現されているのか，またそれらの要素が R 評価器においてどのようにまとめあげられているのかを考察した．

　本書は R の拡張に関するものなので，我々の次のステップはその文脈において**プログラミング**について考察することである．すなわち，R にできることを拡張する新しいソフトウェアの作成について考察するということだ．R プログラミングによって成せる貢献には多くのレベルがある．小規模なニーズに応えることに特化したソリューションもあれば，大規模なプロジェクトにおいてデータを用いた計算が全体の目標に貢献するということもある．第 4 章では，様々な規模と拡張の動機に対して R プログラミングがどう応じるのが最善なのかを検討する．

　続く各章では，基本原則に関連する R プログラミングのトピックを扱う．第 5 章では関数によるプログラミングについて検討する．すなわち，R 固有の文脈における関数型計算と，R が特殊な構造を持つ 2 つの領域（代入と，言語に対する計算）について検討する．関数レベルでの内部的インターフェースについて，また計算効率について考える際にそれらのインターフェースが果たす役割についてもそこで議論する．R からのインターフェースに関する一般的な検討は第 IV 部で行う．

　同様にして，第 6 章では R のオブジェクトに関連するトピックを見る．オブジェクトが実際にはどのように構成されているのかの理解，オブジェクトに対する動的メモリの管理，それから参照オブジェクト（特に環境）がそのトピックである．

　大きなプロジェクトであれば，R を拡張するためのプログラミングはひとつ以上の R パッケージを用いて構成する必要がある．第 7 章では，パッケージの構造と，パッケージを R ユーザが利用できるようにするためのインストールとロードの操作，さらにパッケージを共有するための選択肢について説明する．

　以上のことは「トピック」にすぎない．R を拡張するためのプログラミングについてすべてを語っていると，それだけで一冊の大きな本になってしまうだろうし，本書はすでに充分長い．R プログラミングによってソフトウェアに価値ある拡張をするのに役立つアイディアと技法を強調するようにトピックは選ばれている．さらなる情報源には先に進みながら触れるようにするが，読者自身も積極的に調べることを強く推奨する．良い解説書やオンラインフォーラム，その他の有益な情報源はたくさんある

第4章

小規模／中規模／大規模プログラミング

　興味ある結果をすぐに計算するための機能がつねにRの魅力のひとつであった．オリジナルのSにとって重要だった開発動機，すなわちデータを理解するための最良の計算手法に簡単にアクセスするということが，現在でも重要であり続けているのだ．

　Rという同一の言語がインタラクティブにも使われるし，関数を定義するのにも使われるので，計算からプログラミングへと移行するのに要するステップはほとんどないに等しい．それゆえ，Rを導入する際には，初期の段階からユーザが自分自身で関数を書くように奨励するべきだ．

　本書での我々の関心はRにできることを拡張することにあり，これは単に関数を書くよりさらに大きな目標である．Rコミュニティは多様であり，コミュニティのメンバーにとって重要なプロジェクトの規模や動機となる目標はあらゆる範囲にわたっている．プロジェクトの規模が大きくなると，小さな規模のときに役立ったツールも依然として有用ではあるが，新しいツールも重要になってくる．

　Rによるプログラミングについて説明する上では，小規模，中規模，大規模の3つを区別するのが有用である．

- 小規模プログラミングとは，アイディアがまだ温かいうちに素早く試すために，そのアイディアをソフトウェアにすることである．
- 中規模プログラミングとは，ソフトウェアが再利用される可能性が高く，関連する計算がうまく定義され実行されるときに現れるものである．
- 大規模プログラミングとは，必要な限りであらゆる範囲の技法を用いて重要なプロジェクトを遂行するために要求される，ソフトウェア的な取り組み全体のことである．その目標はユーザあるいは組織のニーズを満たすことであり，プログラミングはそのための手段である．

データから知見を得ることが目標の一部である場合には，Rはどんな規模のプログラミングにおいても助けになりうる．そして，どのような規模であれ有益なRの拡張が行える．各々の規模において，Rの特定の側面が特に重要になる．

小規模プログラミング

Rという同じ言語がインタラクティブにも使われるし，プログラミングにも使われるので，小規模プログラミングとは通常の計算を再利用することにすぎない．初めて書くプログラムの例として有名な，あるいは悪名高い "Hello World!" はRではそもそもプログラミングのタスクというほどのものでさえない．

```
> "Hello world!"
[1] "Hello world!"
```

この例が，元々はプログラミングの仕組み自体を学ぶ必要があったインタラクティブでないシステムに由来しているというのは偶然ではない．そうしたシステムとは異なりRではプログラミングで本当に関心があることをすぐに考えることができる．つまり，タスクを定義し，命令を伝え，結果を利用するということである．

Rにおける小規模プログラミングというのは関数を作成することに等しい．それは，やりたい計算を本体として持つ関数オブジェクトを割り当てて，その計算への入力を引数とすることによってなされる（ここでもまた OBJECT 原則 と FUNCTION 原則 が現れる）．

例として flowers というデータセットを見よう．これは実際には有名なアヤメのデータの別バージョンであり，わざと欠損値を加えてある．

アヤメのデータはクラスタリングや判別分析に使われる古典的な例である．たとえば stats パッケージの kmeans() プロシージャを試してみよう．

```
> kmeans(flowers, 3)
Error in do_one(nmeth):外部関数の呼び出し(引数1)中にNA/NaN/Inf があります
```

この少しわかりづらいエラーメッセージは，kmeans() の計算では欠損値を扱えないということを示している．

```
> apply(flowers, 2, function(x) sum(is.na(x)))
slength  swidth plength  pwidth
      3       1       2       0
```

このような状況における典型的なアドバイスは，欠損値を含む行を削除せよということである．Rにはまさにそれを行うための na.omit() という便利な関数がある．これはうまく動作するが，少し実験してみるとわかるように，アルゴリズムが3つの種への**自明な**クラスタリングを再現するには，何度かランダムに初期値を変えてみる必要がある．

```
fit <- kmeans(na.omit(flowers), 3, nstart = 3)
```

大抵の場合において欠損があるのは1つの変数だけなのだが，たとえそうであっても欠損値を持つ観測対象にクラスタを割り当てることができないのが，na.omit() を使うと不便なところである．NA を持つ観測対象にクラスタを割り当てるために，非欠損データを用いた推定値，たとえば平均値によって，欠損値を置き換えることができるだろう．これを

直接実装すれば NA がある列を書き換えることになる.

```
nas <- is.na(flowers[,1])
flowers[nas, 1] <- mean(flowers[!nas,1])
```

しかし，いくつかの理由により関数型のアプローチをとるほうがよい．最も明白な理由として，我々はデータを永続的に変更するつもりはなく，単に補正したデータでモデルを計算したら何が起こるのかを見たかっただけだということがある．na.omit() を用いたときの関数型の形式のほうが，R においては自然な計算の表現なのである．

ここでは FUNCTION 原則 と OBJECT 原則 の両方が当てはまる．すなわち，補正されたデータを表現するオブジェクトを持つこと，そしてもとのオブジェクトを欲しいオブジェクトへと写像する関数を持つことが，R らしいやり方なのである．

同じ計算を関数型の形式で書けば次のようになるだろう．

```
fillIn <- function(x) {
    for(j in 1:ncol(x)) {
        nas <- is.na(x[,j])
        x[nas,j] <- mean(x[!nas,j])
    }
    x
}
```

こうすれば，あとは na.omit() を fillIn() で置き換えるだけでよい．

```
fit <- kmeans(fillIn(flowers), 3, nstart = 3)
```

これによって期待したクラスタリング結果も得られる．先頭の 2 変数と，上記のクラスタリングのモデルが与えたラベルをプロットしてみよう．

```
plot(flowers[,1:2], pch = as.character(fit$cluster))
```

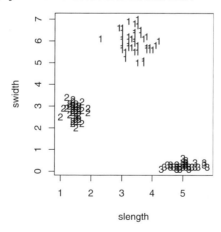

以上の例で用いたデータと fillIn() 関数は両方 XRExamples パッケージに入っている．

関数を定義することで，この例は少なくとも局地的には R のささやかな拡張となり，分

析が改善されている．この関数は，このデータセット特有の性質にはよらない一般的な方針を明らかにしている．関数は再利用できるということだ．また，たとえば mean をデフォルト値に持つサマリ関数を引数に加えたりして，さらに探求を深めるといったことも考えられる．

しかしながら，小規模プログラミングにおける関数型計算の最も重要な貢献は，我々の考え方に対するものなのかもしれない．データ分析というのは非常に深い意味において関数型なのだ．我々はモデルを構築し，要約し，表示し，変換するが，これらはすべてデータの関数である．上記の小さな例において，fillIn() 関数は欠損値を補完する単純な関数である．欠損値の補完を扱っているパッケージや書籍はいろいろある（たとえば，CRAN の Amelia パッケージ [19]）．もし欠損データが深刻な問題なのであれば，fillIn() 関数の代わりにこうしたパッケージや書籍を調べてみるのもよいだろう．

小規模プログラミングへの関数型計算によるアプローチは短期的に役立つし，より大規模な観点が必要になったときにもその手助けになる．

中規模プログラミング

中規模レベルのRプログラミングが必要になるのは，新しいソフトウェアには持続的な価値があると認識したときである．この認識によって（あるいはもっと早いときもあるが），視野が広がるだろう．他にどんな種類のデータがこの計算に適合するだろうか？ 他に代わりの計算手法はないだろうか？ 結果を表示する興味深い方法はないだろうか？ また，以前に「Rの既存のソフトウェアで手助けになるものはないだろうか？」と疑問に思ったことがないのであれば，それを問うてみるよい機会でもある．

現在では多様で膨大な数のRの拡張機能が利用可能であることを考えると，自分自身でプログラミングを続けなくとも，ちょっと真剣に検索すればRの既存のソフトウェアで手助けになるものを見つけることができるかもしれない．上述の fillIn() という小さな例はそうした場合にあたるだろう．既存のソフトウェアだけで必要なものは足りると判断したとしても，その前に小規模プログラミングをするのが悪い考えだったというわけではない．アイディアを定式化して試してみること，特に関数型の形式でそうすることは，問いを明確にして集中的に思考するための不可欠なステップである．

他方，プログラミングのプロジェクトを追求する価値があると判断したのであれば，それはRを拡張するということとほとんど同じである．ソフトウェアを公開する用意がある場合でも，単に手元の仕事に必要なツールを追加するだけという場合でも，それはRの拡張である．この点において，本書の残りで議論するほぼすべてのアイディアや技法が手助けになることを私は願っている．当然，言及しておくべき有用な技法は他にもある．

Rによるプログラミングで中規模レベルに移行する際には，Rパッケージを作成することがほぼ必ず役に立つだろう．このステップは非常に重要なので，本書においてRを本質的に拡張するようなプログラミングについて論じる際には，つねにRパッケージを作成するという状況を想定している．第7章ではなぜパッケージが重要なのか，説明が必要な範

囲でいくつかの根拠を示す．

パッケージの構造は小規模プログラミングよりも複雑であり，必要な準備も多いことは認めざるを得ない．ソースパッケージを作成し始めるには，既存のRの関数定義やデータを利用するのが一般的である．Rそのものや Rcpp のようなパッケージ，それから RStudio のような開発環境に含まれるツールも役に立つ．

単純なプログラミングに加えて，以下のような活動も必要になる．

- **共有**：パッケージは，局地的に利用できるようにする場合でも広く公開する場合でも，他者が使える形でインストールできる形式にする必要がある．7.4節でこのために利用可能な2つの仕組みについて議論する．
- **ドキュメント**：ユーザにはドキュメントが必要だ．伝統的なRのドキュメント作成だけでなく，現在では他にも多くのコミュニケーション方法があり，それらも有益かもしれない．第7章ではこの分野におけるいくつかのトピックについて議論するが，他にも役立つツールはたくさんある．ここではRによるウェブベースのプレゼンテーションという分野を割愛したが，これは追求する価値のあるものだ．
- **テスト**：この規模のソフトウェアは小規模なものより重要性が高いので，その品質についてもより強い関心が寄せられる．コンピューティングに関わる多くの人々にとって，品質に関心を持つということはテストを行うということと概ね同じ意味であり，特に，可能な限り網羅的であらゆる側面から検証を行うテスト一式を持っているという意味である．

この意味でのテストは本書のトピックには含まれない．Rパッケージの作成過程において，テストとは要するにチェックすること，特に "R CMD check" ユーティリティを用いたチェックのことである（「Rの拡張を書く（原題：*Writing R Extensions*）[a]」1.3節）．これはパッケージ全体に対して一連のチェックを実行するものであり，いくつかの点においては，パッケージをリポジトリにインストールする際の妥当性の確認という観点から設計されている．

テストに関する別の観点では，パッケージやその他のソフトウェアの中の特定の**ユニット**（たとえばRの関数やクラス）を対象としたテストに着目する（そのため，このアプローチに対して**ユニットテスト**という用語がよく使われる）．特定のユニットをテストするのを支援するRパッケージは複数あり，特に有名なのは RUnit パッケージ [7] である[b]．

いずれの形式のテストスクリプトも，パッケージに対する重要な追加要素である．しかしながら，テストだけに頼ること，あるいはテストに過剰に頼ることは，ソフトウェアの

---

[a] 訳注：https://cran.r-project.org/doc/manuals/r-release/R-exts.html
　日本語版は https://cran.r-project.org/doc/contrib/manuals-jp/R-exts.jp.pdf
[b] 訳注：ただし，本書（邦訳）出版時点で最も利用されているテスト用パッケージは testthat パッケージだと思われる．https://cran.r-project.org/package=testthat

正しさを確信できるほど十分な理解を誰も持っていないということを示唆する．そうした状況は宇宙探査機のような巨大で複雑なシステムでは避けられないことかもしれない．だがパッケージによるRの拡張では，テストは補完的なものであるべきだ．ソフトウェアそれ自体が，理解可能で納得できるものであるべきなのだ．以下のような技法がその目標を達成するのに役立つだろう．

- **インポート**：Rパッケージは，他にどんなRのソフトウェアが使われているのかを明確に示すべきである．現在のRパッケージではインポート対象を指定することで依存性を明示することができる．パッケージがそうしたステップを管理するための便利なツールもある（7.3.1項）．使用する他のパッケージの関数とオブジェクトはすべて明示するのが最良の方策である．
- **関数性**：パッケージは，小規模プログラミングで強調した関数型の概念を活用する必要がある．関数型プログラミングのパラダイムは特に重要である．それは本質的にはソフトウェアをよりよく理解し，その妥当性を示そうという動機に基づいている．Rは関数型プログラミングをサポートしているが強制はしないので，そのやり方を理解しておくのがよい（5.1節）．
- **オブジェクト指向プログラミング**：ソフトウェアの大規模化がもたらしがちなもうひとつの帰結は，おそらくは実装される方針の範囲と連動して応用範囲も拡大するということである．それが今度はソフトウェアの複雑性を増大させる．第1章で述べたように，オブジェクト指向プログラミングがおそらくは複雑さを管理するための最良のツールである．

  特にRパッケージにふさわしいのは関数型OOPである．目的によっては，興味ある種類のデータを表現するための関連するクラスを作成するのが自然かもしれないし，必要な結果をもたらす一般的な（それゆえ総称的な）関数を定義するのが自然かもしれない．あるいはクラスと関数の両方を作成するのがよい場合もある．必要となる具体的なプロパティや機能は関数型メソッドで実装するのが自然だ（第10章）．

RパッケージとそのRの拡張との関係についてはさらに説明すべきことがあり，第7章をすべてこのトピックに費やす．読者には他の情報源も積極的に探してほしい．たとえば書籍（特に[37]）や多くのブログ，メーリングリスト，オンラインのコミュニティなど．

大規模プログラミング

私の分類における大規模プログラミングとは，ソフトウェアそれ自体を超えた目標を持つプロジェクトの要求に応えるためのプログラミングのことである．プロジェクトがデータに基づく知見から恩恵を受けるような場合，Rはますます価値ある貢献をなすものだと見なされるようになっている．

Rの拡張は様々なプロジェクトにおいて見られる．たとえば分析結果を組織のワークフローに統合すること，科学実験や臨床研究の一部として大量のデータを整理し分析するこ

と，データの扱いが困難なソーシャルメディアや他の分野において知見を追求することなどである．

　この意味での大規模プログラミングにおいては，計算ニーズが多岐にわたることが多いのが際立った特徴である．そうしたニーズが数個の小さなタスクに収まらないことは確実であり，単一の集中的な中規模プロジェクトに還元できることも少ない．

　大規模プログラミングでは，ソフトウェアの全体的な設計について事前に考えておくべきである（あるいは，より現実的には，最初に少し遊んでみるとそのような設計の必要性に気付くということがあるだろう）．設計プロセスでは，より大きな目標を支える統合されたツール群を考案する必要がある．ソフトウェアはデータに基づくプロセス全体に統合されていなければならず，大抵はデータの取得や分析，そして結果をプロジェクトの参加者以外にも提示することが含まれる．

　小／中規模のプログラミングで重要だった原則とツール，すなわち関数とパッケージは依然として重要である．プロジェクトのより大きな目標が重要な場合，ソフトウェアの品質に焦点を合わせなければならない．プロジェクトが進展するにつれて複雑性が増大するかもしれないが，オブジェクト指向プログラミングがそれに対応するためのひとつの技法になるだろう．

　現代の挑戦的なアプリケーションは複数の点において「大規模」であることが多い．データソースが巨大だったり，負荷の大きい計算が要求されたり，目的が複数かつ多様であったりする．広範囲の科学的あるいはビジネス的なアプリケーションに共通しているのは，データが大量にあり，必要な情報を得るには非自明な分析が要求されるということである．

　大規模プログラミングに関する基本的な教訓は，その大きさに応じた広く柔軟な対応が要求されるということだ．特に，単一の言語やソフトウェアシステムがすべての点において理想的だということはありそうもない．複数のシステムをインターフェースでつなぐのが最良の対応かもしれない．第IV部ではRからのインターフェースの設計について探求する．

第 5 章

関数

　本章では，R を拡張する際に現れる関数のさまざまな側面を取り扱う．前章で論じたように，R を使用する場合，とりあえず欲しい結果を得るための小規模プログラミングというのは，基本的に関数を用いたプログラミングのことを指す．R を拡張していくと，我々は次のステップに進んで規模を拡大することになる．特に，重要な技法やアイディア，アプリケーションを実装する R のソフトウェア，すなわち拡張を何か作りたくなってくる．関数が中心的なものであることは変わらないが，関数が（大抵は R パッケージの一部として）どの程度うまく目的を達成できるか，という関心を伴うようになる．

　5.1 節では関数型プログラミングを R と関連付ける．重点を置くのは関数型の動作を実現してみせることである．関数型プログラミングは R の拡張の信頼性と安全性に寄与する．

　5.2 節から 5.4 節では，R での計算において他の多くの言語と異なる点や，効果的にプログラミングを行うために理解しておく必要があるであろう点について分析する．

　5.2 節では，局所的環境においてオブジェクトの代入あるいは修正を行う**置換式**について議論する．R はこのような式に対して非常に柔軟なアプローチをとっている．R の置換式の統一性は関数型プログラミングをサポートするのにも役立つ．

　5.3 節では，**言語オブジェクト**を用いた計算技法について議論する．OBJECT 原則と引数の遅延評価のおかげで，R では特殊な結果を計算する式を構築するための記号的計算を行うことができる．

　INTERFACE 原則と R の発展過程から，R の基本的な計算は C や Fortran の低水準コードに対する R インターフェースに依存しているということがわかる．5.4 節ではこのインターフェースの様々なバージョンについて考察する．

　5.5 節では計算の効率性について，いくつかの側面から考察する．

　各議論が自己充足的になるように試みるが，これらは R の関数についての完全なレビューというよりは，それぞれ個別のトピックである．R の関数についてさらに詳しく知りたければ文献 [36] の第 6 章や文献 [11] の第 3 章などがある．

5.1 関数型プログラミングとR

計算パラダイムとしての関数型プログラミングの3つの主要な基準は以下のように要約できる．

1. どんな計算も関数呼び出しとして表現できる．
2. 関数呼び出しの値は引数の値によって一意的に定まる．
3. 関数呼び出しの結果は戻り値のみである．

関数型プログラミングの目標は信頼性である．つまり，関数の結果が再現可能であり，どこでも安全に使用可能なのだとわかるようにすることだ．

第一の基準は要するにRの FUNCTION 原則 だ．起こることは何であれ関数呼び出しである．残りの2つの基準が要求しているのは，要するに計算のための関数は関数の数学的定義を模倣しなければならないということだ．すなわち，ひとつの集合（引数がとりうるすべての値）からもうひとつの集合（返されうるすべての結果）への写像であって，他の依存性や副作用は持たないという定義である．

Rにおいてこれが意味するのは，関数定義が外部のオブジェクトや変更されうる内部の変数に依存しないということ，また，逆に関数定義がそうしたオブジェクトや変数値を変更することもないということである．

第二の基準はRで高品質のソフトウェアを作成するために最も重要なことだが，実践するのが最も困難なことでもある．この基準は，我々の関数定義は既知で完全なものであり，それゆえその関数から呼び出されるすべての関数も同様に定義されていなければならない，ということを言っている．これらの関数定義のどれひとつとして，ひとつの呼び出しから別の呼び出しまでの間に変更されうるかもしれない外部のデータに依存してはならないということを我々は主張している．

ある関数の妥当性を確認するための第一段階は，単にその関数の定義と，その関数が呼び出すすべての関数の定義を知ることである．

1. 当該の関数自体はRパッケージの中に存在するべきだ．なぜなら，パッケージ以外のソースファイルから作成された関数を呼び出すと，その呼び出しの結果が，呼び出しがなされたときのRプロセスの検索リストに依存してしまうかもしれないからである．
2. 当該の関数から呼び出されるすべての関数は，同一のパッケージ内に存在するか，別のパッケージの関数への曖昧さのない参照となっていなければならない．
   外部への参照に曖昧さ (ambiguous) がないのは，`stat::lm()` のような形式で完全修飾されている場合か，関数がパッケージの `"NAMESPACE"` ファイルでディレクティブを用いて次のように明示的にインポートされている場合である．

   ```
   importFrom(stats, lm)
   ```

修飾されていない名前が残っている場合，それは base パッケージの関数への参照になっている必要がある．
3. 関数の個々の使用においても妥当性を保証するためには，Rと使用されているすべてのパッケージのバージョンを指定する必要もあるだろう．

最も重要な要求は2番目の項目である．CRANのようなリポジトリでは，この方法で外部の関数への参照を明示的にするよう，次第に開発者に要求するようになってきた．これはよい習慣であり，Rを拡張する際には従うべきである．

この習慣を実践すれば，どの関数が呼び出してよいものなのかを厳密にチェックすることが可能になる．そして，新たに作成した関数が明確で信頼できるものであるかどうかは，その関数から呼び出される関数が明確で信頼できるものかどうかに依存することになる．

関数型プログラミングは，関数の値がシステム外部の状態からは独立していることを要求する．そうでなければ，関数を他の計算の中で用いるときに，予期した結果がもたらされると信じてその関数を使うことはできない．この保証がなければ関数の信頼性は完全なものにならない．

Rにおける外部状態の例としておそらく最もありふれているのは，様々な分布からの「ランダム」な値の生成だろう．どんな擬似乱数生成器が生成する値も，生成器の初期状態がわかっている場合にのみ再現可能である．

stats パッケージの kmeans() クラスタリング関数はランダムな初期配置を用いるので関数型計算ではない．結果として，この関数を同じ引数で2回呼び出すと値はまったく異なる可能性がある．アヤメのデータの flowers バージョンを使うと以下のようになる（64ページ参照）．

```
> set.seed(382)
> x <- na.omit(flowers)
> fit <-kmeans(x,3); table(fit$cluster)
 1  2  3
50 50 45

> fit <-kmeans(x,3); table(fit$cluster)
  1   2   3
 28 100  17
```

2つの同一な関数呼び出しから，まったく異なるクラスタリング結果が得られた．kmeans() は修正なしでは関数型計算において信頼して使うことができない．

Rでは他にも options() 関数や getOption() 関数によって非局所的な値がサポートされている．ユーザは実質的には大域的テーブルに対して任意の名前付きオブジェクトを設定したり問い合わせたりできる．これらのオプションはユーザの利便性のためにあり，典型的には計算を調整するパラメータを設定するために使われる．だがこれらに依存する

関数は，個々の関数呼び出しにおいて引数が同じであっても異なる結果を返す可能性がある．

S3総称関数の `aggregate()` も `stats` パッケージに含まれている関数だが，時系列（`ts`クラス）を分割してもとの時系列を要約した新しい時系列を返すメソッドを持っている．このメソッドには通常は省略される引数が1つあり，この引数のデフォルト値は大域的オプションの `ts.eps` である．

```
> args(getS3method("aggregate", "ts"))
function (x, nfrequency = 1, FUN = sum, ndeltat = 1,
          ts.eps = getOption("ts.eps"),
     ...)
NULL
```

この関数の戻り値は，Rセッションで `aggregate()` を呼ぶ前にこのオプションが設定されればいつでも変更されうる．

以上の問題に対して何をすべきなのか？ 関数型プログラミングが与える答えは極めて明確である．計算において変化しうるパラメータは関数の引数と対応していなければならない．そしてRにおいては引数のデフォルト値は既知の値でなければならない，ということだ．我々はここで用いられた計算技法に反対しているわけではないということに注意してほしい．ランダムな初期化や変更可能な収束基準は有益である．だがそれらの技法を信頼できる関数の中で使うためには，そうした技法の仕様が理解しやすく，結果を再現するのに使えるものになっていなければならないのだ．ランダム化を用いる関数であれば，引数で乱数の種を与える仕組みを提供し，その引数のデフォルト設定を固定すべきである．調整用のパラメータもデフォルト値が固定された引数にするべきだ．ユーザはオプションを設定して，そのオプションの値を調整用パラメータとして関数を呼び出すことができる．こうすると関数性を守るかどうかは呼び出し側の責任となるが，関数は明確に定義されている．

特にサブルーチンへのインターフェースを使うときには，調整用パラメータや制御用数値を指定するための他の仕組みも存在している．CやC++，Fortranのソフトウェアが大域的な値を参照したり，それらを設定する仕組みを提供していたりする場合があるのだ．この場合単純な解決策はないが，高品質のソフトウェア（オープンソースが望ましい）を使えばいくらか信頼性は高まる．とはいえ最終結果の信頼性が重要なのであれば，深く掘り下げて調べる必要があるかもしれない．

関数型プログラミングの第三の基準，すなわち副作用を避けることもまた重要である．だがこの基準を満たしたりチェックしたりするのは第二の基準と比べればより簡単である．通常のRのベクトルやそれに類似したクラスのオブジェクトを使い，それらを通常の代入や置換演算によって操作していれば，Rにおけるこれらの演算の一般的な仕組みのおかげで，関数呼び出しの評価においては副作用が避けられる．これについては5.2節で述べる．

通常，副作用を持つことが明らかな計算は非局所的な代入によってもたらされる（たとえば `<<-` 演算子や `assign()` 関数）．大域的な値を設定する関数もまた副作用を持つ．たとえばオプションを設定する `option()` 関数である．他にも呼び出される関数で動作が疑わしいものがあれば調査すべきだ．

環境や外部参照のような**参照オブジェクト**(reference object) は副作用をもたらしうる．最頻出の参照オブジェクトは `environment` 型の環境と，`externalref` 型の外部参照だろう．環境に対しては `$<-` 演算子を用いた R の通常の置換演算が非局所的になるので，特に危険である．外部参照は他言語へのインターフェースを通じて副作用を引き起こすことが最も多い．外部参照が他言語のオブジェクトに対するプロキシとなっている場合には，我々の関数から呼び出される他言語での演算はどんな副作用でも持ちうる．

たとえ参照オブジェクトであっても，局所的に作成して複数の関数呼び出しの間で使い回さないのであれば外部への影響はない．たとえば，外部への副作用がない局所的なストレージや参照として環境を作成し，使用することもできるだろう．だが，もしも環境が関数呼び出しの外側に存在していればそうはいかない．

5.2 代入と置換

本節では，代入の二項演算子 `<-` （あるいは `=` でもよい）[1] を用いて関数呼び出し内でオブジェクトを作成または変更する，すべての R の計算について検討する．R ではこれらの計算をまとめて**置換式** (replacement expression) という．

R におけるこれらの式は，他のプログラミング言語における類似した計算とはいくつかの重要な点で極めて異なっている．大多数の言語では，代入演算子の左辺には限られた範囲の式しか書けない．伝統的に**左辺値** (lvalue) と呼ばれているものである．R は汎用的な置換式をサポートしており，代入演算子の左辺は適切な関数形を持つものなら何でもよい．これによって柔軟性が得られるが，関数型プログラミングに必要な参照の局所性もサポートされる．

置換式の一般形とその実装について考察することから始めよう．

置換式は R において有用なプログラミングの仕組みへと発展してゆく．**置換関数** (replacement function) や，あるいはその関数型メソッドである（5.2.2 項）．

局所的置換の実際の仕組みを理解しておくと，多段階の置換を行う計算において発生しうるストレージ要件を分析する上で役立つ（5.2.3 項）．

---

[1] 代入演算子として特に `<-` を使うという選択は最初の S にまで遡る．我々がこの選択をした理由は，左辺と右辺のオペランドはまったく異なるということを強調したかったからである．つまり左辺は代入の対象であり，右辺は計算される値だということだ．後のバージョンの S と R では `=` も許容されているが，説明のためには元々の選択である `<-` のほうが依然として明快である．

5.2.1 置換式

置換式を定義するには，代入演算子の左辺のオペランドについて再帰的に定義するのが最もよい．**単純代入**では左辺は**単純参照** (simple reference)，すなわち名前である．これは局所的環境（現在の関数呼び出しが関数本体の中で代入を行う際のフレーム）で値をその名前に代入するものと解釈される．

```
x <- diag(rep(1, 3))
```

他の置換式はすべて次の形式を持つ．

```
f(target, ...) <- y
```

ここで f は何らかの名前である．なぜ f が名前であることを要求するのかというと，実際に呼ばれる関数は f() ではく，f に基づいて作成される名前を持つ別の関数だからである．いつものように，そうした関数として可能なものには様々な演算子も含まれるが，それらは対応する関数の名前として解釈される（以下の例を見よ）．target の形式によって様々なレベルの置換演算が定義される．... はその他の引数を表しており，y は任意の式である．

第一レベルの置換式では，target もまた名前である．

```
f(x, ...) <- y
```

名前 x は局所的環境に割り当てられたオブジェクトへの参照となっていなければならない．この式はその参照に対する**置換**として解釈される．Rでは，この形式の置換式は f に対応する**置換関数**を呼び出すことで評価される．置換関数は f<- という名前を持つ．置換関数の呼び出しの値が x に代入される．具体的には，置換は次の式のように評価される．

```
x <- `f<-`(x, ..., value = y)
```

関数 f<- が置換関数である．"<-" で終わる名前と適切な仮引数を持つどんな関数も，対応する置換式を評価するために呼び出される．最後の引数は "value" という名前でなければならない．なぜなら，置換関数を呼び出す際にはつねに置換式の右辺のオペランドがその名前で与えられるからである．したがって，たとえば

```
diag(x) <- vars
```

は (base パッケージの) 置換関数 `diag<-`() を用いて計算される．

```
x <- `diag<-`(x, value = vars)
```

置換関数は任意の計算を行うことができる．もちろん，計算が意味をなすためには，新しく代入される x にふさわしいオブジェクトを返すのでなければならない．通常は現在の x の内容を適切に修正したオブジェクトを返すことになる．

第二レベルの置換式では target は名前ではなく，第一レベルの置換において妥当な左

辺のオペランドである．つまり，名前によって指定される関数であって，オブジェクト名を第一引数として呼び出されるもののことだ．例を挙げよう．

```
`[`(diag(x), ii) <- eps
```

これは等価な演算子の形式で書けばもっと馴染みのあるものに見えるだろう．

```
diag(x)[ii] <- eps
```

第三レベルの置換式は，第二レベルの置換関数の呼び出しにおけるオブジェクト名を，再び第一レベルの妥当な左辺のオペランドで置き換えたものである．以下同様に続く．

　置換式の評価も，同じく再帰的に定義するのが最もよい．第二レベル置換は，2つの第一レベル置換を用いて評価される．ひとつめの第一レベル置換では，もとの置換式に現れる**抽出**関数（extraction function；上記の例では diag(x)）によって初期化された隠れオブジェクトの中で，もとの置換式の右辺値による置換が実行される．そしてこの隠れオブジェクトが，実際の置換対象であるオブジェクト x に対する第一レベル置換の右辺になる．我々の例で，隠れオブジェクトの名前を TMP1 で表し，両方の第一レベル置換を関数型の形式で書けば次のようになる．

```
TMP1 <- diag(x)
TMP1 <- `[<-`(TMP1, ii, value=eps)
x <- `diag<-`(x, value=TMP1)
```

外側の置換関数 `[` は置換の形式で現れているだけだが，内側の diag() は抽出と置換の両方の形式で現れている．

　高レベルの置換式は，同様の計算を式にくり返し適用することで評価される．式の解析はR評価器の内部で行われるが，言語に対する計算の練習問題としてRでプログラムすることもできるだろう（そのための技法については 5.3 節で議論する）．レベル k の置換式に対しては関数が $2k-1$ 回呼び出される．置換式の最も外側のレベルでは，そのレベルに対応する置換関数が呼び出される．他のレベルにおいては，そのレベルに対応する名前を持つ抽出関数の呼び出しと，第一レベルの置換の両方が実行される（第一レベル置換はそれに等価な単純代入の形式で実行される）．

5.2.2　置換関数とメソッド

　プログラミングという観点から見ると，置換式は新しい関数や，既存の関数に対する新しいメソッドの両方によって際限なく拡張できる．これらはRの関数型かつオブジェクト指向という混合パラダイムの重要な側面である（ FUNCTION 原則 と OBJECT 原則 の併用）．古典的なカプセル化OOPの言語では，メソッドは自身を起動したオブジェクトを変更することができる．関数型プログラミングはそのような暗黙の変更を禁止している．Rの置換式は関数型計算を補完するために局所的代入を使用しており，明示的にオブジェクトを変更することでこの関数型プログラミングとOOPのギャップを埋めている．

任意の置換式で使用するためには抽出関数 f() とそれに対応する置換関数 `f<-`() が両方存在していなければならない．どちらの関数も第一引数にはオブジェクトを持ち，置換関数はさらに value という名前の引数を末尾に持つ．もし他の引数がある場合，それらは2つの関数において形式的には同一になっている必要がある．なぜなら，抽出関数の呼び出しは置換関数の呼び出しと同じ形式で生成されるからだ．

既存の置換関数に対して，抽出と置換のメソッドの組を定義することができる（そうすることが意味をなせばだが）．たとえば，Matrix パッケージでは様々な疎行列に対して diag() と diag<-() のメソッドが提供されている．前述の diag() の例が示すように，置換式からは最終的にこれら2つの総称関数への別々の呼び出しが作成される．メソッドは抽出関数と置換関数に対して別々に選択される．2つのメソッドの選択が両立するようにメソッドを設計する必要がある．最も簡単な方法はどちらの関数のメソッドもシグネチャを同一にすることだ．ただしこれは必須ではない．相手の総称関数に対して選択されるメソッドが正しい計算を行ってくれる限り，もう一方の関数のメソッドは特殊化してもよい．これを疑問に思うなら，メソッド選択の詳細を確認してほしい（10.7節）．

一般に，置換はオブジェクトから推測される何らかの部分構造に対応している．部分構造は単純な**属性** (attribute) や**スロット** (slot)，あるいは**フィールド** (field) である必要はない．たとえば diag() がよい例であり，ここでの部分構造とは行列の対角成分のことだが，通常，行列の対角成分を表す特定の属性というものは存在しない．計算の際には要素の格納方法から対角成分が推測される．疎行列のクラスでは，要素の並びは matrix クラスにおける通常の並びとは異なるだろう．

関数を置換式の中で自由に使うためには，関数がオブジェクトの一意に定義された部分と対応していなければならない（実際にそうなっていてもよいし暗黙的にそうであってもよい）．

```
f(x, ...) <- f(x, ...)
```

という式では両辺に同一の引数が現れるが，この式が x の内容を変えるものであってはならない．そうでなければ，一般の置換式において関数をネストさせたときに誤った結果がもたらされる可能性がある．ここでも diag() を例として考えてみてほしい．

しかしながら，置換式の最も外側の置換関数として**のみ**使うことができ，対応する抽出関数を持たないが，直観的に意味がわかるような置換関数を作ることも可能ではある．

何らかの方法でオブジェクトを変更するような計算であれば置換としてうまく表現できる．置換として表現すればタイピングの量が減るし，その計算が置換という性質を持つことが明白になる．この場合，置換は置換式の最も外側の置換関数として現れる．それはオブジェクト全体を変更するか，より一般にはオブジェクトの一部分を変更する第一レベルの置換となる．この場合，この新しい置換関数が置換式のより深いレベルに現れることは意味をなさない．なぜなら同じ関数を用いた「抽出」には整合的な意味を持たせることができないからだ．

たとえば，オブジェクトにノイズを加えるか何か他の計算を行うことで，そのオブジェクトの全体あるいは一部分を変更したいとしよう．これを実行するために `blur()` という置換式が定義できるだろう．

```
blur(myData) <- noise
```

この式はノイズ要素を `myData` の要素に加える．この置換形式の便利さがより明白になるのはデータの一部分を操作したい場合である．

```
blur(diag(z$mat)) <- noise
```

という式は，オブジェクト `z` の `mat` という名前を持つフィールドあるいはコンポーネントの対角成分にノイズを加える．置換形式なしでは，ユーザはオブジェクトの一部分を明示的に抽出して置換する必要がある．`base` パッケージにはこれに少し似た計算を実行する `jitter()` という関数がある．`blur()` の代わりにこの関数を使うには次のようにする（`jitter()` の他の引数は無視しておこう）．

```
diag(z$mat) <- jitter(diag(z$mat), ...)
```

この間接的な形式では意図が伝わりにくい上に，長くてタイプミスしやすい．

`blur()` のような置換関数に対応する抽出関数を未定義のままにしておくよりは，エラーメッセージで情報を与えて停止する抽出関数を定義しておくほうがよい考えである．たとえば，`blur()` は置換式の外側のレベルでのみ意味を持つということを説明するエラーメッセージを出すといったことだ．

既存の関数と同じ名前の置換関数を定義するのもよくない考えだ．たとえば，`jitter()` があるのに `jitter<-` を作成すると問題が生じる．ユーザがこの新しい置換関数を誤って深いレベルで使うと，少なくともわかりづらいエラーメッセージを見ることになるだろう．

```
> jitter(xx)$a <- rnorm(n,0,.01)
Error in jitter(`*tmp*`) : 'x' must be numeric
```

ひどい場合には，データが暗黙のうちに破壊される．ユーザは

```
jitter(xx$a) <- rnorm(n, 0, .01)
```

という式を意図していたが，演算子の形式に惑わされたのかもしれない．

5.2.3 局所的置換

評価器は関数呼び出しに対して関数としての整合性を維持する責任を持つ．その意味は，関数呼び出しのフレームにおける局所的な代入や置換は他の環境のオブジェクトを変更してはならないということである．

基本的な問題は，局所的オブジェクトが代入されるときには何が起きているのかという

ことである．特に置換式の場合が問題だ．なぜなら置換は反復計算の中でくり返されることが多いからである．

すべての置換は，単純代入と意味的に等価な計算の並びへと展開されて評価される．本質的に重要な演算は，次の形式の呼び出しを評価することである．

```
x <- `f<-`(x, ..., value = y)
```

多くの，おそらくはほとんどの興味あるアプリケーションにおいて，x に代入されるオブジェクトはそれ以前に代入されたオブジェクトの修正版であり，特にそのサイズは修正前後で大体同じであることが多い．置換関数の動作が関数型であれば，それは x を上書きせずに新しいオブジェクトを返す．

この分析が示唆するのは，オブジェクトの内容に小さな変更を加えるどんな置換計算も，現在のオブジェクトと同じサイズの新しいストレージを必要とするということだ．特に，x の要素を 1 つ以上置換する計算が n 回実行されるループでは，`n * object.size(x)` のストレージが必要になる．

確かに，すべての計算が R の中で実行されるのであればそうなるだろう．だが実際にはそうではない．計算はどこかで必ず組み込みのものになる．R における計算という観点では，本物の R の関数とプリミティブとして実装された関数との区別がある．プリミティブにはデータの部分や要素に対する基本的な操作，算術および論理演算子，標準的な数学関数，そして他の多くの基本的ユーティリティなどがある．プリミティブ関数に含まれる置換関数は特別な条件の下で動作する．それは基本的には，もし置換されるオブジェクトに局所的参照しかなければ，新しいバージョンのオブジェクトを作成せずに上書きするということである．

評価器において鍵となる内部的演算は `duplicate()` である．これは，オブジェクトが変更されようとしているときにオブジェクトをコピーするために評価器が呼び出す C ルーチンである．`duplicate()` の動作を見るには，組み込みの仕組みである `tracemem()` が使える．`tracemem(x)` を実行すると，オブジェクトが複製されるたびに 1 行表示される．表示される行は本質的にはアドレスによってオブジェクトを同定するものであり，これによって複製の連鎖を見ることができる．

プリミティブ関数と通常の R 関数の区別は単純な例で明らかになる．ループの中でベクトルの要素を 1 つずつ置換しよう．最初はプリミティブの [[演算子を使い，次に同じ計算を行う R の置換関数を使う．

```
> xx <- rnorm(5000)
> tracemem(xx)
[1] "<0x7f95edd1bc00>"

> for(i in 1:3) xx[[i]] <- 0.0 # プリミティブな置換
> `f<-` <- function(x, i, value) {x[[i]] <- value; x}
> for(i in 1:3) f(xx,i) <- 0.0 # R で置換
```

```
tracemem[0x7f95edd1bc00 -> 0x7f95edb09800]: f<-
tracemem[0x7f95edb09800 -> 0x7f95ed8ffa00]:
tracemem[0x7f95ed8ffa00 -> 0x7f95ed917000]: f<-
tracemem[0x7f95ed917000 -> 0x7f95ed8bf000]:
tracemem[0x7f95ed8bf000 -> 0x7f95ed82a800]: f<-
```

プリミティブな置換では，xx は大域的環境において局所的に代入されていただけだということが実質的に示されている．プリミティブ置換関数は実際に置換を行うために呼び出されたという前提なので，対象となるオブジェクトはコピーする必要がなかったということである．

R 関数の中では引数 x に対する参照が共有されている．x への局所的参照と，同じオブジェクトに対する外部の参照 xx の両方である．この場合，プリミティブな代入が実行されると評価器はオブジェクトを複製する（`f<-`() からの tracemem() の呼び出し）．オブジェクトは大域的環境で xx に代入されるときに再度複製される．

この単純な例においてさえ示されているとおり，ストレージ要件を正確に理解するのは容易でないことが多い．また大多数のアプリケーションにおいては，正確には何が起こっているのかということは重要ではない．しかし非常に巨大なデータオブジェクトを用いる計算では，ストレージ要件が原因で性能が低下する可能性がある．

ユーザや開発者が，ストレージ要件を改善するために自分の R プログラムの細部を修正したり，性能を改善するためにコンパイラや別バージョンの R を探す，というのはもっともなことではある．そのような努力は有益なこともある．だが本書における私の主題のひとつは，本格的なアプリケーション（**大規模なプログラミング**）に対するより効果的で一般的な方針は，INTERFACE 原則 が提示しているということだ．すなわち，どのような言語やソフトウェアを用いてもよいから，タスクに対して最も効果的で実用的な計算ができるものを作成し，さらに，それを R から可能な限り便利に利用できるようにせよ，ということだ．

5.5 節では性能に関する問題を一般的に考察し，INTERFACE 原則 の観点から詳述する．

5.3 言語に対する計算

1.2 節，1.3 節で概要を述べたとおり，OBJECT 原則 と FUNCTION 原則 が意味しているのは，R で起こることはすべて関数呼び出しの結果であるということ，そして関数とその呼び出しの両方がオブジェクトでなければならない（なぜならそれらは**存在する**から）ということである．

3.2 節では，関数呼び出しに含まれる情報と，それに対応する関数定義に含まれる情報の組み合わせが，関数呼び出しの評価とどう関連するのかを述べた．本節ではこれらのオブジェクトを計算においてどのように使うことができるのかについて概要を述べる．

計算によって言語オブジェクトを作成することで，労力を節約したり，直接作るのが難しい式を構築したりできる（前節での置換関数の呼び出しの仕組みがその一例である）．

計算によって作られたオブジェクトは，自分自身を生成したRのコード片を自身の一部として含むことができる（統計モデルのモデル式について考えてみてほしい）．

同様にして，関数オブジェクトを特殊なニーズに合わせて使うことができる．たとえば `method.skeleton()` 関数は，メソッドを定義する関数呼び出しを作成するために，総称関数とそのメソッドの引数のクラスを用いる．

```
method.skeleton("[", c("dataTable", j="character"))
```

という関数呼び出しは，以下の関数呼び出しオブジェクトを生成して書き出す．

```
setMethod("[",
    signature(x = "dataTable", i = "ANY", j = "character"),
    function (x, i, j, ..., drop = TRUE)
    {
        stop("need a definition for the method here")
    }
)
```

この計算では，`[` 演算子の関数オブジェクトがそれに対応する関数呼び出しを作成するために用いられている．

言語オブジェクトに対する計算もまた，計算のためのソフトウェアの開発とテストの段階で鍵となるものである．プログラミングの問題を診断するためにソフトウェアを検査し記述するツールが存在している．関数の内容を変更することで，デバッグのためのツールをR自体の中で書いたりカスタマイズしたりできる．同様にして，性能解析に必要な情報を記録するためにソフトウェアを変更することも可能である．

こうした演算のすべてが際限なく拡張可能である．というのは，これらの演算では計算の一般的なオブジェクト構造を利用しており，いくつかの低水準のフックに基づくものではないからである．

5.3.1 言語オブジェクトの構造

概念的には関数呼び出しはリストである．その最初の要素は呼び出すべき関数を特定し，もし残りの要素があれば，それらは関数呼び出しにおける引数の式である．

```
> expr <- quote(y - mean(y)); expr
y - mean(y)

> expr[[1]]; expr[[2]]; expr[[3]]
`-`
y
mean(y)

> expr[[3]][[2]]
y
```

ここでは引数のひとつがそれ自体関数呼び出しであり，リスト的構造が再帰的にくり返されている．式全体を検査したり計算に用いたりするには，すべてのレベルのすべての要素を走査しなければならない．

上記のようにベクトルを用いているかのようなスタイルで要素を抽出するのはやや誤解を招く．関数呼び出しオブジェクトは，Rで通常，リストと呼ばれているものではない．Rのリストオブジェクトとは，Rオブジェクトを要素に持つベクトルのことである．一方，関数呼び出しと関数定義は，内部的にはLispスタイルの構造で実装されており，**ペアリスト**と呼ばれることもある．ペアリストと呼ばれるのは，リストの第一要素と残りの部分がペアとして考えられているからだ．（推奨されないが）もしペアリストオブジェクトをC言語で操作するつもりなら，Lisp風に計算を行うためのマクロがある．

Rのレベルで言語オブジェクトを取り扱うには，以下で見る `codetools` パッケージに含まれているような既存のツールを使うのが最もよい．これらのツールだけでは十分ではない場合には，ペアリストオブジェクトと，それに対応する `"list"` データ型のオブジェクトを明示的に相互に変換できる．それらに対して通常のRの計算を適用して，結果を言語オブジェクトに変換し直せばよい．

```
> ee <- as.list(expr)
> ee[[1]]
`-`

> ee[[1]] <- quote(`+`)
> expr2 <- as.call(ee)
> expr2
y + mean(y)
```

以前の例と同様，関数呼び出しの第一要素が普通はリテラルな名前であることに注目しよう．もし我々が `quote(`+`)` の代わりに `` `+` `` を挿入していたら，関数の名前ではなくて関数オブジェクトを挿入することになっていただろう．これはRの関数呼び出しとしては問題ないのだが，ユーザが見たかったものとは異なるだろう．

ペアリストオブジェクトの要素には名前が付けられる．関数呼び出しにおける名前とは，関数を呼び出すのに用いた名前のことである（もし名前が付いていればだが）．関数定義における名前とは，仮引数の名前のことだ．ペアリストにおける名前の内部的実装は通常のRオブジェクトの `"names"` というスロットや属性とは異なるが，`as.list()` で変換すれば名前が整合的に保持される．

```
> callRnorm <- quote(rnorm(n, mean = -3., sd = .1))
> names(as.list(callRnorm))
[1] ""     ""     "mean" "sd"
```

ペアリストオブジェクトは珍獣のようなものであり，`base` パッケージにある基本的な変換だけを使うようにするのが最善だ．

- 関数定義や言語オブジェクトを名前属性付きの単なる "list" ベクトルに変換するには as.list() を使う.
- 上記のようなリストを言語オブジェクトの内部的形式に変換し直すには as.call() や as.function() を使う.

今のところ，methods パッケージには言語オブジェクトを扱う助けになるような構造が少ない．言語や関数定義のオブジェクトを拡張するクラスを作ってもよいし，かなり頻繁に使われてもいるが，リストベクトルと相互に変換するにはやはり base の関数に頼るべきだ．

5.3.2 言語オブジェクトに対する反復処理

Rの推奨パッケージのひとつとして提供されている codetools パッケージには，その名が示すとおり，言語や関数のオブジェクトを操作するための多くの関数がある．ここでは，言語あるいは関数オブジェクトに対して反復処理を行う応用例をかなり詳しく見ることにする．

言語や関数定義のオブジェクトに対する計算では，全レベルの全要素に対して異なる形式の反復処理を行いたい場合がしばしばある．これを表現するには別の用語，すなわち**木** (tree) オブジェクトの用語を導入することが助けになる．木オブジェクト自体は木の**根** (root) と関連付けられている．根の（一連の）要素が第一レベルの**枝** (branches) を形成し，各々の枝に属する要素が第二レベルの枝をなす．以下同様である．すべての要素は木の**節** (node) である．節はそれが基本的オブジェクト（言語オブジェクトの場合には定数や名前）であれば**葉** (leaf) であり，そうでなければ部分木である．

木の全レベルの全要素を検査する反復処理のことを指して，よく**木の巡回** (tree walk) という用語が使われる．これはRの用語では，ひとつの計算をオブジェクトと，そのオブジェクトの全レベルの全要素に適用 (apply) することを意味する．

codetools パッケージには，言語オブジェクトに対して木の巡回を実行するための基本的な関数群がある．木の巡回それ自体は次の関数によって実行される．

```
walkCode(e, w)
```

ここで e は言語オブジェクトであり，w は「コードウォーカー」と呼ばれるものだ．これは特別な名前の要素を持つリストであることが期待されている．w$call 要素は walkCode() と同じ構造，つまり言語オブジェクトとコードウォーカーを仮引数に持つ関数にする．w$leaf 要素はもうひとつの関数で，やはり (e, w) を仮引数とする．

walkCode() 関数は，要するにオブジェクト e （根）を検査することで処理が進んでゆく．もしオブジェクト e が言語オブジェクトであれば w$call の関数が呼び出される．そうでなければ w$leaf が呼び出される．これを用いて木を巡回するには，w$call の関数が引数 e に属する各要素に対して，walkCode() をどこかで再び呼び出さなければなら

木の巡回を説明するための応用例として，任意の言語オブジェクトを，構造は同じだが各レベルの各ノードがRのリストであるようなオブジェクトに変換してみよう．以前やったような，オブジェクトをリストへと強制的に変換するのとは同じ計算ではないことに注意してほしい．それではトップレベルしか変換されない．

```
> ee <- as.list(quote(y-mean(y)))
> ee[[3]]; typeof(ee[[3]])
mean(y)
[1] "language"
```

すべての要素を変換するには，各要素に対して `walkCode()` を再帰的に呼び出して，その結果をリストにするコードウォーカーを使う必要がある．これを実行する `callAsList()` 関数と，そのコードウォーカーである `.toListW` は次のとおりである．

```
.toListW  <- codetools::makeCodeWalker(
    call = function(e, w)
      lapply(e,
          function(ee) codetools::walkCode(ee, w)),
      leaf = function(e, w)
        e
      )

callAsList <- function(expr)
    codetools::walkCode(expr, .toListW)
```

codetools の `makeCodeWalker()` は単にコードウォーカーとなるリストを構築するだけである（追加の引数もあるが，上記の例では不要だ）．

base パッケージには，これにやや関連する関数として `rapply()` がある．これはリストの全レベルにおいて，リストでないすべての要素に対して関数を適用する．`rapply()` はC言語で実装されており，再帰的なRの関数呼び出しを回避しているので `walkCode()` よりやや高速である．特にリスト構造が深くて多数のレベルにわたる場合に速い．`rapply()` では，ユーザが指定するのは葉要素に対して何をするかだけであり，コードウォーカーオブジェクトを構築する必要がないので `walkCode()` よりやや単純でもある．また，他の `apply()` 系関数と同様，`rapply()` は引数として供給される関数への追加引数を ... 引数を通じて受け渡す．

ひとつ問題になるのは，`rapply()` は言語オブジェクトではなくリストしか操作できないということだ．これを言語オブジェクトに対して使うには，言語オブジェクトを同じ構造のリストに変換する必要がある．図らずも，これはまさに上記の `callAsList()` 関数が行っていることだ．当然ながら `callAsList()` はRの再帰を用いて木を巡回するので，`rapply()` を同じオブジェクトに対して何度も用いるのでない限り，速度は（もし向上するとしても）あまり向上しないだろう．もうひとつの問題は，ユーザが与えた関数を呼び

出す rapply() の内部コードは，葉にある式が評価されないように保護してはくれないということだ．言語オブジェクト自体を得るには substitute() を使う必要がある．

rapply() と walkCode() の各々の方法を用いる例で説明しよう．異なる葉の出現回数の表を作りたいとする．表を作るという目的のためには，deparse() を呼び出して葉オブジェクトを文字列に変換するのがよい．

まずは rapply() から．この関数の標準的な計算方法では，引数のリストのすべての葉が，rapply() に与えられた関数が葉に対して返す値によって置き換えられる．それからその結果が unlist() によって変換され，この例では文字ベクトルが生成される．このベクトルに対して table() を呼び出せば欲しいものが得られる．rapply() を用いて望む結果を作り出す関数 codeCountA() は次のとおり．

```
codeCountA <- function(expr) {
    ee <- callAsList(expr)
    table(rapply(ee,
        function(x) deparse(x)))
}
```

コードを巡回する方法では，callAsList() のときとほとんど同じコードウォーカーから始めて，leaf の関数で単に deparse() を呼び出すようにする．walkCode() の呼び出しではリストが返ってくるので，これをすべてのレベルで unlist() によって変換して table() に渡す．

```
.countW <- makeCodeWalker(
    call = function(e, w)
        lapply(e, function(ee) walkCode(ee, w)),
    leaf = function(e, w)
        deparse(e)
    )

codeCountW <- function(expr)
    table(unlist(
        walkCode(expr, .countW),
        recursive = TRUE))
```

2つの実装が同じ結果を与えることを納得するために実験してみることができる（これらの関数は XRexamples パッケージにある）．たとえば次のとおりである．

```
> expr <- quote(y - mean(y))
> codeCountA(expr);codeCountW(expr)
- mean    y
1    1    2

- mean    y
1    1    2
```

一般には，葉に対してさらなる制約を課す（たとえば名前だけ，あるいは特定の名前だけが欲しいなど）．上記の関数のどちらのバージョンでも，制約に応じたテストを行い，テストが失敗したら NULL を返すようにできる． NULL 要素は unlist() によって削除される．

5.4 インターフェースとプリミティブ

R の中で起こることはすべて関数呼び出しである．だが関数呼び出しの中には，特に R プロセスの一部である C 言語のコードを通じて，R の外でものごとを引き起こすものもある．R の外での計算は R の拡張にとって重要である．将来 R 以外のソフトウェアを用いて拡張を行う上でも，既存のソフトウェアを分析する上でも重要なのだ．たとえば，非自明な計算の関数型プログラミング的な妥当性を理解するための分析を行おうとすると，基盤として用いられている R 以外のコードを吟味する必要がほぼ必ず生じる．

本節では R のインターフェースと，それが個々の関数を実装する際にもたらす影響について概観する．特に，インターフェースを用いた既存の計算が関数に与える影響を見る．もし R の拡張に取り組む中で，R 以外の言語のサブルーチンに対して多くのインターフェースを追加するつもりであれば，第 16 章を見てほしい．特に，C++ への Rcpp によるインターフェースは，本節で述べる伝統的なインターフェースよりもかなり有用だと私は考えている．たとえ R 以外の興味あるソフトウェアがそれ自体は C++ で書かれていないとしても， Rcpp の機能の使いやすさと柔軟性を考えれば，C++ を少し経験してみることも正当化されるだろう．

とはいえ，既存のインターフェースの理解や小規模プログラミングのためには本節の内容で十分なはずだ．

ユーザがプログラム可能な，R 以外のソフトウェアに対する内部のインターフェースは，どれも R の関数の呼び出しという形式をとる．その関数の引数は，起動すべき特定のコード片の識別子と，そのコードに渡す一連の引数を適切な形にしたものである．

```
function(.Name, ...)
```

R にはこのようなインターフェース関数が 4 つあるが，そのうちの 1 つだけをほとんどのアプリケーションにとって適切な選択肢として重視する．

R は S から 3 つのインターフェース関数を受け継いだ（これらの関数はすべてオプションとして名前付き引数も持つが，ここでの議論では無視してもよい）．

```
.Call(.Name, ...)
.C(.Name, ...)
.Fortran(.Name, ...)
```

3 つのインターフェースすべてにおいて，見かけ上 .Name はコンパイル済みコードの中のエントリポイント名の文字列である．コードは C （ .Call() と .C() の場合）か Fortran

（.Fortran() の場合）によって解釈される．実際には通常，パッケージ内での明示的なインターフェース呼び出しによって，エントリポイント名はRのプロセスが生成するあるオブジェクトで置き換えられる．このオブジェクトは**登録済み** (registered) バージョンのエントリポイントを表している．登録済みバージョンはより信頼性が高く，（若干だが）より効率的でもある（7.3節を見よ）．これはパッケージの "NAMESPACE" ファイルの useDynlib() ディレクティブによって簡単に作成することができる．本書の例のすべてにおいて，この登録が済んでおり，対応する登録済み参照が使われるものと仮定する（たとえば 89 ページの .Fortran() への呼び出し）．

.Call() は R を拡張する上で最も重要なインターフェースである．このインターフェースは R オブジェクトに対応した任意個数の引数を取り，任意の R オブジェクトを値として返す．C 言語のレベルでは，「R オブジェクト」というのは R のあらゆるオブジェクトを表現する C 言語の構造体へのポインタのことだ．.Call() の引数を特定のアプリケーションにとって適切に解釈する責任は，インターフェースされた C 言語のコードのほうにある．C++ への Rcpp インターフェースのように，より先進的なインターフェースでは必要な検査や型変換の大部分が自動化されている．

.C() や .Fortran() のインターフェースも見かけ上は任意のRオブジェクト列を引数にとる．しかし，それに対応するC言語やFortranのコードにはR固有のデータ型がない．C言語やFortranのコードはRとは独立したものであるか，あるいは少なくともRオブジェクトを操作する方法を知らずとも書けるように意図されている．この意図を達成するためには，すべての引数のデータ型が，コンパイル言語の特定の型のセットに収まっていなければならない．また，インターフェースを呼び出すRの関数が引数を正しい型に変換する責任を負う．引数に課されたこの制限のせいで，Rを拡張する大抵のプロジェクトにとって，これらのインターフェースは .Call() よりも不満足なものとなっている．しかしながら，かつてはこれらのインターフェースが広く使われていたので，ここで簡単に見ておいてもよいだろう．詳細についてはマニュアル「R の拡張を書く（原題：*Writing R Extensions*）」か [11] の第 11 章を参照のこと．

オブジェクトを値として返さないという点で，.C() や .Fortran() のインターフェースは .Call() や .External() とは異なる．その代わりに，これらのインターフェースは Fortran で見られるような古い手続き型（**サブルーチン的**）計算モデルを用いる．情報を返すために，引数として与えられた1つ以上のオブジェクトをコードが上書きするのだ．伝統的な .Fortran() のアプローチでは，引数のいくつかが入力（配列やスカラー）であり，他は出力配列である．出力配列の要素は上書きされる．2.2節（26ページ）の lsfit() サブルーチンが典型的だ．R を用いたより現実的な例であれば，R の "numeric" ベクトルが用いる内部の型である倍精度浮動小数点数を使うようにルーチンが修正されるだろう．

```
subroutine lsfit(x, n, p, y, coef, resid)
double precision x(n, p), y(n), coef(p), resid(n)
integer n, p
```

引数の `coef` と `resid` は，そこに結果をコピーするための出力配列である．`.Fortran()` インターフェースを通じてこのルーチンを呼び出す R の関数には，配列を確保して，必ず正しい型でサブルーチンに対応する引数を渡す責任がある．

```
lsfit <- function(x, y) {
    d <- dim(x); n <- d[[1]]; p <- d[[2]]
    coef <- matrix(0., p, p)
    resid <- numeric(n)
    z <- .Fortran(lsfitRef, x, n, p, y, c = coef, r = resid)
    list(coef = z$c, resid = z$r)
}
```

ここで我々は `dim()` 関数が "integer" 型のベクトルを返すという事実を用いた．R では，何か計算がなされるときに整数が他の型に変換されないほうが稀なので，よく注意して，疑わしい場合には明示的に整数への型変換を行う必要がある．また，1 のような定数は整数ではないことを覚えておこう．整数定数は "1L" のように後ろに大文字の "L" が必要だ．必要であれば単精度実数のデータを構築して Fortran ルーチンに渡すこともできるが，詳細は `?.Fortran` を参照してほしい．

これら 3 つのインターフェース関数に加えて，R は C 言語レベルのコードへのインターフェースのための独自モデルを備えて発展した．このモデルの最も重要な部分は，**プリミティブ関数**という概念である．これは見かけは普通の R の関数だが，実は特別な型のオブジェクトであり，6.1 節（101 ページ）で説明する．評価器は，プリミティブの呼び出しに対しては，本物の関数オブジェクトでは必ず用いられる一般的な関数呼び出しの仕組みは使わずに，ほぼ直接的にプリミティブに対応する C 言語の特定の関数のコードへと分岐する．

低水準の計算，たとえば算術計算や数学的計算に対してプリミティブ関数を使用するというところに INTERFACE 原則 が反映されている．計算は機械命令にコンパイルされるのではなく，C 言語レベルのコードへと引き渡される．これらプリミティブインターフェースの動作は，関数型らしい動作を保証したり，計算効率を調査したりするために重要である．大部分のプリミティブ関数に対しては，プリミティブを標準的な総称関数として扱いつつ，関数型メソッドを定義することもできる．

しかしプリミティブの集合は固定されており，R を拡張するためのツールとしては重要ではない．そこで，まずはインターフェース関数についての議論を完了させよう．R のモデルにはさらに 2 つのインターフェース関数がある．

```
.External(.Name, ...)
.Internal(call)
```

.Internal() インターフェースは，プリミティブと同様に R の内部でしか使えないように制限されており拡張には使えない．R の内部には，.Internal() を通じて使用可能なプリミティブと関数の，名前とプロパティを保持するテーブルがある．.Internal() を通じて利用可能な関数はプリミティブとは異なり，本物の R の関数オブジェクトと対応している．これらの関数は C 言語のコードに加えて他の計算を行うことができる．だがプリミティブと同様，.Internal() インターフェースは R の拡張のためには使えない．

一方，.External() インターフェースの呼び出しは .Call() と同じ形式と解釈を持つ．任意のオブジェクトを引数として取り，1 つのオブジェクトを値として返すのだ．これは .Call() の代わりに使えるが，要求される C 言語プログラミングの形式が根本的に異なる（実際のところ，C 言語よりも Lisp のモデルに基づいている）．これを使ったプログラミングの例とヒントのいくつかが，マニュアル「R の拡張を書く」に載っている．.External() の主な利点は，任意個数の引数（ "..." に等価なもの）を持つ関数の扱いにある．とはいえ，これは list(...) を単一の引数として渡せば .Call() でも模倣することができる．

5.5 関数の高速化

本書の大部分において，我々は R に何か新しいものを付与して拡張することに注目している．新しい応用分野や研究成果，あるいは興味ある新しい計算といったことについてである．

状況によっては，既存の計算を高速化すること，それも本気で高速化することが拡張になることもある．決定的に重要な計算を本当に大幅に高速化できれば，その計算をより多岐にわたるデータへと拡張できるからだ．

もし高速化するのが目標であれば，最も有望なアプローチは標準的な R の外で実装することだというのが，INTERFACE原則 と 3.2 節の R の関数呼び出しの分析が示すところである．

R はプリミティブな計算のすべてを自身の中で実行するように設計されてはいないし，オリジナルの S 言語も同様であった．特に，R では基本的な算術・論理演算がベクトルに対して定義されているが，これは**プリミティブ関数へのインターフェースを用いて実装されている**．プリミティブの集合は固定されているものの，他のインターフェースによって，高品質かつ高効率の計算を提供しうる実質的にすべての言語へのインターフェースがサポートされている．

インターフェースについては第 IV 部で扱う．第 12 章には多くの言語に対するインターフェースの一覧表を掲載している．第 16 章では，多くの場合に高速化のための自然な候補となるサブルーチンインターフェースについて議論する．第 15 章では Julia へのインターフェースを示す．Julia は R に似た機能を備えつつ，低水準における効率性を目指す言語である

第 IV 部で論じるインターフェースのさまざまな側面のうち，インターフェースを高速

5.5 関数の高速化

化するために使うときに特に重要な点は次のとおりである.

- 効率性のため，そして多くの場合には利便性のためにも，**プロキシオブジェクト**(proxy object) が重要になるだろう．プロキシオブジェクトとは，単にサーバ言語のオブジェクトのプロキシ（代理）となっている R オブジェクトのことだ．よいインターフェースソフトウェアでは，オブジェクトの変換のオーバーヘッドがなく，R の中でユーザがプロキシオブジェクトを操作したり情報を取得したりすることが自然にできる．
- データの変換に関連してもうひとつ．サーバ言語の多くのデータセットにとって自然な形式に，R では直接うまく対応できないことがあるだろう．そのような場合には，それぞれの言語が共通のデータベース形式からデータを取得するが，それを各言語にとって自然な方法で解釈する，という方式を検討してみるとよい．第 14 章の例で XML ファイルのデータを扱う．
- 普通はインターフェースとは呼ばれないが重要なインターフェースの一形式として，R 言語のコードを異なる評価スキームで処理することがある．文献 [33] でその例が解説されている．このような特殊なインターフェースは，特殊な制約や前提の下で R の計算を評価できる場合にのみ有用である．

インターフェースを使わずに効率性を大幅に高める方法もある．

- 与えられた R のコードを変更しなくても，評価方法を改善できるかもしれない．R に含まれている Luke Tierny が書いたコンパイラ [35] を使えば，パッケージの R コードはいつでもバイトコンパイル可能である．

  R が提供している評価器の代わりになる評価器を提案するプロジェクトがいくつか進行中である．これらは R の関数のすべて，あるいはその大部分に対して動作するように意図されている．

- R の計算を少し書き直してやれば R での並列処理が可能になる．たとえば `parallel` パッケージを使う．
- R と S で昔から利用されてきたプログラミング技法に**ベクトル化**がある．これは通常，反復計算を置き換えるような R の代替的な計算方法を見つけることを意味する．実行される基本演算は同じだが反復処理を固定された回数の関数呼び出しで置換するような計算方法によって，反復計算を置き換えるのだ．関数呼び出しの大部分がプリミティブ関数に対するものになれば，計算時間が大幅に削減できる．

  以下の例でこの技法を説明する．文献 [11] の 6.4 節も参照のこと．

これらの技法はどれも様々なアプリケーションにとって有益で重要なものである．だが，R の拡張をなすのに十分なほど劇的な高速化はインターフェースの技法によってもたらされる可能性が高い，というのが私の意見である．

以下の例の時間計測によると，R の関数呼び出しのオーバーヘッドは命令数でおおよそ 10^3 のオーダーと推定される．ベクトル化のおかげで素朴な実装に対して桁違いの改善が

得られている．これらの数値は非常に粗く，特定の例に依存したものなので，現実的な例で得られる改善度合いをかなり過大評価している可能性が高い．大抵の場合には，並列解法のための特別なハードウェアがあったり，問題が特に並列化とベクトル化に適していたりするのでない限り，すべてRの評価プロセスだけを用いた技法で桁違いの改善を達成するのは難しいだろう．

5.5.1 例：畳み込み

本節の残りでは，特定の計算のいろいろなバージョンにおける実行時間の違いを例示する．

この例は，Cへのインターフェースを必要とする明らかな候補として，マニュアル「Rの拡張を書く」に記載されているものである．関数に対する要件は，2つのベクトルの「離散畳み込み」を計算することだ．xとyをその2つのベクトルだとすると，それらの畳み込みは（マニュアル「Rの拡張を書く」で使われているバージョンでは）以下で定義されるベクトルzである．

$$z_{k+1} = \sum_{i-j=k} x_i \times y_j$$

本当にこの計算を高速に実行したいのであれば，高速フーリエ変換を利用すべきだ（Rの `?convolve` とそこに記載されている参考文献を見よ）．だが，高速フーリエ変換を使わない計算のほうが例として単純で都合がよいので，CとC++へのいろいろなインターフェースを比較するために何度か利用することにする．

この計算は明らかに反復的である．xとyの要素のペアのそれぞれがzの要素のひとつに足し込まれるので，自然な計算方法は2重ループである．Cで素直に書くなら，`nx`と`ny`を各ベクトルの長さとし，ベクトルは `double` 型へのポインタ `xp`，`yp`，`zp` に変換されているとして，計算の全体は単なる2重ループということになる．`z` は長さ `nx * ny - 1`，初期値 `0` で確保してあるものと仮定する．

```
for(i = 0; i < nx; i++)
  for(j = 0; j < ny; j++)
    z[i + j] += x[i] * y[j];
```

マニュアル「Rの拡張を書く」ではCへのインターフェースを説明するためにこの例を使っているが，C++インターフェースを用いた他の手法（一般にはそちらのほうが望ましい）も利用可能であることを後述する（第16章）．

マニュアルでは，CでプログラムするのはしかんだがRでは難しいものとして畳み込みに言及している．より正確にいうと，Rでは効率的なプログラムを書くのが簡単ではないということだ．Rにはループ機能があるのでCのコードを直接Rに翻訳できる．それは以下のような関数になるだろう．

5.5 関数の高速化

```
convolveSlow <- function(x, y) {
    nx <- length(x); ny <- length(y)
    z <- numeric(nx + ny - 1)
    for(i in seq(length = nx)) {
        xi <- x[[i]]
        for(j in seq(length = ny)) {
            ij <- i+j-1
            z[[ij]] <- z[[ij]] + xi * y[[j]]
        }
    }
    z
}
```

これは，個々のRの演算を単一の数値に作用させているという点で稚拙な計算である．算術演算はプリミティブ関数として実装されており，それが少しは効率化の助けになる．しかし全体としては膨大な計算時間がかかり，そのほとんどが個々の関数呼び出しの準備や関連するRオブジェクトの管理に費やされると予想される．

単純な計測によってこのオーバーヘッドを見積もることができる．Rの関数呼び出し回数は引数の長さの積におおよそ比例するので，直線を当てはめて時間をプロットしてみよう（ system.time() 関数が返す値のうち，ユーザプロセスとシステムの所要時間の和をとる）．

```
> sizes <- seq(100, 800, 50)
> times <- numeric(length(sizes))
> data <- runif(800)
> for(i in seq_along(sizes)) {
+     x <- data[seq(length=sizes[[i]])]
+     thistime <- system.time(convolveSlow(x, x))
+     times[[i]] <- sum(thistime[1:2])
+ }
> plot(sizes^2, times, type = "b")
> coef(lm(times ~ I(sizes^2)))
  (Intercept)    I(sizes^2)
 2.053661e-02  4.690823e-6
```

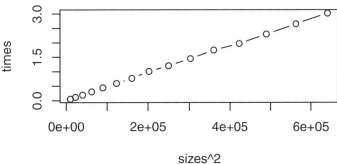

実際に計算時間は内部のループのステップ数にほぼ比例しており，各ステップの所要時間は数マイクロ秒であることがわかる．これは3GHzの速さのマシンで実行したものなので，極めて大雑把にいうと各ステップで$O(10^3)$回の計算がなされているということがわかる．

ここで正確な見積もりをするのは時間の無駄だろう．ループの各ステップに複数回の関数呼び出しがあるから正確な見積もりでないという反論はできるが，一方でそれらの関数はすべてプリミティブなので，通常のRの関数よりずっと少ない時間しかかからないのだ．

大雑把だが有用な数字として覚えておくべきなのは，評価器のオーバーヘッドは関数呼び出し1回あたり10^3回程度の計算回数から始まるということだ．関数呼び出しの準備にかかる仕事が増えればオーバーヘッドも増していく（3.2節で議論したとおり）．

Rのバイトコンパイラを使えば関数をコンパイルできる．それから再度同じテストを実行しよう[a]．

```
> convolveComp <- cmpfun(convolveSlow)
> for(i in seq_along(sizes)) {
+     x <- data[seq(length=sizes[[i]])]
+     thistime <- system.time(convolveComp(x, x))
+     times[[i]] <- sum(thistime[1:2])
+ }
> plot(sizes^2, times, type = "b")
> coef(lm(times ~ I(sizes^2)))
  (Intercept)   I(sizes^2)
7.053505e-03 7.971097e-07
```

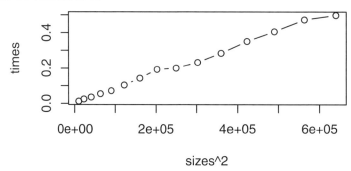

この場合，推定された比例定数は5倍以上小さい．コンパイルの大勝利だ．だがこれは極端な例であって，プリミティブ関数を呼び出すたびにわずかな計算を行っているにすぎないということは覚えておいてほしい．より現実的なソフトウェアではこれほどの改善は達成できないだろう．畳み込みの次の2つのバージョンでは，コンパイルしても実質的には何の差も出ない．なぜなら大量のRの関数呼び出しはもはや重大なオーバーヘッドでは

---

[a] 訳注：本書（邦訳）出版時点のバージョンのRでは，関数がデフォルトでバイトコンパイルされるため，読者の環境で同じ実験を行っても結果は異なる可能性がある．

5.5 関数の高速化

ないからだ．とはいえ，パッケージがおおよそ安定してきたときや，パッケージを大規模プログラムに使う可能性が高いときには，バイトコンパイルをするのがよい作法である．

畳み込みの例は，R のマニュアルで C や C++ へのインターフェースの自然な例として取り上げられたものだ．しかし，比較のために R 自体に備わっているベクトル化された演算を用いて畳み込みを取り扱うこともできる．ただしちょっとした工夫は必要だ．目標は R の関数呼び出しの回数を減らすことである．多くの例でそうであるように，低水準のコード（通常は C や Fortran）へのインターフェースによってすでに実装されている関数を用いて行われるブジェクト全体に対する計算に，反復処理による数値計算結果が対応していることを見抜くのが鍵だ．

畳み込みの定義から，計算結果の各要素は，2 つのベクトル要素のペアごとの積の和であるということに注目しよう．R ではペアごとの積を一挙に outer() 関数によって作成できる．もし outer() の結果が適切な形の配列になっていれば，行和（または列和）によって望む結果が得られるだろう．これらの和に対しても効率的な関数，たとえば rowSums() が利用可能である．「適切な形」が何かを決めるには少し実験がいる．自分で実験してみたければ，以下を見る前に試してみるとよい．いろいろなベクトル化の技法について，詳しくは文献 [11] の 6.4 節を参照のこと．

ベクトル化バージョンの計算は次のようになる．

```
## ベクトル化された畳み込み計算
##   要素ごとの積に値が0の行を付加し，
##   行和が畳み込みになるように変形してから行和をとる
convolveV <- function(x, y) {
    nx <- length(x); ny <- length(y)
    xy <- rbind(outer(x,y),
                matrix(0, ny, ny))
    nxy <- nx  ny -1
    length(xy) <- nxy * ny   # こうするとうまい形になる
    dim(xy) <- c(nxy, ny)
    rowSums(xy)
}
```

convolveSlow() に対して実行したものと同様の実験ができる．問題のサイズに対して convolvSlow() と同様に 2 次の依存性があることを見るためには，入力データを大きくする必要がある．ここでは以前の 10 倍の長さのベクトルを使う．

```
> sizes <- seq(1000, 8000, 500)
> times <- numeric(length(sizes))
> data <- runif(800)
> for(i in seq_along(sizes)) {
+     x <- data[seq(length=sizes[[i]])]
+     thistime <- system.time(convolveV(x, x))
+     times[[i]] <- sum(thistime[1:2])
+ }
```

```
> plot(sizes^2, times, type = "b")
> coef(lm(times ~ I(sizes^2)))
  (Intercept)     I(sizes^2)
-1.449029e+00    4.109791e-07
```

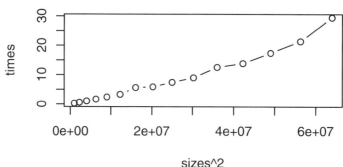

ベクトル化バージョンでは比例定数が1桁程度小さくなったように見える．しかしながら，こうした改善が期待できる規模の問題は限られている．Rの関数呼び出しの回数を減らすことには，より大きな中間オブジェクトを作成することが伴う．問題のサイズが大きくなるにつれて，メモリへの要求が限界を決めるようになってくる．この例においてさえ，図の右側からわかるように問題のサイズに対して2次以上の時間がかかるようになってくる．私が統計計算の上級コースで学生にこの計算をベクトル化する課題を出したときには，いろいろなアプローチがあった．上記の例に似たものもあったし，計算を一部だけベクトル化する（ネストしたループでなく1重ループを使う）ものもあった．計算時間はかなり広い範囲にわたっていたが，関数呼び出しの回数を減らして問題のサイズに対して線形になるようにした反復処理バージョンの中には，上記の完全にベクトル化したバージョンに匹敵するほどの改善を見せたものもあった．

この関数をコンパイルしても計算時間に対しては実質的に何の効果もなかった．これは，ベクトル化バージョンでは関数呼び出し以外の計算オーバーヘッドが計算時間の大部分を占めている，ということを示すさらなる証拠である．

3つめのアプローチでは，C言語を用いたバージョンの計算を適用できる．これがマニュアル「Rの拡張を書く」の例で重要な点であった．

```
SEXP convolve3(SEXP a, SEXP b, SEXP ab)
{
    int i, j, na, nb, nab;
    double *xa, *xb, *xab;

    na = LENGTH(a); nb = LENGTH(b); nab = na + nb - 1;
    xa = NUMERIC_POINTER(a); xb = NUMERIC_POINTER(b);
    xab = NUMERIC_POINTER(ab);
    for(i = 0; i < nab; i++) xab[i] = 0.0;
```

```
        for(i = 0; i < na; i++)
            for(j = 0; j < nb; j++) xab[i + j] += xa[i] * xb[j];
        return(ab);
    }
```

Cプログラミングに馴染みがなくても心配ない．ここでの要点は，この計算がやっているのは我々がRで書いた素朴な実装と本質的には同じ反復処理だということである．だが，今や反復処理は，Rに比べて「関数呼び出し」が極めて少ない計算しか行わず，はるかに基本的な低水準の計算機構をサポートしている言語において行われるのだ．

計算時間の比較には，.Call() インターフェースを通じてC実装を利用するRの関数 convolve3() を用いる．

```
> sizes <- seq(1000, 8000, 500)
> times <- numeric(length(sizes))
> data <- runif(800)
> for(i in seq_along(sizes)) {
+     x <- data[seq(length=sizes[[i]])]
+     thistime <- system.time(convolve3(x, x))
+     times[[i]] <- sum(thistime[1:2])
+ }
> plot(sizes^2, times, type = "b")
> coef(lm(times ~ I(sizes^2)))
  (Intercept)    I(sizes^2)
-2.055817e-04   1.276478e-09
```

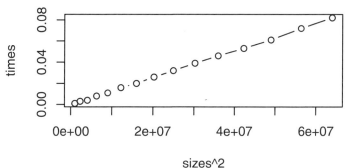

このバージョンでは，素朴に実装したRの関数に比べて比例定数の推定値が2桁以上小さくなっている．これはRの関数呼び出しコストが基本的演算の 10^3 倍程度だという経験則を支持している．

ここでも重要な一般的教訓は，もし大幅な高速化が必要なのであれば，基本的なアルゴリズムの大幅な変更か，オーバーヘッドが小さい言語への直接的なインターフェース（あるいはその両方）が必要になる可能が高いということだ．

第6章

オブジェクト

本章では，Rの拡張を計画し実装する上で有益なRのオブジェクトに関するいくつかのトピックについて議論する．もし存在するものがすべてオブジェクトであるというなら，それはオブジェクトの内部構造について何を意味しているのだろうか（6.1節）．オブジェクトにはどのようなリソースが必要で，それらはどのように管理されるのだろうか（6.2節）．Rにおいて環境はオブジェクト参照のために必要不可欠なものだが，オブジェクトとしての環境についてはどのように考えればよいだろうか（6.3節）．

6.1 オブジェクトの構造：型と属性

OBJECT 原則 （「すべてはオブジェクトである」）は実装のレベルにおいてもまったく文字通りに当てはまる．このことはRの基盤になっているC言語レベルのコードを調べてみれば明らかになる．96ページで示した convolve() のC言語による実装では，引数と戻り値がすべて同じC言語の型を持っていた．

```
SEXP convolve3(SEXP a, SEXP b, SEXP ab)
```

SEXP 型は，Rのために内部のC言語コードで定義されている単一の構造体（へのポインタ）である．Rのすべてのオブジェクトは，この構造体による互換性のある内部表現を共有している．この構造体の詳細はマニュアル「R内部構造（原題：*R internals*）[a]」に記述されている．Rを拡張する上でのキーポイントは，Rのオブジェクトが**自己記述的**だということである．つまり，特定のオブジェクトに関するすべての情報は，そのオブジェクト自身を調べればわかるということだ．

96ページのコードが引数を数値ベクトルとして扱っているように，局所的には構造体が特定のデータ型を表現していると仮定して計算を行うこともあるだろう．だがそれはあくまでも仮定であり，動的に検証する必要があるかもしれない．これをたとえばJava言語と比べてみよう．Javaにはオブジェクトとクラスがあるが，内部の変数はオブジェクトではなく基本型かもしれない．そのようなデータの情報はプログラム中の型宣言として

---

[a] 訳注：https://cran.r-project.org/doc/manuals/r-release/R-ints.html

得られるものであり，データそれ自身からは得られない．

RのレベルでもC言語への .Call() インターフェースでも，計算においてまったく任意のオブジェクトの使用を許可することは正当であり，適切な場合さえある．これはオブジェクト指向の文脈においては "ANY" クラスに相当する．"ANY" クラスは文字通り任意のRオブジェクトに対応するものである．

C言語の構造体は様々な内部フィールドで構成されている．プログラミングにおいては2つのフィールドが重要である．型と属性だ．属性フィールドは，実質的にはプロパティの**名前付きリスト** (named list) へのポインタである．型フィールドは，さらなる計算のためにオブジェクトを区別する一定の整数コード値を保持している．属性と型の概念は，Rのもとになったsのソフトウェアにまで遡る（Sでは型はモードと呼ばれていた）．

プログラミングにおいては，関連するオブジェクトをそのプログラムで達成したい目的に特化したものにする必要があることが多い．通常，Rではそのためのオブジェクトの区別はオブジェクトのクラスに基づいて行うべきである．オブジェクト指向プログラミングでは，オブジェクトの内容と計算機能を記述するための，明確に定義された拡張可能な階層構造をクラスが提供する．オブジェクトのクラスとは class(x) の値であり，これはオブジェクトの "class" 属性か，あるいは基本オブジェクトの場合には既定の値に対応している．

型フィールドは，base パッケージのC言語で実装された関数によって内部的な計算のために使われる．Rを拡張する上で，クラスはオブジェクトを構成するための重要な方法である．基本的な計算を理解する上では，型が意味していることを理解するのが重要だろう．型は内部表現において他のフィールドがどのように構成されるのかを定める．また，型はC言語レベルでは列挙型なので，高速なチェックや switch を用いた選択肢の整理に役立つ．オブジェクトの型は typeof(x) から文字列として返される．型やその他の内部構造に関する完全な解説は，ウェブサイト r-project.org のマニュアル「R言語定義（原題：*R Language Definition*）[b]」にある．可能な型の公式なリストはマニュアルの第2節にある．

ベクトル型 (vector type) は次のとおりである．

```
[1] "logical"  "double" "character"  "complex"
[5] "integer"  "raw"    "expression" "list"
```

これらは，数値または論理値によってインデックス付けが可能なオブジェクトとしてのベクトルという，Sから採用された概念を実装している．これらのオブジェクトはすべて本質的には同一の内部構造を共有しており，ベクトルの個々の要素の値が格納されたメモリブロックへのポインタを持つ．XRtools パッケージには，任意の数の引数をとり，それに対応するクラスと型の行列を返す typeAndClass() 関数がある．いくつかのベクトル型に

---

[b] 訳注：https://cran.r-project.org/doc/manuals/r-release/R-lang.html
　　　日本語版は https://cran.r-project.org/doc/contrib/manuals-jp/R-lang.jp.v110.pdf

対して使ってみると次のようになる.

```
> typeAndClass(1.0, 1L, TRUE, "abc", 1i)
        1         1L        TRUE      "abc"       0+1i
Class  "numeric" "integer" "logical" "character" "complex"
Type   "double"  "integer" "logical" "character" "complex"
```

ベクトルのクラスとデータ型は同じ名前である.ただし例外的に "double" データ型は "numeric" クラスと対応する.

　ベクトル型に対する [と [[演算子のプリミティブの自然で効率的な実装は,オブジェクトの内部構造によって支えられている.Rではベクトルでないものに対してもインデックス演算が可能なため,ベクトル型の区別がやや混乱している.たとえば "language" オブジェクトでは数値インデックスで単一の要素を抽出できる.

　ベクトルでない型のうち,Rの拡張に最も関係があるのは "environment" である.これについては6.3節で見る.オブジェクトとしての関数呼び出しと関数定義もベクトルではないが,直観的には「要素」を持っている."list" オブジェクトに変換すれば,それらの要素をベクトルのように操作することができる.5.3節でいくつか例を示す.これらのオブジェクトに対して同様の計算をC言語で直接行うには,まったく異なったスタイルが要求される.オブジェクトは内部的にはLispスタイルのリストとして構成されている.リストに対する命令や関連するマクロはマニュアル「Rの拡張を書く」に載っているが,通常はこのレベルでのプログラミングは避けるべきだ.

　関数呼び出しオブジェクトはすべて "language" 型である.直観的には,言語オブジェクトとは評価されても自分自身にはならない任意のオブジェクトだと考えるべきだ.評価器にとって通常のオブジェクトではないもののことである.Rではこの点に関してやや混乱がある.名前オブジェクトは,この定義と base の is.language() 関数に従えば言語オブジェクトであるが,型は異なっており "symbol" である.言語オブジェクトの首尾一貫した扱いのためには,型ではなく,仮想クラスである "language" か is.langage() を使うのがよい.

　式を表すオブジェクトを作成するには,式が評価されるのを避けるために特別な種類の関数呼び出しを使う必要がある.quote() や substitute() といった関数が最もよく使われる.文字列の形で式を構築するほうが簡単であれば,parse() によって言語オブジェクトを構築すればよいが,これはつねに "expression" 型のベクトルを生成するので注意が必要である.普通はこのベクトルの第一要素が必要な言語オブジェクトになっている.名前オブジェクトに対してだけは as.name() 関数が使える.

　52ページで見たとおり,"language" 型オブジェクトのクラスは,Rの文法上の役割に従ってオブジェクトを区別する.

```
> typeAndClass(quote({1;2}),quote(if(x > 3) 1 else 0),
+              quote(x * 10))
      quote({    quote(if (.. quote(x * ..
Class "{"         "if"         "call"
Type  "language"  "language"   "language"
```

関数定義オブジェクトはすべて function クラスに属するが，型は3種類ある．

```
> typeAndClass(function(x)x+1, sin, `+`, `if`)
      function(x.. sin          +           if
Class "function"   "function"  "function"  "function"
Type  "closure"    "builtin"   "builtin"   "special"
```

Rそれ自体の中で定義された通常の関数は closure 型を持つ．Rが最初に実装されたときに，いくつかの基本的な関数は特別にC言語で直接実装するという決定がなされた．これらがプリミティブ関数であり，すべて base パッケージに含まれていてユーザによる拡張はできない．残りの2つの型である "builtin" と "special" はプリミティブ関数に適用される．これら2つの型は，関数呼び出しの際に内部のコードが呼び出される前に引数が評価されるか否かという点において違いがある（"builtin" では評価されるが，"special" ではされない）．

　Rを拡張するための計算でプリミティブ関数の型をオブジェクトとして取り扱うことはきっとないだろう．プリミティブ関数は base パッケージにおいてのみ許可されており，オブジェクトによる計算で用いるような環境，仮引数，関数本体といったプロパティを持たない．もし計算の中でプリミティブ関数を区別する必要があるのなら，オブジェクトの検証には is.primitive() 関数を使うとよい．

　その他の型は極めて特殊であるか，あるいはユーザからは隠されているものだ．

- "S4" 型は，形式的クラスが通常の型を継承していない場合に，そのクラスのオブジェクトを取り扱うために言語に追加された．第10章でクラス定義について議論する際にこの区別について論じる．プログラミングの観点からは "S4" 型というのは実装の仕組みである．Rの何らかの型のサブクラスのオブジェクトは，その型に対して正しく動作すべきだ．一方，型を継承していないオブジェクトは，その型を継承しているかのように動作することを拒否するのが正しい．

- "externalptr" 型は，R以外の何らかの方法によって生成された「ポインタ」のためにある．要するに，Rはそれらのポインタがそのままに保たれることを保証してくれるので，我々もそうしておくべきだということである．この型のオブジェクトは，インターフェースを用いる状況で有用なことがある．特に Rcpp パッケージは，これら "externalptr" 型のオブジェクトを操作したり，C++ の特定のクラスと関連付けたりするためのツールを提供している（16.5節）．また，rJava インターフェースはこれらを一般の Java オブジェクトを操作するために用いる（12.6節）．

- "NULL" 型は NULL オブジェクトのためだけにある．これはクラスとしては，特別な場合であることを示したり，所与のクラスのオブジェクトが未定義要素であることを示したりする印として用いると，有用なことが多い．
- "pairlist" 型は Lisp スタイルのリストのためにある．これらは R の元々の実装の一部であり，現在でもいろいろな内部的タスクにおいて現れることもあるが，プログラミング用インターフェースの一部ではない．言語オブジェクトの "language" 型と関数定義の "closure" 型は "pairlist" と同一の内部構造を使用している．詳しくはマニュアル「R の拡張を書く」を参照のこと．
- "promise"，"char"，"..."，"any"，"bytecode"，そして "weakref" といった型は，R の内部でのみ使用される．これらが通常の R のレベルでのプログラミングで必要になることはない（いや，ほとんどないというべきか）．

6.1.1 属性

オブジェクトの構造に組み込まれている型以外の最も重要な特徴は，**属性**の定義が可能な点である．属性とは，たとえば attr(x, "dim") のように，各々が名前によって指定される補助的なオブジェクトからなるプロパティである．属性の値は原理的には NULL 以外のどんなオブジェクトであってもよい．属性が見つからない場合，attr() 関数は NULL を返すからだ．通常と同じく，属性は attr() に対応するバージョンの置換関数を用いて代入できる．

```
attr(x, "dim") <- c(3,4)
```

NULL を代入するとその属性は削除される．

属性の中には，R において特別な意味を持つものがある．"dim" がその一例だ．上記のように属性を代入すると，x は暗黙的に行列へと変換されるが "class" 属性は持たない．右辺の数値ベクトルは "integer" へと変換される．R を拡張する際にはこうした特別な処置により一貫性をもたせる必要があるかもしれない．これは S3 クラスにも当てはまる (10.8 節)．S3 クラスに等価な形式的クラスやサブクラスを定義して，属性を正式なものにするのがよい考えであることが多い．

どんな型のオブジェクトも属性を持ちうるが，6.3 節で議論するように，環境やその他の参照型に対しては属性を使うべきではない．

S と R において，オブジェクトの NULL でない属性の集合は伝統的に**属性リスト**と呼ばれており，attributes(x) によって属性リスト形式で属性を取得できる[1]．これは名前付きリストである．R のこうしたオブジェクトの多くがそうであるように，このリストのベクトル的な性質はおそらく無視したほうがよい．属性は名前だけを用いて取り扱うように

---

[1] ただし残念なことに，属性が存在しない場合には attributes() は空のリストではなく NULL を返す．

し，リスト内の「位置」は使わないようにすれば，属性が追加されたり削除されたりする際に起こる面倒事を避けられる．

属性リストは S と R において非常に古くからある重要な概念を実装している．オブジェクトの構造に関する情報は，特定のデータやその型とは独立した形式でオブジェクトに含めることができるということだ．構造をデータから分離することの利点は INTERFACE原則 と関係している．たとえば，R の数値行列のストレージ形式は，行列計算用の重要な Fortran サブルーチンにおける同様なストレージ形式から派生したものであり，それと一致している．構造に関する情報を "matrix" クラスのオブジェクトのデータから分離しておけば，こうした計算の互換性が保たれる．

一般的に，統計学や科学，それから情報管理にとって重要なデータの多くは基本的なデータ形式を持っている．R の用語でいうと典型的にはベクトルであり，それに構造的あるいは文脈的な情報が補助的に付与されている（配列の次元や因子の水準等）．それゆえ，R オブジェクトの基本構造において属性リストがデータそれ自体からは分離されていることは，役に立つ汎用の仕組みである．属性を用いた計算は，データ型とはほとんど独立に行うことができる．同様に，形式的クラスのスロットも属性として実装されている．

構造を持つベクトルという概念は，関数型 OOP において "structure" クラスによって明示的なものとなる．ベクトルでない型にとっては，属性の使用法や有用性は様々である．言語オブジェクトや関数定義オブジェクトはベクトルとは異なる内部構造を持つ．それらも属性やスロットを持ちうるが，"names" 属性に関しては話が少し複雑である．ベクトル要素の名前，関数呼び出しにおける名前付き引数の名前，関数定義における仮引数の名前，これらはすべて，名前の抽出や置換に names() 関数を用いる．しかしこれらの名前の実装は異なっているのだ．ベクトルの名前は属性だが，他の 2 つの場合は名前が内部的に格納されている．

```
> z <- list(a=1, b=2)
> names(z)
[1] "a" "b"

> zExpr <- quote(list(a=1, b=2))
> names(zExpr)
[1] ""  "a" "b"

> ## ところが
> attributes(zExpr)
NULL
```

names() 関数だけを使い続けるか，そうでなければ汎用の attr() 関数を使うとよい．attr() は実装の違いを考慮した動作をする．

6.2 オブジェクト管理

RはCプログラムとして実装されているので，メモリ管理ではC言語のストレージの仕組みをいろいろなやり方で利用している．だが OBJECT原則 によれば，我々が主に気にかけるべきはRオブジェクトの管理であり，そのほうが概念的により単純な問題なのだ．Rオブジェクトは，基本的には必要なときに確保され，参照されなくなればそのうち解放される．「そのうち」というのはRプロセスが明示的に**ガベージコレクション** (garbage collection) をするときである．

オブジェクトはいつ必要になり，そしていつ確保されるのだろうか？ 主に2つの場合がある．

1. Rのコードか，あるいはRから呼び出されたC言語インターフェースのコードが新しいオブジェクトを必要とするとき．
2. オブジェクトが修正されようとしているが，そのオブジェクトへの参照が2つ以上あるので，オブジェクトを複製しなければならないとき．

メモリ使用量を節約しようと試みる際には，2つめのオブジェクト複製の場合に注目する．巨大なオブジェクトであれば，計算効率の改善に役立てるために，少なくともそのオブジェクトがいつコピーされるのかは知っておきたいだろう．この明確な目的に対してはデバッグツールが存在している．`tracemem()`だ．これは指定したオブジェクトが複製されるときに，それを通知するメッセージを表示してくれる．例と解説については5.2.3項を見よ．オブジェクト複製が実際にどう実装されているのかを見ることは有益ではあるが，まずはオブジェクト管理のための方針を総合的に検討しよう．

オブジェクト確保の実装には，RがオリジナルのSから受け継いだオブジェクトの動的性質が反映されている．オブジェクトは，ユーザが明示的にオブジェクトを必要とする計算を行うときに作成されるのであり，プログラミング的な意味での宣言はなされないのだ．

オブジェクトが誤って上書きされないことや，オブジェクトのストレージが最後には回収されることを保証するためには，オブジェクト参照を記録しておくことが必要である．すでに述べたとおり，Rプロセスがストレージを圧縮しようと決めたときにのみ，Rはガベージコレクション処理によってオブジェクトを解放する．これはオブジェクトの確保が要求されたときにはいつでも発生する可能性があるので，Rのユーザやプログラマがいつ起こるのかを予測するのは不可能だ．ただしRの`gc()`関数を呼べば強制的にガベージコレクションを実行することは可能である．これは，たとえばエラーがメモリの上書きと関連していそうな場合などに，デバッグの技法として役立つことがある．

ガベージコレクションが起こると，現在の状態において評価器が必要としていないオブジェクトはすべて解放される．オブジェクトがどこかの環境で参照されていたり，内部の保護されたオブジェクトのリストに載っていたりすると，評価器にはそのオブジェクトが

必要だということがわかる．ここでいう環境には，R プロセスにロードされているパッケージに紐付いた環境や，現在動作中の各関数呼び出しに対応するフレームが含まれる．保護されたオブジェクトの特別なリストは，C 言語レベルのプログラミングにおいて，R レベルでは割り当てられていないが C 言語レベルでは保持する必要のあるオブジェクトを，一時的あるいは永続的に保護するために使われる（R のために書かれた C 言語コードで見られる PROTECT() マクロ呼び出しはこの目的のためにある）．

R のようなオープンソースのシステムは，定義により，誰でも計算がどのように実装されているのかを調べることができる．そのためには，長く入り組んでいて，あまりわかりやすくコメントが付いているわけでもない C 言語のコードを読む必要があるが，これがオープンソースソフトウェアの重要な利点なのだ．つまり，ソースが公開されており，それゆえ実際に何が起こっているのか検証することができるということだ．これはときとして大きな利点になる．

R におけるオブジェクト複製のような，基本的な内部動作については，苦労してソースを読むだけの価値があるだろう．まずはじめに，関連するコードがどこにあるのか探す必要がある．この場合に鍵となる事実は，局所性を守るためのコピーはすべて duplicate() という C 言語ルーチンによってなされる，ということだ．関連するコードはいくつかの情報源から見つけ出すことができるだろう．R メーリングリストでの議論を見たり，R のソースそれ自体に取り組んだり，オンラインの「R 内部構造」や「R 言語定義」といったマニュアルを参照したりすればよい（ここでは，マニュアル「R の拡張を書く」を参照する）．

duplicate() のコードは，R のソースの "src/main" ディレクトリの "duplicate.c" ファイルで見つかる．実際の計算を行うのは局所的なサブルーチンである duplicate1() だ．このルーチンは本質的にはデータの内部型を選択肢とする C 言語の switch 文である．以下のプログラムリストでは，似たような場合分けを省いたり，重要ではあるが複製処理には直接関係しないコードの詳細を省略したりして，コードを単純化している．また，C 言語コード内では記号（実体は整数だが）で示されている型の名前をコメントとして加えている．たとえば ENVSXP に対する "environment" 等である．

コードを提示したあとで計算内容の分析を行う．この計算からは，R の様々なオブジェクト型の基礎について有益な洞察が得られる．

```
static SEXP duplicate1(SEXP s, Rboolean deep)
{
    SEXP t; Rxlent i, n;

    switch (TYPEOF(s)) {
    case ENVSXP: /* environment型 */
        /* ... その他多くの参照型 */
        /* ... 何もしない */
        return s;
```

6.2 オブジェクト管理

```
    case CLOSXP: /* 関数定義 */
        /* ... 特別な処理をいくつか行う */
        break;
    case LANGSXP: /* language型 */
        /* ... ペアリスト用の特別な複製処理 */
        t = duplicate_list(s, deep);
        SET_TYPEOF(t, LANGSXP);
        DUPLICATE_ATTRIB(t, s, deep);
        break;
        /* ... 他のペアリスト型についても同様 */
    case VECSXP:  /* list型 */
        n = XLENGTH(s);
        t = allocVector(TYPEOF(s), n);
        for(i = 0 ; i < n ; i++)
            SET_VECTOR_ELT(t, i,
                duplicate_child(VECTOR_ELT(s, i), deep));
        DUPLICATE_ATTRIB(t, s, deep);
        break;
    case LGLSXP: /* logicalベクトル */
        DUPLICATE_ATOMIC_VECTOR(int, LOGICAL, t, s, deep);
        break;
        /* ... integer, real等についても同様 */
    case S4SXP:  /* 他の型を含まないS4クラス */
        t = allocS4Object();
        DUPLICATE_ATTRIB(t, s, deep);
        break;
    default: /* 未知の型に対するエラーメッセージ */
        UNIMPLEMENTED_TYPE("duplicate", s);
    }
    return t;
}
```

プログラムリストの先頭には，参照オブジェクトや環境といった型が来る．正確にはこれらは参照なので，何も処理は行われない．これらの型に対する計算については6.3節で議論する．

他のデータ型はすべて複製される．オブジェクトの属性は，オブジェクト自体の複製とは別のC言語レベルの計算によって，各ケースにおいて毎回まったく同一の方法で複製させていることに注目してほしい．ここにも属性はオブジェクトの型とは独立しているという原則が現れているのだ．

Lispスタイルのリストを表現する型は，主に言語オブジェクトと関数定義オブジェクトに対して用いられるが（5.3節），これらは特別な方式で複製される．その次にはベクトル型が来る．予想していただろうが "list" 型は再帰的に複製される．新しいリストベクトルが確保され，そのすべての要素にもとのリストの要素の複製が代入されるのだ．

アトミックベクトルに対しては，C言語マクロによるもっと単純で特別なコードが用い

られる．最後に，他の型ではなくS4型であるようなオブジェクトには，本質的に属性しかない（そうしたオブジェクトにおいてはスロットと呼ばれている）ので，必要なのは単純なS4オブジェクトを生成することだけである．

C言語ルーチンの`duplicate1()`には2つめの引数`deep`がある．どんな言語においても，リストのコピーには浅いもの（最上位のレベルのみコピーする）と深いもの（リストとその全要素を再帰的にコピーする）がある．実際には`duplicate()`の処理自体はつねに深いコピーである．

6.3 参照オブジェクト：環境

Rにおける基本的な参照とは，環境と，その環境内のオブジェクト名の文字列の組み合わせのことである．プログラミングにおいてはソフトウェアが名前を提供し，環境は文脈から推測されるか，あるいは明示的に与えられる．評価器は局所的フレームとその親環境を探索し，名前にマッチする参照を見つける．`stats::rnorm`のような式は，`stats`パッケージからエクスポートされた環境内の`"rnorm"`という名前のオブジェクトへの明示的な参照である．

ほとんどのRオブジェクトは，それ自体は参照ではない．関数呼び出しのフレーム内のオブジェクトに対する変更は局所的なものであって，引数であれ外部参照であれ，外部のオブジェクトを変更することはない．これがRにおける関数型プログラミングの本質である．

しかし，Rオブジェクトの中には参照でなければならないものもある．特に環境はそれ自体`"environment"`という型とクラスを持つオブジェクトであるが，環境に対する変更は，その環境オブジェクトが使用されるあらゆる場所に反映される．

環境はあらゆるRの計算の評価において不可欠なものである．ただし通常は背景に潜んでいてユーザが気にかける必要はない．さらに，環境は第11章で議論するカプセル化OOPへのアプローチにとっても不可欠だ．だが，そこでもカプセル化OOPが環境によって実装されていることを明白に認識していなくても，ほとんどのプログラミングを行うことができる．

Rでは，OOPのもっと抽象的な概念とは無関係に，環境を直接用いて計算を行うこともできる．そうした環境オブジェクトはRの様々な関数において直接的に利用されており，大抵は，関数や演算子が環境に対しても名前付きリストに対するのと同様に動作するようにプログラムされている．

一般的なルールとして，特定の目的のために環境を作成しているのでない限り，環境やその他の参照オブジェクトには属性を付与すべきではない．たとえそれが必要なときでも，一手間かけて`"environment"`を拡張する関数型OOPのクラスを定義し，環境を破壊せずに通常のやり方でスロットへの代入ができるようにするほうがよい．

演算子の`$`と`[[`の両方とも，名前付きリストオブジェクトと見かけ上は同様に環境の

名前付き要素を抽出したり置換したりできるせいで，さらに微妙な問題が生じる．

```
x$a; x[["b"]]
x$flag <- TRUE
for(n in theseNames)
    x[[n]] <- NULL
```

もしもこの計算が，引数 x として名前付きリストと環境の両方をとることができる関数において行われるとすれば，代入の結果は2つの場合で異なるものになる．

環境は参照オブジェクトであり，リストはそうではないので，置換が外部に及ぼす影響が異なるのだ．x がリストであれば副作用を持たない計算が，x が環境になると副作用を生んでしまう．

また，計算の動作自体もリストと環境では一致しないことがある．$ 演算子はリストに対しては部分一致で動作するが，環境に対してはそうではない．オブジェクト x が "aa" と "bb" という2つの要素だけを持つ場合，x が名前付きリストであれば x$a という式は要素 "aa" を返すが，x が環境なら NULL を返す．逆に，リストの名前付き要素に NULL を代入するとリストからその要素が削除されるが，環境では明示的に値として NULL が格納される．

これらの計算を行う関数を一般的な使用に供するのであれば，このような危険を生じかねない曖昧性は避けるべきだ．通常は，関数を明示的にリストか環境のどちらか専用とし，引数のクラスをチェックして違っていたら少なくとも警告を出すべきである．

OOP が導入される以前のソフトウェアや，S3 クラスを用いたソフトウェアでは，名前付き要素を持つリストを非形式的なクラス構造として利用しているものがかなり多い．最も広まっている例は統計モデルを当てはめるためのソフトウェアだ．線形モデルの S3 クラスである "lm" は当てはめられたモデルのオブジェクトを返すが，これは係数の "coef" と残差の "resid" を要素に持つ名前付きリストである．

このようなオブジェクトのために書かれた関数に参照オブジェクトを渡すのは危険で不合理だ．関数は，オブジェクトに対する変更は関数呼び出しに対して局所的だと考えて，名前付き要素を修正してしまうだろう．

```
z$resid[i] <- epsilon
```

のような計算は，もし z が環境かカプセル化 OOP クラスのオブジェクトであれば，意図していない副作用を引き起こす．

ここでは，名前付きリストを期待している既存の関数に対して参照オブジェクトを引数として用いないようにする責任は，呼び出し側の関数を書く人にある．

しかし，自分で書いている関数や使っている他の関数が，参照オブジェクトを用いることを**意図している**としたらどうだろうか．その関数が引数として渡されたオブジェクトを更新することを期待するだろう．

そうした場合であっても関数呼び出しの形式には注意が必要だ．基本的に，参照オブ

ジェクトは呼び出し内に一度しか現れないようにし，どの引数にそのオブジェクトが含まれるのか実質的に曖昧さがなくなるようにすべきだ．

この場合に問題となるのが遅延評価だ．Rの関数呼び出しにおいて，実引数はすぐには評価されない可能性がある．特に，何らかの引数が評価される前に，外部から参照オブジェクトを用いた変更が行われることがありうる．単純な例として，updateScore() 関数が何か計算を行い，オブジェクト x の "Score" という名前の要素を修正するものだとしよう．updateScore() には第二引数 value があって何かの目的に使われるとするが，何の目的かはどうでもよい．危険な形式の関数呼び出しは次のようなものだ．

```
updateScore(x, x$Score)
```

updateScore() は Score 成分を更新する前に，それを 0 で埋めるべきか決めるために何らかのテストをデータに対して行うものとしよう．

```
updateScore <- function(data, value) {
    if(zeroFirst(data))
        data$Score <- 0
    data$Score <- data$Score + value
    data
}
```

テストの性質は重要ではないが，value がテストに関係しないことには注意してほしい．このことが意味するのは，この引数の評価がテスト終了後まで遅延させられ，もしかすると Score が 0 で埋められて，呼び出しで与えた value の値が変更されるかもしれないということだ（実務であれば，0 で埋めるという選択肢と Score のインクリメントの間には他に 1 ページにもおよぶコードがあるかもしれないということを心に留めておいてほしい）．

この計算は，私が最悪だと考える仕方で不正確になる恐れがある．すなわち，誤った結果を黙って返すということだ．この場合には，意図した value の値ではなく 0 を用いて計算が実行されることで誤った結果になる．

遅延評価は有用な技法であり，長きにわたってSとRの一部だったため，どんな場合であれこれを改訂すれば，受け入れ難く互換性が破られることになるだろう．しかしながら，これは参照オブジェクトを用いた計算に制約を課す．この例では，「呼び出し内にオブジェクトが一度しか出現しないようにする」ルールによって次のようなことが必要になる．

```
value <- x$Score
updateScore(x, value)
```

こうして，関数呼び出しの前に代入が曖昧さなく実行される．

ときには一般の参照オブジェクトを認識するのが重要なことがある（ちょうどいまのような関数の文脈において，参照オブジェクトの使用に対して警告を出すためかもしれない）．この目的のために "refObject" クラスユニオンが存在している．

```
is(x, "refObject")
```

という式は，参照セマンティクスに従って動作するオブジェクト一般をテストする．

参照オブジェクトは，大抵は参照クラスの定義を通じて，Rを拡張するために利用できる（第11章）．XR インターフェースのひとつを用いた，他言語のオブジェクトに対するRのプロキシオブジェクトもまた，この意味での参照オブジェクトである（第13章）．もし何か他の方法で参照セマンティクスを持つ特別なクラスを定義するのであれば，そのクラスにも `"refObject"` を含めることができるだろう．

第 7 章

パッケージ

7.1 パッケージの理解

　関数は小規模プログラミングのための自然な単位である．いま関心がある問題に答えるソフトウェアを作成し，具体的なアイディアを R の拡張として表現するのだ．

　これと同様に，新しいアイディアや新しいアプリケーションに実質的な内容が備わり始めるとき，特に拡張が他者にとって有用になりうるときには，パッケージが次のレベルを表現するための自然な単位となる．パッケージは，新しい計算（関数）や新しいデータ構造（クラス），それから場合によっては他言語のソフトウェア（インターフェース）について関連するアイディアをまとめ上げる手段である．パッケージは，他の R の拡張もまたパッケージとして構成されているときに，その上に自然と構築されるものだ．R パッケージにはドキュメント作成を促す構造が備わっている．CRAN のようなリポジトリと GitHub のような仕組みは，パッケージを他者と共有することを促す．

　本章では R の拡張にとってのパッケージの役割を考察する．パッケージ作成に関する基本事項のすべてを網羅することはしない．R についてのある程度高度な書籍かオンラインのガイドであれば，パッケージ作成の手引きが含まれているはずである．たとえば文献 [11] の第 4 章だ．RStudio (www.rstudio.com) のようなインタラクティブな R 開発環境は，パッケージ作成のためのツールを提供していることが多い．Hadley Wickham による R パッケージの書籍 [37] は RStudio のインターフェースを用いてパッケージ作成を段階的に指導してくれる．

7.1.1 構造

　最初のバージョンの R は関数型オブジェクトベース言語を S から受け継いだので，プログラミングの大部分が関数定義によって構成されることになった．S においては，関数定義に対応するソースコードに特定の構造を持たせることは想定されていなかった．

　S によるプロジェクトの中には C 言語と Fortran へのサブルーチンインターフェースを使うものもあった．これらのサブルーチンにもソース形式とオブジェクトコードの両方が存在していたが，ほとんどの場合，UNIX オペレーティングシステムの方式で動的リンクライブラリのファイルへとまとめられた．ここでもやはり，もとのソースコードの構造は基本的に任意であった．

Rの初期リリースのために開発された拡張のうち最初のものであり，かつ確実に最も重要だったのは，Rの関数と，場合によってはサブルーチンインターフェースをも，**パッケージ構造**へと整理することであった．Rのソフトウェアの集まりはディレクトリ構造で整理されて，Rとサブルーチンのソースコードは特定のサブディレクトリの中に配置するようになった．

後の発展の中で，ドキュメントやデータ，ツールやその他いろいろなファイルをパッケージに含めるための，さらなる構造が追加された．UNIX のパラダイムに従って，ファイル名にはソース言語や，パッケージ内のファイルの役割を示すためのサフィックスが付けられた．

Rの拡張を作成するという観点からすると，パッケージとは，Rがパッケージのソースファイルだと解釈できる構造を持つディレクトリのことである．この構造によって課される規約の範囲内であれば，プロジェクトで整理してユーザに提供したいソフトウェアやデータは実質的に何でもパッケージに含めることができる．このディレクトリのことをパッケージの**ソースディレクトリ**と呼ぶことにする．

パッケージに必要な構造は，マニュアル「Rの拡張を書く(原題：*Writing R Extensions*)」の1.1節で詳細に指定されている．Rを拡張する上では3つのサブディレクトリが最も重要である．

- `"R"` はRのソースファイルを含む．
- `"src"` はコンパイル可能なソースを含む．主にC, C++, Fortran とそれらに関連する特殊なファイルである．
- `"inst"` は，インストールされるパッケージに任意のファイルとサブディレクトリを展開するためにある．

`"R"` ディレクトリの元々の概念的モデルは，関数定義を含むファイルの集まりというものだった．これらのソースファイルはパッケージのインストール時に評価されるが，通常は対応する関数オブジェクトを作成する以外の効果を及ぼさない．

現在のパッケージでは，Rのソースコードが単なる関数定義以上のことを行う場合もある．オブジェクト指向プログラミングを行う場合や，他のソフトウェアへのインターフェースを作成する場合には，関数定義以上のことが必要になる．

Rにおけるオブジェクト指向プログラミングでは，`"R"` サブディレクトリ内のファイルに関数呼び出しを含める．それらはソースパッケージのインストール時に評価される．たとえば `setClass()` や `setMethod()`，それからカプセル化 OOP における類似の関数の呼び出しである．これらの呼び出しの副作用としてインストールされたパッケージ内にオブジェクトが作成され，パッケージがロードされる際には，それらのオブジェクトがクラスやメソッドの定義を利用可能にするために使われる．

第14章と第15章のインターフェースパッケージでは，サーバ言語の関数やクラス等に対するプロキシとなっているような関数やクラスを，アプリケーションパッケージ内に作

成することを許す．こうしたプロキシを作成する計算もまた，"R" ディレクトリ内のファイルによって指示される．

"src" ディレクトリの中身はすべてインターフェースに関わっている．その伝統的な構造はマニュアル「R の拡張を書く」に記載されている．第 16 章で述べるサブルーチンインターフェースでは，"src" ディレクトリに必要なことを自動化するためのツールを利用する．

"inst" ディレクトリは，第 14 章と第 15 章のインターフェースパッケージにおいて，パッケージに必要なサーバ言語のコードを提供するために利用される．

パッケージディレクトリの構造が R を拡張するアプリケーションにどのように影響するのかを理解するには，ソースパッケージをユーザに利用可能にするまでの処理過程を見る必要がある．

7.1.2 処理過程

R は，ソースディレクトリを変換して R セッションで使用可能にするためのパッケージ処理過程を定めている．処理には 2 つの段階がある．インストールとロードだ．パッケージの処理に必要な計算のほとんどは，それ自体 R の関数によって行われるので，自分で調べたり実験してみることができる．

インストールとは，コマンドラインでソースディレクトリを別のディレクトリに変換する計算のことである．変換後のディレクトリのことを**インストール済み**パッケージ (installed package) と呼ぶことにする[1]．ソースディレクトリの中身は，パッケージを使う準備をするために様々な仕方で処理される．インストール段階の前には，ソースディレクトリをビルドしてアーカイブファイルを作るコマンドを実行しておく必要がある．アーカイブファイルをインストールしてもソースディレクトリが変更されることはない．

これらのインストール処理は，R コマンドの `build` と `INSTALL` によって，端末アプリケーションから直接起動され実行される．

```
R CMD build directory
R CMD INSTALL archive
```

ここで `directory` はソースディレクトリであり，`archive` は `build` で作成されたアーカイブファイルである．XRexamples であれば次のようになる．

```
$ R CMD build XRexamples
* checking for file 'XRexamples/DESCRIPTION' ... OK
   .... (more messages) ....
* building 'XRexamples 0.5.tar.gz'
$ R CMD INSTALL XRexamples 0.5.tar.gz
```

---

[1] バイナリバージョンのパッケージと呼ばれることもあるが，バイナリの（コンパイルされた）ファイル以外も含みうる．

```
* installing to library '/Users/jmc/Rlib'
* installing *source* package 'XRexamples' ...
    ....(more messages)....
* DONE (XRexamples)
```

何が起こっているのかは 7.2 節で見ることにする．

ロードとは R の loadNamespace() 関数の呼び出しである．この関数はライブラリにインストール済みのパッケージを用いて名前空間の環境を作成し，それを現在の R プロセスに統合する．

```
> loadNamespace("XRexamples")
<environment: namespace:XRexamples>
```

ロードによって，この場合には "package:XRexamples" というもうひとつの環境が作成される．この環境は名前空間からエクスポートされたオブジェクトを含む．インポートしたり :: 演算子でアクセスしたりできるのは，これらエクスポートされたオブジェクトだけである．require() や library() を通じて loadNamespace() が呼ばれてパッケージがアタッチされると，この環境が検索リストに挿入される（3.1 節を参照）．

ロードのステップについては 7.3 節で考察する．

7.1.3 セットアップステップ

本書で論じる技法のほとんどは，インストールしてロードという処理過程に自動的に適合するが，パッケージのロード時やインストール前に追加のステップが必要なこともある．ロードアクションについては 7.3.2 項で見る．

本書で述べるいくつかのツールを含む，現在の R パッケージ開発ツールの多くが，ソースパッケージ内にファイルを作成することがあるという意味において，インストールしてロードというパラダイム以上のことを行っている．たとえば，"R" や "src"，あるいは "man" ディレクトリにファイルが作成されることがある．このようなツールはそれ自体 R の関数呼び出しであることが多いが，インストール処理に必要なファイルを作成するものであるから，インストール処理の一部ではありえない．

こうした計算は，マニュアル「R の拡張を書く」で見られる正式なパッケージ開発の一部ではない．しかしながら，R を拡張するプロジェクトでは，これらの計算をインストール前の**パッケージのセットアップステップ** (setup step) として，明示的にパッケージの一部にすべきだというのが私の提案である．パッケージの使用者がセットアップステップを実行する必要はないだろうが，セットアップに必要な計算のドキュメントを書いて，このステップを明示的にしておくことで，パッケージの構造が明確になる．また，たとえば GitHub のようにパッケージを協力して開発する状況では，セットアップが改訂されても開発者全員が同じようにセットアップを実行できるだろう．

標準的なインストールでは "tools" サブディレクトリが認識されるが，ここにセッ

トアップ用スクリプトを含めることができる．`build` コマンドの処理対象には "tools" ディレクトリが含まれるが，"tools" はインストールには影響せず，インストール済みパッケージにはコピーされない．セットアップステップを正式なものにするための合理的なアプローチは，セットアップを実行するソースファイルをこのディレクトリに含めることである．

XR パッケージにはこのようなスクリプトを実行するための `packageSetup()` という関数がある．R セッションからセットアップに必要なファイルを引数に与えて `packageSetup()` を呼び出す．引数なしで呼び出された場合，`packageSetup()` は "tools" ディレクトリ内の "setup.R" というファイルを探す．ファイルの評価は，作業ディレクトリをパッケージのソースに設定した上で行う規約になっている．`packageSetup()` にはこのディレクトリを与えるためのオプション引数があり，その場所が実際にパッケージソースであるかどうかのチェックも行う．`packageSetup()` は，ときどき必要になることがあるいくつかの追加ステップも提供する．パッケージのあるバージョンがすでにインストールされている場合には，評価が実行される環境の親環境がそのパッケージの名前空間になる．したがって，スクリプトで使用する関数や他のオブジェクトがパッケージからエクスポートされている必要はない．

ロードアクションとパッケージのセットアップについては 13.7.4 項でさらに議論する．そこで示すセットアップスクリプトの例はインターフェースのためのものだが，他の用途であっても `packageSetup()` の使い方は基本的に同じである．

C++ への Rcpp インターフェースに関連してひとつの例がある．Rcpp パッケージには `compileAttributes()` という R の関数がある．これは特定の C++ 関数へのインターフェースを定める R と C の関数を両方作成するものだ．R と C の関数は直接 C++ のソースコードから推測される．これは対応する関数を手で書くのに比べると大幅な進歩だ．問題は，`compileAttributes()` の呼び出しをパッケージの通常の R ソースコードに含めることはできないということである．というのも，インストール処理中に "src" ディレクトリにコードが生成されるのではすでに手遅れだからだ．

第 14 章や第 15 章で見るような他言語へのインターフェースを用いるアプリケーションでは，R で**プロキシ関数** (proxy function) や**プロキシクラス** (proxy class) を作成することがある．こうした計算ではサーバ言語内のメタデータ情報を用いてプロキシオブジェクトを作成することが多い．これは非常に望ましいことではあるが，その言語の評価器が R パッケージのインストール時に利用可能だということを意味している．インターフェースによっては，パッケージが CRAN のようなリポジトリからインストールされている場合に，このことが問題になるかもしれない．

Python インターフェースのためにプロキシ関数とプロキシクラスを用いるセットアップステップの例を 13.7.4 項で示す（296 ページ）．

異なる例として，roxygen2 パッケージ [38] を使うと，R のドキュメントをソースコードに埋め込まれた書式付きコメントの形式で書ける．これにはソースとそのドキュメント

を同期させて保持できるという利点があるし，大抵は生のドキュメントファイルを書くより楽でもある（第IV部で議論する XR パッケージはこの形式のドキュメントを使用している）．このパッケージもまた，対象ファイルをパッケージの "man" ディレクトリに生成するためにRの関数を使う必要がある．この場合には roxygenize() という関数である．

7.2 インストール

ソースパッケージに必要な準備を明確にするには，INSTALL ユーティリティが何をしているのか理解することが役立つ．

ここでは，ソースディレクトリに build コマンドを適用して作成されたアーカイブファイルから，インストールを行うものと仮定する．この場合，INSTALL は最初にアーカイブファイルを新しいディレクトリに展開する．以下ではこれをソースディレクトリと呼ぶ．

INSTALL は，ソースディレクトリの中身を使って，それに対応するインストールディレクトリを作成する．インストールディレクトリはライブラリディレクトリのサブディレクトリであり，パッケージの名前が付いている．さらに，様々なファイルやサブディレクトリがインストールディレクトリの下に作成される．

インストールにおいて不可欠なステップは，実際には tools パッケージ内のRの関数によって実行される．主なステップは以下のとおりである．自分でステップを確かめたり詳細を見たりするには，Rのソースコード版を入手して "tools/R/install.R" にある局所的関数 do_install_source() を調べてみるとよい．

1. "DESCRIPTION" ファイルがパースされ，インストールに必要なパラメータの名前付きリストが作成される．各パラメータはファイル内の Imports: のようなディレクティブに対応している．
2. Imports: ディレクティブと Depends: ディレクティブに記載されたパッケージがすべて利用可能かチェックが行われる．
3. 現在インストールされているバージョンのパッケージがあれば，それをバックアップに移動する．
4. ソースディレクトリに configure ファイルがあれば，そのスクリプトが実行される．
5. インストールディレクトリ用に修正された "DESCRIPTION" ファイルが生成される．"NAMESPACE" のような他の標準的ファイルはソースディレクトリからコピーされる．
6. ソースディレクトリに "src" サブディレクトリがあれば，そのディレクトリ内のファイルはコンパイルされ，インストールディレクトリの "libs" サブディレクトリの下に動的リンクライブラリ（共有ライブラリ）としてインストールされる．
7. ソースディレクトリの "R" サブディレクトリ内にあるRのソースファイル群が，結合されて単一のRソースファイルになる（パッケージ名の割り当ても行われる）．"DESCRIPTION" ファイルに Collate: フィールドがあれば，ファイルの結合順序を定めるのに使われる．出力ファイルはパースされて正しいかどうかチェックされる．

7.2 インストール　119

8. "data" サブディレクトリがあれば，その中のデータファイルが処理され，**遅延ロード**のためのデータベースとなる．
9. 追加のファイルとディレクトリがインストール済みパッケージへとコピーされる．ソースディレクトリの "inst" サブディレクトリ以下のファイルシステムツリー全体が，インストールディレクトリへコピーされる．たとえば，ファイル "inst/abc"は，インストールディレクトリのファイル "abc" にコピーされる．
10. ソースに "demo"，"tests"，"exec" が存在すれば，それらがインストールディレクトリにコピーされる（ただし，"tools" ディレクトリは build コマンドでは使用されるが，インストールディレクトリにはコピーされない）．
11. "R" ディレクトリ内のファイルから作成された R ソースコードファイルが，2 つ追加のステップを加えた上で評価される．追加のステップとは，特別な**遅延ロード** (lazy loading) の仕組みと，R 関数オブジェクトのバイトコンパイルオプションである．この結果，パッケージのロードのために使われる，特別な形式の R **データベース**ファイルが作成される．
12. ソースディレクトリの "man" サブディレクトリにある R の詳細なドキュメントのファイルが処理され，データベースファイルが生成される．これはソースコードに対するデータベースファイルに似ているが，この場合はドキュメント用のものである．いくつか補助的なファイルも作成され，すべてインストールディレクトリの "help" サブディレクトリに入る．
13. パッケージの "vignette" があれば処理されて，ドキュメントの索引ファイル，ビネット，デモが生成される．
14. パッケージの "NAMESPACE" ファイルの情報がパースされ，保存される．
15. 別の R プロセスが実行され，インストール済みパッケージがロードできるかテストが行われる．

実装（そのほとんどは基本パッケージ tools の "install.R" ファイルにある）は上記の説明よりもさらに込み入っているが，この説明もかなりの詳細まで立ち入っている．インストールが期待通りにすべて動かないときに，実際に何が起きているのかを解決するためには，詳細を見ておくのも価値がある．

R を拡張するパッケージの設計に直接関係するステップが 3 つある．

- ステップ 6 で，"src" サブディレクトリの中身がコンパイルされ，リンクされ，"libs" サブディレクトリに出力される．
- ステップ 9 で，"inst" サブディレクトリ内のファイルとサブディレクトリが，インストールディレクトリへ直接コピーされる．
- ステップ 11 で，"R" サブディレクトリ内の R ソースコードが評価される．

ステップ 6 では，R 自体をコンパイルするプロセスに基づき，C 言語と互換性のあるソフトウェアに対して概ね標準的なコンパイルとリンクが行われる．使用されているプログラ

ミングツールに馴染みがあれば，コンパイルとリンクの処理をカスタマイズすることが可能である．マニュアル「R の拡張を書く」を見てほしい．

ステップ 11 では，R 自体によって非常に大きな柔軟性が与えられている．元々のパラダイムでは，ここで関数定義を代入することが主に想定されていたのだが，7.1.1 項で検討したように，R による他の計算も実行することができる．

`"inst"` ディレクトリは，R パッケージのための雑多なもの置き場だ．インストールとロードの処理において，このディレクトリの中には何があっても構わない．ステップ 9 で `"inst"` ディレクトリの中身がこのパッケージのライブラリディレクトリへそのままコピーされる．それらのファイルはロード時でも，パッケージが R プロセス内で実行されているときでも利用可能である．ライブラリ内のパッケージの場所は `system.file()` 関数で取得できる．この関数のおかげで，パッケージソフトウェアはインストールディレクトリにコピーされたすべてのファイルとサブディレクトリを利用することができる．

7.3 ロードとアタッチ

インストール処理では，インストール用に選ばれたライブラリディレクトリ内に，パッケージ名に対応するサブディレクトリが作成される．パッケージを R セッションにロードすると，パッケージ内の関数，コンパイル済みソフトウェア，その他のオブジェクトやファイルが，他のパッケージや評価器内の式から利用可能になる．パッケージのロードは，伝統的にはアタッチすべきパッケージの名前を与えて `library()` 関数を呼び出すことで行われていた．元々のパラダイムでは，ロード時にパッケージ内のオブジェクトが（基本的にはパッケージのソースコードを評価することによって）読み込まれ，検索リスト内の環境のひとつとして利用可能になるのであった（7.3.5 項で説明する）．

その後，この処理はより一般化され，パッケージにはより多様なものが含まれうるようになった．現在では 2 つの区別すべきステップがある．

- パッケージがセッションに**ロード**され，対応する名前空間の環境が作成され，登録される．これでパッケージの中身が，（もしあれば）動的リンクされたコンパイル済みコードも含めて，利用可能になる．ただし，明示的にパッケージ名への参照を用いないと利用できない．
- ロードされたパッケージは検索リストに**アタッチ**されることがある．これは，`"NAMESPACE"` ファイルによってエクスポートされたオブジェクトを含むパッケージ環境を，検索リストに挿入することによってなされる．

パッケージは検索リストにアタッチせずにロードすることができる．特に，あるパッケージが別のパッケージをインポートする場合には，ユーザが後者のパッケージの関数を明示的に呼び出すことが想定されていなければ，そのパッケージをアタッチする必要はない．

パッケージのロード処理は `loadNamespace()` によって実行される．`loadNamespace()`

は，直接呼び出されるか，パッケージをロードする必要がある別のパッケージから呼び出されると，パッケージの名前空間環境を構築し，関連する情報を R プロセスに読み込むための措置をとる．その主なステップは次のとおり．

(a) "DESCRIPTION" ファイル等の，インストール時に保存されたパッケージに関する情報が読み出され，パッケージがロード可能か検証するためにチェックされる．

(b) パッケージ名に対応する名前空間環境が作成され，セッションに登録される．この環境の親環境も新たな環境であり，パッケージのインポート対象を含むことになる．XRtools パッケージには，インポートしているパッケージ等の，名前空間の情報を読み出す関数がある．

(c) "NAMESPACE" ファイルの import ディレクティブで指定されたオブジェクトが検索され，名前空間の親環境に割り当てられる．これには，インポートされたクラスオブジェクトと，インポートされたメソッドに対応する総称関数の割り当ても含まれる．

(d) インストール処理のステップ 11 で作成された R コードオブジェクトが，名前空間環境において評価される．

(e) データオブジェクトが "sysdata" と "LazyData" の仕組みに従ってロードされる．これはマニュアル「R の拡張を書く」で説明されている．

(f) S3 メソッドが登録される．

(g) パッケージの "NAMESPACE" の useDynLib() ディレクティブによってインクルードされた，コンパイル済みの動的リンクライブラリがプロセスにロードされる（7.3.4 項参照）．

(h) パッケージの onLoad() 関数があれば呼び出される．

(i) セッション中で使用するために，パッケージ内のクラスとメソッドの情報が対応するテーブルにキャッシュされる．詳細は 10.4.1 項を参照．

(j) インストール時にパッケージのソースコードによって登録されたロードアクション（7.3.2 項参照）が実行される．

(k) パッケージからエクスポートすべき対象が，エクスポート環境に割り当てられる（すなわち，これがアタッチされたときに見えるパッケージのことである）．myPackage というパッケージのエクスポート環境には "package:myPackage" という名前が与えられる．

(l) 名前空間が隠蔽され，通常の代入を行うのが不可能になる．

(m) パッケージに対して定義された「ユーザフック」が評価される．

これが，どんな情報がパッケージで利用できるのかをコントロールする基本的な手続きである．次に，パッケージを意図したとおりに動作させるために重要ないくつかのステップについて検討する．

7.3.1 インポート

パッケージは，使用する他のパッケージの関数やその他のオブジェクトを明示的にインポートすべきだ．ただし，定義上必ず利用可能な base パッケージは除く．インポート対象は "NAMESPACE" ファイルの import() あるいは importFrom() ディレクティブで指定される．これらのディレクティブの情報はインストール済みパッケージに内部的に格納されている．ロード処理のステップ (c) では，import() ディレクティブで指定されたすべてのオブジェクトが新しい環境に割り当てられる．この環境はパッケージの名前空間の親環境になる．インポート環境の親環境は base パッケージの名前空間になる（たとえば 3.1 節の 51 ページを参照）．

明示的なインポートは，パッケージがどこを参照しているつもりなのかを明らかにする上で，よいやり方である．パッケージが明らかにアタッチされるであろう場合，伝統的にはパッケージ作者はわざわざインポートを指定しないことが多かった．それはデフォルトで検索リストに含まれているか，文脈から考えてユーザのセッションにアタッチされているだろうと思われていたのである．これによっていくらか労力は節約された．また，"NAMESPACE" ファイルはつねにパッケージに必要だというわけではなかった．それらは Luke Tierney によって R に導入され [34]，今ではパッケージという概念の不可欠な一部分である．

現在では，インポートをすべて明示的に行うよう推奨するのが習わしとなっており，CRAN を含むいくつかのリポジトリでは明示的なインポートが要求されている．そうした前提の下では，使用するすべてのパッケージに対して

```
import(thisPackage)
```

とするのが単純な解決策である．これによって，パッケージ内のすべてのオブジェクトがインポートされる．パッケージが大きいとメモリ空間がいくらか無駄になるが，心配するほどではない．

インポートする個々のオブジェクトを指定することに賛成するより強力な論拠は，何がどこから来ているのかを正確かつ明確にするべきだということである．同じ名前の関数が 2 つ以上のインポートされたパッケージ内に存在するということはありうる．importFrom() ディレクティブは関数の選択に必要なすべての情報を与え，各オブジェクトを意図通りのパッケージから選び出す．問題になるのは，関数のリストに変更があるたびに "NAMESPACE" を編集する必要があるということだ．

XRtools の関数 makeImports() は，現在のバージョンのパッケージに欠けている importFrom() ディレクティブを出力する．たとえば，SoDA パッケージは私の 2008 年の R に関する書籍 [11] のためのツールと例を提供しているが，当時 CRAN に公開されていたバージョンは，デフォルトで存在するパッケージからのインポートについてはいい加減であった．このパッケージに対して makeImports() を実行すると次のようになる．

```
> makeImports("SoDA")
## Found, but not in package: .Random.seed
# importFrom(methods, new, is, metaNameUndo, `packageSlot<-`, ....
# importFrom(stats, as.formula, terms, resid, update, runif)
# importFrom(utils, data, menu, recover)
```

表示される `importFrom()` ディレクティブはパッケージの `"NAMESPACE"` ファイルに追加することができる．この例における `methods` からのインポートのように，パッケージからインポートする対象のリストが長くなる場合には，明示性は下がるがより簡潔な，パッケージ全体に対する `import()` を選びたくなるかもしれない．

7.3.2 ロードアクション

パッケージはロード時に特別なステップを踏むことが必要な場合がある．たとえば，動的にリンクしているコンパイル済みコードに依存した情報は，パッケージのロードにおいて対応する段階に至るまでは利用できない．他方，パッケージの名前空間に情報を保存する必要があるような計算は，ロードが終わった後では名前空間が隠蔽されているので実行できない．

このようなカスタマイズを柔軟に行うには，インストール中に設定され，ロード時（7.3節のステップ(j)）に実行される**ロードアクション**(load action) を用いる．Rの `methods` パッケージには，インストール中にそうしたアクションのリストを作成するためのツールがある．たとえば `setLoadActions()` 関数は，任意個数の関数を引数にとり，それらをロード時に呼び出すよう設定する．`evalOnLoad()` は式オブジェクトを受け取り，その式をロード時に評価するよう設定する．どちらの場合も，インストール中に関数や式を構築しておき，ロード時に利用可能になる情報を用いて必要な計算を実行する，というのが典型的な技法である．

動機付けのための例として，C++ のクラスを R から使えるようにするために，クラスに関する情報を提供する Rcpp パッケージの仕組みを取り上げる．C++ のクラスの R 版には，C++ クラスのメソッドを起動するために，そのクラスへのポインタが必要である．ポインタは C++ コードがリンクされるときに設定されるので，インストール中には作成できない．他方，ポインタを必要なときに毎回動的に探すのは非効率的すぎる．解決策はロードアクションだ．C++ のクラスの R 版を作成する Rcpp のソフトウェアが，そのクラスへのポインタを見つけて割り当てるように設計された関数オブジェクトを構築してくれるのだ．関数はインストール中に `setLoadAction()` の呼び出しに渡される．ロード時にはこれらの関数のそれぞれが呼び出され，その副作用によって，クラスを使用するパッケージの名前空間に必要なポインタを割り当てる．

ロードアクションはクラスを作成するアプリケーションパッケージにおいて設定されるが，パッケージの作者は必要なアクションについて何も知る必要がないという点に注目してほしい．細部はすべて Rcpp パッケージが処理してくれるのだ．

C言語スタイルのポインタのような情報は，実行中のRプロセスにおいてのみ定義される．パッケージに必要なその他の特殊な情報を取得するには，ロード前に利用可能なRによる計算をパッケージに含める必要があるかもしれない．そうした情報が，パッケージのソースディレクトリ内にファイルを作成するために使われるのであれば，その情報はそれより前に生成されていなければならない．そのための計算は7.1.3項で説明したとおり，パッケージのセットアップステップにおいて実行できる．ロードアクションとセットアップステップという2つの選択肢については，インターフェースパッケージの文脈において再び考察することになる（13.7.4項を参照のこと）．

ロードアクションのための古い仕組みは不十分なものである．古い仕組みは制約が厳しすぎるか（`.onLoad()`），実行されるのが遅すぎて情報を名前空間に保存できないのだ（ユーザフック）．ロードアクションのさらなる詳細については，オンラインドキュメントの `?setLoadActions` を参照のこと．

7.3.3 ロードアクションとセットアップステップ

ロードアクションと，セットアップステップ（7.1.3項）におけるスクリプトの実行は，両方ともパッケージのインストール時には利用不可能かもしれない情報をアプリケーションパッケージに含めるための仕組みである．たとえば，インストール済みパッケージを配布するために，中央サイトにパッケージがインストールされるときである．

ロードアクションとセットアップステップは多くの状況に対して互いに代替可能だが，場合によっては片方だけが使えることもある．たとえばC++へのRcppインターフェースにおいて，`compileAttributes()` 関数はRとC++両方のソースコードをアプリケーションパッケージに書き込み，C++関数に対するプロキシを定義する（16.3節）．結果として得られるコードは，パッケージがロード可能になる前に，インストール中にコンパイルされなければならない．したがって `compileAttributes()` を使えるのはセットアップステップだけである．これとは対照的に，前述のC++のプロキシクラスの例で用いた外部ポインタを生成できるのはロードアクションだけだ．

両方とも使える場合，ロードアクションには別のステップが不要だという利点がある．ちょっとした細部ではあるが，INSTALL コマンドはデフォルトで「試験的ロード」を行うのだ．リポジトリがこのコマンドを `--no-test-load` オプション付きで実行するのでない限り，物事をロードアクションまで遅らせてもインストール時に実行されてしまうので無益である．

他方，セットアップステップではRのソースコードが明示的に生成される．生成されるソースコードとは，たとえば roxygen スタイルのドキュメントの付加によって変更されるようなものである（ただし，クラスのフィールドのような，関連するサーバ言語に関わる事実に変更があった場合には，コードを編集したり再生成したりする必要がある）．

7.3.4 コンパイル済みサブルーチンのリンク

Rパッケージのインストールには，パッケージのソースディレクトリの "src" サブディレクトリにあるソースファイルをコンパイルするというステップがオプションとして含まれている．このソースコードの言語はファイルのサフィックスから推測される．本書執筆時点では，C，C++，Objective C，そして Fortran のいろいろな標準版が選択肢に含まれている．パッケージのインストールでは，ソースコードに対応するオブジェクトコードを含んだ**共有オブジェクト**ファイルが作成される．

共有オブジェクトファイルはインストールディレクトリの "libs" サブディレクトリに保存される．ロード処理のステップ (g) において，"NAMESPACE" ファイルに利用可能なパッケージを引数とする "useDynLib()" ディレクティブが含まれていれば，そのパッケージの利用可能な共有オブジェクトがリンクされる．たとえば，

   useDynLib(XRcppExamples)

であれば，XRcppExamplex パッケージのインストールによって作成された共有オブジェクトが利用可能になる．もしパッケージを Rcpp.package.skeleton() 関数を用いて作成すれば，そのパッケージ自身の共有オブジェクトは自動的に "NAMESPACE" ファイルに追加される（ディレクティブは必ず書かなければならない．パッケージのロード処理はそのパッケージ自身の共有オブジェクトを自動的にリンクしてはくれないからだ）．

useDynLib() ディレクティブの他の引数によって，Rから呼び出されるC言語やFortranのエントリポイントが指定される．.Call() インターフェースを直接書いている場合や，.Fortran() のような他の基本インターフェースを使っている場合には，この仕組みが役立つ．単に呼び出されるルーチンの名前を与えてやればよい．インストールとロードの段階で "NativeSymbol" クラスのRオブジェクトが作成され，パッケージの名前空間にルーチンと同じ名前で割り当てられる．このオブジェクトには，エントリポイントに対応する共有オブジェクトファイルがRプロセスにリンクされるときに，エントリポイントを特定するために必要な情報が含まれている．ただし，これが重要なのは，16.3節で論じるRcpp パッケージの compileAttributes() の仕組みを使っていない場合だけである．Rcpp の仕組みはサブルーチンとそれに対応する .Call() の文字列引数を生成してくれる．

C言語の pointer_string というルーチンを呼び出すために，.Call() インターフェースを用いて pointerString() 関数を直接に定義することを考えよう．pointer_string のC言語コードはソースパッケージの "src" ディレクトリにある．したがって，それに対応するC言語のエントリポイントがコンパイルされてライブラリの共有オブジェクトになる．もしこれが必要な唯一のエントリポイントであったなら，cppExamples の "NAMESPACE" ファイルには，

   useDynlib(cppExamples, pointer_string)

という行があるだろう．そして，Rコードでこの名前を .Call() に第一引数として与える

だろう.

```
pointerString <- function(x)
    .Call(pointer_string, x)
```

というコードは，useDynLib() ディレクティブによって作成された，"NativeSymbol" というS3クラスの pointer_string オブジェクトを参照している.

同様の仕組みは .Fortran() を直接用いてインターフェースされた Fortran のコードに対しても使用される．たとえば SoDA パッケージは .Fortran() を用いて geodistv() サブルーチンを呼び出す．このパッケージの現在のバージョンでは，"NAMESPACE" ファイルに

```
useDynLib(SoDA, geodistv)
```

と書かれており，対応する .Fortran() の呼び出しは以下の形式である．

```
res <- .Fortran(geodistv, ...)
```

この場合，作成されたオブジェクトは "NativeSymbol" の S3 サブクラスである "FortranRoutine" に属しており，Fortran のエントリポイントにあるかもしれない差異を処理できるようになっている．

useDynLib() ディレクティブは他のパッケージの共有オブジェクトファイルにもアクセスでき，その場合にもシンボルを指定する引数を受け取ることができる．

期せずしてエントリポイントと R オブジェクトが同じ名前になってしまった場合（典型的には，ルーチンを呼び出す関数にルーチンと同じ名前を付けた場合）には，エントリポイントを宣言する際にリネームすることができる．もしすでに SoDA パッケージに geodistv という R オブジェクトがあったならば，ディレクティブを

```
useDynLib(SoDA, geodistv_sym = geodistv)
```

に変更すれば .Fortran() の引数として geodistv_sym が使えるだろう．

7.3.5 検索リスト

require() や library() を呼び出してパッケージがアタッチされると，ロード処理のステップ (k) で作成されるエクスポート環境が**検索リスト**へ挿入される．その結果，エクスポートされたオブジェクトは**単純名** (simple name)[a] を用いて R 評価器から利用できるようになる．ただし，リストのより前にある環境には同名のオブジェクトがないというのが前提だ．

検索リストは R のリストではなく環境の列であり，各環境は先行する環境の親になっている．環境列は，ユーザに対しては環境名の文字ベクトルとして提示される．

もし R を通常のやり方で起動し，Matrix パッケージをアタッチしたならば，利用可能

---

[a] 訳注：ここでの単純名とは :: や $ による修飾がない名前のことを指す．

なパッケージに大域的環境とその他いくつかの環境を加えたものが search() の呼び出しによって表示されるだろう．

```
> search()
 [1] ".GlobalEnv"        "package:Matrix"
 [3] "package:lattice"   "package:stats"
 [5] "package:graphics"  "package:grDevices"
 [7] "package:utils"     "package:datasets"
 [9] "package:methods"   "Autoloads"
[11] "package:base"
```

この名前の文字ベクトルは単に環境列を表現する手段にすぎない．ひとつのパッケージに対してひとつの環境があり，あるパッケージの環境の親が，次のパッケージの環境になっている．次に例を示す．

```
> ev <- as.environment("package:stats")
> ev
<environment: package:stats>
attr(,"name")
[1] "package:stats"
attr(,"path")
[1] "/Users/jmc/R_Devel/r_devel/library/stats"

> identical(parent.env(ev), as.environment("package:graphics"))
[1] TRUE
```

最後の式が TRUE なのは，このセッションにおいて，検索リスト上で graphics パッケージが stats パッケージの次にあるからだ．

7.4 共有

　自分のパッケージの新しい機能を共有することは，おそらく R プログラミングにおいて最も建設的なステップである．収集されたリポジトリやその他の情報源から得られる広範で多様なパッケージ群は，極めて大きな価値のあるリソースだ．データを分析したり，統計学や他のデータに基づく分野の研究成果を利用したりする場合に，長年にわたり非常に多くの技法が容易に利用できたのは革命的なことであった．

　R パッケージの成長はインターネット革命によって支えられ，その中で共有されてきた．S の黎明期には，ソフトウェアを共有することは物理的メディア（大抵は磁気テープ）を配布するということであった．最初にリリースされたバージョンの R でさえ，少なくとも見かけ上は CD に保存されていた（図 2.3）．インターネットの革命的インパクトの一部をなしているのは，パッケージをダウンロードしてインストールすることの簡単さである．

　パッケージとは，まさにソースディレクトリそのもののことだ．最も単純なやり方で

は，それをどこか公開アクセス可能な場所に置いて世の中に知らせればよい．ダウンロードのためには，`build` コマンドで生成されたアーカイブファイルが最も便利だろう．

R コミュニティやその他の人々による多くのプロジェクトにおいて，ソフトウェアを共有するためにさらに歩みを進めるツールが開発されてきた．それらはパッケージを共有したくなったらすぐに検討してみる価値があるものだ．

- ソースパッケージに加えて，あるいはそれに代えて，インストール済みパッケージ（CRAN では**バイナリバージョン**と呼ばれる）を共有すれば，パッケージの利用者にとってインストールが簡単になる．特にパッケージのインストールにコンパイルが必要なときはそうだ．このためには，配布されるインストール済みパッケージと，パッケージを使用する OS の種類に互換性が必要だ．OS のバージョンにも互換性が必要かもしれない．
- 他の方向性として，まだ発展途上のパッケージでは，変更点の提案を促したいという場合があるかもしれない．あるいは，パッケージの同じマスターコピーに基づいて仕事をしているチームで，開発プロセスを共通化したくなるかもしれない．こうした目的のためには，ソースパッケージを支える優れたバージョン管理システムが必要だ．その場合，パッケージはソースとバージョン管理に関する情報をコピー（あるいは**クローン**）することで共有される．

本書執筆時点において，こうしたアイディアを取り入れた配布の仕組みを作り出してきた有益なプロジェクトが数多く存在している．また，新たなプロジェクトも提案あるいは進行中である．ここでは 2 つのプロジェクトだけ紹介することにする．これらは今のところ確かに最も活発な 2 つではあるが，他にもバリエーションや追加のツールを提供しているプロジェクトはあるし，読者が本書を読む頃には新しい重要な選択肢が現れているかもしれない．

R の開発自体の中心に最も近い仕組みは CRAN リポジトリである．また，CRAN はおそらくユーザに最も信頼され，受け入れられているものでもある．ただし CRAN のドキュメントに明確に書いてあるとおり，どんな配布サイトであっても配布パッケージの計算の品質を検証することは不可能だ．CRAN はリポジトリのユーザに次のものを提供する．

- パッケージソースのアーカイブファイル
- 可能であれば**バイナリアーカイブファイル**．すなわち，様々なプラットフォーム上でパッケージをインストールしたディレクトリのアーカイブ．
- パッケージとは別のドキュメントファイル．詳細なドキュメントを集めたものや，パッケージとともに提供される任意のビネットを含む．
- 他の様々な情報．`check` コマンドの実行結果やソースアーカイブの以前のバージョン，そのパッケージの依存先と依存元に関する情報を含む．

ここでアーカイブファイルとは，ソースの場合には圧縮された tar ファイルのことであり，バイナリバージョンの場合には対象となる OS にとって適切な圧縮アーカイブのことをいう．

パッケージのユーザに対して，CRAN はパッケージのソース（展開すべきアーカイブファイル）やその他の諸々を提供する．パッケージの作者は，提出と承認の過程でパッケージに予定していなかった変更を加えるよう要求されるかもしれない．とはいえ要求事項の多くは，とにかく従っておくほうが賢明な検証をパッケージに対して行うことである．

パッケージの内容に課せられる制約もあるが（CRAN ポリシーのリンクで説明されている），理にかなっており，リポジトリを維持するため通常は必要なことである．R の拡張の範囲が広がっていくと，パッケージに必要なことを特定のリポジトリの手続きに合わせるのが難しくなる可能性はある．

ひとつ問題が生じるのは，必ずしも R とともに利用可能だとは限らないソフトウェアに動作が依存しているパッケージに関してである．リポジトリのメンテナの観点からすると，ありうるすべての用途に対して R 以外の任意のソフトウェアを保守するというのは現実的でない．それと同時に，CRAN は提出されたパッケージが少なくとも見かけ上は使用可能であることを検証したいと考えているので，パッケージのインストールとロードが可能であることを要求する．

たとえば，第 IV 部の用語でいうところの接続インターフェースを使っているパッケージは，対象サーバ言語のソフトウェアが利用できない場合にもインストールできるようには設計されていないかもしれない．こうしたパッケージには初期化のための要件があり，サーバ言語それ自体が必要な可能性が高い．もしかすると何らかの非標準的モジュールも必要かもしれない．こうしたインターフェースを用いるアプリケーションパッケージを，より制限された状況においてインストールするために可能なアプローチを 13.7.4 項で示す．

リポジトリが課す制約があっても CRAN に数千ものパッケージがあり，その成長が続いているということは，多くのプロジェクトにとってパッケージを配布し認知されるという利益のために努力する価値があるということを示す証拠である．

これとは対照的だが R 開発者に広く利用されている GitHub は，共有開発モデルに従っている．そこではパッケージの「公開アクセス可能な場所」が github.com のサイトの下で中央集中的に提供されている．通常，特定のパッケージのためのリモートディレクトリはソースディレクトリのミラーである．しかし，リモートディレクトリはソースコード開発システムの意味での「リポジトリ」でもある．つまり，パッケージソフトウェアに対する一連のリビジョンについての情報が含まれている．具体的には，GitHub は元々は Linux のために開発されたリビジョン管理システムである Git を使用している．その基本的な仕組みに R パッケージ固有の事柄はない．実際，GitHub はいろいろな種類のソフトウェアプロジェクトに対して広く使われている．

パッケージの潜在的なユーザはソースディレクトリ全体のコピーをクローンする．それから，他のパッケージソースと同様にして，buildとINSTALLコマンドの中でクローンされたディレクトリが使用される．リビジョン管理のおかげで，いつでも変更を取り入れて更新するのが簡単になる．実際，クローンしたディレクトリ自体がすべてのリビジョン履歴情報を持つリポジトリであるというのがGitHubの特徴である．中央リポジトリの所有者はGitHubのアカウントを開設し，リビジョンをアップロードする．ユーザはリビジョンのコピーを同期させて取得する．より上級のユーザには，パッケージのあるバージョンを**フォーク**して提案した変更を行い，それをパッケージの所有者に（**プルリクエストに**よって）伝えるための仕組みもある．

このモデルは，複数のユーザに中央リポジトリを更新する許可を与えるように拡張することができる．GitHubは**組織**アカウントの作成をサポートしており，そこでは指定されたユーザたちがチームメンバーとなる．それからひとつ以上のリポジトリが，実質的にはサブディレクトリとして，組織の下に移される．チームメンバーには中央リポジトリに変更を加える許可が与えられる．

GitHubは広く使われるようになった．少し前の時点では一千万を超える**リポジトリ**があり，Rのプロジェクトも多く含まれていた．

CRANとGitHubという2つのアプローチは非常に対照的に見えるが，実際には組み合わせて役立てることができる．「リポジトリ」という単語の用法が衝突するのを避けるために，CRANスタイルのアプローチは**パッケージ配布**，GitHubスタイルのアプローチは**パッケージエクスポート**と呼ぶことにしよう．

パッケージエクスポートというアプローチは，継続的に発展している状態にあるプロジェクトのために設計されている．更新許可を持っているかどうかを別にすれば，そのサイトを使っている者は誰でも本質的に同じレベルで作業している．すなわち，もとの素材（我々の場合にはパッケージのソースディレクトリ）をクローンし，ユーザが個人的に書いたパッケージとまったく同様にしてそのパッケージをインストールしているのだ．

プロジェクトのどんな段階でもこのアプローチを採用することができるだろうし，（個人的な好みによるだろうが）他人のアドバイスの恩恵を受けるのは遅いよりも早いほうがよいのはほぼ間違いない．

これとは対照的に，パッケージ配布サービスは普通のユーザに対してずっと多くのものを提供する．たぶん最も重要なのは，パッケージがそれなりの量の検査とテストをくぐり抜けてきたという感覚が与えられることだろう．とはいえ，やはり提出される任意のパッケージに対して，パッケージそれ自体に含まれているテスト以上に実質のあるテストを行うことは端的に不可能である．ユーザにわかるのは，そのパッケージは少なくともバイナリバージョンが利用可能ないくつかのプラットフォームにおいて実際にインストールできたということだ．バイナリバージョンはパッケージのコンパイルが必要な場合にとりわけ役立つ．コンパイルは特定の言語やそのコンパイラに依存しているかもしれないからだ．また，ドキュメントが独立してダウンロードできるようになっていれば，ユーザになる可

能性のある人が，パッケージをインストールする前にその機能がどんなものか雰囲気をつかむこともできる．

パッケージの作者の観点からすると，パッケージ配布というアプローチは，ソフトウェアがある程度開発された状態になったときに，ソフトウェアをより広範囲の人々に届けるために役立つ．大抵，ソフトウェアのリビジョンは続いていくし，パッケージ配布の仕組みはリビジョンをうまくユーザに届けてくれるが，各リビジョンは前回のものと同じように使えるようになっている必要がある．対照的に，パッケージエクスポートでは重要な変更のそれぞれがひとつずつ公開される．よさそうに思えたアイディアが駄目だと判明することになってもまったく構わないし，そういうものなのだと考えられている．

2つのアプローチを組み合わせるのは魅力的である．エクスポート版が先に始まってより頻繁に発展していき，ユーザフレンドリーな段階になると配布版に反映されるのだ．今日では多数のR関連プロジェクトがこの二重のアプローチを活用している．具体的にはGitHubとCRANか，またはそれらに類似したサービスを用いる．

本書で引用するインターフェースやツール，例示しているパッケージは `https://github.com/johnmchambers` から利用可能である．

第8章

大規模開発

第5章から第7章で議論した小規模（関数）と中規模（パッケージ）のプログラミングはソフトウェアに駆動されており，直ちに利用するためのソフトウェアか，あるいは長期的な価値を持つと認識されたソフトウェアに関するものだった．Rに内在している構造のおかげで，関数と関数呼び出しが具体的な計算にアプローチするための方法となっている．また，パッケージを，関数やその他のツールの重要なコレクションを整理する自然な方法にするために，多くのプログラミングツールが発展してきた．

しかし，Rを拡張することはそれ自体が目的なのではなく，より大きなプロジェクトの一部であることが多い．現実的な計算アプリケーションでは，アプリケーションのニーズにうまく対応するために，ソフトウェアをいかに設計できるかが問題になることが一般的である．

我々が扱っているのはどんな種類のデータなのか？ 計算のためにはそのデータのどのような性質が利用できる必要があるのか？

ひとたびデータが利用可能になったら，必要なのはどのような計算結果なのか？ 特に，よい方法を実装するのが挑戦的な課題になるかもしれない計算は何か？ 必要な計算の一部または全部を提供してくれる既存のソフトウェアはないか？

こうした疑問には，その性質からして整理された普遍的な解答はありそうもない．

しかしながら，解説することができる有用なアプローチもいくつか存在している．本書の残りの大部分はそのうちの2つに費やされる．オブジェクト指向プログラミングは，それがどんな形式のOOPであれ，オブジェクトのクラスという観点によってデータ構造を概ね形式的に記述することができ，計算はクラスに関連したメソッドとして構成できるというアイディアに立脚している．この観点によるOOPの主な強みは，データと計算に関する情報が局所化されること，それから，ソフトウェアを拡張して一般化するために，既存の基底クラスを土台にすることが継承を利用してクリーンに行えることである．第III部では，RのOOPについて議論し，Rを拡張するためにOOPの構造をどう設計するかという問題を扱う．

ここで構想する大規模プログラミングにおいて鍵となる概念は，重要なタスクに対して利用可能な最良の計算手段を探すべきだ，ということである．もしそれが標準的なRの関数やパッケージ以外の形式だと判明したならば，その形式を利用しつつ，できる限り簡便

な R へのインターフェースを提供することを検討するのだ．

現代のコンピューティング分野は極めて広大であり，優れた実装が非常に多いので，本格的なアプリケーションに取り組むときには選択肢を制限するべきではない．多くの言語に対して R からの汎用インターフェースが存在している．また，インターフェースがどのように機能しているのかを理解して，新しいインターフェースを追加したり，既存のものを拡張したりするのが合理的な場合もあるだろう．第 IV 部では，他言語での計算や R プロセスにリンクされるサブルーチンに対する，R からのインターフェースを数多く考察する．

サブルーチンインターフェースは R に最初からある仕組みであり，重要なリソースであり続けている．第 16 章では，サブルーチンインターフェースに対して推奨されるアプローチについて議論する．様々な計算ニーズに応じるためには他の言語も等しく重要になってきた．第 12 章では様々な選択肢について述べ，利用可能なインターフェースパッケージをいくつか挙げる．それからインターフェースの効果的利用のために必要なことを議論する．第 13 章では，インターフェースの対象として魅力的ないくつかの言語に対して適用可能な，統一された高水準の構造を紹介する．この形式のインターフェースの例として，Python と Julia に対するものを第 14 章と第 15 章で扱う．

第 III 部

オブジェクト指向プログラミング

　第 III 部では，R を拡張するという観点からオブジェクト指向プログラミングのアイディアを探索する．OOP のおかげで，多くのプロジェクトにおいて，基盤となる明確かつ整理された形式のデータ構造を多様かつ豊富にするような拡張が可能になる．第 9 章では，R における 2 つのバージョンの OOP について，基本的なプログラミングの仕組みを紹介する．

　最初のバージョンのオブジェクト指向プログラミングであり，最もよく出会うものでもあるのは，Simula とその類似言語に由来するパラダイムである．これは，データ分析と R 以外の分野における大抵の議論で，オブジェクト指向プログラミングが言及されるときに断りもなく想定されているものである．しかし，我々が焦点を合わせるのは OOP に関する 2 つの観点であり，これはその一方の観点にすぎない．区別のために，我々はこのパラダイムを**カプセル化**オブジェクト指向プログラミングと呼ぶ．「カプセル化」という語はコンピューティングにおいていくつかの異なる意味で使われるが，そのうちのひとつを我々の目的のために利用する．すなわち，このカプセル化 OOP は，オブジェクトのプロパティとメソッドの両方をクラス定義の中にカプセル化するという意味だ（より正確に言えば，当該のクラスとそのすべてのスーパークラスの定義の中にカプセル化する）．

　R や Julia のように関数型計算に基づく言語は，もうひとつのパラダイムである**関数型**オブジェクト指向プログラミングに適している．関数型 OOP では，関数に対して引数のクラスに応じたメソッドを定義する．概念的には，メソッド定義は関数定義の中に格納される．クラスに属するオブジェクトのプロパティは，カプセル化 OOP と同様にクラス定義の中に格納される．

　R は，S から受け継いだ関数型 OOP と，カプセル化 OOP（R の**参照クラス**）の両方をサポートしている．2 つのパラダイムは，両方ともデータを用いた計算において有益であり，成功を収めてきた．オブジェクトのプロパティが重要であるような R の拡張に対しては，どちらか一方（場合によっては両方）のパラダイムが極めて有用になりうる．第 10 章と第 11 章では，それぞれ関数型 OOP とカプセル化 OOP について議論する．2 つのうちどちらを選ぶべきかについては 9.2 節で論じる．

第9章

Rにおけるクラスとメソッド

9.1 RにおけるOOP

　第1章では，カプセル化パラダイムと関数型パラダイムの両方のオブジェクト指向プログラミングについて論じたが，実際にそれをどう使えばよいのかについては述べなかった．本章ではこれに対する基本的な回答をRにおいて与える．

　OBJECT原則とFUNCTION原則に従うと，Rの拡張の一部としてOOPという概念を実装するためには2種類の情報が必要だ．第一にオブジェクトのプロパティの仕様，第二にオブジェクトを用いて物事を引き起こす関数の仕様である．これらは**クラスとメソッド**の定義によって提供される．

　Rにおけるクラスの定義と作成は，関数型クラスであれば `setClass()`，参照クラスであれば `setRefClass()` の呼び出しによって行われる．これらの関数はともにクラスの生成関数を返す．生成関数とは，そのクラスの新しいオブジェクトを生成するために呼び出される関数である．また，`setClass()` と `setRefClass()` にはクラス定義を備えたメタデータオブジェクトを作成するという副作用もある．パッケージのインストール時に，パッケージのソースコードによってクラスが作成されるときに，メタデータオブジェクトがパッケージの名前空間の一部になる．パッケージをロードすると，Rプロセス内の計算においてクラス定義が利用可能になる．クラスの作成については9.3節で議論する．

　メソッドの定義は，関数型OOPの場合には `setMethod()` の呼び出しによって，カプセル化OOPの場合には生成関数オブジェクトのカプセル化メソッド `$methods()` の呼び出しによって行われる．これらは新しいメソッドに関するメタデータを追加する．カプセル化OOPの場合，メソッドはクラス定義自体の一部となる．関数型OOPの場合，メソッドはクラスではなく関数に属しているので，メタデータはパッケージの名前空間において，それぞれの総称関数に対するテーブル内に蓄積される．この情報はパッケージがRプロセスにロードされる際にも利用可能となる．メソッド作成のための計算については9.4節で紹介する．

　9.2節では2つのバージョンのOOPについて，アプリケーションにおいてどちらを選択すればよいのかを検討する．9.5節では，OOPの技法を例示するためにさらに2つの例を提示する．

　本章では，RのOOPに必要な基本的計算を取り扱う．特殊な技法や，2つの代替的な

アプローチ間の選択，また起こっていることの理解のためには，どれもさらに詳しい議論が必要になる．第10章と第11章で，それぞれ関数型OOPとカプセル化OOPについて詳しく論じる．

9.2　関数型OOPとカプセル化OOP

ある言語のカプセル化OOPで実装されたクラスのオブジェクトを p とする．すると，もしクラスに対してプロパティ sizes とメソッド evolve() の実装が定義されていれば，その両方ともオブジェクトからアクセスされる．

```
p$sizes
p$evolve()
```

必要な情報はすべて class(p) のクラス定義から取得可能である．

対照的に，ソフトウェアが関数型OOPに基づいている場合，オブジェクトを用いたユーザによる計算は，当然ながら関数呼び出しを通じて行われる．この場合，よく現れる関数を一般化して様々なオブジェクトを扱えるようにすることが，オブジェクト指向のクラスとメソッドの目的となる．モデリングの文脈においては，

```
update(fit, newData)
```

という関数は，当てはめたモデルを新しいデータを含めて更新することを意図しているだろう．適切なメソッドは，引数のいずれかまたは両方のクラスに依存する．カプセル化OOPはメソッドを関数ではなくクラスと関連付けるので適切ではない．class(fit) や class(newData) を使って適切なメソッドを検索すればよいのだろうか？

カプセル化OOPの実装では関数型計算に対するメソッドも必要になるだろう．たとえば [演算子による要素選択である．「演算子オーバーロード」と呼ばれることがある特殊な仕組みは，メソッドをクラス定義内にカプセル化しつつ，ある種の関数や演算子に対するメソッドを提供する．通常，オーバーロードは予約済みのメソッド名の集合を用いるが，そのために適用範囲は限定される．Rの場合については11.6節を参照してほしい．そこではカプセル化されたクラスに対して関数型メソッドが定義できることを見る．

「関数型」という用語が示唆する区別は，別の意味でも重要だろう．一般的なカプセル化OOP言語はオブジェクトを**変更可能な参照**として扱う．つまり，メソッドや他のソフトウェアはオブジェクトを修正する機能を持つ．メソッドはそのオブジェクトへの参照を通じて呼び出される．純粋な関数型プログラミングにそのような概念は存在しない．Haskellのような関数型言語の構文には大抵，オブジェクトの手続き的な修正は含まれていない．そのような基盤の上に構築されるクラスとメソッドも関数型になるだろうし，参照をサポートすることもないだろう．

実際には，関数型**計算**がつねに厳格な関数型**プログラミング**のことを意味しているわけではない． FUNCTION原則 （起こることはすべて関数呼び出しである）に概ね従ってい

る言語でも，関数呼び出しが局所的で副作用を持たないという原則には従っていないかもしれない．Haskell は関数型プログラミングを言語それ自体の中に組み込んでいる．R は関数型プログラミングを推奨するが強制はしない．Julia には関数型 OOP があるが，オブジェクト参照を本質的にあらゆるところで使っている．

R では関数型 OOP の実装の大部分が関数型プログラミングと整合している．新しい値をスロットに代入しても，変更されるのは現在の関数呼び出し内のオブジェクトだけである．他方，参照クラスのオブジェクトのフィールドに新しい値を代入すると，そのオブジェクトに大域的影響を及ぼす．実装は首尾一貫しているものの，何が起きるのかを正確に理解するためには，注意深い思考が必要なときもある．

たとえば "environment" クラスのスロットのように，関数型クラスの中に参照オブジェクトをスロットとして持つと，そのスロット内のデータに対する変更は副作用を持つことになる．このため，そうしたスロットは注意深く取り扱う必要がある．関数は（参照でない）オブジェクト全体の局所的バージョンを作成することはできるが，参照スロットを修正すれば，関数の外部にあるバージョンの関数型クラスのオブジェクトが変更されてしまう．

逆に，参照クラスのオブジェクトのフィールドの動作にとって重要なのはフィールド自体の値であり，参照クラスのオブジェクトは無関係である．もしフィールドを関数の引数として渡しても，その関数内での局所的置換は参照オブジェクトには何も影響を与えないし，与えるべきではない．こうした点については，関数型 OOP とカプセル化 OOP のそれぞれの実装について議論する際に考察する．

2 つのパラダイムが利用可能なわけだが，2 つのうちどちらが特定のプロジェクトに最もふさわしいのだろうか？ パラダイムを選ばずとも，クラスに属するオブジェクトの内容は相当な程度まで考えることができる．しかしながら，2 つのパラダイムでオブジェクトはまったく異なる使われ方をする．

提案されたクラスについて単純な質問をひとつすると，最も自然なパラダイムの選択がわかることが多い．新しいクラスに属するオブジェクトがあるとしよう．それから，新しい値をオブジェクトのプロパティのひとつに代入しよう．厳密に言えばオブジェクトはそのクラスのメンバのままであり，class(x) は変わっていないはずだ．だが我々はその新しいオブジェクトをどのように見なすだろうか？ 特に，

もしオブジェクト内のデータの一部が変更されてしまっても，それは同じオブジェクトのままだろうか？

もしオブジェクトが関数型プログラミングの結果と見なせるのであれば，答えは「ノー」だ．オブジェクトの定義とはそれを生成した式（関数呼び出し）のことである．修正されたオブジェクトはもはや関数型計算を表してはいない．実際，厳格な関数型プログラミング言語は普通「オブジェクトを修正する」ための式を持たない（R はそれほど厳格ではないが，関連する重要な事実として，R のすべての置換式は実際に新しいオブジェクトを名

前に代入して終わるということがある．これについては5.2節で論じた)．

統計モデルやその他のデータ要約手法は，関数的だと自然に見なすことができる．`lm()`が返す最小二乗回帰モデルは，もしそのプロパティの一部（たとえば係数）が修正されてしまえば，もはやその最小二乗回帰の計算を表さない．

対照的に，変更可能な状態を持つオブジェクトは定義によりその状態を修正することが可能である．オブジェクトは初期化メソッドによって生成されたのでなければならないが，通常，生成時の状態は最終状態ではない．また，最終状態が定義されていなかったり重要でなかったりすることも多い．たとえば，データの要約としてのモデルオブジェクトではなく，個体群をシミュレートするために作成されたモデルオブジェクトであれば，シミュレーションが進行しても正当なオブジェクトのままであり続ける．`p$evolve()`のようなメソッドの目的は，まさにオブジェクト p を修正することだ．

これら2つの例は単純でわかりやすい．パラダイムがほとんど曖昧さなくクラスの設計目的に合致している．だがいつもこのようになるわけではない．同じ情報や本質的に同じ構造が，関数型クラスとカプセル化クラスのどちらに適合することもありうる．上述の我々の質問に対する自然な答えは，目下の計算の目的に応じて変化するかもしれない．

たとえば，R においてデータフレームとして知られているオブジェクトに対するOOPのアプローチを考察する際には，文脈に応じてどちらのパラダイムが望ましいこともありうる．

データフレームが時間とともに発展していくデータソースを表していることがある．たとえデータがある一時点を表しているとしても，記録や解釈の誤りを訂正しようと試みるうちにデータが発展していくかもしれない．この目的のためには，次節の `"dataTable"` の例のようなカプセル化クラスがふさわしい．他方，もし当該のデータが関数を用いた分析の一部分であれば，再現可能な結果を得るという望みのためには，その特定のオブジェクトがそのままの状態に留まっていなければならない．関数型計算にどんな微調整を加えても，その関数内への局所的な影響しかないことが望ましいが，これを叶えるのがオリジナルの `"data.frame"` クラスである．

重要なガイドラインは，何が起きるのかについてユーザが正しく理解できるように，個々の文脈においてどちらの選択肢に従っているのか明確にせよ，ということだ

続く2つの節で基本的なプログラミングのステップを紹介した後に，9.5節で対照的な実装例としてのモデルに再度触れる．

9.3 Rにおけるクラス作成

クラス定義の要はプロパティ，継承，そしてメソッドである．R のプロパティとクラス継承は，関数型クラスとカプセル化クラスのそれぞれにおいて，`setClass()`関数と`setRefClass()`関数の呼び出しによって定義される．メソッドは，それぞれの場合において`setMethod()`か`$methods()`を別途呼び出すことで指定される．

```
setClass(Class, slots=, contains=)
setRefClass(Class, fields=, contains=)
```

Class は新しいクラスの名前を表す文字列である．どちらの呼び出しも関数オブジェクトを返す．その関数を呼び出すと，クラスに属するオブジェクトが生成される．生成関数に Class と同じ名前を付けておくと，大抵はユーザにとって便利である．setRefClass() が返す生成関数にはカプセル化スタイルのメソッドも付いており，なかでも $methods() の呼び出しによってそのクラスのカプセル化メソッドが定義される．

R におけるプロパティは，関数型 OOP ではスロットと呼ばれ，カプセル化 OOP ではフィールドと呼ばれる．これらはそれぞれ名前を用いてアクセスされる．クラス定義では，オブジェクトの各プロパティに対してクラスを指定する．指定されたクラスかサブクラスのオブジェクトだけが，対応するプロパティに代入できる．slots 引数や fields 引数の値としては，プロパティに期待するクラスを名前付きベクトルで与えるのが普通である．

```
fields = c(edits = "list", description = "character")
```

"ANY" クラスを指定すれば，スロットとフィールドに制限を設けないままにしておくことができる．

プロパティは，関数型スロットに対しては @ 演算子，参照フィールドに対しては $ 演算子を使えば抽出できる．同じ演算子を代入の左辺で用いれば，対応するプロパティが設定される．また，プロパティはクラスの生成関数呼び出しの際にも割り当てられる．参照クラスのフィールドは読み込み専用に指定される場合があり，その場合にはオブジェクト初期化時の割り当てだけが許される．

クラス間での継承パターンは，contains 引数にスーパークラスを並べることで指定する．この引数に指定するのは直接的なスーパークラスの名前であり，スーパークラスのスーパークラスを指定する必要はない．それらのスーパークラスは，当該のクラスが定義されるより前に定義されて利用可能になっていなければならない．新たなクラスに属するオブジェクトは，直接指定されたプロパティに加えて，スーパークラスのプロパティもすべて持つことになる．

setClass() にも setRefClass() にも，さらに他の引数がある．有用と思われる引数については第 10 章と第 11 章で論じる．

関数型クラスの例として，位置情報追跡装置によって収集されるデータについて考えよう．そのようなデータは GPS 技術によって得られることが多く，動物の移動の記録や，他の類似した応用のために使われる．こうした装置は位置と時刻を記録するのが一般的であり，通常は ".csv" ファイルのような表形式でデータをダウンロードするための仕組みを備えている．

このようなデータを表現するための単純なクラスは，"lat" と "long" という 2 つのスロットを持つだろう．双方とも，緯度と経度で表される位置のベクトルだと考えられる．

さらに，位置に対応する時刻を記録するための "time" というスロットもあるだろう．すると，この方式による関数型クラス "track" の定義は次のようになるだろう．

```
track <- setClass("track",
    slots = list(lat = "degree", long = "degree",
                 time = "DateTime"))
```

この関数呼び出しではプロパティの名前を指定して，はじめの2つの引数は "degree" クラス，3つめの引数は "DateTime" クラスのオブジェクトであることを要求している．これら2種類のクラスの定義は，"track" クラスが作成されるときには利用可能になっていなければならない．"track" クラスの完全なクラス定義はGitHubの XRexamples パッケージにある．

このクラスに属するオブジェクトは track() 関数を呼び出すことで生成される．この例でありそうなことは，装置が生成した観測値のファイルや接続からデータを読み込むアプリケーションパッケージの関数内において，track() 関数が呼び出されることだろう．

```
readTrack <- function(file, ...) {
    ## ファイルからデータの表を読み込んで
    ## xlat, xlong, xtime変数を抽出する
    ....
    track(lat = degree(xlat), long = degree(xlong),
          time = xtime)
}
```

"degree" クラスの生成関数は，数値データが緯度や経度を表すものになっているか検証するだろう．スロットが単なる "numeric" ではなく "degree" クラスに指定されているということは，そのような検証を行いたいということを示唆している．クラス定義にも妥当性検証のためのメソッドを含めることができる．10.5.6項で，"degree" クラスに対する妥当性検証メソッドを示す．

カプセル化クラスの例として "dataTable" クラスを定義する．このクラスでは，データを編集したり，一般には「クリーンアップ」したりすることに重点を置いたデータフレーム風のオブジェクトを保持することが意図されている．"track" オブジェクトを構築した関数と同様，データがやって来るのは，ファイルやデータベースのテーブル，スプレッドシートやその他のありふれたデータソースからだと考えるのが自然である．ただし，先ほどのソフトウェアがオブジェクトを作成した際にはデータの定義をそのままファイルから受け取ったのに対して，ここではデータを考察したり調整したりする分析段階に関心がある．多くの応用においてこの段階はプロジェクトの重要な一部であり，そこにはRが関わることができる．この目的にとっては参照クラスがより自然である．なぜなら，データに変更を加えるたびに新しいオブジェクトを作成するのではなく，同じオブジェクトに対して一連の変更を加えるつもりだからである．

"dataTable" クラスは，変数（列）を格納するための環境オブジェクトと，概念上のテー

ブルの行名のベクトルを，プロパティとして持つ．

```
dataTable <- setRefClass("dataTable",
  fields = c(
    data = "environment",
    row.names = "data.frameRowLabels"
  )
)
```

このクラスのオブジェクトは，指定されたクラスに属する "data" フィールドと "row.names" フィールドを持つことになる．我々は "data.frameRowLabels" という特殊なクラスを "data.frame" クラスから引き継いだ．これは数値ベクトルと文字列ベクトルのどちらでもよい．

継承の例として，"dataTable" を継承する参照クラスを示す．

```
dataEdit <- setRefClass("dataEdit",
    fields = c(
      edits = "list",
      description = "character"),
    contains = "dataTable")
```

"dataEdit" クラスのオブジェクトは，直接指定された2つのフィールドを持つのに加えて，"dataTable" クラスに対して定義されたフィールドも持つ．

Rにおいて「継承」がもたらす本質的な意義は，サブクラスのオブジェクトがスーパークラスのオブジェクトとして用いられる際に妥当性を持つというところにある．スーパークラスに対して定義されたメソッドはすべて，新しいサブクラスにおいても利用可能である．Rには継承を定義する仕組みがいくつかあるが，contains 引数による単純な継承が最も重要だ．Rは継承されたフィールドやスロットのクラスの整合性を保つので，サブクラスのオブジェクトを継承されたメソッドに渡すために何か変換を行う必要はない．"dataTable" に対するメソッドは "dataEdit" クラスのオブジェクトに対しても呼び出すことができるし，"data" フィールドや "row.names" フィールドには適切なオブジェクトが入っていると期待してよい．

Rにおけるクラスは，関数型であれカプセル化されたものであれ，**仮想**クラス (virtual class) として作成することを選択してもよい．これらは定義によりオブジェクトを生成できないクラスであり，仮想クラスに対して定義されたメソッドや，場合によってはプロパティをも，他のクラスが継承したり共有したりできるようにするために存在している．どのようなクラスであっても，contains 引数に "VIRTUAL" という特別なクラスを含めれば仮想クラスとして定義できる．最もありふれた形の仮想クラスは（関数型 OOP 限定だが）**クラスユニオン** (class union) である．これは setClassUnion() の呼び出しによって定義される．詳細と例は 10.5.2 項で扱う．

9.4 Rにおけるメソッド作成

メソッドはクラス定義の中で，何らかのアクションを担う部分である．これは関数型OOPの場合には，関数呼び出しの引数がその関数に対して定義されたメソッドのひとつにマッチした際に，その関数呼び出しの値を計算する方法 (method) のことを文字通り意味している．カプセル化OOPの場合，メソッドとはクラス定義に含まれている関数のことである．それらの関数の呼び出しが，そのクラスのオブジェクトに対して実行されるアクションになる．

9.4.1 関数型メソッド

関数型メソッドは総称関数の定義の一部である．概念的には，メソッドは引数に要求されるクラスによってインデックス付けされたテーブル内の関数に格納されている．メソッドは setMethod() の呼び出しによって作成される．

```
setMethod(f, signature, definition)
```

ここで f は総称関数かその名前であり，signature はこのメソッドが使われる場合に関数の引数に要求されるクラスを指定する．

definition 引数はこのメソッド定義においてメソッドとして使われる関数オブジェクトである．definition は総称関数と同じ仮引数を持たなければならない．メソッドが選択されると，Rの評価器はこの関数の本体を総称関数の呼び出しのために作成されたフレーム内で評価する．その詳細については10.7節で見ることになる．

クラスに対して頻繁に役立つメソッドとして，そのクラスのオブジェクトが式の評価結果であるときに，そのオブジェクトを自動的に表示するメソッドがある．自動的な表示では，methods パッケージの関数である

```
show(object)
```

が呼び出される．メソッドのシグネチャで object 引数のクラスを指定する．メソッド定義は総称関数と同じ仮引数を持つ関数であり，この場合には引数は単に "object" である．

```
setMethod("show", "track",
        function(object) {
            .....
        })
```

総称関数の呼び出しでは，実引数メソッドの仮引数を再度マッチさせることなくメソッドの本体が評価される（ show() が自動的に呼び出される）．

メソッドシグネチャには1つ以上の引数を含めることができる．XR パッケージで定義されており，第13章で議論する asRObject() 総称関数では次のとおりである．

```
> formalArgs(XR::asRObject)
[1] "object"    "evaluator"
```

XR パッケージはシグネチャに第一引数だけが含まれるメソッドをいくつか定義している．

```
setMethod("asRObject", "vector_R",
          function(object, evaluator) {
              .....
          })
```

このメソッドが使われるのは object 引数が "vector_R" クラスかそのサブクラスに属する場合であり，evaluator 引数のクラスにはよらない．XRJulia パッケージにも asRObject() のメソッド定義がある．

```
setMethod("asRObject", c("vector_R","JuliaInterface"),
          function (object, evaluator) {
              value <- callNextMethod()
              if(is.list(value) && doUnlist(object@serverClass))
                  unlist(value)
              else
                  value
          })
```

このメソッドが使われるのは，object が先ほどと同様 "vector_R" にマッチし，かつ evaluator 引数が "JuliaInterface" かそのサブクラスに属する場合だけだ．

　より特殊化されたメソッドを作成する際には，先行するメソッドを呼び出して，そのメソッド呼び出しのあとで追加の計算をしたり，先に引数を整えたりするのが有用なこともある．上記のメソッドはその例である．メソッドは callNextMethod() の呼び出しから始まるが，いまの場合 callNextMethod() はシグネチャに "vector_R" だけを持つメソッドを呼び出す．callNextMethod() は，現在のメソッドがもし定義されていなければ**選択されていたであろうメソッドを呼び出す**，というのがルールだ．

　show() 関数と asRObject() 関数は，まさにそれらに対するメソッドを書けるようにするために，総称関数として作成されていた．だが，元々は任意のオブジェクトを引数としてとるように書かれた通常の関数に対しても，メソッドは定義可能である．非総称関数に対して初めて setMethod() を呼び出すより前に setGeneric() を呼び出しておくことが推奨される．これによって，いまやその関数は自身に対して定義されたメソッドを持つのだということが実質的に宣言される．よくある例は graphpics パッケージの plot() 関数だ．もし我々のパッケージで "track" クラスのオブジェクトを図示するためのメソッドを定義するなら，パッケージのソースには次のようなコードが含まれるだろう．

```
setGeneric("plot")
```

```
setMethod("plot", c("track", "missing"),
    function(x, y, ...) {
        .....
    })
```

より多くの引数リストを持つ関数に対してメソッドを定義し始めると，メソッドに対して正しい仮引数や正しいシグネチャを設定する際に間違いやすくなる．妥当なメソッドを生成するための便利なツールが method.skeleton() である．この関数に総称関数の名前とメソッドシグネチャを与えると，setMethods() を適切に呼び出す R コードを書き出してくれる．たとえばオブジェクトのクラスが "track" のときの [演算子のメソッドが欲しいのであれば次のようになる．

```
> method.skeleton("[", "track")
メソッドの骨格(skeleton)が [_track.R に書き込まれます
```

これは次のコードを含むファイルを書き出すだろう．

```
setMethod("[",
    signature(x = "track"),
    function (x, i, j, ..., drop = TRUE)
    {
        stop("need a definition for the method here")
    }
)
```

9.4.2 カプセル化メソッド

カプセル化メソッドはクラス定義の中にカプセル化されている．カプセル化メソッドの定義は setRefClass() の呼び出しの中に含めることができるが，読みやすくするためには，setRefClass() の呼び出しに続いて生成関数の $methods() を何度か呼び出して定義するほうがよい．

メソッドそれ自体は任意の引数を持つ関数である．通常，オブジェクト自体は引数ではない．その代わり，クラスのフィールドや他のメソッドは単にオブジェクト名を含まない名前によって参照される．

関数型クラスと同様，参照クラスにも，オブジェクトが式全体の結果であるときに自動表示のために呼び出される $show() メソッドを持たせることができる．11.3.2 項の "dataTable" クラスに対する単純なメソッドは次のようになる．

```
dataTable$methods(
    show = function() {
      cat(gettextf("%d行のdataTable\n変数:\n",
                   length(row.names)))
      methods::show(objects(data))
    })
```

このメソッドには仮引数がない．"data" フィールドと "row.names" フィールドは直接参照されている．カプセル化メソッドではよくあることだが，このクラスのメソッドと同名の関数がメソッドから呼び出されている．区別するためには，パッケージを指定して関数を呼び出さなければならない．この場合には methods::show() である．

カプセル化メソッドは，setRefClass() の contains 引数に含まれるすべての参照クラスと，そのクラスたちの参照スーパークラスからメソッドを継承する．すべての参照クラスは "envRefClass" を継承している．このクラスは，標準的な計算に対してデフォルトとして動作するメソッドを数多く備えている．

標準的なメソッドのうち最も重要なのは $initialize() である．これが呼び出されるのは，典型的には生成関数を通じて，クラスに属する新しいオブジェクトが作成されるときである．関数型クラスに対するデフォルトの初期化メソッドと同様，$initialize() はフィールド名に対応する名前付きの引数を受け取るか，参照スーパークラスに属するオブジェクトを名前なし引数で受け取ることを想定している．$initialize() メソッドの例については 11.5.3 項を参照のこと．

スーパークラスの同名のメソッドは $callSuper() を通じて呼び出す．$callSuper() の引数は，そのメソッドを直接呼び出す場合に必要なものであれば何でもよい．"dataTable" の $initialize() メソッドの仮引数は (..., data) であり，スーパークラスのメソッドは次にようにして呼び出す．

```
callSuper(..., data = as(data, "environment"))
```

総称関数が関わってこないので，メソッドが特定の引数リストを持つ必要はない．スーパークラスのメソッドに必要なのは，同名のメソッドを持っているということだけである．

9.5　例：モデルクラス

モデルを表現する 2 つのクラスの例によって，関数型 OOP とカプセル化 OOP の対照的な応用が明らかになる．

データに当てはめられたモデルは本質的に関数型である．オブジェクト全体が当てはめアルゴリズムの関数の結果を表しているのだ．当てはめられたモデルオブジェクトは**変更不可能** (immutable) である．モデルのプロパティを勝手に変更すれば定義に反することになる．

他方で，進化する個体群や個々の生物をシミュレートするためのモデルは，(シミュレートされた) 進化の結果として変化することがその本質である．

どちらのモデルについてもクラスを定義するのに相応しい状況だが，自然なパラダイムは 1 つめの場合においては関数型クラスであり，2 つめの場合にはカプセル化クラスである．

1 つめの場合の例として，線形最小二乗モデルで係数を推定して残差を定義する．他の

情報を付加してもよい．モデルの形と問題のデータを定義する引数から，関数によって当てはめられたモデルが作成される．他の関数によってモデルを表示したり，分析したり，拡張したりすることができる．

stats パッケージの lm() 関数は，lm クラスの S3 クラスオブジェクトを返す．このクラスや他のモデルの起源は，このようなクラスが導入されたバージョンの S にまで遡る [12]．S3 オブジェクトのプロパティはスロットとして表現されてはおらず，偶然のことではあるが，属性ですらない．S3 オブジェクトとは，その要素のために予約された名前を備えた名前付きリストである．

モデルに対する S のアプローチでは，データのための "data.frame" オブジェクトと，構造的モデルのための "formula" オブジェクトが導入された．これらを用いて，当てはめの関数はまず別の "data.frame" を構築した．実際に当てはめにおいて使われるデータのための**モデルフレーム** (model frame) である．それから数値計算によってこのクラスの特定のモデルが当てはめられる．lm() の場合には QR 法を用いた線形最小二乗回帰である．

このような当てはめモデルに対して現代的なアプローチをとるなら，類似の構造を形式的に表現することができるだろう．たとえば，線形回帰のための単純で最小限のクラスは次のようになる．

```
lsFit <- setClass("lsFit",
                  slots = c(coefficients = "numeric",
                            residuals = "numeric",
                            formula = "formula",
                            modelFrame = "data.frame"))
```

4つのスロットは基本的な計算上の要求によって定まるものであり，特定の数値計算法は（lm() の "qr" 成分のようには）前提されていない．"modelFrame" スロットはモデルのデータフレームであり，文献 [12] では少々紛らわしいことに "model" と呼ばれている．このスロットはモデル式の使い方から定まる．

stats パッケージで使われている数値計算の QR 法はこのクラスのサブクラスのオブジェクトを生成し，それは数値計算の結果を表すスロットを持つことになるだろう．当てはめのための他の計算法であれば他のクラスのオブジェクトが生成されるだろうが，数値計算法に依存しないメソッド（たとえば plot()）は使い続けることができるだろう．数値計算アルゴリズムに依存する関数のメソッド，たとえば update() などは，サブクラスに対して定義されることになるだろう．

この線形回帰アプリケーションのユーザにとって，総称関数やメソッドの価値の大部分は，関数呼び出しの統一性を通じてもたらされている．plot() や summary()，update() を呼び出して異なるクラスのモデルに適用する際に，ユーザにはほとんどあるいはまったく個々のクラスに関する専門性は要求されない．

第 10 章で議論するようなより技術的な利点は，この分野ではあまり応用されていない．

9.5 例：モデルクラス

全体として，文献 [12] で解説した「古い」種類のモデルは，細部においては修正されてきたが，後のモデル当てはめの研究において根本的には変わらなかったし，継承のような機能が本当に広く利用されることもなかった（例外としては文献 [12] で導入された "lm" のサブクラス "aov" がある）．私が思うに，文献 [12] の非形式的なクラス定義では，アイディアの中心がオブジェクト指向的な拡張という点にはなかったのだ．

カプセル化 OOP の例に進もう．ここで示すのは，進化する個体群の単純なシミュレーションに対するクラス定義であり，カプセル化するのが自然な OOP の応用例としてすでに 2.5 節で扱ったものだ．

このモデルを構成するのは，同じ種類の個体からなる個体群における生死だけである．生殖は無性生殖だ．すべての個体に対して，各時点において，個体が 2 つに分裂する確率がただ 1 つ存在してこれを出生率という．また，個体が死亡する確率がただ 1 つ存在してこれを死亡率という．関心事として考えられるのは，出生率，死亡率と個体群の初期サイズによって定められる，シミュレートされた個体群の進化を追いかけることだ．16.2.1 項の例では，異なる個体が異なる出生率と死亡率を持つような，もう少し現実的なバージョンを扱う．

R でのクラス定義は次のようになる．

```
SimplePop <- setRefClass("SimplePop",
                    fields = list(sizes = "numeric",
                                  birthRate = "numeric",
                                  deathRate = "numeric"))
```

個体群オブジェクトは初期サイズで作成される．evolve() メソッドを呼び出すたびに進化の 1 世代がシミュレートされ，結果として得られる個体群のサイズが，オブジェクト内のサイズ記録に追加される．メソッドは 2 つあれば十分である．基本となる evolve() と，現在のサイズを返すための便利なメソッドだ．

```
SimplePop$methods(
    size = function() sizes[[length(sizes)]],

    evolve = function() {
        curSize <- size()
        if(curSize <= 0)
            stop("この個体群は全滅しました")
        births <- rbinom(1, curSize, birthRate)
        deaths <- rbinom(1, curSize + births, deathRate)
        curSize <- curSize + births - deaths
        if(curSize <= 0) {
            curSize <- 0
            message(sprintf("不幸にも個体群は%d世代で絶滅しました",
                        length(size)))
            }
        sizes <<- c(sizes, curSize)
    })
```

途中に絶滅の確認がいくつか入っているが，これがモデルのすべてである．

第10章

関数型オブジェクト指向プログラミング

　このかなり長大な章の構成だが，10.1節から10.4節でRを拡張するための関数型OOPの使い方を解説する．最も実践的な状況を取り扱いつつ，実装についての要点を含めてある．10.5節から10.7節は，クラス，総称関数，そしてメソッドの詳細に関するリファレンスである．特定のトピックを探すには索引から「関数型OOP」を探してほしい．10.8節には形式的OOPと初期のS3実装を組み合わせることについての助言を記載した．

10.1　Rの拡張における関数型OOP

　関数型OOPがRの拡張に寄与するのは，計算に用いるデータの範囲を拡張したり，関数に関わる語彙を拡張することによってである．前者は，データの新しいクラスとそれに対するメソッドを定義することで成し遂げられる．後者は，新しい関数とその計算を実装するメソッドによって達成される．

　新しいクラスを作成するための主なツールは `setClass()` 関数であり，新しいメソッドを作成するための主なツールは `setMethod()` である．これらの関数が行う基本的な計算については第9章で論じた．本節では，関数型OOPを機能させるためにRプロセスの中で何が起きているのかを見る．10.2節と10.3節では，クラスとメソッドに対するプログラミングの方針について，必須事項を取り扱う．Rを拡張するためにはパッケージが再び鍵となる（10.4節）．

　関数型OOPにおいて何が「起こる」のかということは，いつものように，関数呼び出しにおいて何が起こるのかということと同じである．関数呼び出しの作用は呼び出される関数オブジェクトと，引数として与えられるオブジェクトに依存する．

　Rは総称関数を，対応するメソッドが定義されている関数として識別する．OBJECT原則に従えば，総称関数の呼び出しを評価するために使われる情報は，呼び出しに対応する総称関数オブジェクトの中にある．このオブジェクトは，総称関数に対する既知のメソッドをすべて含むテーブルを保持している．テーブル内の各項目がメソッドオブジェクトになっている．項目はメソッド定義のシグネチャに対応するクラスによってインデックス付けされている．

　Rのほとんどすべての総称関数は単にメソッドディスパッチを行うだけである．つま

り，実引数のクラスに最もよくマッチするメソッドを選択し，そのメソッドの本体を総称関数呼び出しのフレームにおいて評価する．

総称関数オブジェクトはRプロセスの中に存在しており，メソッドテーブルには第5章で述べたRプロセスの動的性質が反映されている．とりわけ，プロセスにRパッケージを動的にロードする機能がそうである．特定の総称関数に対するメソッドは複数のパッケージにおいて定義されるかもしれず，それは実際によくあることだ（plot()関数のメソッドのことを思い出そう）．パッケージ内のクラスとメソッドの定義は，パッケージがロードされるときのアクションによってRプロセスに組み込まれる．

パッケージが特定の総称関数に対するメソッドを含む場合，そのパッケージがRプロセスにロードされる際に，それらのメソッドが対応する総称関数オブジェクトに追加される．いかなるときであれ，総称関数内のメソッドテーブルは現在Rプロセスにロードされているパッケージのメソッドによって決定される．

総称関数オブジェクトとメソッドオブジェクトは，両方とも通常の関数を継承しつつ，いくつかのプロパティを追加したものである．総称関数オブジェクトの "signature" スロットには，メソッドを定義可能な仮引数の名前が格納されている．メソッドが定義されている場合，総称関数オブジェクトはそれに対応したスロットを持ち，そのスロットによって引数のクラスが指定される．総称関数のメソッドテーブルはメソッドのシグネチャによってインデックス付けされている．実際にはメソッドテーブルとメソッドの選択過程はいくつかの点で簡略化されるが，詳細は10.7節で論じる．

クラスとメソッドの定義を含むパッケージ内の実際のオブジェクトには，特別に作成された名前が割り当てられる．これは他の名前との衝突を避けるためだ．オブジェクトはパッケージのインストール中に作成され，修正される（詳細は以降の節で述べる）．インストール段階については7.2節で解説したとおりである．

パッケージ内のクラス定義オブジェクトは各クラス別々に格納されているが，メソッド定義オブジェクトはそれに対応する総称関数用の単一のテーブルに格納されている．パッケージの名前空間にメソッド定義オブジェクトが存在していると，そのメソッド定義をRプロセス内の総称関数に統合するためのロードアクションが起動される．

クラスやメソッドの定義を確認するために，それらに対応する関数型ツールが提供されている．getClass() はクラス定義オブジェクトを返し，showMethods() は総称関数に対して現在ロードされているメソッドの一覧を表示する．また，selectMethod() は指定された総称関数と引数のクラスに対してディスパッチされるであろうメソッドを返す．

Rの動的なロード過程がもたらすさらなる帰結は，パッケージ内で他のパッケージの関数に対するメソッドが定義可能だということだ．その関数自身のパッケージにはメソッドが存在しない場合であっても可能である．この場合，元々の関数は総称的ではないかもしれないし，総称的でないことが実際多い．たとえば base パッケージの関数はパッケージ内ではプリミティブ関数だが，それらに対して多くのメソッドが存在している．

Rはこれを**暗黙的**総称関数 (implicit generic function) の概念によって取り扱う．暗黙

的総称関数は通常の関数と同じ引数を持つ．デフォルトでは ... を除くすべての引数が
シグネチャに存在する．これが不適切な場合には暗黙的総称関数を手動で設定すること が
できる（通常はいくつかの仮引数を除外するために設定を行うが，メソッド定義を完全に
禁止するという場合もあるかもしれない）．詳細については ?implicitGeneric を見てほ
しい．暗黙的総称関数の仕組みは，複数のパッケージにあるメソッド間の整合性を保つた
めに裏方として働くように意図されている．デフォルトバージョンの暗黙的総称関数を使
えば通常は問題ないが，引数の中に標準的な方法で評価してはいけないものがある場合，
シグネチャから除外する必要がある（たとえば substitute() の第一引数のことを思い出
そう）．

9.3 節と 9.4 節で論じたとおり，クラスとメソッドの定義はパッケージの R ソースコー
ドにおいて次のように指定される．

    setClass(Class, slots=, contains=, ...)

    setMethod(f, signature, definition, ...)

setClass() と setMethod() の呼び出し自体は純粋に「関数型」ではない．その代わりに，
これらが主に役立つのは関連するクラスとメソッドの定義をパッケージ内に作成するとこ
ろだ．これらクラス定義とメソッド定義のオブジェクトは可視的ではなく，直接利用する
ことは意図されていない．これらはパッケージ内でどんなクラスとメソッドが定義されて
いるのかを評価器に伝えるための**メタデータ**なのだ．

setClass() と setMethod() で通常必要となる引数は上で示した最初の 3 つだけである．
"...." という記法はその他にも多くの引数があることを表しているが，普段使う上で気に
することはほとんどない．setClass() と setMethod() の起源は S で最初に実装された形
式的クラスとメソッドにまで遡る．これらの関数は後方互換性のために今でも元々のプロ
グラミングスタイルをサポートしているが，その中には現代の R では推奨されないものも
ある．以降では推奨される使用法を取り扱っていくが，最もよくある状況から始めよう．

通常は setClass() の呼び出しが各クラスに対して 1 回ずつ現れて，パッケージ内に新
しいクラスを作成する．残りのプログラミングで主に必要になるのは setMethod() の呼
び出しである．

ときどき必要になる追加のステップは，総称関数それ自体を作成したり，他のパッケー
ジ内にすでにある通常の（総称的でない）関数に対してメソッドを定義しようとしている
ことを宣言したりすることである．この目的のための主なツールは setGeneric() 関数だ
（10.3.1 項）．

10.2 クラス定義

setClass() で作成されるクラス定義により，そのクラスに属するオブジェクトが持つ
プロパティが指定され，他のクラスの中でそのクラスのスーパークラスであるものが列挙

される．これら2つの側面は，伝統的なオブジェクト指向プログラミングにおいては，オブジェクトが何を**持つ**のか，そしてオブジェクトは何で**ある**のか，を指定するものだと言われることが多い．Rの関数型クラスのプロパティはスロットであり，スロットは名前とそのスロットのオブジェクトに要求されるクラスによって指定される．スロットの名前とそれに対応するクラスは `setClass()` の `slots` 引数によって与えられる．スーパークラスは `contains` 引数によって指定され，これは他のクラスの（名前なし）リストである．

例として `"data.frame"` クラスの形式的定義がある．ただし普通はこのクラスが形式的に取り扱われることはない．このクラスの簡潔な要約を見るには `XRtools` パッケージの `classSummary()` 関数を使う．

```
> classSummary("data.frame")
Slots:
.Data = "list", names = "character",
row.names = "data.frameRowLabels", .S3Class = "character"
Superclasses:   "list", "oldClass"
Package: "methods"
```

データフレームは，要求されるクラスが `"data.frameRowLabels"` であるようなスロット `"row.names"` を持つ（`"data.frameRowLabels"` は行ラベルが数値でも文字でも大丈夫なように定義されたクラスである）．データフレームはリストで**ある**が，これはリストに対する計算がすべてデータフレームに対しても適用可能だということを意味している．`".S3Class"` はこれが非形式的なS3クラスを形式化したバージョンであることを宣言している．`".Data"` スロットはオブジェクトのデータ部分が `"list"` であることを示す．これらの点に関するさらなる詳細は，本節の後半と10.5節，10.8節で扱う．

このクラスは `methods` パッケージにおいて次のようにして作成されている．

```
setClass("data.frame",
         slots = c(names = "character", row.names = "data.frameRowLabels"),
         contains = "list")
```

クラス定義はオブジェクトであり，`getClass()` 関数の戻り値として得られる．

```
> class(getClass("data.frame"))
[1] "classRepresentation"
attr(,"package")
[1] "methods"
```

`setClass()` を呼び出すと，そのクラスの生成関数が返される．たとえば，

```
track <- setClass("track",
                  slots = list(lat = "degree", long = "degree",
                               time = "DateTime"))
```

では `"track"` クラスが作成され，そのクラスのオブジェクトを生成する関数が返される．

setClass() の呼び出しは生成関数を返すだけではなく，クラス定義をメタデータとして割り当てることも行う．setClass() はソースパッケージ内のファイルから直接呼び出すべきである．そうすればパッケージのインストール時に，特別に作成された名前を持つクラス定義がメタデータとして割り当てられる．パッケージのロード時には，ロードアクションによって，メタデータオブジェクトのクラス定義が，R プロセス内の既知のクラスを保持するテーブルへと格納される．

よくあるプログラミングスタイルでは，上述の例のように生成関数にクラスと同じ名前を割り当てる．メタデータオブジェクトには特別に作成された名前が割り当てられるので，名前の衝突が起こることはない．クラスと同じ名前の生成関数があればユーザにとって便利であり，他の OOP 言語における慣習とも一致する．とはいえ，これは単なる規約であって必須というわけではない．たとえば "data.frame" の定義はこの規約に従っていないが，これはすでに data.frame() 関数が存在しており，この関数を生成関数によって隠蔽したくはないからだ．

実のところ，そもそも生成関数は必須というわけではなく，以前のバージョンの R では特に提供されていなかった．以前のバージョンでは，オブジェクトは new() にクラス名を与えて呼び出すことで直接作成されていた．生成関数が推奨されるのは，ユーザにとってはプログラミングが少し楽になり，また生成関数によってクラスが曖昧さなく指定できるからである．我々はパッケージ内に "track" クラスを作成したが，原理的には誰かが他のパッケージ内に同名のクラスを作成しないとも限らない．そのような場合，両方のパッケージを使おうとするユーザは正しい生成関数を呼べばそれに対応するクラスのオブジェクトを得ることができる．

setClass() には他にも多くの引数があるが，ほとんどのアプリケーションにとって重要なのは Class，slots，それから contains だけである．他の引数の大部分は歴史的遺物であるか，他のツールによっても設定できる特殊な機能だ．さらにもうひとつだけ歴史的遺物を片付けておく必要がある．前節で概要を示したように，Class は setClass() の第一引数だが，slots と contains は明示的に名前付きで指定する必要があるのだ．

10.2.1 スロット

スロット名は一意でなければならず，各スロットのクラス定義は setClass() が呼び出される時点で利用可能になっていなければならない．"track" に加えてもうひとつ例を示す．

```
binaryRep <- setClass("binaryRep",
                      slots = c(original = "numeric",
                                sign = "integer",
                                exponent = "integer",
                                bits = "raw"))
```

これは名前とクラスを与えて4つのスロットを指定している．スロットはこのクラスの

オブジェクトにどんなデータが格納できるのかを決定する．`"binaryRep"` クラスのオブジェクト b1 は，`"numeric"` クラスかそのサブクラスに属するスロット `b1@original` を持たなければならない．スロットの値は生成関数の呼び出しによってオブジェクトが作成された際に割り当てられることもあれば，あとで `@` 演算子を用いて代入されることもある．

どんなスロットも何らかのクラスに属していなければならないが，クラスを普遍的な仮想クラスである `"ANY"` に指定することができる．したがって，R では実質的にスロットの**選択的型付け** (optional typing) が（この用語の通常の意味において）できるということだ．とはいえ，スロットに任意の R オブジェクトを割り当てることが本当に意味をなすと考えているのでない限り，クラスを用いた計算はもっと明示的に定義したほうがよいだろう．

スロットのクラスは `setClass()` の呼び出しにおいて指定されるより前に定義されていなければならないので，パッケージのソースコードでは複数のクラスを正しい順番で定義する必要がある．たとえば，`"data.frame"` の定義に現れる `"data.frameRowLabels"` クラスは `"data.frame"` の定義より前になければならない．

スロットのクラスは基本データ型と一致することもある．というのも基本データ型はクラスとして組み込まれているからだ．S3 クラスもまた，それが存在していることがわかっているのであればスロットのクラスとして妥当である．たとえば 9.5 節の線形回帰モデルに対する形式的クラスは次のようになる．

```
lsFit <- setClass("lsFit",
                  slots = c(coefficients = "numeric",
                            residuals = "numeric",
                            formula = "formula",
                            modelFrame = "data.frame"))
```

ここで `"numeric"` は基本型と一致しており，`"formula"` と `"data.frame"` は S3 クラスである．

S3 クラスについてはひとつ注意が必要だ．S3 クラスは定義すなわちメタデータを持たないので，S3 クラスそれ自体を見つけ出すことはできない．S3 クラスを関数型 OOP で使うには，まさに S3 クラスとして登録されていなければならないのだ．登録は単に `setOldClass()` を呼び出すことによってなされる．stats パッケージにある S3 クラスの多くは登録済みだが，見落とされているものもあるかもしない．また，他のパッケージの S3 クラスは登録されていないことが多いだろう．使いたい S3 クラスが登録されていない場合には `setClass()` の呼び出しが失敗し，未定義のクラスに関する警告が出る．簡単な解決策はそのクラスを自分のパッケージ内で登録することだ．`"formula"` クラスは登録済みではあるが，もし登録されていなかったとしたら，これを使おうとするパッケージは次のコードを含める必要がある．

```
setOldClass("formula")
```

S3 クラスの使用については 10.8.1 項でもう少し触れることにする.

スロットのクラスは事前に定義されている必要があるので，定義している最中のクラスに自分自身が属しているようなスロットを再帰的に持つことはできない，という結論が得られる．そのような再帰的構造は関数型 OOP のパラダイムとは根本的に相容れないものである．関数型 OOP ではオブジェクトは参照ではないのだ．"city" クラスの定義に "city" クラスのスロット "twinCity" を含めようと試みたとしよう．すると，そのスロットのオブジェクト自体が "twinCity" スロットを持たなければならず，さらにそのスロットのオブジェクトも "twinCity" スロットを持たなければならず......となるので無限再帰に陥る．

これに対してふたつの対処法がある．ひとつはごまかしであり，もうひとつは少々複雑だがより安全で明快なやり方だ．ごまかすほうの仕組みは，対象となるクラスを 2 回定義するというものだ．1 回目は仮想クラスとして定義し，2 回目の定義が本物だ．R はこうすることを（少なくとも現在のバージョンの R では）許容しており，チェックされるのはスロットのクラスが定義されているのかということだけである．単純な仮想クラスのプロトタイプは NULL なので，"twinCity" スロットが NULL であるような "city" オブジェクトを探すことで無限再帰が避けられる．このやり方に対する異議は，NULL スロットが実際にはクラスのメンバとして不正だということだ．将来のバージョンの R では，オブジェクトの妥当性検証がよりうまく適切に行われるようになり，このような場合にはエラーが発生するようになるかもしれない．

この形の実質的な再帰については，以下で議論するクラスユニオンの仕組みによって，ひとつめの対処法と同じアイディアに対して，類似してはいるが正当でわかりやすい実装が与えられる．ごまかすほうのバージョンと同様，再帰を停止させるには，再帰の展開の終わりを示す何か他のクラスにスロットが属するようにする．ここでも "NULL" オブジェクトが用いられることが多いが，今度は正当なやり方で用いるのだ．クラスの仕様はもとのクラスと "NULL" クラスのユニオンとなるが，これを実行するには少しばかり技巧が必要だ．10.5.2 項の例を見てほしい．

こうした再帰的関係は，コードが実質的に多数の階層にわたって反復される場合には，非効率なものになりやすい．カプセル化 OOP を利用すればいくらか効率はよくなる．カプセル化 OOP では関数型スロットが参照オブジェクト内のフィールドによって置き換えられ，オブジェクトの複製コストが必要になることが少ないからだ．

スロットをクラスユニオンやその他の仮想クラスとして設定することは，より一般的に広く応用されている有用な技法である．そうした設定が意味しているのは，（クラスユニオンの場合）そのスロットのオブジェクトが妥当なクラスの明示的な集まりに属していることが必要であるか，オブジェクトが仮想クラスのメソッドと整合的に動作することが必要だということである．たとえば，"vector" クラスに設定されたスロットのオブジェクトはどの基本ベクトルデータ型に属していてもよいし，それらの型の任意のサブクラスに属していてもよい．一方 "structure" 仮想クラスは，ベクトル的性質と，要素ごとの変換

に対して不変な構造の両方が備わっていることを意味している [11]（pp. 154-157）．仮想クラスについてさらに詳しくは 10.5.2 項を参照のこと．

10.2.2　継承

contains 引数で指定されたスーパークラスのスロットもまた新しいクラスのスロットとなる．すなわち，スロットは新しいクラスによって**継承**される．スロット名とスロットに要求されるクラスの両方が継承されるが，しかし継承されるのは単にスロットだけではない．新しいクラスに属するオブジェクトはスーパークラスに属するオブジェクトでもある．したがって，スーパークラスをシグネチャに含む任意のメソッドに対して，新しいクラスのオブジェクトがその引数として現れるときには，そのメソッドが潜在的に継承されているのだ．引数のオブジェクトに対して複数のメソッドがありうる場合，R のメソッド選択手続きは最もよくマッチするものを選択しようとする（詳細は 10.7.2 項）．

メソッドの継承は関数型 OOP において，おそらく最も強力な仕組みである．このおかげで，様々なオブジェクトのクラス間で計算手法を広く共有することが可能になる．計算手法を共有するクラスどうしの構造が完全に同一である必要はなく，計算にとって必須となる部分の構造さえ共有されていればよい．効果的な関数型 OOP の方針について考察する際には，こうした事柄について多くを述べることになる．

スロットと同様，指定されたスーパークラスは setClass() を呼び出すときには定義済みでなければならない．たとえば，

```
GPStrack <- setClass("GPStrack",
                     slots = c(alt = "numeric"),
                     contains = "track")
```

では "track" クラスをスーパークラスに指定している．もし "track" クラスが 154 ページのように定義されるとすれば，その定義はパッケージのインストールにおいてこの "GPStrack" の定義より前に来る必要がある（7.2 節）．

contains 引数で指定したクラスは単純であり，新しいクラスの直接的なスーパークラスとなる．**単純継承**は R のオブジェクト指向プログラミングにおいて重要な概念だ．たとえば，"track" が "GPStrack" の単純スーパークラスである，という主張は，そのスーパークラスに対するメソッドが追加のテストや修正なしでサブクラスに属するオブジェクトに対しても適用可能である，ということを意味している．ある表現[a]を用いて定義されたクラスに対しては，その表現が継承されているのであればこの主張は自明である．10.5 節では表現から直接得られるのではない継承のために利用される，クラスユニオンやその他のクラスについて考察する．そのような場合の単純継承は，継承されたメソッドの妥当性を検証する共通動作に依存することになる．古典的な例は "vector" クラスである．こ

---

[a] 訳注：「表現 (representation)」とはスロットとスーパークラスの組み合わせを表す R の用語である．?representation のヘルプドキュメント等を参照のこと．

のクラスは，インデックス付け可能なオブジェクトのように動作するすべてのサブクラスに依存している．

6.1 節では，R の組み込みデータ型に対応するいくつかの基本クラスについて論じた．クラスを定義する際には，これらのクラスのうちのひとつを contains 引数で指定することができる．もしそうした場合，このクラスに属するすべてのオブジェクトが対応するデータ型を持つことになる．したがって "data.frame" オブジェクトは "list" 型を持つ．なぜなら "list" がスーパークラスに指定されているからだ．原理的には，型に対応する任意のクラスを指定することができる．たとえば，メソッド定義を格納するオブジェクトは "function"（"closure" 型）を継承したクラスに属している．

```
setClass("MethodDefinition",
         slots = c(target = "signature", defined = "signature",
                   generic = "character"),
                   contains = "function")
```

このサブクラスに属するオブジェクトは，基本クラスに対して定義されたメソッドを継承するだけではなく，オブジェクトの内部型を調べることによって，R のコア部分のコードにおいて実装されている動作も継承する．たとえば "MethodDefinition" クラスのオブジェクトは関数として呼び出すことが可能であり，それがこれらのオブジェクトの主な存在意義でもある．

与えられたクラスに対してスーパークラスになることができる基本クラスは 1 つだけである．あるオブジェクトが複数の型のうちのいずれかでありうる，というアイディアを表現するにはクラスユニオンを定義する（10.5.2 項）．もしクラスがどんな基本型も継承していなければ，そのクラスのオブジェクトは "S4" という特別な型を持つ．これは，それらのオブジェクトが別の基本型に属するオブジェクトとして扱われないように保証するためである．"S4" 型のクラスに属するオブジェクトは，スロットだけによって完全に定義される．

オブジェクトの基本型に対応する部分（普通は**データ部分** (data part) と呼ばれる）を，あたかもそれがスロットでもあるかのようにして持っておくと便利なことがある．これが "data.frame" クラスで見た ".Data" スロットの出所である．基本型に対応するオブジェクトを，クラスやスロットを除いて取得したり設定したりするには，".Data"「スロット」を参照すればよい．

```
> f <- selectMethod("show", "data.frame")
> class(f)
[1] "MethodDefinition"
attr(,"package")
[1] "methods"

> class(f@.Data)
[1] "function"
```

スロットを備えたオブジェクトが "environment" のような参照型を持つことはできない．その場合，局所的なバージョンのオブジェクトのスロットに代入を行おうとすれば，元々のオブジェクトにも影響が及んでしまうからだ．こうした参照型をスーパークラスにすることは可能だが，新しいクラスはデータ部分に対して ".Data" ではない本物のスロットを持つことになる．それでも，プログラミング上ではオブジェクトが ".Data" スロットを持っているものとして扱うことができる．実のところ，参照クラスのオブジェクトは環境である．他の例と詳細については 10.5.5 項を参照のこと．

10.3 メソッドと総称関数の定義

関数型 OOP においてプログラミングの大部分を占めるのがメソッドの仕様記述である．個々のメソッドは 1 つの総称関数と 1 つ以上のクラスの組み合わせに対応するから，そうなるのは当然といえる．プロジェクトが新しいクラスと新しい関数，どちらの設計に重点を置くのであれ，かなりの数のメソッドが必要になるだろう．

メソッドのプログラミングの基本的なステップは次のようになる．

```
setMethod(f, signature, definition, ....)
```

これにより，`definition` に与えた関数が総称関数 `f` のメソッドに指定される．このメソッドは実引数が `signature` で指定したクラスにマッチした場合に呼び出される．

引数 `f` は，総称関数オブジェクトまたはその名前の文字列として与えるのが普通である．いずれの場合も，その関数は当該パッケージにインポートされ利用可能になっているべきだ．関数名が文字列で与えられた場合，`setMethods()` はその関数が利用可能になるように試みる．これには非総称的なバージョンの関数を総称関数に昇格させることも含まれるが，`setGeneric()` を呼び出して非総称関数を明示的に昇格させるほうがクリーンである．もし総称関数それ自体を当該パッケージ内で定義するのであれば，それを作成するための `setGeneric()` の呼び出しはインストール時に `setMethod()` より前にある必要がある．`setGeneric()` については 10.3.1 項で見る．

他のパッケージのオブジェクトはすべて明示的にインポートすべきであるという一般的な規則は，総称関数に対してとりわけ重要である．（異なるパッケージに）同名の関数が 2 つ存在するかもしれないからだ．インポートによってどちらの関数を意図しているのかが明確になる．パッケージに同名の関数が 2 つ以上必要になるというのは（まったく不幸な状況であり，混乱を招くことではあるが）ありうることだ．こうしたまれな状況では，`setMethod()` の引数において `pkgA::foo` という形でパッケージ名を名前に含めることで，どの関数のことを指しているのかを示す必要がある．

`signature` 引数は，総称関数の一部の仮引数の各々に対して，指定したクラスを対応付ける．大抵は総称関数の最初の引数か，はじめの 2 つの引数にメソッドシグネチャが対応している．この場合のシグネチャは通常，対応するクラスを指定する 1 つか 2 つの文字列

でよい．一般的には，名前付きのクラス指定と名前なしのクラス指定を任意に組み合わせてシグネチャを指定してよい．メソッドシグネチャに含まれないすべての仮引数は "ANY" クラスに指定された場合と同様に扱われる．指定されたシグネチャの要素を仮引数とマッチさせるための規則は，R の関数呼び出しで引数のマッチングに用いられる規則と同じであり，名前付き要素と名前なし要素を組み合わせて使ってよい．

次ページで示すように，入り組んだ状況では method.skeleton() を呼び出して setMethod() の引数を生成することが強く推奨される．複数の引数が関わるもっと単純な状況であっても，曖昧さが含まれそうであればシグネチャの全要素に名前を付けるべきだ．Java 言語へのインターフェースを与える rJava パッケージからとった例を次に示そう．

この場合の総称関数は == 演算子である．この演算子は base パッケージのプリミティブ関数である．プリミティブ関数の取り扱われ方は特殊だが，この == 演算子も含めて大抵のものは総称関数として扱うことができる．プリミティブ関数に対して getGeneric() を呼び出すと総称版の関数が返される．あるいは，もしメソッドの定義が禁止されている場合にはエラーが発生する．

```
> eq <- getGeneric("==")
> eq@group
[[1]]
[1] "Compare"

> eq@signature
[1] "e1" "e2"
```

重要な情報は，この総称関数のシグネチャには e1 と e2 の 2 つの引数があるということだ．

rJava パッケージでは，引数のいずれかが "jobjRef" クラス，すなわち Java オブジェクトへの参照である場合に，== 演算子を .jequals() 関数に対応付ける必要がある．

```
setMethod("==", c(e1="jobjRef",e2="jobjRef"),
          function(e1,e2) .jequals(e1,e2))
setMethod("==", c(e1="jobjRef"),
          function(e1,e2) .jequals(e1,e2))
setMethod("==", c(e2="jobjRef"),
          function(e1,e2) .jequals(e1,e2))
```

2 つめの仕様は第一引数が "jobjRef" であるような任意の呼び出しにマッチする．3 つめの仕様は第二引数が "jobjRef" であるような任意の呼び出しにマッチする．この 2 つの場合には引数 e2 や e1 のシグネチャが省略されているので，これらの引数は "ANY" に対応することになる．

1 つめの仕様を含めるのはなぜだろうか？ 3 つの仕様すべてが必要なのは，そうしなければ 2 つの "jobjRef" 引数を持つ呼び出しが曖昧になってしまうからだ．もし e1 と e2

に対するメソッドだけが定義されていたとすると，その両方にマッチする呼び出しではどちらが使われるべきだろうか？　評価器は曖昧性に関して警告を発するだろう．この特定の例では3つのメソッドすべてが同じ計算を行うが，一般にはいずれかの引数を "ANY" として扱って正しい結果が得られる保証はない．こうしたメソッド選択の問題に関する詳細については，10.7.2項を参照してほしい．

メソッドの指定対象となる引数が1つしかない総称関数に対しては，シグネチャの引数名が省略されるのが普通である．再び rJava から例を取ろう．

```
setMethod( "length", "jarrayRef", ._length_java_array )
setMethod( "length", "jrectRef", ._length_java_array )
```

これは指定された両クラスに対して，length() の呼び出しをパッケージの内部的関数へと対応付ける．

setMethod() の definition 引数は総称関数 f と同じ仮引数を持っているべきだ．メソッドディスパッチにおいて，実引数がメソッドの仮引数に対して改めてマッチングされることはない．そうするのは非効率であるし，より重要なこととして，**メソッド選択** (method selection) の過程が首尾一貫しないものになってしまうだろう．利便性のために，計算上の「糖衣」によって追加の仮引数を definition に含めることができるようになっている．これは ... 引数に加えて使っても ... の代わりに使ってもよいが，あくまでも糖衣にすぎない．もとのメソッドを変形した関数を内部で定義して，総称関数の標準的な引数をその関数に渡すのと同じ結果になる．

新しいメソッドを設定する際の最初のソースコードは，method.skeleton() を呼び出すことで確実に作成できる．この方法は，かなり経験を積んだプログラマに対しても，正しい引数の組と妥当なメソッド定義の形式で setMethod() の呼び出しを作成するための推奨される方法である．

たとえば "dataTable" オブジェクト（9.3節）に対して [演算子のメソッドを書きたいとしよう．ただし，列を選択する文字ベクトルだけを対象にしたいものとする（なぜなら列順は意味を持たないからだ）．

```
> method.skeleton("[", c("dataTable", j="character"), stdout())
setMethod("[",
    signature(x = "dataTable", i = "ANY", j = "character"),
    function (x, i, j, ..., drop = TRUE)
    {
        stop("need a definition for the method here")
    }
)
Skeleton of method written to connection
```

1つめの引数は総称関数であり，2つめはメソッドを定義する対象となるシグネチャである．3つめの引数には出力先のファイル名を与えればよいが，省略することもできる．省

略した場合はデフォルトのファイル名が使われる．また，第三引数は接続であってもよい．この例のようにしてもよいし，複数の新しいメソッドを単一のファイルで定義したければ，ファイルに対して開かれた接続でもよい．

`setMethod()` の呼び出しによって作成される関数型メソッドオブジェクトは，総称関数によってインデックス付けされたメタデータオブジェクトの中に保存される．したがって，たとえば，`show()` 関数に対するパッケージ内のすべてのメソッドは単一のメタデータオブジェクトの中に格納される．これは実質的にはメソッドテーブルである．パッケージが R プロセスにロードされる際には，このテーブル内のメソッドが対応する総称関数に追加される．

10.3.1 総称関数

関数型メソッドはパッケージ内で開発されるが，メソッドが実際に動き始めるのは，メソッドの対象となる関数にインストールされたときである．その関数は R の総称関数でなければならないが，これが意味するのはその関数が `"genericFunction"` クラスかそのサブクラスに属しているということだ．実際のメソッドディスパッチはプリミティブ関数 `standardGeneric()` を呼び出すことで行われる．たとえば `show()` の定義はこうだ．

```
function (object)
    standardGeneric("show")
```

これによって実引数に対応するメソッドが選択され，メソッドの本体が当該の関数呼び出しのフレームにおいて評価され，評価された値が返ってくる．何らかの例外的な状況でない限り，総称関数は `standardGeneric()` の呼び出しだけを行うようにすべきだ．例外のひとつは methods パッケージの `initialize()` 関数である．

```
function (.Object, ...)
{
    value <- standardGeneric("initialize")
    if (!identical(class(value), class(.Object))) {
        ....
    }
    value
}
```

クラスに対して `initialize()` のメソッドを定義するのは，そのクラスの生成関数が呼び出される際に，新しいオブジェクトの作成をそのクラスに特化したものにするためだ．この総称関数は，メソッドによって計算されたオブジェクトが，与えられたプロトタイプオブジェクトである `.Object` と同じクラスかどうかをチェックする．基本型以外に対しては，クラスが一致しなければエラーが発生する．このような関数は非標準的総称関数である．標準的な場合と非標準的な場合は，それらに対応する総称関数オブジェクトのクラスによって区別される．呼び出し中の関数が標準的総称関数であれば，必要なのはメソッド

ディスパッチだけだということが評価器にはわかる．

　show() や initialize() のような関数はパッケージから総称関数としてインポートされ，それらに対しては任意の他のパッケージからメソッドを追加することができる．他方，メソッドを定義するパッケージにおいて総称関数を作成することが必要な場合もある．それは総称化したい非総称関数に対応するものかもしれないし，あるいは，はじめからメソッドが定義されているような新しい関数かもしれない．どちらの場合でも使うべき技法は setGeneric() 関数を呼び出すことだ．

　base や stats，graphics といったパッケージを含む R の「旧式」な部分の関数は，どれも総称関数ではない．既存の非総称関数と互換性のある総称的なバージョンは setGeneric() を呼び出して作成する．

```
setGeneric("plot")
```

現在の関数定義がデフォルトのメソッドになり，総称版の関数が setGeneric() を呼び出した環境に割り当てられる．R を拡張する際には，setGeneric() の呼び出しをパッケージに含めて，総称版の関数がそのパッケージの名前空間に割り当てられることになる．既存の非総称関数は，それが base パッケージにあるものでない限り（たとえ graphics のように一般的なパッケージであっても），目下のパッケージの "NAMESPACE" ファイルでディレクティブを用いてインポートすべきだ．

　総称関数はアプリケーションパッケージ内に割り当てられるが，"package" スロットに従って graphics パッケージに所属するものとして設定される．

```
> setGeneric("plot")
[1] "plot"

> plot@package
[1] "graphics"
```

こうやって plot() に対してメソッドを作成するどんなパッケージも，同一の総称関数に対してメソッドを作成する．異なるパッケージがロードされる際には，すべてのメソッドがその総称関数のテーブルへと追加されるのだ．

　setGeneric() を呼び出して総称関数を作成するステップは（明示的であれ，setMethod() の呼び出しによってであれ）形式的なものに見えるが，実際には極めて重要である．何がどのような理由で起こるのかを理解しておくことは有意義だ．

　setGeneric() の呼び出しは，パッケージのインストール時に総称関数オブジェクトをそのパッケージの名前空間に割り当てる．パッケージがロードされると，R プロセスには "plot" という名前のオブジェクトが少なくとも 2 つ存在することになる．複数のパッケージに plot() のメソッドがあるなら，さらに多く存在するかもしれない．

　まったく自然なことだが，R を拡張するユーザの中にはこの状況にうろたえてしまう者もいる．しかし実際には，これが R の OOP に対する関数型オブジェクトベースアプロー

10.3 メソッドと総称関数の定義

チの鍵なのだ．本質的な点は，総称関数が元々のパッケージの関数と両立するということ，そしてこの手続きに従うどのようなパッケージも**同一**の総称関数オブジェクトを作成するということである．総称関数に対するメソッドは複数の R パッケージにおいて書くことができ，そのすべてが元々の関数と両立する．そして，メソッドは R プロセス内でそれらに対応するひとつの総称関数からディスパッチされる．それと同時に，もとの非総称関数をインポートしているすべてのパッケージにおいて，それらの名前空間内の関数からはその非総称関数のオブジェクトが以前と変わることなく呼び出される．

総称関数と元々の非総称関数のどちらのバージョンを使っているパッケージがいくつあろうと，R プロセス内に独立して存在するのは 2 つの `plot()` オブジェクトだけであり，総称的なバージョンが 1 つのテーブルから複数のメソッドをディスパッチする．このテーブルには，R プロセスに現在ロードされているパッケージ内で定義されたすべてのメソッドが含まれる．

非総称関数の中には，S3 クラスや S3 メソッドと呼ばれる，旧式の非形式的なクラスとメソッドを使うために書かれたものもある．この場合，「非総称」関数は実際には S3 メソッドを選択してディスパッチすることになる．普通，この非総称関数の定義は `UseMethod()` 関数の呼び出しになっている．

`plot()` 関数がひとつの例である．`graphics` パッケージにあるこの関数の定義では S3 メソッドを用いている．

```
plot <- function (x, y, ...)
    UseMethod("plot")
```

たとえば [11] の SoDA パッケージでは，`plot()` に対する形式的メソッドをいくつか定義している．このパッケージ内の `setGeneric()` 呼び出しによって `plot()` の総称版が割り当てられる．`plot()` に対してメソッドを定義する**任意**のパッケージは同一の総称関数を持つ．

```
> setGeneric("plot")
[1] "plot"

> identical(plot, SoDA::plot)
[1] TRUE
```

`graphics` にあるバージョンの `plot()` をインポートするパッケージは，非総称関数のほうをロードして使用する．それらのパッケージでは `plot()` に対して S3 メソッドが定義されているかもしれず，それらはメソッドに対する S3 の仕組みによって呼び出される．

SoDA のように形式的メソッドを用いるパッケージは総称関数をロードして使用する．ここでもやはり，そうしたパッケージは自分自身でメソッドを定義する場合もあれば，しない場合もある．たとえば，自分自身ではメソッドを持たないパッケージが SoDA パッケージから総称関数をインポートするかもしれない．自分自身でメソッドを定義している

パッケージは，（インポートした総称関数と同一の）総称関数を自身のパッケージの名前空間に持つだろう．

　総称関数と非総称関数の役割を理解することで，混乱しかねないような状況も明快になる．base の as.data.frame() 関数について考えよう．この関数はオブジェクトをデータフレームに変換するために S3 メソッドを少しだけ変形したものを用いている．やはり base にあり広く用いられている data.frame() 関数は，各引数に対して as.data.frame() を適用し，その結果を結合してひとつのデータフレームにする．as.data.frame() に対して形式的メソッドを定義するというのは魅力的なアイディアである．いつも通り setGeneric() を呼び出せば総称関数が作成される．

　しかし，当然ながら data.frame() 関数は以前と変わらず非総称版の関数を呼び出す．as.data.frame() に対してメソッドを定義すれば，data.frame() の呼び出しにおいてもそれらのメソッドが使われると期待したかもしれないが，2 つのバージョンの関数の分析から明らかなように，そうはならない．この例については 10.8.1 項で見ることにする．

　そこでは S3 メソッドを定義するという解決策が示される．これはうまくいくし，旧式の関数（この場合には as.data.frame()）が S3 メソッドをディスパッチするものであるならば擁護できる．実際のところ，関数型 OOP であれ旧式の S3 実装であれ，メソッドの選択というのが，関数が自身の計算を R セッション内で動的に修正する唯一の場所なのだ．もし as.data.frame() が動的に変更可能なメソッドの集合を用いずに固定された計算を行うのであれば，計算の定義は実際に不変であって他のパッケージの変更によって影響を受けてはならない，というのが関数型プログラミングの教えるところである．

　またしても我々は関数型プログラミングと OOP が交わるところにいる．R のメソッドテーブルの動的性質の下でこの 2 つのプログラミングパラダイムの調和を保つには，ある種の「道徳的抑制」を必要とする．

　plot() の例に戻ると，SoDA のようなパッケージはそのパッケージが**所有**しているクラスに対してのみメソッドを定義すべきだ．SoDA では実際にそうなっており，自分自身の 2 つのクラスに対してメソッドを備えている．

　たとえば，SoDA パッケージにおいて "lm" クラスに対してメソッドを実装すれば，それが形式的メソッドであれ S3 メソッドであれ，関数型プログラミングに違反することになる．"lm" クラスは（S3 クラスなので暗黙的に）stats パッケージで定義されており，それに対応する plot() の S3 メソッドがそのパッケージ内に存在する．これを上書きするメソッドを定義すれば，他のパッケージの計算の動作を変えてしまう可能性がある．たとえその計算では SoDA パッケージを利用していなかったとしてもだ．この道徳的抑制の要求は 10.4.2 項で一般的に定式化することにする．

　以上はどれも関数がすでに存在する場合に関係することである．setGeneric() の呼び出しは，関数に対してメソッドを定義するつもりだと宣言するものだ．アプリケーションでは，新しい関数を定義してそれに対してメソッドを定義したいときもある．たとえば，第 13 章で述べるインターフェースのための XR パッケージでは，asServerObject()

関数を定義する．この関数の目的は，任意の R オブジェクトを，他言語で評価されて等価なオブジェクトになるような何らかのテキストで置き換えることだ．これは新しい関数だが，R オブジェクトに依存したメソッドや，もしかすると個々のサーバ言語にも依存したメソッドが必要とされているのは明らかだ．

この関数は，第二引数に関数定義を含む setGeneric() の呼び出しによって作成される．

```
setGeneric("asServerObject",
    function(object, prototype) {
        ....
    })
```

第二引数が用いるべき関数の定義である．この関数の仮引数とデフォルト値の式は，もし存在すれば総称関数の仮引数とデフォルト値になる．与えられた関数は総称関数のデフォルトメソッドとなる．パッケージのソースにおいては，この setGeneric() の呼び出し計算が，この関数に対するすべての setMethod() 呼び出しより前に来る必要がある．新しい総称関数の作成に関する詳細は 10.6.3 項を参照のこと．

総称関数についてさらに詳しく一般的に知りたければ 10.6 節を，メソッドについては 10.7 節を参照してほしい．

10.4 R パッケージにおけるクラスとメソッド

本章を通じて，我々は設計中のソフトウェアが R パッケージの一部分になるものだと想定している．実際，新しいクラスやメソッドを設計する際に，もし結果として得られるソフトウェアの再利用と共有が容易にできないとすれば，設計において通常要求される思考の努力が無駄になってしまうだろう．このレベルの大規模プログラミングに至るよりずっと前に，労力を有効活用するためにパッケージが必要になる．

関数定義とデータオブジェクトの両方または片方だけで構成されるパッケージと比較すると，クラスとメソッドを含むパッケージにはいくつか追加のステップが必要になる．

- クラス，メソッド，総称関数はすべてパッケージがインストールされるときに作成される．パッケージのソースコードはそれらのインストール時の計算がうまく動作するように準備されていなければならない．特に R では，新しいクラスより前にそのスーパークラスが定義されている必要がある．また，メソッドがそのメソッドのシグネチャで指定されているクラスより前に定義されていると，R は警告を発する．
- パッケージの "NAMESPACE" ファイルで，標準的なパターンを用いるのではなく，何がエクスポートされるのかを明示しようとするのであれば，メソッドとクラスに対して明示的なエクスポートディレクティブが必要になるかもしれない（このパッケージに依存する他のパッケージでは，類似のインポートディレクティブが必要になるかもしれない）．

パッケージの R コードのインストールは，パースと評価のためにソースファイルを単一

のファイルへと結合することから始まる．デフォルトではファイル名のアルファベット順にファイルが整列されてから結合される．

したがって，定義されるクラスの順序に関する要求を最も簡単に満たすには，すべてのクラス定義を単一のファイルに入れておいて（そしてそのファイル内のクラス定義は正しい順序で並べておいて），そのファイルが，シグネチャに定義済みクラスを含むようなメソッドを定義している別のファイルより順序が前に来るように，ファイルの名前を付ければよい．

カプセル化OOPにおいて一般的なプログラミングスタイルでは，クラス定義と，そのクラスに関連するすべてのメソッドを別々のファイルに配置する．そうすることは可能だが，その場合にはファイルが正しい順序で「整列」されるように調整しなければならない．整列順序は "DESCRIPTION" ファイルの Collate: ディレクティブで明示的に指定できる．残念なことに，このディレクティブでは**すべての**ソースファイル名を指定する必要がある． Collate: で参照されていないファイルはインストールに含まれないのだ．

10.4.1　クラスとメソッドのロード

7.3 節で解説したパッケージをロードするステップ (i) では，クラスとメソッドのメタデータオブジェクトを求めてパッケージの名前空間が検索される．メタデータオブジェクトは特別な名前が付けられたオブジェクトであり， setGeneric() や setMethod()， setClass() といった関数を呼び出した副作用の結果としてパッケージ内に割り当てられる．

パッケージ内で定義されている各クラスに対してメタデータオブジェクトがひとつずつ存在し，そのパッケージが持つメソッドの対象となっている総称関数の各々に対しても，メタデータオブジェクトがひとつずつ存在する．メタデータの情報は R プロセス内の 2 つのテーブルを更新するために使われる．ひとつはクラス情報のためのテーブルで，もうひとつはメソッド情報のためのテーブルだ．2つのテーブルはそれぞれクラスまたは総称関数への参照によってインデックス付けされている．クラステーブルは，クラスに属すオブジェクトを用いて計算を行う際に，スロットやスーパークラスの妥当性検証のために使われる．総称関数テーブルでは，各関数が内部にテーブルを持っており，この内部テーブルが総称関数の呼び出しを評価する際にメソッド選択のために使われる．

これらのテーブルは参照によって構成されている．つまり，Rではいつものことだが，テーブルの各項目が名前と環境によって同定されるということを意味している．いまの場合，名前と環境はパッケージ名から暗黙的に定まる．

こうした情報はすべて R プロセスの一部である．このことは評価器がどうやって機能しているのかを理解するための鍵となる．特に注目してほしいのは，あらゆる情報が潜在的に動的であって，名前空間をロードしたり，あまりないことだがアンロードしたりすれば変更可能だということである．

総称関数の定義とは，本質的にはそのメソッドテーブルのことである．どんな関数であ

れ，その関数に対してメソッドを持つ名前空間がロードされるときには，メソッドテーブルが変更されうる．パッケージは自身にインポートした任意の総称関数に対してメソッドを持つことができる．それらのメソッドはロード時に総称関数テーブルへと結合される．

さらに，総称関数の呼び出しでは必要なら継承を用いてメソッドが同定される．たとえば，もし総称関数に "vector" クラスに対応するメソッドはあるが， "numeric" に対するメソッドは明示的には存在しなかったとすれば，数値引数を用いた呼び出しで見つかるのは "vector" に対するメソッドになるだろう．メソッドは一度見つかるとテーブル内にキャッシュされ，その後はメソッドを検索する必要がなくなる．メソッド選択の詳細は10.7.2項で見ることにする．

クラス定義もまた動的になりうるが，クラスの実際の内容においてではなく，他のクラスとの関係においてである．あるクラスを継承するクラスがパッケージ内にあれば，そのクラスは新しいサブクラスを得ることになる．新しいスーパークラスを得ることも可能だが，特別な場合に限られる．新しいパッケージのクラスユニオンが当該のクラスをメンバとして含むという場合である．

10.4.2 メソッドを書く権利

カプセル化OOPでは，あるクラスのオブジェクトに対するメソッドがそのクラス（あるいはスーパークラス）に所属しているということに，曖昧なところはない．関数型OOPでは総称関数とクラス定義の間により豊かな関係があるが，より複雑でもある．

総称関数はすべてのメソッドの集合によって定義される．だがそれと同時に，クラスの動作もそれが現れるすべてのメソッドから影響を受ける．一般のメソッドシグネチャでは，関数と2つ以上のクラスに依存して動作が定まることもありうる．

あるクラスのオブジェクト y を別のクラスのオブジェクト x に対してプロットする plot(x, y) メソッドは，それぞれのクラスの定義の一部分である．それと同時に，メソッドが適切なものであれば，それは総称関数の意図するところと一致しているはずだ．もしメソッドが総称関数の意図された用途を実装するのに貢献していないのであれば，その総称関数のメソッドにすべきではない．

総称関数や，シグネチャに現れるクラスは，2つ以上のパッケージからやってくることもある．その場合，複数のパッケージの組み合わせに対して，潜在的なメソッドの**所有権**が共有される．

架空だが的外れではない例として，10.2節で定義した "GPSTrack" クラスに属するデータを我々が扱っているものとしよう．それと同時に， Matrix パッケージで定義されているデータクラスを用いて，似たようなデータを表す行列のクラスも扱っているとする．これら2つのクラスが入り混じる操作のためにメソッドを定義すれば便利だろう．そのようなメソッドの所有権は事実上共有される．というのも，そうしたメソッドの定義では "GPSTrack" を含むパッケージと Matrix パッケージの両方のクラスの情報を使うからだ．

こうすると所有権は共有されるにしても，依然として意味は通っている．また，信頼で

きる計算のためには所有権を尊重することが重要だ．あるパッケージにメソッドがあるが，それに対する総称関数もメソッドシグネチャ内のクラスもすべて他のパッケージが所有しているという場合には，それは**ならず者**メソッドである．ならず者メソッドはそのパッケージと何の関係もない計算を破壊してしまう恐れがある．

上述のとおり，パッケージをRプロセスにロードすると，そのパッケージ内のメソッドが，それに対応する現在の総称関数へと追加される．ならず者メソッドは，自身が所属するパッケージのロードによって何らかの計算結果を変えてしまう恐れがある．たとえその計算が自身のパッケージとは何の関係もないとしてもだ．

上記の架空の例について検討しよう．我々のアプリケーションでは行列の解釈が異なるので，`Matrix` パッケージ内の何らかのメソッドが我々の計算用途にそぐわない，というのはありそうなことだ．`Matrix` のメソッドをより適切なバージョンで置き換えたいという思いに駆られるかもしれない．だが，それは非常に悪いアイディアである．我々のパッケージはそれらのクラスも総称関数も所有していないからだ．そのようなメソッドを定義すると，単に我々のパッケージをロードしただけで，他のパッケージ内の計算の動作が変わってしまう恐れがある．重要な数値情報を作成する計算において，破滅的な誤りが検知されないという結果になりかねない．

ここから得られる教訓は明らかだ．すなわち，パッケージにおいてメソッドを書いてよいのは，そのパッケージがクラスの定義か総称関数の所有権を持っている場合に限るということである．

10.5 関数型クラスの詳細

本節では関数型クラスの扱い方に関する方針について，多くの課題を検討する．

- クラス継承に関する判断（10.5.1項）
- 仮想クラスの利用（10.5.2項）
- Rの基本データ型を拡張するクラス（10.5.3項）
- オブジェクト初期化処理の特殊化（10.5.6項）
- 参照オブジェクトに対する関数型クラス（10.5.7項）

10.5.1　クラス継承："data.frame" の例

継承すべきか，せざるべきか？ それが問題だ．これは新しいクラスを定義する際にしばしば生じる問題である．継承はOOPにおいても最も強力な概念のひとつである．クラスに何か機能を追加したいときや，オブジェクトに何か情報（新しいスロット）を追加したいときには，通常はそのクラスのサブクラスを定義するのが最良の考えだ．大抵の場合，既存のクラスを補強するよりもサブクラスを定義するほうがよい考えである．Rパッケージを使っている場合，もとのクラスは別のパッケージに存在してもよいので，そのパッケージにあるもとのクラス定義を修正することはできない（また，プログラミングを

明快にするためには，どんな場合であれ，そのような修正をすべきでない）．

　新しいクラスには必ずしも構造を追加しなければならないわけではない．新しいクラスはもとのクラスと同じ情報を持つが，何らかの制限が課されているという場合もある．たとえば，`"matrix"` とは `"dim"` スロットの長さが 2 に制限された `"array"` のサブクラスのことである．

　継承はミックスイン (mixin) を定義するために使うこともできる．ミックスインとは，2 つの通常は無関係なクラスの機能を合体させたオブジェクトを作るためのクラスである．R では setClass() の contains 引数で 2 つ以上のクラスを指定するだけでミックスインが定義できる．ミックスインには多くの例があるが欠点もある．特に，2 つのスーパークラスが完全に無関係ではないという場合がそうである．たとえばメソッド選択において，継承されたクラス構造内の異なるパスを辿ると，妥当なメソッドが複数見つかってしまうという場合がある（メソッド選択の詳細については 10.7.2 項を参照のこと）．

　継承がどんな結果をもたらすのか調べるには，シグネチャにスーパークラスを含む様々なメソッドを調べなければならない．新しいサブクラスに対してそれらのメソッドは意味をなすだろうか？ もし意味をなさないのであれば，継承されるメソッドをオーバーライドするメソッドはどう定義すればよいだろうか？ 継承されるメソッドに望ましくないものがあるということは，継承自体について概念的な問題があることを示唆しているのではないか？

　例として `"data.frame"` クラスについて考察し，これを継承を用いない代替物と比較しよう．この非常に有名なクラスがいかにして R に統合されたのかをやや詳しく見る．

　R に実装されている `"data.frame"` は S3 クラスだが，構造としては次の形式的クラス定義と等価である．

```
setClass("data.frame",
         slots = c(names = "character",
                   row.names = "data.frameRowLabels"),
         contains = "list")
```

データ部分がリストベクトルなので，これはベクトルクラスだ．もしこのクラス専用のメソッドがなければ，リストベクトルに対する組み込みのメソッドが継承されるだろう．ベクトルを拡張したクラスの多くにとって，そのような継承されたメソッドは少なくとも大部分の応用において適切だろう．データフレームに対してはより多くのメソッドをオーバーライドする必要がある．データフレームの一部分を抽出したり置換したりするための `[` 演算子や `[<-` 等に対するメソッドがそうである．

　データフレームは `"list"` を継承しているが，行列という概念の拡張でもあり，各列のクラスが異なっていても問題ないように拡張されている．R のデータフレームと行列の実装には共通点がほとんどないが，それらの関数としての動作（それらに対して使用する式）は同様であることが多い．どちらに対しても行や列の部分集合を考えることが多いというのはその例である．その一方で，行列操作の中には転置のようにデータフレームに対

してはほとんど意味をなさないものもある．

多くのアプリケーションでそうであるように，選択すべきは広い継承か狭い継承か（あるいはそもそも何も継承しないか）ということだ．広い継承では多くの計算が自動的に生成されるが，その中には継承しないほうがよいものもある．狭い継承では自動的に生成される計算が少ないので，新しいクラスは少しずつしか便利にならない．正しい選択は，スーパークラスの動作が新しいクラスにどれほど近いのか，また，どのような計算が新しいクラスに適用されそうなのか，ということに依存する．また，新しいクラスを比較的「安全」に設計するのか，それとも，不正確な結果がもたらされるリスクを負ってでも継承されたメソッドから得られる大きな利便性をとるのか，というのもここで選択していることである．

オリジナルの非形式的な "data.frame" クラスは，Rの基礎的でないクラスの中でおそらく最も広く利用されているものだろう．そのため，データフレームは継承の利点と欠点を例示するための有用な例になっている．

Rの標準的ソフトウェアでは，"data.frame" クラスに対して50個以上の非形式的メソッドがある．

```
> methods(class="data.frame")
 [1] [              [[             [[<-           <-             $
 [6] $<-            aggregate      anyDuplicated  as.data.frame  as.list
[11] as.matrix      by             cbind          coerce         dim
[16] dimnames       dimnames<-     droplevels     duplicated     edit
[21] format         formula        head           initialize     is.na
[26] knit_print     Math           merge          na.exclude     na.omit
[31] Ops            plot           print          prompt         rbind
[36] row.names      row.names<-    rowsum         show           slotsFromS3
[41] split          split<-        stack          str            subset
[46] summary        Summary        t              tail           transform
[51] type.convert   unique         unstack        within
see '?methods' for accessing help and source code
```

いくつかのメソッドは長大である．[演算子に対するメソッドは150行近い長さであり，[<- に対するメソッドは300行近くに達する．もしこのクラスが多くの計算にとってそれほど中心的なものでなかったら，メソッドのプログラミングに要する労力を正当化することは難しいだろう．我々はその目的が何だったのかと問うことができるし，そうすればおそらく他のクラス定義を導入する際にも有用な比較の視点が得られるだろう．上記のメソッドの一覧に目を通すと，そのほとんどが次の3つの基準のうち1つ以上を満たしている．

1. 有用なクラスであれば何であれ必要になるであろう情報を提供するもの（プロット，表示，要約，オブジェクトの構築等）
2. クラスに対して，そのクラスが継承していないが似てはいるクラス（いまの場合には

"matrix")の類似機能を提供するもの

3. そのクラスのスーパークラスに対するメソッド（いまの場合には "vector" や "list" に対するメソッド）が適切でないと考えられる場合に，そのメソッドの呼び出しを回避するためのもの

最初のカテゴリーに属するのは "data.frame" クラスに対するメソッドのうち5個程度である．大部分のメソッドは他の基準のうち一方を満たしており，その個数はほぼ同じである．それから両方の基準を満たすものもかなりある．結果として，データフレームに対して使用されそうな関数に対して，デフォルトのまま継承されているメソッドは比較的少ない．

"data.frame" クラスは [演算子と [[演算子に対するベクトルのメソッドを継承することもできただろう．実際にはこれらのメソッドは演算子に対する "data.frame" 用のメソッドによってオーバーライドされているが，それは行列のような取り扱いを可能にするためである．これらの演算子や他の関数に対して，非形式的メソッドによってデータフレームが実質的には行列を継承しているかのように動作させようとしているのだ．この意味において，"data.frame" クラスはミックスインという仕組み，すなわち，2つの別々なクラスを継承するクラスの例になっている．だが実際には "list" と "matrix" は無関係なクラスではなく，両方とも "vector" を継承している．ミックスインに対して前述した警告フラグが立つ．つまり，もし継承された2つのクラスが関連していると，それらの動作が重複している箇所でメソッドを定義する際に困難が予想される． "data.frame" の演算子に対するメソッドの複雑さや，そこから生じる，しばしばユーザを混乱させる微妙な区別は，まさにそのような問題があることを示唆している．

例として，

iris[1:3]

のような式に現れる，抽出のための [演算子について考えよう．もし iris というデータフレームが行列として解釈されるのであれば，要素は列優先で並んでいるので，この式は1列目の最初の3要素を返すだろう．もしリストとして解釈されるのであれば，この式は最初の3つの変数（すなわち列）を返す．既存のメソッドはこの場合にはリストとしての解釈を採用する．一方，

iris[1:3,]

の場合には行列としての解釈に従って，各変数の最初の3要素を指定することになる．メソッドの動作が現在のように選ばれた理由は理解できるものであり，現在のコードが変更されることはありそうもないが，ユーザは混乱するかもしれない．

メソッドを書くプログラマに対してはより一層微妙な影響がある．上記の式の両方において演算子の列を指定する引数 j が欠損している．したがって，引数の数を区別するには別の仕組みを用いなければならない．1つめの例では引数は2つであり，2つめの例では3

つである（第三引数は空だが）．

　これらの演算子に対する既存の非形式的メソッドには，変数すなわち列のインデックスを解釈する際の制約がない．具体的にいうと，データフレームの変数に対する数値インデックスは，リストに対するのとちょうど同じように動作する．しかし，これがモデルの当てはめにおいて意味をなすだろうか？

　データフレームという概念的枠組の中には，変数の数値インデックスに特別な意味を持たせるよう指示するものはない．変数の順序を利用するメソッドからは誤ったソフトウェアがもたらされるかもしれない．たとえば，データフレームの第一変数を従属変数にするという慣習に私は従っているかもしれない．だが，もし私がその慣習を前提にしたソフトウェアを書きたいのであれば，任意のデータフレームに対して使えるような形でそのソフトウェアを配布するべきではない（その代わりに，この前提を含むデータフレームのサブクラスを定義して，そのクラスを用いるメソッドを書くべきだ）．この観点からすると，よりよいバージョンの [演算子と [[演算子では変数名によるインデックス付けだけが許されるということになるだろう．

　別の議論からは，置換演算子に対するメソッドの必要性がわかる．具体的には [<- 演算子である．いまの場合には，"list" クラスから継承されるメソッドがデフォルトの内部的計算である．問題が生じるのは，このメソッドによって，オブジェクトがデータフレームとしては不正なものになるような修正をユーザができてしまうからだ．たとえば，内部的メソッドでは置換対象のオブジェクトの長さに関して何の区別もなされないが，データフレームに対して誤った長さの変数を代入することは避けなければならない．継承されたメソッドをオーバーライドするために，メソッドを明示的に定義する必要がある．実際，非形式的な "data.frame" クラスに対してそのようなメソッドは存在しており，300行近い長さがある．

```
> length(deparse(getS3method("[<-", "data.frame")))
[1] 288
```

コードの大半が行っているのは，いろいろな引数のパターンを選り分けて，それらを暗黙的に継承された2つのスーパークラスのいずれかに従って解釈し，禁止されている場合を検知するということである．

　"data.frame" クラスを，自動的な継承を行わない変種と比較すると有益である．
　"data.frame" の実際の表現にわずかな変更を加えれば，自動的な継承を行わないようにできる．

```
setClass("dataFrameNonVector",
        slots = c(
          data = "namedList",
          row.names = "data.frameRowLabels"
        )
)
```

本質的な変更点は，オブジェクトのデータ部分を表す特別な ".Data" スロットから，通常のスロットへとリストを移動したことだ．これに伴い "names" スロットも移動しているが，これは "data" スロットに "namedList" クラスを与えることで暗黙的に行っている．

もし継承を行わないクラスの定義を，同じモデル当てはめの計算に用いるとすれば，異なる設計上の判断が必要になる．複数の変数に対して反復処理のためのメソッドが何もなければ，そのような反復処理を必要とするソフトウェアは "dataFrameNonVector" クラスの定義についてより多くのことを知っている必要がある．複数の変数に対する反復処理というのは，間違いなくデータフレームのようなオブジェクトに対して非常に基本的な演算であり，一般的にいってそのような基本的演算の詳細は隠蔽するのがよい設計だ．というのも，詳細を隠蔽しておけば，その演算を利用する既存のソフトウェアを無効化してしまうことなしに，その演算の実行方法を修正することができるからだ．この演算を提供するための R らしいやり方は，変数ごとに作用する apply() 系関数を利用することだろう． "data.frame" クラスは base パッケージにある内部的バージョンの lapply() を継承しているので， "data.frame" オブジェクトに対して lapply() を使うことができる．

"dataFrameNonVector" に対して lappy() のメソッドを定義するというのは，変数たちに対する反復処理を提供するための自然なやり方である．定義は次のように単純でよい．

```
setMethod("lapply", "dataFrameNonVector",
          function(X, FUN, ...)
              base::lapply(X$data, FUN, ...))
```

こうすれば，このクラスを利用した計算に sapply() を使うこともできる． sapply() は lapply() を用いて書かれているからだ．

"data.frame" クラスでは継承された抽出演算子のメソッドの大部分をオーバーライドしなければならなかったが， "dataFrameNonVector" クラスはデフォルトでは何の抽出演算もできない．抽出演算子が重要なのであればメソッドが必要であり，そのメソッドの設計においては "data.frame" に対して検討したのと同じ問題の多くに直面することになる．モデルの当てはめが主目的であれば，目下のオブジェクトを生成した元データのほうに対して抽出演算の適用を済ませておくべきだ，という態度をとってもよいかもしれない．たとえば，11.3 節で述べるような参照クラスに属するデータテーブルに対してである．その場合，本当にデータを操作したいと思うユーザは他のクラスについても学ぶ必要があるが，そのクラスのためのソフトウェアはよりクリーンで信頼性の高いものにできるだろう．

統計計算におけるデータフレームの中心的役割について考察するのは，複数の方針を比較するための非常によい機会である．だが，R を拡張するプロジェクトにおいてどんなクラスの設計が重要になりそうか，ということについても同様の質問を尋ねるべきだ．大規模なプロジェクトにおいてソフトウェアがどんな使われ方をされそうなのか可能な限り想像し，柔軟性と信頼性を兼ね備えたソフトウェアを提供するのが重要なステップである．

10.5.2 仮想クラス：クラスユニオン

OBJECT原則 と FUNCTION原則 に従えば，クラスに属するオブジェクトとは何であるのか，オブジェクトに対して何が起こるのか，オブジェクトは何をするのか，という観点からRのクラスについて考えることができる．オブジェクトが何であるのかは，クラス定義において必要なスロットによって決まる．オブジェクトが何をするのかは，どのような関数がそのオブジェクトを引数に持つかで決まる．つまり，そのクラスに属するオブジェクトが引数として適格であるようなメソッドによって決まるということだ．

総称関数に必要な計算は何らかの共通動作として表現できる場合がある．オブジェクトがその動作を実装できるのであれば，総称関数に対するメソッドが定義できる．すると，共通動作を表現するクラスをシグネチャに持つようなメソッドを書くことが効果的なプログラミング手法となるが，そのようなクラスは部分的にしか定義されない．そのクラスに実際に属するオブジェクトは存在しないのだ．

Rの関数型OOPは，このような部分的に定義されたクラスのための形式的機構を備えている．そうしたクラスは**仮想的**なものである．仮想クラスは不完全であり，したがってそのクラスに属するオブジェクトを作成することはできない．だが仮想クラスをシグネチャに持つメソッドは定義可能であり，仮想クラスを継承する他のクラスがそれらのメソッドを使用できる．こうして，すべてのサブクラスに対してプログラミングを行うことが容易になる．

Rにおけるオリジナルの例はベクトルオブジェクトの仮想クラスである．「ベクトル」という用語は，数値型か論理型の式によるインデックスを用いて要素を抽出したり置換したりすることが意味を持つオブジェクトのことを指している．オブジェクトがこの「ベクトル」の動作を共有するという考え方は，つねにR（とそれ以前のS）の一部であった．`"double"`，`"character"`，それから`"list"`のような基本型は具体的なベクトルクラスである．しかしオブジェクトがベクトルだと知っているだけでは，オブジェクトの内容を定めるには十分でない．様々な基本ベクトルクラスのデータ型も知っている必要がある．クラスが実際に`"vector"`であるようなオブジェクトは存在しないのだ．

仮想クラスを定義するための最も一般的で通常推奨される方法は，**クラスユニオン**としてそのクラスを定義することである．クラスユニオンはその直接のサブクラスたちを指定すれば完全に定義される．クラスユニオンを継承してもクラスの内容に制限が付くことはない．どんな既存のクラスであってもクラスユニオンに含めることができ，それによってクラスユニオンが既存クラスのスーパークラスになるので，クラスユニオンというのは極めて特殊なクラスである．クラスユニオンはクラスの内容については何も影響を与えないので，そのクラスユニオンをシグネチャに持つメソッドに対してのみ影響がある．そのようなメソッドは，クラスユニオンのメンバであるようなクラスすべてに対して自身が適用可能であることを表明しているのだ．非形式的なクラスユニオンである`"vector"`で表明されていることの要点は，抽出や要素指定の演算子，それから`length()`のようないくつかの関連する関数が適用可能だということである．

クラスユニオンの宣言では，クラスユニオンの名前と初期メンバを与える．"vector" をクラスユニオンとして定義するなら次のようになるだろう．

```
setClassUnion("vector",
              c("logical", "numeric", "character", "complex",
                "integer", "raw", "expression", "list"))
```

(Rの本物のベクトルクラスはクラスユニオンよりも長きにわたって存在しているが，クラスユニオンとして定義されてはいない．)

"data.frame" クラスの形式的定義（171ページ）では，行ラベルに対してクラスユニオンが使用されていた．

```
setClassUnion("data.frameRowLabels",
              c("character", "integer"))
```

これは単に，行ラベルのベクトルとして使えるのは整数（普通，最初は 1:nrow(x) が与えられる）か文字列だというポリシーを表現しているにすぎない．メンバになっている各クラスに対して適用可能な計算があれば，このクラスユニオンに対してメソッドを定義できるだろう．

クラスユニオンの極限的な場合として有用なのは，通常のクラスにおいて何らかの特別なオブジェクトを表現したい場合である．たとえば「あなたが探しているオブジェクトは未定義です」ということを表すオブジェクトだ．Rで未定義状態を表すには，空オブジェクトすなわち NULL によって表すのが自然な方法である．あるクラスに対して適用されるメソッドを書きたいが，オブジェクトが未定義でないかチェックしたいという場合には，そのクラスと "NULL" クラスのユニオンを使うと便利だ．以下の "OptionalFunction" クラスがあれば，空かもしれない関数のスロットを作成することができる．

```
setClassUnion("OptionalFunction",
              c("function", "NULL"))
```

このクラスユニオンに対するメソッドは，引数を is.null() でテストしてから，クラスユニオン内の本物のクラスに属するオブジェクトを作成するよう調整することになる．

もしオブジェクトが参照として渡されるのであれば，NULL を許す代わりに何らかの特別なオブジェクトを空の値として定義することもできるだろう．だがこれは，関数など通常のRオブジェクトに対してはうまく動作しない．それらは参照オブジェクトではないので，特別な場合を検知するにはオブジェクトの内容を用いるしかないのだ．参照を用いると，空オブジェクトを意図せず作成してしまう危険がつねにある．さらに，特別な "function" オブジェクトかどうかをテストするよりも，is.null(x) によるテストのほうがプログラミングが簡単であり，コードを読むときの明快さも上だ．Rの参照クラスに対しては特別なオブジェクトを用いる方法はうまくいくし，XR パッケージでも採用されている．

setClass() の呼び出しで contains フィールドにクラスユニオンを指定すると，既存のクラスユニオンに新しいクラスを追加できる．新しいクラスが元々のクラスユニオンのメンバクラスのサブクラスであれば，既存のメソッドを使うために新しいクラスをクラスユニオンに追加する必要はない．基本データ型は "vector" の直接のメンバであり，基本型を特殊化したサブクラスもベクトルに対するメソッドを使うことができる．ただしそれらをオーバーライドすることを選ぶ場合は別だ．

クラスユニオンを拡張する特殊な場合として有用なのは，10.2.1 項で述べたような，ほとんど再帰的なスロット定義を作成する場合である．

"city" クラスに，それとは別の "city" オブジェクトであるか，または "NULL" であるようなスロットが欲しいものとしよう．言い換えれば，再帰的なバージョンのオプショナルオブジェクトが欲しいという場合である．ひとつのアプローチはこうだ．

```
setClassUnion("optionalCity", "NULL")
setClass("city",
         slots = list(location = "site", name = "character",
                      twinCity = "optionalCity"))
setIs("city", "optionalCity")
```

まずクラスユニオンを定義し，次に新しいクラスを定義して，それからその新しいクラスをクラスユニオンに追加するというのが鍵である．順序正しくすべてを定義すれば，各クラスが使用されるときにその定義が存在していることが保証される．

こうした特別な場合以外では，クラスをユニオンに追加するのは危険なこともある．もし実際にはユニオンへの追加が可能なクラスの固定された集合を扱うための単なる方便なのだとすると，そのユニオンに異なるクラスを追加するためには，すでにユニオンに属するクラスに共通する特性をすべて推測する必要がある．クラスユニオンを利用するソフトウェアは，実際には単にそのユニオンのメンバに応じて処理の切り替えを行っているだけという場合もある．その場合には，他のクラスを追加しても無視されるかエラーが生じることになるだろう．

例となるのは "vector" 仮想クラスである．このクラスでは，すべての基本データ型をグループにまとめることが意図されていた．新しいベクトルクラス，たとえば異なるデータ格納の仕組みを備えたものを "vector" 仮想クラスに追加しようとすれば，膨大だが明確には定義されていない関数群に対するメソッドが必要になる．そのような修正を行うのは困難だろう．

クラスユニオンを拡張するのに問題がある場合には，もう少し複雑なアプローチをとるほうが安全である．古いユニオンと新しく追加するつもりのメンバから，新たなクラスユニオンを定義するのだ．

```
setClassUnion("data.frameRowLabelsExtended",
              c("data.frameRowLabels", "myLabels"))
```

もとのクラスユニオンに関係するメソッドに変更を加える必要はない.

クラスユニオンにはひとつ特権がある．ユニオンのメンバとなるクラスには，定義が隠蔽されているクラスがあってもよいのだ．クラス定義が隠蔽されるのは，他のパッケージやユーザのコードがクラスを再定義してしまい，そのクラスを利用するメソッドやその他のコードが無効になってしまう可能性を抑えるためである．特に R のデータ型に対応するクラスはすべて隠蔽されている．これらのクラスのどれかをクラスユニオンのメンバに含めると，厳密に言えば隠蔽を破ることになる．それによってユニオンのクラスがデータ型クラスの直接のスーパークラス (direct superclass) へと追加される．したがって，たとえば "data.frameRowLabels" クラスユニオンは "integer" の直接のスーパークラスを変更していたということだ．これはクラス定義からわかる．

```
> whichSuperclasses("integer", 1)
[1] "numeric"           "vector"            "data.frameRowLabels"
```

"data.frameRowLabels" の定義によって，このクラスが "integer" のスーパークラスに追加されている（ `whichSuperclasses()` 関数については XRtools パッケージを参照のこと）．

クラスユニオンがなければ R の関数型 OOP の有用性は下がるだろうし，既存のクラスをメンバとして含められるという特権がなければクラスユニオンの有用性は大きく下がるだろう．だが，ひどいことになる場合もある．

```
> ## もちろん誰もこんなことはしないだろうが……
> setMethod("summary", "data.frameRowLabels",
+           function (object, ...)
+              "Nothing")
[1] "summary"

> summary(1:10)
[1] "Nothing"
```

このメソッド定義は，基本データ型に関わる基本パッケージ内の関数の動作を変更してしまっているが，これは決してやってはいけないことである．将来のバージョンの R では，このようなとんでもない誤動作は検出できるようになるかもしれない．現在でも，もし関数が `summary()` のような真の関数ではなくプリミティブ（たとえば `sum()` ）であれば，この悪行による影響はなかっただろう．プリミティブは引数が形式的に定義されたクラスに属するときに限ってメソッドを探すからである．

もし "data.frameRowLabels" を定義したパッケージにこんなひどいものが入っていたら，責任はそのパッケージにあるし，おそらく誰もこの有害なクラスを使わないだろう．そうでなくとも，10.4.2 項「メソッドを書く権利」の原則に反しているのは，この例の根本的な罪である．我々は当該のクラスユニオンも `summary()` 関数のどちらも所有していないので，それらの組み合わせに対してメソッドを書く権利はなかったのだ．

仮想クラスとして，単に動作を規定するだけではなくて，サブクラスが必ず備えるべき

スロットのような特定の構造を与えるものが欲しくなることがときどきある．その場合，任意のクラス定義に対して，そのクラスが継承するクラスのひとつとして "VIRTUAL" を含めれば，そのクラスを仮想クラスに仕立て上げることができる．タイムスタンプとしての動作を共有するすべてのクラスに対して，"DateTime" クラスのスロット "timestamp" を持たせたいとしよう．これは，そのようなクラスのすべてがタイムスタンプに対応するクラスを拡張するようにすれば表現できる．たとえば次のとおりである．

```
setClass("TimeStamped", slots = list(timestamp = "DateTime"),
         contains = "VIRTUAL")
```

"TimeStamped" を継承するように定義されたクラスはすべて，必要なスロットを持つことになる．

10.5.3　Rの基本データ型

データ型はRの内部に組み込まれている．これらはC言語による実装と直接対応しており，あらゆるRのオブジェクトに共通するC構造体のフィールドとしてエンコードされている．Rの中核的な計算では，可能なデータ型に対して何らかの形で計算の切替えが行われる．歴史的には，データ型はオリジナルのSの実装にまで遡る（そこではデータ型はモードと呼ばれていた）．

基本データ型に対応するクラスからはオブジェクトを生成できるが，実際にはそれらのオブジェクトは，オブジェクト内に格納される関連したクラスを持ってはいない．クラスはデータ型によって暗黙的に定義されているのだ．

通常のR関数に対するメソッドディスパッチのような大抵の目的にとって，この基本データ型とそのクラスの区別は重要ではない．ただし，クラスを備えたオブジェクト，あるいは形式的クラスを備えたオブジェクトを検出するRのユーティリティ関数である `is.object()` と `isS4()` は，両方ともこうした基本データ型のオブジェクトに対して `FALSE` を返すということには注意してほしい（これらの関数はC構造体のビットセットを検出しており，プリミティブに対してメソッドをディスパッチするための高速な内部的テストに対応するものである）．

```
> l1 <- new("list", list(1:10, rnorm(10)))
> class(l1)
[1] "list"

> is.object(l1); isS4(l1)
[1] FALSE
[1] FALSE

> attributes(l1)
NULL
```

プリミティブ関数は，引数が形式的クラスに対応するビットセットを持たない場合には，形式的クラスがあるかどうかのチェックを行わない．

この例では "list" というデータ型とクラスを用いたので，リストオブジェクトに関して混乱を招きかねない細部について注意しておくべきだろう．R では伝統的に，リストデータ型にはオプションとして "names" 属性が付いているものだと考えられている．"names" 属性はリストの要素名の文字ベクトルにすることができるが，欠損していてもよい．この慣習には伝統があり，OOP 的でないコードで利用されている．しかし，"names" 属性がオプションであるせいでくり返しチェックが必要になるので，ソフトウェアが複雑になる．names() 関数は NULL を返すことができるが，これはその属性の値が NULL オブジェクトになっているという意味ではなく，そのような属性は存在しないという意味である．

R がデータ型を形式的クラスとして取り扱う際には，基本ベクトルクラスは属性を持たないという規則による一貫性がある．形式的な "list" クラスに names 属性はない．クラスやメソッドの定義で使うための名前付きリストとしては，それ専用のクラス "namedList" がある．これは形式的クラスであって基本データ型ではない．

```
> n1 <- new("namedList", list(i=1:5, x=rnorm(5)))
> class(n1)
[1] "namedList"
attr(,"package")
[1] "methods"

> is.object(n1); isS4(n1)
[1] TRUE
[1] TRUE

> n1
An object of class  "namedList"
$i
[1] 1 2 3 4 5

$x
[1] -1.3997633  1.5044238  1.5785737 -0.3420574 -0.1048099
```

10.5.4　R データ型を拡張するクラス

データ型は明示的なクラス属性を持たないが，他のクラスと同様に，スロットのクラスとしてもメソッドシグネチャのクラスとしても使うことができる．これらデータ型のクラスは他のクラスのスーパークラスとして使うこともできる．その場合，スーパークラスはサブクラスのデータ部分と呼ばれる．その意味は，新しいサブクラスがそれに対応する型のデータのように動作するということだ．ただしそこには新たなプロパティが追加されている．これは S と R において歴史的に非常に古いアイディアであり，クラスが正式に使用

されるより以前から存在する．

　データ型はオブジェクトの内部表現を決定する．たとえば，いろいろなベクトル型のデータはそれに対応する C の型の配列で構成されている．他の型には他の内部表現がある．内部表現はプログラマが明示的に使うためにあるのではないが，特定の型がクラスのデータ部分になっていると，そのクラスのオブジェクトはこうした内部表現のひとつを共有することになり，したがってそのデータ型に対して書かれたソフトウェアを継承することになる．

　正式には特定のデータ型に対するメソッドではない中核的な計算も含めて，メソッドは継承される．中核的計算は内部的に様々な型に対応しており，算術や比較，その他多くの計算を効率的に行うのに役立つことが多い．クラス定義がこのような型を拡張するものではない場合，そのクラスのオブジェクトは代わりに "S4" という独自のデータ型を持つ．想像はつくだろうが，"S4" 型のオブジェクトに対しては，スロットの操作やプログラマが定義したメソッドのディスパッチを除けば，組み込みの計算というのはあまりない．ここでのトレードオフは継承に関する一般論のときと同様である．つまり，継承される計算の利便性と，それらの計算が望ましくなかったり誤りであったりする危険性とのバランスが重要だ．

　R の既存の型のデータを備えたオブジェクトは，それらの型を拡張するクラス定義によって作成できる．たとえば次のとおりである．

```
setClass("datedText", contains = "character",
         slots = list(date = "DateTime"))
```

このようなクラスは，サブクラスがデータ型を含むようなクラスユニオンを継承していることもある．組み込みの例として "vector" があり，これはすべてのベクトル型をサブクラスとして含む．

```
datedVector <- setClass("datedVector", contains = "vector",
                        slots = list(date = "DateTime"))
```

2 つめの例ではクラスに属するオブジェクトの型は未確定であり，データ部分として格納される実際のオブジェクトに対応した型になる．"vector" としてありうる型は 10.5.2 項で示したものだ．

　クラスは，クラスの複数階層を通じて暗黙的に与えられるデータ型を継承できる．"datedText" を継承したクラスは "character" 型も持つということだ．methods のクラス定義は，型を確定するためにすべての暗黙的なスーパークラスの情報を集める．

　型を選択できるようなクラスを定義することはできるが，特定のオブジェクトが持てる型は 1 つだけである．2 つ以上の型を指定しようとすると警告が発生し，1 つの型だけが使用される．

```
> setClass("myDataWithTrack",
+     contains = c("numeric", "character"),
+     slots = list(coords = "track"))
Warning message:
In .validDataPartClass(clDef, where, dataPartClass)
    データ部分に複数の可能なクラスがあります: "numeric" を "character" の代わり
    に使います
```

2つの型のうちいずれかが選択可能だということを意図していたのであれば，適切なクラスユニオンを定義あるいは使用すればよい．

```
setClassUnion("numberOrText", c("numeric", "character"))
setClass("myDataWithTrack",
        contains = "numberOrText",
        slots = list(coords = "track"))
```

データ部分にクラスユニオンを用いるのであれば，そのクラスに対するメソッドはクラスユニオンのすべてのメンバに対して正しく動作するように作る必要がある．

どのデータ型が使われるかを定めるクラスのことを指すために，「データ部分」という用語をやや曖昧に使ってきた．形式的クラスでは，予約名を持つ特別なスロットとしてデータ部分を扱うのが規約になっている．

".Data" スロットが，継承によって定まるデータ部分に相当するというのが規約である．先ほどの例で定義したクラスを見てみると次のとおりになっている．

```
> classSummary(getClass("myDataWithTrack"))
Slots:  .Data = "numberOrText", coords = "track"
Superclasses:   "numberOrText"
```

データ部分を定める明示的に指定されたスーパークラスが，".Data" スロットにも表示されている．もしデータ部分が間接的に継承されるのであれば，要約内の2項目はそれを反映したものになる．

```
> summary(getClass("dataWithGPS"))
Slots:  .Data = "vector", coords = "GPSTrack"
Superclasses:   "structure"
```

"structure"は実際には組み込みのクラスなのだが，このクラスはデータ部分に"vector"を持つクラスであるかのように動作する．

10.5.5 参照型の拡張

ここまでにデータ部分として用いたデータ型は，オブジェクトの扱い方が関数型であるという点において通常のRデータ型であった．様々なベクトル型のオブジェクトを関数呼び出しに渡して，もとのオブジェクトに対する副作用なしに，関数内で局所的にオブジェクトを修正することができる．すべてのRオブジェクトがこのように動作するわけ

ではない．ある種のオブジェクトは参照的パラダイムに従って動作し，オブジェクトに対する変更があらゆる場所に反映される．

通常のデータ型に対してクラスが存在するように，参照データ型に対応したクラスも存在する．そうしたクラスに含まれるのは "environment"，"name"（"symbol" データ型と対応），"externalptr"，"builtin"，そして "special" である．このうち最も重要なのは "environment" だ．このデータ型は参照クラスの基盤であり，R の評価にとっての基礎であり，さらにこれ自体がテーブルを定義するための仕組みとして有用なものである．環境については 6.3 節で一般論を述べた．通常のデータ型と同様，これらの参照型に対応するクラスから生成されたオブジェクトも基本的な R オブジェクトであり，属性は持っておらず，S4 オブジェクトのフラグも立たない．

```
> abcName <- new("name", as.name("abc"))
> is.object(abcName); isS4(abcName)
[1] FALSE
[1] FALSE

> attributes(abcName)
NULL
```

通常のデータ型と同じく，これらのクラスはクラス定義におけるスロットとしても，メソッド定義におけるシグネチャとしても使える．

参照型をデータ部分として使うこともできるが，実装は間接的に行う必要がある．R ではオブジェクトの「参照」がもとのオブジェクトと異なる属性を持つことは許されない．クラスのような属性を変更するとすべての参照に反映されるので，参照型を直接拡張すると破滅的なことになる（6.2 節の議論を参照のこと）．特に S3 クラスは参照型を拡張することができない．S4 クラスは実際に参照型を持っているかのように見えるにすぎない．S4 の内部機構では ".Data" とは異なる予約済みスロットが用いられる．これは本物のスロットである．このような S4 のオブジェクトを扱う内部的コードは，このスロットのオブジェクトがデータ部分であるかのように動作する．

日付スロットを備えたクラスの例を拡張して，"environment" クラスのデータを持つようにできる．

```
> setClass("datedEnvironment", contains = "environment",
+          slots = list(date = "DateTime"))
> classSummary("datedEnvironment")
Slots:  date = "DateTime", .xData = "environment"

Superclasses:  ".environment"
```

先ほどの例とはクラスの要約が 2 つの点で異なっている．第一に，".Data" スロットの代わりに ".xData" スロットがある．".Data" はオブジェクトのデータ型を表す概念的なスロットだが，".xData" は本物のスロットである．第二に，先ほどの例では直接的なスー

パークラスと ".Data" スロットのクラスが同じだったが，今回はそうではない．たとえば "environment" ではなく ".environment" がスーパークラスになっている．これらの相違点はともに内部機構に起因している．その機構とは，参照オブジェクトが壊れないように別のスロットに保持しておき，そのスロットを抽出できるように継承を定義するものだ．プログラミングではこの内部機構を使う必要はない（使うべきでもない）．他の型に対するのと同様，扱うのはデータスロットの ".Data" だけにして，参照型を直接には使わないようにしよう（直接使うのはどのような場合でも普通はよくない考えである）．

形式的サブクラスのオブジェクトを扱う数多くの基本的な計算が，自動的にこのスロットを選び出す．少なくともデータ部分に "environment" を持つクラスに対してはそうである．だが読者がこれに頼ることはできないので，このような場合には，疑わしければ必ずチェックして as(x, "environment") という型変換を行うようにしよう．

より実質的な応用として，"data.frame" クラスの名前付きリストの代わりに環境を用いた，データフレーム風のクラスの開発がある．データフレームの機能を提供するための代替的方針として参照オブジェクトを利用することは，危険もあるが大きな魅力を備えている．環境を用いた実装は参照オブジェクトなので，通常のデータフレームのように自動的に変数が複製されてしまうことがない．"data.frame" クラスの定義を思い出そう．

```
> getClass("data.frame")
Class "data.frame" [package "methods"]

Slots:

Name:          .Data            names         row.names
Class:         list             character data.frameRowLabels

Name:          .S3Class
Class:         character

Extends:
Class "list", from data part
Class "oldClass", directly
Class "vector", by class "list", distance 2
```

環境を利用した単純な類似物は次のとおりである．

```
dataEnv <- setClass("dataEnv",
    contains = "environment",
    slots = c(row.names = "data.frameRowLabels"),
)
```

"row.names" スロットは同じままだが，データ部分にあった "list" は今や "environment" となった．また，環境ではオブジェクト名が属性に格納されるのではなく内部的に保持されるので，"names" スロットは消えてなくなっている．

10.5.6 オブジェクトの初期化

関数型クラスに属するすべてのオブジェクトは new() の呼び出しによって生成される．new() はクラスの標準的オブジェクトを作成してから，そのオブジェクトを第一引数として initialize(.Object, ...) を呼び出す．new() に渡されたオプション引数は initialize(.Object, ...) の後続の引数となる．クラス設計者は initialize() に対してメソッドを書くことで，新しいオブジェクトをそのクラスの必要性に応じた専用のものにすることができる．initialize() のデフォルトのメソッドでは，個々のスロットに対応する名前付き引数か，直接のスーパークラスに属するオブジェクトを含む名前なし引数を与えることが期待されている．

初期化メソッドはクラス設計において有用なツールだが，実装するのが少々難しいものでもある．本節では一般的な方針を議論し，よくある不具合を避けるための助言をいくつか述べる．ここでの設計原則はその大部分がカプセル化 OOP の $initialize() メソッドにも同様に当てはまる．$initialize() メソッドの主な違いは，.Object のスロットを置換するのではなく，名前を用いてフィールドへの割り当てを行うという点にある．カプセル化 OOP の場合について，詳しくは 11.5.3 項を参照のこと．

例を見る前に，一般的な補足と注意を述べておく必要がある．初期化メソッドを書く動機には次のようなものがあるだろう．

- オブジェクトを記述する引数を，明示的なスロットやフィールドよりも便利な形に変形すること．
- オブジェクトの構築に必要な関係や他の性質を検証すること．
- 1つ以上のスーパークラスから継承された類似の初期化機能を修正したり拡張したりすること．

初期化メソッドに対する設計要件はいくつか覚えておく必要ある．まずいくつか要件を述べてから，例を用いて解説する．

- initialize() に対するメソッドは，現在定義中のクラスのサブクラスに継承されるので，メソッドは現在の定義に含まれないスロットのことも考慮するべきである．これは実際には，当該のメソッド専用の引数を処理した後に，次のメソッド（参照クラスではスーパークラスのメソッド）を呼び出すことで対処できる．
- 原則としてすべての非仮想クラスは，new() がオプション引数なしで呼び出されたときに，そのクラスのデフォルトのオブジェクトを返せるようにしておくべきだ．現在の実装では，サブクラスを定義する際にそのようなデフォルトの呼び出しを作成できる．以上の理由により，initialize() メソッドの .Object 以外の特別な引数はすべて，何らかの形で引数が欠損している場合にも対処できるようにすべきだ．

まずは単純な例から始めよう．クラス "m" が "matrix" クラスで宣言されたスロット "data" を持つとしよう．デフォルトの初期化メソッドでは data 引数を行列で指定するこ

とが要件であり，ベクトルをスロットとして与えるとエラーが出るだろう．引数を明示的に "matrix" に変換することでこの要件を緩和する initialize() メソッドは次のようになる．

```
setMethod("initialize", "m",
    function(.Object, data, ...) {
        if(!missing(data))
            .Object@data <- as(data, "matrix")
        callNextMethod(.Object, ...)
})
```

ここで示したメソッドでは，明示的なデフォルト値を与えるのではなく missing(data) かどうかをテストしている．このため，クラス定義には何か意味をなす方法でこのスロットのプロトタイプを指定する余地が残される．初期化メソッドに名前なしで data 引数を与えられるようになったことに注目してほしい．たとえば次のとおりである．

```
m1 <- new("m", 1:10)
```

data 引数を位置によってマッチングするよりも，名前を必須にするほうが好ましいかもしれない．そうすれば，名前なし引数として許されるのがスーパークラスのオブジェクトだけだという通常の規則が維持される．これを実装するのに必要な変更は，引数リストにおいて data を ... より後ろに置くことだけだ．

　妥当性検証メソッド (validity method) を定義するには，引数がそのクラスのオブジェクトひとつからなる関数を用いる．妥当性検証メソッドを呼び出すと，オブジェクトが妥当な場合には TRUE が，そうでない場合には見つかった問題を説明する文字列が返される．妥当性検証メソッドは setClass() 呼び出しの中で定義できるが，読みやすくするために，別途 setValidity() をパッケージソースの後ろのほうで呼び出して設定することも可能だ．妥当性検証メソッドは initialize() のデフォルトメソッドから自動的に呼び出される．初期化メソッドの末尾は callNextMethod() にするのが推奨される方式だが，これはクラスの生成関数を呼び出すときにサブクラスのスロットも設定されることを保証するためである．この規約に従っていれば，初期化はデフォルトメソッドを呼び出して終わることになる．そして初期化がすべて実行された後に妥当性検証メソッドが呼び出される．

　妥当性検証メソッドは実際には validObject() 関数の呼び出しを通じて呼び出される．標準的な R の計算において，デフォルトの initialize() メソッドから呼び出される以外には，妥当性検証メソッドが自動的に呼び出されることはない．これには効率性のためという理由もあるが，オブジェクトに何か修正を加えるには，オブジェクトを一時的に不正なものにする必要があることが多いからだ．たとえば，2 つのスロットが同じ長さであることが必要だとする．すると，もし各スロットの代入時に妥当性チェックが起動されるならば，1 つめのスロットを更新してからもう 1 つのスロットを更新するということができない．妥当性チェックが自動的には行われないので，特別な妥当性要件を備えたオブジェ

クトを更新するメソッドや関数は，チェックのために validaObject() を呼び出して終了するようにするのがよい考えである．

"track" クラスを定義する154ページの例では，緯度と経度のスロットは "degree" クラスに設定されていた．このクラスで意図されているのは，構造としては単なる数値ベクトルにすぎないオブジェクトが，特定の範囲内にある座標を表す数値を備えているように保証することである．これは妥当性検証メソッドによって形式化できる．

```
degree <- setClass("degree",
                contains = "numeric")

setValidity("degree",
    function(object) {
        nbad <-
            length(object) -
              sum(is.na(object) |
                (object >= -180. & object <= 180.))
        if(nbad)
            gettextf("%d 個の値が±180の範囲外です．",
                    as.integer(nbad))
        else
            TRUE
    })
```

妥当性検証メソッドによって要件を整理しておくと，他のクラス内で制約を課すのが簡単になる．degree() 生成関数を呼び出せば，"track" クラスは自身の初期化関数に緯度や経度に対する制約を組み込むことができる．

```
setMethod("initialize", "track",
    function(.Object, lat, long, ...) {
        .Object@lat <- degree(lat)
        .Object@long <- degree(long)
        callNextMethod(.Object, ...)
    })
```

単にスロットのクラスを宣言するだけでも同じ結果は保証されただろうが，その場合には "track" クラスのユーザが degree() を呼び出す必要があっただろう．ここで示した実装では，ユーザに余計な負荷をかけずに妥当性要件が守られている．

10.5.7 参照オブジェクトと関数型クラス

どんなデータ型やその他のクラスでもほぼあらゆるコンテキストにおいて利用可能だが，参照的パラダイムを備えたオブジェクトを関数型OOPクラスの中で使うと，考慮すべき問題が生じることもある．我々は参照クラス内ではフィールドが参照として動作することを期待する．つまり，あるオブジェクトのフィールドを変更すると，単にその変更の原因となった関数呼び出しの中だけでなく，それが使われているあらゆる場所でオブジェ

クトが変更されるのだ．しかし関数型 OOP クラスにおいては，参照のように動作するスロットを変更すると，オブジェクトがどこで使われていようと，そのスロットだけが変更される．問題が生じるのは，ある関数呼び出し内でオブジェクトの参照部分を変更することができるが，並行する別の関数呼び出しではそれを予期していないという場合である．単純な場合を考えてみよう．関数 f1() と f2() は，両方とも何らかの参照的動作をするオブジェクト x を利用する．f1() は f2() を呼び出し，f2() は x の参照部分に変更を加える．すると f1() は x について誤った前提を置いてしまう恐れがある．これを問題の記述として捉えよう．同じ問題は f1() と f2() の間に他の関数呼び出しがあっても起こるし，計算内にこの 2 つの関数と同じ役割を果たす関数がさらに多数あるということも当然ありうるだろう．

こうした問題に対して参照データ型が解決の候補となるのは明らかである．本節の例ではそれを扱う．ただし R には，明示的に参照という用語を用いてはいないが，参照的に動作する他のオブジェクトもある．たとえば接続は，ファイルのような一般的なストリームに対して読み書きを行う．接続オブジェクトが f1() と f2() で共有されていて，f2() が接続を使用するなら，f1() はそのことを考慮する必要がある．この種のバグは，実践においてまさに何度も起こってきたものである．

f2() が参照的な情報を変更し，f1() がその変更のことを考慮に入れていない場合に限って問題が生じる．アプリケーションによっては，すべての変更をひとつの関数（ここでは f1() に該当する）に押し込むことができる．もし他の関数がどれも x を読み込み専用として扱うのであれば，結果として計算は整合的になるはずだ．

そうでない場合にはもっと注意が必要だ．ひとつの合理的な方針は，完全に参照的スタイルの情報を扱うことである．具体的にはアプリケーションのための参照クラスを定義する．こうすれば f1() は x の現在の状態に関するすべての情報にアクセスできるし，参照クラスの使い方にさえ注意すればよい．参照クラスを使いたくない場合には，置換関数を用いて必要な動作をシミュレートすることができる．つまり，f2() のような関数の呼び出しはすべて，f2(x) <- value のようなスタイルの置換による x への代入にしなければならないということだ．

例を用いて説明しよう．10.5.5 項の "datedEnvironment" クラスについて考える．このクラスはデータ部分として参照的な "environment" クラスを持ち，"date" スロットには通常のクラスである "DateTime" を持っている．テーブル内の特定の項目を更新するユーティリティ関数は次のようになるだろう．

```
setEntry <- function(object, what, value) {
    object[[what]] <- value
    object@date <- Sys.time()
    object
}
```

ここでは，what が与える名前付きで value の値を格納するために，"environment" から

継承した [[<- のメソッドを使用している．そして "date" スロットを現在時刻に設定している．だが "date" スロットが変更されるのはこの関数内においてだけだ．呼び出し側の関数が自分のほうのオブジェクト全体を setEntry() の戻り値で置換しない限り，新しい日付は失われてしまうにもかかわらず，このテーブルの更新によって変更された項目はそのままである．さらに，式スタック上にある他のどんな関数から見えるのも，修正された項目と古いままの日付である．これはプログラマが意図していたことだろうか？ そうではないだろう．

これが危険なのは関数型の動作と参照的動作が混ざっているからだ．非常に注意深くすればこれらを組み合わせることもできるが，どちらか一方を選びたくなることのほうが多い．上記の例では，"environment" クラスの使用によって示唆されているように，テーブルを本当に参照オブジェクトと見なすのであれば，参照クラスとして実装するのが自然だ．おそらく次のようになるだろう．

```
datedTable <- setRefClass("datedTable",
    fields = list(table = "environment", date ="DateTime"),
    methods = list(
      entry = function(what, value) {
          table[[what]] <<- value
          date <<- Sys.time()
      })
)
```

参照クラスバージョンではテーブルと日付の両方がフィールドでなければならないが，どちらも参照的に動作する．関数内でテーブルを変更するには

```
tbl$entry("X", newX)
```

という形式を用いる．関数 f1() は，自分が最新の "date" フィールドの内容を使っているのかを（たとえば tbl$date を直接参照することで）確かめる必要はない．

もし "datedEnvironment" クラスを定義通りに使いたいのであれば，オブジェクトを修正しうる関数の呼び出しは，すべて置換演算にしなければならない．我々はすでに setEntry() を置換関数の形式で書いていた．すなわち，関数は最後の value 引数として置換演算の右辺にしたいものを受け取り，修正されたオブジェクトを返す．必要なのは，関数を setEntry ではなく entry<- という名前にして，f1() からの呼び出しをすべて

```
entry(tbl, what) <- value
```

という形式にすることだけだ．単純な場合であればこの解決策はうまくいく．だが，オブジェクトが様々な関数によっていろいろなやり方で修正される場合や，オブジェクトの修正が多階層にわたる関数呼び出しによって行われる場合には，置換演算によるアプローチは複雑で誤りやすいものになる．

この例に対しては明らかでないかもしれないが，setEntry() ユーティリティによる変

更が整合的になるように，計算全体を関数型の形式で記述することもできるだろう．クラス定義で実際に変更する必要があるのは，`"environment"` の代わりに関数型クラスを使用するという点だけである．`"namedList"` を使うのが自然な選択だ．関数型形式は次のようになるだろう．

```
setClass("datedList", contains = "namedList",
         slots = list(date = "DateTime"))
```

これですべての変更が局所的オブジェクトに対して整合的になされるようになる．ただし，すべてのオブジェクトが同じ情報を持つようにしたいのであれば，やはり置換演算によるアプローチを用いなければならず，これには困難が伴うこともある．

10.6 総称関数の詳細

Rの総称関数は，それが呼び出されたときに何をするかという観点で見ることもできるし，それはオブジェクトとして何であるのかという観点で見ることもできる．第一の意味で関数が総称的であるのは，その関数の呼び出しが，その関数に対するメソッドの呼び出しに帰着する場合である．メソッド呼び出しでは総称関数の呼び出しと同じ実引数が使われる．メソッドは，当該の総称関数に対して現在登録されているすべてのメソッドのテーブルの中から選択される．選択されるメソッドは，関数呼び出しに与えられた各オブジェクトのクラスに最もよくマッチするメソッドである．第二の意味では，総称関数というのは，`"genericFunction"` 仮想クラスのサブクラスに属し，かつ `"function"` クラスも継承しているオブジェクトのことである．

総称関数オブジェクトは3つのクラス（あるいはそれらのサブクラス）のいずれかに属する．

- `"standardGenericFunction"`（標準的総称関数：standard generic function）：メソッドを選択して呼び出すだけの関数．メソッド呼び出しの値が総称関数の値として返される．
- `"nonstandardGenericFunction"`（非標準的総称関数：nonstandard generic function）：メソッドを呼び出すが，何か他の計算も行う関数．
- `"groupGenericFunction"`（グループ総称関数：group generic function）：直接呼び出されることはないが，グループメンバとなる総称関数群を持つ関数．グループ総称関数のメソッドは，どのグループメンバ関数の呼び出しにおいても，メソッドの選択肢として適格である．

これらのクラスはすべて `"genericFunction"` 仮想クラスのサブクラスである．

10.6.1 Rセッション内の総称関数

総称関数オブジェクトには `"signature"` スロットがあり，これにはメソッドのシグ

ネチャに含めることができる仮引数の名前が入っている．当該の総称関数に対する `setMethod()` 呼び出しを含むパッケージには，それに対応するメソッドのテーブルが含まれる．Rセッション内では，総称関数に対して現在アクティブになっているすべてのメソッドが，その総称関数内に格納されている．総称関数のシグネチャにある引数に対応したクラスによってインデックスが付けられたテーブルに格納されているのだ．このようにメソッドが整理されていることが，総称関数が何をするのかを理解する鍵となる．したがってこれを少し詳しく調べる必要がある．

すべての総称関数はRパッケージと関連付けられている．Rオブジェクトと同じく，総称関数への参照は名前と環境（ここではパッケージの名前空間のこと）の組み合わせからなる．総称関数が他のオブジェクトと少し異なっているのは，同じ総称関数向けの複数のメソッドが異なるパッケージから来ている場合，それらのメソッドを統合して整理するというところだ．この目的のために，関数名とパッケージ名の両方がオブジェクトそれ自体の一部分となっている（現在の実装では，オブジェクトの `"generic"` スロットと `"package"` スロットによって文字通りオブジェクトの一部になっている）．今後Rセッション内の総称関数について語る際には，つねに関数名とパッケージ名の組み合わせによって特定される総称関数のことを意味するものとする．

1つの総称関数に対して複数のパッケージがメソッドを定義することを許すのは，Rにおける関数型OOPの本質的要素である．多数のパッケージがもたらすソフトウェアが，Rの価値の最良の部分をなしているからだ．クラスとメソッドを定義しているパッケージは，他のパッケージの総称関数に対するメソッドを提供していることが多い．このことが最も明白なのは，オブジェクトを操作したり，算術・論理演算やその他の基本的計算を行うための組み込み関数に対してメソッドが定義されている場合だ．しかしRでは，あるパッケージ内のメソッドを，任意の他のパッケージの総称関数に対して定義することが可能である．1つのRセッション内では，所与の総称関数名とパッケージ名の組み合わせを持つ総称関数はただ1つしか存在しない．そしてその総称関数が，それに対応した，Rセッション内に現在ロードされているメソッドをすべて含んでいる．

Rセッション内の総称関数と，パッケージ内での元々の関数定義との区別を理解するのは重要である．Rプロセスは，アクティブになっているすべての総称関数のテーブルを持っている．そして，それらの総称関数の各々が既知のメソッドのテーブルを持っている．パッケージがRセッションにロードされる際には，そのパッケージで定義されているすべてのメソッドが，それに対応するメソッドテーブルに挿入される．総称関数に対するすべての呼び出しは，その呼び出しがどこから来たものであろうと，同一のメソッド群を使用する．ここでの「総称関数」は関数名とパッケージ名の組を指すことに留意してほしい．

典型的な例をいくつか挙げれば議論が明快になるだろう．`methods` パッケージの `initialize()` 関数に対するメソッドは，あるクラスに属する新しいオブジェクトがどう初期化されるかを定義するものだ．クラス定義は多くのパッケージに自然に現れるが，

Rセッション内では，ただ1つのバージョンの `initialize()` が，そのようなクラスに対して定義されたあらゆるメソッドを持つことになる．クラスはパッケージにも関連付けられているので，異なるパッケージに属する同名の2つのクラスがそれぞれ自分用の `initialize()` メソッドを備えていても，原則的には問題ないということに注意してほしい．

抽出演算のための `[` 演算子もメソッドを定義すべき候補としてよく挙げられるものだ．この場合，演算子はプリミティブとして組み込まれているが，それでもメソッドを定義可能である．この演算子に対するメソッドは，オブジェクト `x` のクラスに応じて定義されるのが普通だが，それに加えてインデックス `i` やさらに他の引数のクラスに依存していることもある．そうしたメソッドのすべてが，Rセッション内ではやはり単一のバージョンの総称関数に格納される．

メソッドを定義すべき関数として3番目によくあるのは，x-y プロットを作成するための基本グラフィックス関数 `plot()` である．この関数は `graphics` パッケージにおいて非総称関数として定義されている．メソッドは単一の引数に対して定義されることが多く，それは `signature(x = "myClass", y = "missing")` とすることに相当するが，適切な引数のクラスのどんな組み合わせに対してもメソッドは定義可能である．

3つの総称関数の例は，3つの異なる状況を例示するものになっている．第一の例では関数が総称関数としてのみ定義されている．第二の例はRのプリミティブであり，第三の例では非総称関数がメソッド定義の際に暗黙的総称関数として取り扱われる．これら3つの場合は，細部の取り扱いは異なるものの，メソッド選択においては同じように動作する．

カプセル化OOPと関数型OOPという我々の区別からすると，この例におけるメソッドは，明らかに単一のクラス定義内には「カプセル化」されていないことに注意しよう．特定の総称関数と関連付けられた「すべてのメソッド」というものに文脈抜きの定義は存在しない．プログラマが総称関数の定義を拡張するためにパッケージを開発することは正当であり，自然であり，奨励されているのだ．ユーザがそのパッケージをロードするときにはいつでも，対応するメソッドが総称関数の現在の定義に追加される．

ある総称関数，たとえば `f()` に対するメソッドの実際のディスパッチは，次の呼び出しによって実行される．

```
standardGeneric("f")
```

これは `standardGeneric()` を呼び出した関数の引数に基づいてメソッドを選択し，選択したメソッドに同じ引数を与えて呼び出しを実行する．そしてメソッド呼び出しの値を返す．`standardGeneric()` の引数はディスパッチに使う総称関数の名前である．この引数は実のところSの歴史的遺物である．というのも，これは通常の用途では必ず総称関数の名前と一致していなければならないからだ．ここで，「呼び出しを実行する」といったのは少々特殊な計算のことを指している．すなわち，`standardGeneric()` を呼び出す関数に与えた引数はメソッドの仮引数と再度マッチされることがないのだ．その代わり，同じ引

数で新しい呼び出し環境が作成され，その環境内でメソッドの本体が評価される．この呼び出しの親環境はメソッドの親環境である．具体的には，メソッドを定義したパッケージの名前空間が親環境となる．

メソッド選択の過程では，メソッドが継承されることが許されている．この選択過程の詳細については 10.7.2 項で議論する．ひとたび継承されるメソッドが定まると，あとで同じシグネチャの呼び出しが継承に関する計算をくり返さずに済むよう，そのメソッドが総称関数の持つテーブル内にキャッシュされる．

10.6.2 暗黙的総称関数

はじめは非総称的だった関数の総称版は，単に setGeneric() を呼び出すことによって，あるいは setMethod() 呼び出しの副作用として，自動的に作成される．この総称関数は通常の関数に対応する**暗黙的総称関数**である．

暗黙的総称関数のデフォルトの定義は，総称関数になる以前の非総称版の関数なので，明示的に指定されたメソッドのどれにもマッチしない引数による関数呼び出しは，以前と同様に動作する．

暗黙的総称関数は，非総称関数と，その非総称関数が見つかるパッケージによって完全に定義される．複数のパッケージにメソッドを分散させるためには，パッケージが暗黙的総称関数の一部であることが必須条件である．setGeneric() の呼び出しを含むのが何のパッケージであっても，作成される総称関数にはもとの非総称関数に対応したパッケージのスロットが備わる．

たとえば Matrix パッケージでは，base パッケージに非総称版を持つ kronecker() 関数に対してメソッドを定義している．これによって Matrix パッケージの中に総称版の関数が作成される．

```
> find("kronecker")
[1] "package:methods" "package:base"

> class(base::kronecker)
[1] "function"

> Matrix::kronecker
standardGeneric for "kronecker" defined from package "base"

function (X, Y, FUN = "*", make.dimnames = FALSE, ...)
standardGeneric("kronecker")
   .......
```

仮に，他のパッケージが kronecker() に対してメソッドを定義するものとしよう．そのパッケージと Matrix が両方ともロードされる場合，kronecker() の呼び出しは，すべての利用可能なメソッドと整合的な仕方でメソッドを選択しなければならない．2 つのパッ

ケージは同一の総称関数，すなわち，"kronecer" 関数と "base" パッケージに対する暗黙的総称関数を備えているので，実際にメソッドは整合的に選択されることになる．

上記の例や大抵の場合において，暗黙的総称関数はもとの非総称関数から自動的に推測される．その暗黙的総称関数はもとの関数と同じ引数を持ち，"..." 以外のすべての仮引数に対してメソッドが定義可能である．まれではあるが，暗黙的総称関数に対してこれとは異なる引数の規則を指定することをパッケージが選択する場合もある．それを行うために，もとのパッケージは暗黙的総称関数の定義を特別なテーブルに格納する．パッケージのソースコードにおいては，まず通常の方法で総称関数を作成してから，`setGenericImplict()` を呼び出して総称関数を非総称版に戻すというのがそのやり方である．たとえば10.6.4項では，base パッケージの `with()` に対する暗黙的総称関数の必要性を説明し，それに関係する仕組みを明らかにする．次のようにして，暗黙的総称関数に必要な定義がテーブルに格納され，非総称版の関数が復元される．

```
with <- function (data, expr, ...)
  eval(substitute(expr), data, enclos = parent.frame())
setGeneric("with", signature = "data")
setGenericImplicit("with")
```

暗黙的総称関数の新しい仕様は，その関数に対してメソッドを定義したいパッケージの中ではなく，非総称版の関数を持つパッケージの中になければならないということに注意しよう．これは，メソッドを定義するすべてのパッケージが同一バージョンの関数を使うことを保証するためである（例外として，OOP ソフトウェアが認識される前に書かれた base や他の組み込みパッケージの暗黙的総称関数については，methods パッケージが責任を負っている）．

10.6.3　新しい明示的総称関数

すべての総称関数が，既存の通常の関数を一般化しようとするところから始まるわけではない．総称関数を新たな目的のために一挙に作成することもできる．`setGeneric()` の第二引数にデフォルトバージョンの関数を与えてやればよいのだ．第13章で論じる XR パッケージでは，`asServerObject()` と `asRObject()` という新しい総称関数を2つ定義している．前者の総称関数については10.3.1項で示した．後者の総数関数を作成するための関数呼び出しは次のとおりである．

```
setGeneric("asRObject",
           function(object, evaluator) {
               object
           })
```

これは，サーバ言語の評価器が返す単純なオブジェクトを，場合に応じて特別な形式に変換するための関数である．

`setGeneric()` の第二引数は，引数として与えた関数と同じ引数リストを持つ標準的総

称関数を作成するために用いられる．引数として与えた関数それ自体はデフォルトメソッドとなる．いまの場合には単に引数の object を返すだけのメソッドである．

特定のクラスの組に対しては定義されているが，デフォルトの定義はないという関数が必要な場合もあるだろう．その場合，setGeneric() の第二引数に与える関数の本体は，単に standardGeneric() を呼び出すだけにする必要がある．たとえば Matrix パッケージには，特定の圧縮格納形式を展開する expand() がある．この関数を，対応しているクラスのオブジェクト以外に対して呼び出すことは意味をなさない．たとえば x が通常のベクトルであれば expand(x) は無意味だ．Matrix パッケージは expand() の総称関数を次のように定義している．

```
setGeneric("expand",
  function(x, ...) standardGeneric("expand")
  )
```

この総称関数は，明示的に作成しない限りデフォルトのメソッドを持たない．

```
> showMethods("expand")
Function: expand (package Matrix)
x="CHMfactor"
x="MatrixFactorization"
x="denseLU"
x="sparseLU"
```

メソッドは Matrix パッケージ内のいくつかのクラスに対してのみ存在しており，他のオブジェクトに対して expand() を呼び出せばエラーとなる．デフォルトメソッドを持たせないことに理由があるのなら，デフォルトメソッドを未定義にする代わりに，未定義の理由となっている問題を説明するメソッドを定義しておくと有益だろう．たとえば次のとおりである．

```
setMethod("expand", "ANY",
  function(x, ...)
    stop(gettextf(
      "展開できるのは行列分解だけであり，%sに対しては無意味です",
      dQuote(class(x))))
  )
```

通常はよい考えではないが，非総称版の関数がすでに存在していても，明示的に総称関数を作成することは可能である．つまり，非総称関数とは引数が異なっていたり，それがデフォルトメソッドではなかったりするような総称関数を作成するということだ．総称版の関数が欲しいが既存の非総称関数はデフォルトメソッドとして適切でないという場合，あるいは，総称関数に非総称関数とは異なる引数リストを持たせたいという場合には，明示的な総称関数が使える．ただし，やりたいことがメソッドシグネチャからいくつかの引数を除外することだけであれば，そのために別の総称関数は必要ない．10.6.4 項で見るよう

に，メソッドシグネチャは明示的に指定できるし，暗黙的総称関数の仕組みの中に含めることもできるからだ．

　setGeneric() に2つの引数を与えて呼び出すことで総称関数を作成すると，その呼び出しを含むパッケージに総称関数が必ず関連付けられる．総称関数が新しいものであれば，そうなるのは自然である．だが，もし呼び出しによって他のパッケージ内の関数が再定義されるのであれば，深刻な混乱を招きかねない．一般的にいって，これはやるべきではない．

　（非推奨な動作の）例として，何らかの理由で base パッケージの sort() 関数から decreasing 引数を削除することを決めたとしよう．

```
> ## よい考えではないが
> setGeneric("sort", function(x, ...) standardGeneric("sort"))
Creating a new generic function for 'sort' in package 'myPackage'
[1] "sort"
```

注目すべきは，この総称関数が，単純な第二引数なしの setGeneric() 呼び出しの場合のように base に属しているのではなく，新しいパッケージに属しているという点だ．これは base の sort() とは**異なる**関数であり，このことが sort() を再定義してはいけない理由である．

　こうなると，sort() 関数に対してメソッドを設定するのに，どの総称関数に対するメソッドなのかを明確にしなければならない．非標準版の sort() が他のパッケージにインポートされていたり，base 以下の検索リスト上にあったりすれば，誤りを犯す危険性が非常に大きい．

　大抵の場合は，代替的な関数だということが明らかであるような，別の名前を付けた関数を作成するほうがよい．たとえば次のとおりである．

```
setGeneric("mySort",
           function(x, ...)
               base::sort(x, decreasing = FALSE, ...)
           )
```

setGeneric() に2つの引数を与えて呼び出すのは，非総称版の関数を割り当ててから setGeneric() を引数1つで呼び出すのと同じだということにも気を付けるとよい．1つの式で定義するほうが若干明快であり，おそらくよりよい方法ではある．

　引数リスト内に ... がある総称関数に対するメソッドは，... に加えて，あるいは ... の代わりに，名前付き引数を持つことができる．その仕組みは，修正された引数リストを持つ局所的関数をメソッドの内部で定義して，作成されたメソッド定義からその関数を呼び出すというものだ．詳細は文献 [11](pp. 393–396) を参照してほしい．たとえば，mySort() 総称関数を少しばかり変形して，総称関数からは decreasing 引数を削除するが，デフォルトメソッドには decreasing を残したバージョンが作れる（したがって，sort() に対して動作するデフォルトの呼び出しは mySort() に対してもうまく動作する）．

198   第10章　関数型オブジェクト指向プログラミング

```
setGeneric("mySort",
           function(x, ...)
               setGeneric("mySort")
           )
## デフォルトメソッドはそのままにしておく
setMethod("mySort", signature(),
          function(x, default = FALSE, ...)
              base::sort(x, default, ...)
)
```

こうしておけば，`mySort()` に適用可能なメソッドがないときに，この新しい関数が `sort()` とまったく同様に動作するようになる．

10.6.4　総称関数のシグネチャ

総称関数オブジェクトには `"signature"` スロットがある．これは，関数のどの仮引数がメソッド選択において使用可能なのかを指定するものだ．デフォルトではすべての仮引数によってシグネチャが構成される．ただし関数に `...` が含まれている場合，その引数はシグネチャから除外される．例を挙げよう．

```
> formalArgs(kronecker)
[1] "X"             "Y"             "FUN"           "make.dimnames"
[5] "..."

> kronecker@signature
[1] "X"             "Y"             "FUN"           "make.dimnames"
```

ドット引数 `...` が除外されるのは，その動作が極めて非標準的だからだ．基本的には，この総称関数からの別の関数の呼び出しに `...` という名前が現れると，それがもとの総称関数に渡したドット引数で置換されるという動作をする．他の仮引数とは異なり，ドット引数は関数呼び出しの評価環境内にあるオブジェクトではない．ドット引数を使用するメソッドのための特別な仕組みは存在している（オンラインドキュメントの `?dotsMethod` を参照してほしい）が，他の引数と組み合わせて使うことはできない．

シグネチャは明示的に設定されることもあるが，その理由はほぼ必ず，関数の引数のうちの1つが，標準的なRの動作に従わずに処理されるからというものだ．そして，そうした処理が行われるのは大抵，引数が評価されずに記号として使われる場合である．そのような引数の実例をさらに導入するのは私は勧めない．というのも，それらは様々な頭痛の種になるし，コード関連のツールを使える範囲が制限されるからだ．だが，そうした関数は実際に多数存在している．たとえば

```
with(data, expr, ...)
```

という関数である．この関数は，第一引数によって定義される環境や他のコンテキストの中で，第二引数の式を評価する．しかし，この関数は `expr` を評価するのではなく，それ

をリテラルとして扱うのだ．

```
> with(list(a=1, b=2), a+b)
[1] 3
```

通常であれば，a と b は with() を呼び出した場所で定義されている必要がある．

　評価される引数とされない引数の区別は関数型メソッドにとって重要である．なぜなら，総称関数のシグネチャに含まれる引数は，すべて評価される必要があるからだ．expr のクラスに依存するような with() のメソッドを定義することはできないので，総称版の with() のシグネチャには "data" だけが含まれる．

　偶然にも with() は base パッケージの関数のうちの1つである．base の関数は明示的な総称関数ではないので，暗黙的総称関数の仕組みが使用される．R の methods パッケージには，実質的に次のようなコードがある[1]．

```
with <- function (data, expr, ...)
  eval(substitute(expr), data, enclos = parent.frame())
setGeneric("with", signature = "data")
setGenericImplicit("with")
```

特別な暗黙的総称関数の定義が必要なときは，必ずこの3段階のパターンに従ってほしい．

(1) 非総称版を定義する．
(2) シグネチャや他の特別な要件を備えた総称関数を定義する．
(3) 暗黙的総称関数を格納し，非総称的関数を復元する．

10.7　関数型メソッドの詳細

　関数型メソッドを理解するための鍵は，それらがまさに名前通りのものだというところにある．すなわち，メソッドに対応する総称関数呼び出しの値を計算するための方法（メソッド）であるということだ．基本的に総称関数は，利用可能なメソッドの中から，関連する引数のクラスに最もよくマッチするものを検索し，そのメソッドの本体を評価する．

　10.6節で論じたとおり，R セッション内のどの総称関数も既知のメソッドのテーブルを持っている．メソッドのディスパッチは，そのテーブルを調べて，現在の関数呼び出しのシグネチャに合致する項目を見つけることで行われる．シグネチャに合致する項目とはつまり，関数呼び出し内の関連するすべての引数のクラスに合致する項目のことである．そのような項目が存在しない場合，評価器は継承されたメソッドから適格なものを探してそれを使用する．また，あとで同様の呼び出しの際に継承されたメソッドを検索せずに済むように，そのメソッドがテーブルに登録される．

---

[1] 少々ごまかしが入っている．実際の定義にはS3総称関数が含まれる．10.8節を参照．

適格なメソッドが2つ以上ある場合，評価器は他より優先的なメソッドを1つ探す．最良のメソッドが一意に決まらない場合，評価器はユーザにすべての選択肢を知らせはするが，1つのメソッドを（基本的には任意に）選択する．適格なメソッドが存在しなければ，結果はエラーとなる．

選択されたメソッドは，総称関数呼び出しに与えたのと同一の引数によって初期化された環境の中で評価される．引数が再度マッチングされることはないが，それ以外の点では，メソッドを直接関数として呼び出したかのように計算が行われる．特に，関数としてのメソッドの環境は，そのメソッドが定義されたパッケージの名前空間であって，総称関数を含むパッケージの名前空間ではない．メソッドは，自身のパッケージの名前空間やインポート内のあらゆるオブジェクト参照を使用できる．

標準的総称関数に関しては，メソッドの選択と評価が起こることのすべてである（そして，ほとんどの総称関数は標準的である）．総称関数の呼び出しがメソッドの呼び出しなのだ．標準的でない総称関数もあり，それらはメソッドを評価する前後に追加の計算を行う．それらの非標準的総称関数では，`standardGeneric()`の呼び出しによって標準的なメソッド評価が行われ，メソッドの値が返される．たとえば`initialize()`関数は非標準的総称関数である．この関数はメソッドが返す値を調べて，それが本当に対象としているクラスのオブジェクトになっているかをチェックする．

メソッド選択，すなわち，正当に使用可能なメソッドたちの中から1つを選ぶことは，関数型メソッドに関する詳細の中で最も重要なところである．クラス設計とメソッドそれ自体の設計を組み合わせて，適切なメソッドが選択されることを保証しなければならない．

10.7.1 メソッド選択の例

本節の次の目標は，クラスとメソッドの設計によって，メソッド選択の仕方がどのように決まるのかを理解することだ．Rには，各々の関数呼び出しに対して適格なメソッドを1つ選ぶための規則が備わっている．ただし選択に曖昧さが残るときには警告が出る．この規則については後ほど詳しく見ることにする．だが，まずは，ある関数に対するメソッド群がどのように協調して動作する必要があるのかを示す例を2つ見よう．

ほとんどつねに，鍵となる設計上の目標は，ユーザにとって曖昧だったり直観的でなかったりするメソッド選択の仕方を避けて，起こるべきことをクラスとメソッドとして明確に定式化することである（誤った結果を生まないようにする必要があることはいうまでもない）．具体的には，関数呼び出しにおいてありうる引数の組み合わせの各々に対して，最もよくマッチする特定のメソッドを対応付けるべきだということだ．そうやって注意深く設計を行い，メソッド選択のより難解な部分は使わないようにする，というのが覚えていてほしい要点である．

関数型OOPは本質的にカプセル化OOPより複雑である．メソッドは関数に属しているが，各関数の中では，関数の引数（の一部）のクラスによってメソッドがインデック

ス付けされている．このため，2つ以上の引数が関わってくる場合には，複数の値を含むキーによってインデックス付けられたメソッドのテーブルが必要になる．これ自体は大したことではないし，もし関数呼び出しに与えるオブジェクトが特定のクラスに完全一致しなければならないのであれば，話は簡単だっただろう．

だがしかし，OOP に欠かせない強力なツールの1つは継承である．メソッドは，指定したクラスのサブクラスに属するオブジェクトに対しても使用可能であってほしいのだ．特定のクラスが複数のクラスを継承していることもある．さらに，関数の複数の引数がメソッドのシグネチャに含まれる場合には，各々の引数に対して継承が関わってくる．したがって，適格なメソッドが2つ以上存在することもあるのだ．一般に，シグネチャに含まれるどの引数についても，その引数のオブジェクトに対応するクラスか，そのスーパークラスに対してメソッドが設定されている場合，メソッドは適格である．

適格なメソッドのうちの1つが，他のものより明らかに優先的だという場合もある．たとえば，あるメソッドが何らかの引数の実際のクラスに対して定義されていて，別のメソッドがスーパークラスに対して定義されている場合，他の条件が同じなら前者のメソッドを優先すべきだ．R のメソッド選択は，どのメソッドを最良だと考えるべきか，あるいは複数の適格な選択肢があるのかを定める特定の決定規則に従っている．本項ではその規則を述べる．

実のところ，通常は隠されているものの，カプセル化 OOP のメソッド選択においても，程度は小さいとはいえ継承が非自明な問題を引き起こす．これについては，以下で単一引数に対するメソッド選択について見るときに注意する．単一引数の場合はカプセル化 OOP の動作と類似しているからだ．

メソッド選択が重要になる，2つの対照的な例を利用しよう．1つめは，二項演算子に対してメソッドが必要な単純でよくある例だ．これはすでに 10.3 節で rJava パッケージの == 演算子について見たものである．

二項演算子は R の組み込みデータ型であり，行列に対する二項演算子のような標準的拡張は通常 base パッケージのプリミティブになっている．多くの R の拡張において，こうした演算子を他のデータのクラスに対して実装したくなるのは自然なことだ．クラスは自分で書いたものでもよいし，既存の R のクラスと組み合わせてもよい．rJava の例では，Java オブジェクトどうしを比較したり，必要であれば Java オブジェクトと通常の R オブジェクトを比較したりしたいのであった．

我々がくり返し用いる別の例は，第 13 章で議論する，インターフェースのための XR 構造である．これには2つの総称関数があり，各々が2つの引数を持っている．引数の1つは任意の R オブジェクトであり，もう1つはサーバ言語内のオブジェクトか，その言語インターフェース用の評価器を表している．ここでの目標は，標準メソッドと，それを新しい言語や特定のクラスのオブジェクト向けにカスタマイズする機能を提供することだ．これらの総称関数の定義については 10.3.1 項と 10.6.3 項ですでに見た．

二項演算子は，総称関数**グループ**に対応しているという点で特殊である（[11], pp. 403–

405]).すべての算術演算子はグループ総称関数 Arith() に属しており,すべての比較演算子は Compare() に属している.さらに,これら 2 つの関数が今度はグループ総称関数 Ops() に属しているのだ.

ベクトルの "structure" クラスは S ができて以来,非形式的には存在していたものだが,methods パッケージにはこれを形式化したバージョンが定義されている.これによって,関数型 OOP において "structure" を整合的に使用することが可能になる.定義の一部分として二項演算子に対するメソッドが含まれており,これはベクトル構造という概念を実装するものだ.

大抵の演算子は要素ごとに作用する.構造という概念は,相手のオペランドが単純なベクトルならば,要素ごとの演算は構造を不変に保つということを意味している(行列にスカラーや同じ長さのベクトルを加算することを考えてみてほしい).これは,算術であれ比較であれ,すべての演算子に当てはまることなので,Ops() 総称関数のメソッドに反映されている.左辺が構造で右辺がベクトルの場合なら次のようになる.

```
setMethod("Ops", c("structure", "vector"),
          function (e1, e2)
          {
              value <- callGeneric(e1@.Data, e2)
              if (length(value) == length(e1)) {
                  e1@.Data <- value
                  e1
              }
              else value
          })
```

ここではまず,構造のベクトル部分に対して callGeneric() を用いて結果を計算しており,この場合には callGeneric() が特定の演算子のプリミティブを呼び出すことになる.計算結果の長さがもとの構造と同じであれば,演算が要素ごとだという前提が満たされ,対応する構造が返される.そうでなければ(たとえばベクトルのほうが構造より長かった場合),ベクトル部分のみが返される.

左辺がベクトルで右辺が構造の場合も同様のロジックになる.最後に,2 つの構造に対してメソッドを定義する.この場合,2 つの構造が同一であるか確認することもできるだろうが,そうするのは時間がかかるし,確認の方法が完全に信頼できるわけでもない.その代わりに,メソッドは単に構造が持つ情報をすべて捨ててしまう.

```
setMethod("Ops", c("structure", "structure"),
          function (e1, e2)
          {
              callGeneric(e1@.Data, e2@.Data)
          })
```

この場合には,"structure" を拡張して特殊化されたクラスが,特殊化されたメソッドを

実装してよいということが前提されている．

演算子のメソッドの実装は大抵これと同じようなパターンになる．つまり，メソッドは3つあり，新しいクラスと一般的オブジェクトの組み合わせの各々に対してメソッドが1つずつ，新しいクラスのオブジェクト2つに対してメソッドが1つ，というパターンだ．たとえ3つの場合すべてで計算が同じだとしてもこうする必要がある．メソッド選択の判断は，個々のメソッドが何をするのかを分析することによってではなく，何が存在するのかによってしか行えないからだ．したがって，rJava の例で注意したように，2つの新しいクラスのオブジェクトの場合に対してメソッドを定義しないと，メソッド選択に曖昧さが残ることになる．rJava では3つのメソッドすべてが同一の関数を呼び出していたが，それらを明示的に設定することは必要だったのである（rJava の場合は比較演算子がつねに単一の値を返すようになっており，この総称関数のほとんどの用例とは異なっているという点で，設計がやや関数型らしくないが）．

"structure" は簡単なほうの例である．これとは対照的なものとして，R の推奨パッケージのひとつである Matrix パッケージについて考察しよう．このパッケージには様々な行列構造（疎行列，密行列，三角行列や対称行列）と，それに対応するベクトルのクラスが，必要であれば要素のデータ型ごとに，実装されている．そのためには膨大な数のメソッドが必要なのだが，それは XRtools パッケージのユーティリティを使えば分かる．eligibleMethods() 関数は，ある総称関数に対して利用可能なすべてのメソッドを表す文字ベクトルを返す．オプションとして，シグネチャやパッケージでメソッドの検索範囲を限定できる．これを使えば，Matrix パッケージ内の Ops() と Arith() に対するメソッドの個数がわかる．

```
> length(eligibleMethods("Ops", package = "Matrix"))
[1] 73

> length(eligibleMethods("Arith", package = "Matrix",
+                       doGroups = FALSE))
[1] 66
```

130個超のメソッドがあっても，すべてのクラスの組み合わせに対するメソッドが曖昧さなく決まるわけではない．そのような場合をひとつ，メソッド選択手続きの例として後述する．

二項演算子は R の中心的な構成要素である．新しいメソッド群にとっては，様々なオブジェクトのクラスに対して，それらのあらゆる組み合わせに対処できるようにメソッドを適応させることが課題となる．

XR の場合には，新しい総称関数のペアが，そのメソッドの標準的実装とともに導入される．総称関数は引数の1つに任意のRオブジェクトを取れるようになっており，際限なく拡張できるように意図されている．特定の言語向けに XR を拡張するパッケージにとって，メソッドの標準的実装が適切なこともあれば，いろいろと特殊な用途のために標準的

実装の補強が必要なこともあるだろう．あるいは，標準的実装の大部分を別のメソッドで置き換えることもありうる．そこでは最終的に整合的なメソッド群を作り上げることが課題となる．メソッド選択の曖昧性というのは，デフォルトの選択肢を何にするかという問題にすぎず，普通は容易に解決できる．それより困難なのは，ありえそうなあらゆる応用において，正しい結果が得られるようにすることである．

2つの総称関数がサポートしている計算は，サーバ言語の式を評価すること（PythonとJuliaを2つのパッケージ例で扱う）と，その結果をRオブジェクトとして解釈することだ．`asServerObject()` 関数はRオブジェクトを文字列に翻訳する．その文字列は，パースされ評価されるとサーバ言語で等価なオブジェクトを生成するようになっている．サーバ言語の評価器に期待されるのは，評価結果を文字列に翻訳し，その文字列がRに解釈されたらRオブジェクトが作成されるようにすることだ．ここでのオブジェクトというのは，ある決められた範囲で定義されたものだけである（基本的にはスカラーとリストだが，名前付きリストも含まれる場合がある）．`asRObject()` 関数はそれらのオブジェクトをありとあらゆるRのクラスへと変換する．XRの方針には任意のRオブジェクトをエンコードする方法が含まれており，`asRObject()` の2度目の呼び出しでは，デコードされたバージョンのオブジェクトが使用される．この技法により，汎用的表現方式では簡単には扱えないRの機能をメソッドが扱えるようになる．

XR パッケージではこのすべてを JSON 記法を用いて実装しているが（詳細は第13章），特定のサーバ言語に対して特化したものではない．`asServerObject()` には5つ，`asRObject()` には4つのメソッドが定義されている．

```
> loadNamespace("XR")
<environment: namespace:XR>

> eligibleMethods(XR::asServerObject)
Method tags for function "asServerObject" (package XR)
[1] "ANY"             "AssignedProxy"   "name"
[4] "ProxyClassObject" "ProxyFunction"

> eligibleMethods(XR::asRObject)
Method tags for function "asRObject" (package XR)
[1] "ANY"         "data.frame"  "list"        "ProxyObject" "vector_R"
```

本章での関心事は，これらのメソッドが何を行うのかということではなく，他のパッケージが XR を拡張すると何が起こるのかということである．

XRPython パッケージは，基本的に XR から継承した変換機構を利用して動作する．Python のデータモデルは JSON とそれほど違っているわけではない．

```
> loadNamespace("XRPython")
<environment: namespace:XRPython>
```

```
> eligibleMethods(XR::asServerObject, package = "XRPython")
Method tags for function "asServerObject" (package XR)
Methods from package: XRPython
 [1] "logical#PythonObject"

> eligibleMethods(XR::asRObject, package = "XRPython")
Method tags for function "asRObject" (package XR)
Methods from package: XRPython
 <NONE>
```

実際のところ，XRPython に存在するメソッドは，R の特定の XML オブジェクトを変換するためのメソッドだけである．これは 13.8.6 項で提示するメソッドを実装したものである[2]．なぜこうなっているのかはここでの関心事ではない．注目すべきは，XRPython は単にこの特殊なメソッド 1 つだけを追加できるということ，そしてメソッド選択の他の部分はデフォルトのままだということである．

XRJulia パッケージに関しては事情が大きく異なる．この場合には JSON を用いた機構をもっと Julia に適したものに置き換えるという判断がなされている．Julia は R により類似しているからだ．

```
> loadNamespace("XRJulia")
<environment: namespace:XRJulia>

> eligibleMethods(XR::asServerObject, package = "XRJulia")
Method tags for function "asServerObject" (package XR)
Methods from package: XRJulia
 [1] "ANY#JuliaObject"              "array#JuliaObject"
 [3] "AssignedProxy#JuliaObject"    "list#JuliaObject"
 [5] "name#JuliaObject"             "ProxyClassObject#JuliaObject"
 [7] "ProxyFunction#JuliaObject"    "simpleVectorJulia#JuliaObject"

> eligibleMethods(XR::asRObject, package = "XRJulia")
Method tags for function "asRObject" (package XR)
Methods from package: XRJulia
 [1] "vector_R_direct#JuliaInterface" "vector_R#JuliaInterface"
```

メソッド選択の仕組みを考察する際に見ることになるが，XRPython との大きな違いは，XRJulia がデフォルトの asServerObject() メソッドを Julia に特化したもので置き換えているということだ．

10.7.2 メソッド選択の手続き

さて，メソッド選択の一般的方針について考察することにしよう．

---

[2] より現実的には，変換用のメソッドは Python のこのようなオブジェクトを必要とするパッケージ内に存在するだろう．たとえば shakespeare など．

総称関数とその呼び出しから考察を始める．総称関数には**シグネチャ**，すなわち，引数の一部であって，メソッドを定義する対象となるものが存在する．どんな場合でも，メソッドの仕様記述に現れるのは引数の一部だけかもしれない．それらは**アクティブなシグネチャ**を構成する．メソッド選択において重要なのはアクティブなシグネチャだけである．他に記述がない限り，これが「シグネチャ」ということの意味である．

総称関数に対して，現在ロードされているすべてのパッケージ内のすべてのメソッドを集めたテーブルが，その総称関数内に存在する．各メソッドはシグネチャとともに定義されている．つまり，総称関数のシグネチャに含まれる各引数に対して，クラスが指定されているのだ．引数に対してクラスが設定されていない場合，それは `"ANY"` クラスに相当する．総称関数内のテーブルには，メソッドのシグネチャから導出されたタグに従ってメソッドが格納されている．タグとは，クラス名を `"#"` で区切ってつなげたものである．R で書くなら次のとおりである．

```
paste(signature, collapse = "#")
```

前述の例で eligibleMethods() が返していたのはこれらのタグである．XRJulia をロードしたあとの asRObject() に対するタグは次のとおりであった．

```
> eligibleMethods(XR::asRObject)
Method tags for function "asRObject" (package XR)
[1] "ANY#ANY"                "data.frame#ANY"
[3] "list#ANY"               "ProxyObject#ANY"
[5] "vector_R#ANY"           "vector_R_direct#JuliaInterface"
[7] "vector_R#JuliaInterface"
```

これを**定義済み**メソッドのテーブルと呼ぶことにしよう．総称関数には，それまでに選択された**全**メソッドのテーブルというものも存在しており，これには継承を通じて選択されたメソッドも含まれる．メソッド選択について述べる際には，両方のテーブルに言及することになる．

総称関数が呼び出されると，各実引数のクラスによって，メソッド選択の対象となるシグネチャが定まる．これを**ターゲットシグネチャ**と呼ぶ．たとえば，ある式を Julia で評価すると，パースされれば `"list"` オブジェクトになるような文字列が返ってくるかもしれない．すると，asRObject() はそのオブジェクトと評価器（`"JuliaInterface"` クラス）を引数として呼び出されることになるだろう．このときのターゲットシグネチャのタグは次のようになる．

```
"list#JuliaInterface"
```

関数呼び出しにおいて引数が欠損している場合，ターゲットシグネチャでそれに対応する要素は `"missing"` となる．`"ANY"` ではないし，仮に引数にデフォルトの式が存在するとしても，それが評価された場合のクラスではない．

それでは，メソッド選択の手続きを示そう．

1. ターゲットシグネチャが全メソッドのテーブル内に存在していれば，それが選択されて返される．
2. そうでない場合，継承された適格なメソッドのリストが構成される．そのようなメソッドがひとつしかなければ，それが選択される．ひとつもそうしたメソッドがなければ，メソッド選択は失敗する．
3. 適格なメソッドが複数ある場合，それらが比較され，優先的なメソッドだけが保持される．そのようなメソッドがひとつしかなければそれが選択される．
4. そうでなければ，メソッド選択は曖昧となる．辞書的順序で最初に来るメソッドが選択されるが，曖昧さがあることを述べる注意が表示される．
5. 選択されたメソッドが，ターゲットシグネチャとともに全メソッドのテーブルに追加される．

ここで用いた**適格** (eligible) と**優先的** (preffered) という 2 つの用語は定義する必要がある．また，二項演算子のような総称関数グループに属する関数に対しては，追加のステップが存在する．

あるシグネチャ定義を備えたメソッドが，ターゲットシグネチャを持つ関数呼び出しに対して**適格**となるのは，シグネチャ内の各引数について，メソッドに定義されているクラスがターゲットとなるクラスと同一であるか，ターゲットとなるクラスのスーパークラスである場合だ．総称関数が何らかのグループ総称関数に関連付けられている場合，そのグループ総称関数に対するメソッドが適格となるのは，元々の総称関数自体には，グループ総称関数に対するメソッドと同一のシグネチャ定義を持つ適格なメソッドが存在しない場合である．グループ総称関数が複数階層にわたっている場合には，メソッドが定義されている最も近い階層が選ばれる．

メソッド選択のステップ 3 では適格なメソッドが 1 つずつ検査される．もしあるメソッドに対してそれより優先的な別のメソッドが存在すれば，そのメソッドは保持されない．適格なメソッドのうち，あるメソッドが別のメソッドより**優先的**となるのは，各引数について，前者のメソッドに定義されているクラスが，後者のメソッドに定義されているクラスと少なくとも同程度にターゲットとなるクラスに近く，かつ，少なくとも 1 つの引数について，前者のメソッドのクラスのほうが後者のメソッドのクラスよりもターゲットとなるクラスに近い場合である．ここで，「近さ」はスーパークラスの階層によって定められる．直接のスーパークラスは，スーパークラスのスーパークラスよりもターゲットとなるクラスに近いといったようにである．`"ANY"` クラスはあらゆるクラスのスーパークラスであるが，どの実スーパークラスよりも遠い．`"missing"` クラスは `"ANY"` 以外のスーパークラスを持たない．

総称関数グループに属している総称関数の場合，グループメンバである総称関数に対するメソッドがすでに存在しているのでない限り，定義済みメソッドのテーブルには，グループ総称関数に対して定義されたメソッドが含まれる．したがって，`"+"` のテーブルには，`"Matrix#Matrix"` というシグネチャに対する `"Arith"` のメソッドが含まれる．なぜ

ならこのシグネチャに対しては具体的に定義された "+" のメソッドが存在しないからだ．

また，ステップ3において，あるメソッドと同じシグネチャ定義を持つ別のメソッドがある場合，後者がグループ総称関数に対するものであり，前者がそのグループのメンバ総称関数に対するものであれば，前者が後者より優先的となる．したがって，"+" に対するメソッドは "Arith" に対するメソッドより優先的であり，"Arith" のメソッドは "Ops" のメソッドより優先的となる．

簡単な例として，前述した asRObject() の呼び出しについて考えよう．定義済みのメソッドが "list#JuliaInterface" というタグに対して存在しないので，このシグネチャに対する最初の呼び出しでは，ステップ1においてメソッドが見つからない．適格なメソッドは2つある．

   "list#ANY", "ANY#ANY"

このうち前者は後者より優先的である．"ANY" は "list" のスーパークラスだからだ．したがって前者のメソッドだけが保持される．メソッド選択に曖昧さはない．

選択されたメソッドは，"list#JuliaInterface" というタグとともに全メソッドのテーブルに割り当てられる．

継承されたメソッドを見つけるのに相当な計算が必要になることもあるが，計算はターゲットシグネチャ1つに対して1回だけ行えば済む．それ以降は，関数呼び出し評価の初期段階で全メソッドのテーブルが検索されるようになり，メソッドを見つけるためのコードが再度呼び出されることはない．

より込み入った例として，+演算子を呼び出すことを考えよう．

   e1 + e2

ここで e1 のクラスは "dgeMatrix" で，e2 のクラスは "ngTMatrix" だとする（両方とも Matrix パッケージで定義されているクラスだ）．

"+" にはこのシグネチャに対して定義されたメソッドはないし，"+" が属するグループ総称関数にもない．適格なメソッドは6つ存在する．

```
> eligibleMethods("+", c("dgeMatrix", "ngTMatrix"))
Method tags for function "+" (package base)
Target signature: dgeMatrix#ngTMatrix

Tag:       "ANY#ANY" "Matrix#nsparseMatrix" "Matrix#Matrix"
Function:  "+"       "Arith"                "Arith"

Tag:       "dMatrix#nMatrix" "ANY#Matrix" "Matrix#ANY"
Function:  "Ops"             "Ops"        "Ops"
```

"ANY" をシグネチャに含むメソッドはどれも保持されない．なぜなら，引数に対して具体的なクラスを持つメソッドが必ず存在しているからだ．"Matrix#Matrix" に対するメ

ソッドは，それよりも "Matrix#nsparseMatrix" のほうが優先的なので，保持されない（"Matrix" は "nsparseMatrix" のスーパークラスである）．

こうして2つの優先的なメソッドが残る．

"Matrix#nsparseMatrix", "dMatrix#nMatrix"

このうち前者が（特に理由なく）選択されるとともに，ユーザに注意が表示される．

```
Note: method with signature "Matrix#nsparseMatrix" chosen
  for function "+", target signature "dgeMatrix#ngTMatrix".
  "dMatrix#nMatrix" would also be valid
```

タグは R の文字列の順序に従って生成される．第一引数に対する選択肢がまず順番に列挙され，以下同様に続く．ありうるすべてのタグを見るには，`eligibleMethods()` の呼び出しで1番目以外の引数を省略すればよい（上の例では110通りの選択肢がある）．

rJava の例のように，場合によっては複数の選択肢が実際には同じ動作をすることもある．だが，たとえ何らかの理由で，メソッドの選択が特に理由なく行われても問題ないとわかったとしても，注意のメッセージが表示されるのはユーザにとって迷惑だろう．

あるパッケージが，自分がインポートしているパッケージのメソッドを補強したり置き換えたりする場合には，メソッド選択の曖昧性が生じうる．これに当てはまるのは XR パッケージである．XR パッケージの汎用メソッドは，具体的なインターフェース用のパッケージによって改良されるべきものとして意図されている．新しいメソッドがもとからあるメソッドより特殊化されていれば，通常は曖昧さなくメソッドが選択される．XRJulia パッケージが `asRObject()` に，XRPython が `asServerObject()` に，新しいメソッドを1つ追加できたのは，デフォルトの選択肢を含む他のメソッドがそのまま保持されていたからである．一方，XRJulia では `asServerObject()` に対して全体的に異なる計算方法を用いた．決定的に重要なのは，そこに

ANY#JuliaObject

に対するデフォルトのメソッドが含まれていたことである．これはメソッド選択を曖昧にする．XR に含まれるメソッドは，いずれもシグネチャの第二引数が "ANY" のままになっている．

```
> eligibleMethods(XR::asServerObject, package = "XR")
Method tags for function "asServerObject" (package XR)
Methods from package: XR
 [1] "ANY"              "AssignedProxy"     "ProxyClassObject"
 [4] "ProxyFunction"    "name"
```

この結果，全体でのデフォルトの選択肢 "ANY#ANY" を除いて，これらすべてのメソッドが曖昧になる．たとえば，

AssignedProxy#ANY

と "ANY##JuliaObject" は，互いに1つの引数については相手より優先的である．

これは瑣末な形式的事柄ではない．2つのメソッドは異なる動作をすることが期待されているのかもしれず，どちらが正しいのかはメソッドが実際に何を行うのかを調べなければ決められない．

ここで提案する方針は，単にメソッドを調べて，それを適切な選択肢となるメソッドの中に明示的にコピーすることだ．パッケージのソース内にメソッドのコピーがあれば，候補となる2つのメソッドのうち，どちらが適切なのかを意識的に決めたということがわかる．XRJulia の例において，XR に由来するメソッドはプロキシオブジェクトやユーザによる明示的代入を取り扱うものである．XRJulia ではそうしたものに対して既存のメソッドを利用したい．したがって XRJulia パッケージのソースでは次のようなコピーを行う．

```
.copyFromXR <- c("AssignedProxy","ProxyClassObject",
             "ProxyFunction", "name")
for(Class in .copyFromXR)
    setMethod("asServerObject", c(Class, "JuliaObject"),
              selectMethod("asServerObject", Class))
```

もし仮に "ANY#JuliaObject" のほうを使うと決めた場合には，そちらのメソッドが選択されるように同様の措置を行う必要があるだろう．

10.7.3 特殊なメソッド選択： as()

ここまで述べてきたメソッド選択過程は standardGeneric() 呼び出しの実装である．standardGeneric() はあらゆる総称関数のメソッドディスパッチを行う．この関数はシグネチャ内のすべての引数を基本的には同じように取り扱い，ターゲットクラスとそのスーパークラスに対して利用可能なメソッドを調べる．

methods パッケージに含まれているメソッド選択アルゴリズムはもう少し一般的なものであり，継承に関する計算の対象範囲を，候補となるクラスの一部だけに制限できる．この一般性を利用したアプリケーションがひとつあり，重要なので本項でその計算内容を調べる．

as() 関数について考えよう．これには object 引数と Class 引数があり，オブジェクトを指定したクラスのオブジェクトへ変換した結果を返す．これに対応する置換関数もあるので，as() を代入の左辺に置くこともできる．代入は，オブジェクトの中の指定したクラスに対応する部分を右辺で置き換えるものとして解釈される（この場合，オブジェクトは指定したクラスのサブクラスに属している必要がある）．

インフォーマルには，as() は明らかに関数型 OOP の構成要素である．つまり，その動作が関連する2つのクラスに必ず依存している．object のクラスと，Class によって指定されるクラスである．Class が class(object) のスーパークラスになっている場合，as() のメソッドは自動的に導出される．その他の場合には，一方のクラスが他方のクラスを継承しているという導出関係はないが，もし Class に属するオブジェクトが明示的に

必要なのであれば，それがどんなオブジェクトであるべきかについての適切な定義が存在するはずだ．たとえば，数値ベクトルを文字ベクトルに変換したり，名前付きリストを環境に変換したりする必要があっても，そのどちらの場合にも，一方のクラスが他方のクラスを自動的に継承しているということはない．

こうした目的のためには setAs() 関数が提供されており，パッケージは新しいクラスに対して変換用メソッドを設定することができる．setAs() は coerce(from, to) 総称関数に対するメソッドを定義するが，この総称関数を実際に呼び出すことはできない．他のあらゆる総称関数と同様，パッケージ内に setAs() の呼び出しがあれば，そのパッケージがロードされる際に，特定のシグネチャ定義に対する coerce() のメソッドがパッケージによって与えられる．この結果得られる coerce() のメソッドテーブルを使用したり更新したりするのには，制限されたバージョンの継承に関する特殊な計算が用いられるが，これには正当な理由がある．メソッドが as() あるいは coerce() の第一引数に関して継承されるということには意味があるが，第二引数に関する継承というのは無意味だからだ．

どうしてそうなるのかを理解するために，あるクラス "C1" に対して

```
as(object, "C1")
```

という式を評価することを考えよう．クラス "C2" が class(object) のスーパークラスであり，クラス "C2" を "C1" に変換するための coerce() のメソッドが定義されているとしよう．そうすると，class(object) を "C1" に変換するメソッドを定義することができる．簡単のために他の引数は無視することにすれば，そのメソッドは下記に等しい．

```
function(from, to)
    as(as(from, "C2"), "C1")
```

だが，たとえば仮に "C3" が "C1" のスーパークラスだとすると，class(object) を "C3" に変換するためのメソッドというのは as(object, "C1") を機能させるためには何の役にも立たない．なぜなら，もし as(object, "C1") の呼び出しにおいて，「継承された」as(object, "C3") が呼び出されたとしても，その結果は普通，ターゲットである "C1" クラスの妥当なオブジェクトにはならないからである．他の問題は置いておくにしても，"C1" は "C3" にはないスロットを備えているかもしれないのに，「継承された」メソッドはそのスロットの値が何であるべきかについて何も教えてくれないのだ．

以上の理由により，as() のコードは coerce() 総称関数のメソッドテーブルを標準的でない仕方で使用するのである．ターゲットシグネチャに対して，継承されたものではない直接的なメソッドが存在していれば，as() はそのメソッドを使用する．そうでない場合には継承に関する計算が行われるが，それは from 引数に対してだけ継承を考慮するというオプション引数付きでなされる．

10.7.4 次のメソッドまたは総称関数の呼び出し

新しいクラスのオブジェクトに対するメソッドは，それらが既存のメソッドとはどう異

なっているのかという観点から見るとわかりやすいことがある．前述の日付付きベクトルの例のように，新しいクラスが何らかの情報を以前のクラスに付け加えるという場合がある．あるいは新しいクラスが，既存のクラスと似てはいるが少し異なる表現で情報を提供する場合もある．新しいメソッドは，何らかのデータを既存のメソッドに適合するように変換する必要があるかもしれないし，既存のメソッドによる計算結果を調整する必要があるのかもしれない．その両方が必要だという場合もある．もし計算の前後での調整が難しくないのであれば，新しいメソッドは既存のメソッド呼び出しを囲むようにしてうまくプログラムすることができる．

こうした状況においては，既存のソフトウェアを利用したメソッドを書くほうが，すべてをゼロから書くよりも簡単なばかりでなく，そうするほうがよい方針でもあるのだ．他のソフトウェアに対する改良をそのメソッドにも含める必要は必ずしもない．

2つのプログラミング技法に応じて2つの異なった状況が生じる．「次のメソッド」を利用する状況では，もし新しいメソッドを書かなければ適用されたであろうメソッドを呼び出すが，その前後に調整を加える，というのが技法のアイディアである．別の状況では，当該オブジェクトとは別のオブジェクトに対して総称関数を適用するという技法を用いることになるだろう．別のオブジェクトというのは，普通は当該オブジェクトからの派生物である．その総称関数に対して適切なメソッドは呼び出しごとに異なるだろうが，その前後で加える調整は毎回同じになるようにする．

前者の状況には callNextMethod() という仕組みによって対処できる．これはメソッドの再選択を回避するものである．後者の状況には callGeneric() という仕組みによって対処する．2つの仕組みは似ているように見えるかもしれないが，多くの応用においては片方だけがうまく機能する．

典型的な例によって，これらの技法のロジックが明らかになるだろう．あるクラスに属するオブジェクトの初期化計算について論じた際に（10.5.6項），initialize() メソッドは，スロットを追加するサブクラスのことを考慮に入れておくべきだということを注意した．これは，ほとんどつねに callNextMethod() の呼び出しによって実現される．大抵はメソッドの最終行に callNextMethod() を置く．今から見る例とその次の例は，Matrix パッケージのコードに基づいている[3]．このパッケージは疎行列に対して多数のメソッドを提供している．仮想クラス "sparseVector" は，多くの具体的クラスに対して適用可能なメソッドを提供しており，それらのメソッドはどれも，非0要素のインデックスを表す数値スロット "i" を備えている．このスロットはソートされている必要がある．"sparseVector" クラスに対する initialize() メソッドは，もし new() の呼び出しにインデックス引数が含まれていればソートしてくれる．次にメソッドを示そう．

---

[3] パッケージの作者には申し訳ないのだが，説明のために少々コードを変更している．

```
setMethod("initialize",
          "sparseVector",
          function(.Object, i, x, ...) {
              has.x <- !missing(x)
              if(!missing(i)) {
                  .Object@i <- # ソートされることを保証する
                      ....
              }
              if(has.x) .Object@x <- x
              callNextMethod(.Object, ...)
          })
```

このメソッドの呼び出しには引数 i と x を与えることが可能だ．引数が与えられた場合，対応するスロットには正しくソートされた i が代入される（ここでは詳細を省略した）．

callNextMethod() は initialize() のデフォルトメソッドを評価する．"sparseVector" クラスにスーパークラスは存在しないので，デフォルトメソッドが呼び出されるということがわかるのだ．デフォルトメソッドは ... に含まれるすべての名前付き引数に対してスロットを割り当てる．こうすることは不可欠である．というのも .Object の実際のクラスには，この "sparseVector" のメソッドが知らない他のスロットもあるかもしれないからだ．これが初期化において callNextMethod() が必要な主な理由である．シグネチャ定義に含まれるクラスに対して，そのサブクラスが任意のスロットを追加で含みうるということを必ず考慮する必要がある．

callNextMethod() のその他の役立つ応用は，メソッドをサブクラスに適合するように改良することだ．重い処理を継承したメソッドにやってもらい，新しいメソッドは callNextMethod() の呼び出し後に適切な修正を加えるということが可能である．オブジェクトの一部を抽出したり置換したりする場合にはこの方式がふさわしいことが多い．

callGeneric() の応用として，Matrix パッケージの別のメソッドについて考えよう．ここでは Logic() グループ総称関数に対するメソッドを扱う．この場合，行列オブジェクトが2つとも "x" というスロットを備えており，行列の次元が等しいのであれば，論理比較のためには単にそれぞれのスロットどうしを比較すればよいということはわかっている．もし次元が異なればメソッドはエラーを送出する．次にメソッドを示そう．

```
setMethod("Logic",
          signature(e1="lgeMatrix", e2="lgeMatrix"),
          function(e1,e2) {
              dimCheck(e1, e2)
              e1@x <- callGeneric(e1@x, e2@x)
              e1
          })
```

Logic() のようなグループ総称関数に対してメソッドを書く場合には，callGeneric() を使う必要がある．実際にはグループのメンバ関数，この場合には `&` や `|` を呼び出す

ことになる．グループ総称関数以外に対してもメソッドが `callGeneric()` を使うことはできるが，その場合は `Recall()` や明示的な関数名を代わりに使うことも可能だろう．どちらを選ぶかによって実装は少し異なるが，通常は同じ結果になる．

`callGeneric()` を使うと呼び出す度にメソッド選択が行われる．たとえある特定のメソッドから `callGeneric()` を呼び出す場合でも，呼び出されるメソッドは毎回異なるかもしれない．これとは対照的に，`callNextMethod()` は，選択されたメソッドから次のメソッドが一意に定まるように定義されている．

次のメソッドというのは，最初に継承されるメソッドのことだ．言い換えると，当該のメソッドを除いた場合に，10.7.2項で述べたRのメソッド選択機構によって選択されるメソッドのことである．もし，メソッド選択に関わるのが1つの引数だけであり，ターゲットクラスには高々1つしか直接のスーパークラスがないのであれば，次のメソッドとして選ばれるのは，メソッドを備えた最初のスーパークラスに対するメソッドである．ただし，スーパークラスに明示的に定義されたメソッドがなければ，デフォルトメソッドが選択される．カプセル化OOPにも同様の概念があるが，「スーパークラスのメソッドの呼び出し」と言われるのが普通である．

ターゲットクラスに多重継承がある場合，つまり直接のスーパークラスが複数ある場合には，カプセル化OOPにおいてさえ，どのメソッドが選択されるのかが明白でなくなる．ターゲットクラス "C0" には直接のスーパークラス "C11" と "C12" があるものとしよう．"C11" に対して定義されたメソッドに注目する．このメソッドの次のメソッドの選択過程では，"C11" のスーパークラスの前に "C12" が考慮されるのだ．さらに，関数型OOPでは複数の引数がメソッド選択に関わることもある．これはオブジェクト指向プログラミングの用語で多重ディスパッチと呼ばれている．

関数型OOPにおけるその他のメソッド選択一般と同じく，`callNextMethod()` や `callGeneric()` でも，メソッド選択に曖昧さが生じる可能性を除去する一般的方法はない．Rのメソッド選択機構は，曖昧な選択が生じた場合にはユーザに通知する．このような曖昧性を除去するには，メソッドを追加したり，`callNextMethod()` を明示的計算で置き換えたりするのが，一般的にはよい考えである．実際上は，クラスがすっきりと定義できれば曖昧なメソッド選択は生じにくい．

次のメソッドを選択するための計算は，現在のメソッドのシグネチャに基づいて行われるので，呼び出す度に再計算されるのを避けるために，次のメソッドを現在のメソッドオブジェクトに格納しておくことができる．

10.8 S3メソッドとクラス

Rを幅広く使っている人，特に昔からある基本的なパッケージを使ったことがある人なら，S3メソッドに遭遇したことがあるだろう．S3メソッドは修飾なしで単に「メソッド」と呼ばれることもある．これらは「Sと統計モデル」プロジェクトを通じて生まれたもの

であり，Rにもそうしたソフトウェアを再現するための一環として取り入れられた．その歴史については2.6節で簡単に述べた．

オリジナルのS3メソッドのソフトウェアの大部分を書いたのは私である．それらは1990年代初期のアプリケーションにとっては有用なものだった．既存のSのソフトウェアにあまり変更や拡張を加える必要がなかったし，クラスとメソッドを簡潔に記述することができた．

同様の理由により，関数型S3メソッドと，カプセル化されたメソッドのための類似パッケージである R6 [13] は，これら OOP の技法を追加するための，学習が容易で軽量な方法であり続けている．計画と実装に費やされる時間が短い「小規模プログラミング」であれば，これらを使うのもよいだろう．

しかし，持続的価値を持つソフトウェアを含んだプロジェクトであれば，（R や他言語の）形式的 OOP が提供してくれるリソースが重要になってくる．それが R を拡張するソフトウェアであれば特にそうである．このような場合，私の意見は単純である．すなわち，結果として得られるソフトウェアの設計と動作の品質が主な目標であるなら，新たなS3クラスを作成してはならないということだ．

S3バージョンのクラスには主な問題が3つある．

1. クラス定義が存在しない．クラスは各オブジェクトに割り当てられた属性によって特定されるが，その情報からオブジェクトの構造が一意に定まるという保証はない．実際，様々な「クラス」が異なる仕組みを使用している．
2. メソッド選択時に問合せの対象となるのが第一引数のオブジェクトだけである．つまり，多重ディスパッチはサポートされていない．これは関数型 OOP に深刻な制限を課す．ただし，ある種の二項演算子では，両方の引数を考慮する特殊なハックによってこの問題を部分的に回避できる．
3. メソッドも総称関数も，オブジェクトのクラスとしては存在していない．このため，それらに関する推論を行うのが困難になる．たとえば，以下で述べる S3method() ディレクティブによっていくらかの構造は課されているが，そうした構造はオブジェクトそれ自体の内部にあるわけではない．

R で形式的なクラスとメソッドを使用するからといって，S3クラスを S4クラスによって拡張したり，今のところは S3メソッドをディスパッチしている関数に対して形式的メソッドを書いたりすることが妨げられるわけではない．後者については，すでに本章のはじめで plot() に対するメソッドの例を見た．新しいクラスのオブジェクトに対して，S3メソッドを備えた既存の関数を使い続けるためには，S3クラスを完全に置き換えてしまうのではなく，それを拡張することが理にかなっている．

場合によっては新しい S3 メソッドを作成するのが望ましいこともある．S3 の「総称」関数が，既存パッケージの別の関数から呼び出されている場合である（10.8.2項）．

本節の残りの部分では，もし必要になったときのために，以上のような技法を取り扱

う.また,S3 のメソッド選択機構についても,その動作を理解する必要がある場合のために,その概要を述べる(10.8.3 項).

10.8.1　S4 内での S3 クラスの使用

　S3 クラスは,形式的クラス定義のスロットとして用いてもよいし,メソッド仕様のシグネチャに現れてもよい.そのために必要なのは,S3 クラスを作成して,`setOldClass()` の呼び出しによってそれを登録することだけだ.通常,これは S3 クラスと同名の仮想クラスを単に作成するだけだ.この仮想クラスは,S3 オブジェクトの `"class"` 属性を含む `".S3Class"` というスロットを持つ(S3 の `"class"` には 2 つ以上の文字列が含まれうるということを思い出そう).`base` パッケージと `stats` パッケージに現れる S3 クラスは,すべてではないが,大半が `methods` パッケージのコードによって登録済みである.たとえば `"Date"` だ.

```
> getClass("Date")
Virtual Class "Date" [package "methods"]

Slots:

Name:    .S3Class
Class: character

Extends: "oldClass"
```

`setOldClass()` の呼び出しを含むパッケージでは,形式的クラス定義が作成されるということに注意してほしい.

　登録された S3 クラスはすべて `"oldClass"` を継承する.これは任意の S3 クラスを扱うメソッドを定義するために利用できる.もしクラスが S3 のスタイルで継承を行うのであれば,`"class"` 属性には複数の要素が含まれる.`setOldClass()` の引数には `"class"` 属性のベクトル全体を与える必要がある.たとえば `"terms"` は S3 クラスだが,S3 の意味で `"formula"` クラスのサブクラスである.これを登録するには次のようにする.

```
> setOldClass(c("terms", "formula"))
> extends("terms")
[1] "terms"   "formula"  "oldClass"
```

必要であれば指定したすべてのクラス名が登録される(`"formula"` は登録済みである).

　`setOldClass()` で仮想的でない本物のクラス定義を作成することもできる.S4Class 引数に形式的クラス定義か,形式的クラスの名前を与えてやればよい.これは,10.2 節で形式的バージョンの `"data.frame"` クラスを作成するために行ったことである.

　S3 による計算が S4 クラスの動作に従っている限りは,それに対して形式的 OOP による計算を定義することができる.だが,そうするかどうかは S3 による計算を信頼するか

どうかにかかっている．というのも，S3 のメソッドやそれを用いたアプリケーションでは，形式的定義に照らしたチェックは何も行われないからだ．また，この技法が役に立つのは，S3 クラスがスロットと一致する属性群を備えていて，形式的 OOP のパラダイムに従っている場合だけである．データフレームは大体そうなっているが，他の S3 クラスがそうとは限らない．たとえば，"lm" クラスのような当てはめモデルでは，各要素に標準化された名前を付けたリストが用いられている．

データフレームであっても注意は必要だ．というのも，スロット以外の属性が導入されることがあるからである．通常，モデル当てはめの最初のステップは**モデルフレーム**を計算することである．モデルフレームとは，モデル式やその他のオプション引数によって指定された変数から構成されるデータフレームのことだ．モデルフレームはクラスとしては存在しないが，モデルフレームオブジェクトには他のデータフレームにはない追加の属性がある．形式的バージョンの "data.frame" を用いた計算では，こうしたことを考慮する必要がある．

もうひとつの例は "terms" クラスである．これを，"factors" 等の属性に対応するスロットを備えた非仮想的 S4 クラスにすることも可能だろう．だが，"terms" オブジェクトには他にも多くのオプション属性がある．それらがスロットであれば NULL にできるが，属性としては単に存在しないのである．そのため，形式的クラスを用いた計算には注意が必要になる．

関数型 OOP クラスは，S3 クラスを拡張して定義することもできるし，S3 クラスのスロットを定義することもできる．"data.frame" のように，S3 クラスに仮想的でない定義を与える場合には，オブジェクトの型を定めるクラスを継承させる必要がある（"data.frame" の場合なら "list" 型）．それ以外の場合，S3 を拡張するサブクラスの型は "S4" になるが，これは S3 による計算において問題を引き起こすかもしれない．

例になりそうなのはモデルフレームだ．モデルフレームの S3 クラスは存在しないが，その基本的なアイディアは S4 クラスとして実装できるだろう．

```
setClass("model.frame", slots = list(terms = "terms"),
         contains = "data.frame")
```

S3 クラスの内容の不規則性を回避するためにも，S3 クラスのサブクラスを定義するという技法が使える．たとえば，"terms" を形式的スロットにする代わりに，"terms" オブジェクトで必要なすべてのスロットと適切な初期化メソッドを持つ，規則的構造を備えたサブクラスを定義できる．そのようなオブジェクトに対しては，大抵の S3 メソッドがうまく動作するはずだ．うまくいかないメソッドがあれば，NULL なスロットを捨て去った S3 オブジェクトを返すような as.terms() 関数を定義してやればよい．

10.8.2 形式的クラスに対する S3 メソッド

"myVar" という新しいクラスがあるとしよう．これは "data.frame" オブジェクトの

変数として使えそうなものだとする．"data.frame" クラスに対応する data.frame() 関数は，変数の候補として任意個数の引数を受け取る．しかし，既存のソフトウェアでは新しい "myVar" クラスのオブジェクトを解釈することができない．幸いにも data.frame() は拡張可能なようにプログラムされている．data.frame() は各列の候補に対して as.data.frame() を呼び出すのだが，as.data.frame() が S3 総称関数になっているのだ．問題の解決に必要なのはたった 2 つのステップだけである．

- 我々のパッケージ内の S4 クラスに対して，as.data.frame.myVar() という S3 メソッドを定義する．
- メソッドを登録するために，そのメソッドをパッケージの "NAMESPACE" ファイルで宣言する．必ずしもメソッドをパッケージからエクスポートしなくてもよい．

```
S3method(as.data.frame, myVar)
```

S4 メソッドを用いるアプローチが自然なように思えるかもしれないが，この場合にはうまくいかない．S4 クラスが与えられたときに，既存の関数に対してメソッドを定義する自然な方法は，その関数を S4 総称関数に変換してからメソッドを定義することだろう．

```
setGeneric("as.data.frame")
```

```
setMethod(as.data.frame, "myVar", ....)
```

これによって base パッケージの関数から総称関数が作成されるものの，その総称関数は今のパッケージの中に作成されるのだ．この総称関数に対して定義されるメソッドは，それが他のどんなパッケージからのものであれ，すべて統合されて S4 総称関数が呼び出されるときにディスパッチされる．しかし，base パッケージ内の as.data.frame() 関数は S3 総称関数のままである．少なくとも本書執筆時点のバージョンの R では，この関数が S4 メソッドをディスパッチすることはない．そして，この base パッケージにあるバージョンの as.data.frame() こそが，同じパッケージ内の data.frame() 関数から実際に呼ばれるものであり，呼ばれるべきものでもある．したがって，確実に S3 メソッドを定義する必要がある．

こうした状況に注意しておけば，本書執筆時点のバージョンの R は，遭遇するオブジェクトに応じて S3 メソッドと S4 メソッドを整合的な仕方でディスパッチしてくれる．S3 クラスが setOldClass() 呼び出しを用いて登録されていれば，S4 のメソッドディスパッチは S3 のクラス構造を理解できる．また，S3 のディスパッチは S4 オブジェクトに遭遇したときに S4 の継承を理解できるのだ．

10.8.3　S3 のメソッド選択

S3 のメソッドやクラスが形式的 OOP と組み合わされている場合があるだけでなく，多くの既存の計算が S3 のソフトウェアだけを用いて開発されている．R を拡張する際に，

そうした計算を利用するためにS3のメソッド選択を理解しておく必要があるかもしれないので，ここでメソッド選択の仕組みをまとめておく．

S3のメソッド選択とディスパッチとは，総称関数名の文字列を引数とする`UseMethod()`の呼び出しのことである．たとえば，`base`パッケージの`split()`関数は次のように定義されている．

```
split <- function(x, f, drop = FALSE, ...)
    UseMethod("split")
```

S3総称関数として動作する関数には，特別なクラスも与えられていないし，パッケージ情報も持っていない．異なるパッケージにある同名の関数が，別々のメソッドを持つことはできない．

`UseMethod()`内部のコードは，総称関数の第一仮引数に対応する実引数のクラス属性を検査する（その引数がまだ評価されていなければ評価する）．いまの場合には`x`である．

妥当なS3クラス属性とは，それが`NULL`でなければ文字ベクトルのことである．適格なメソッドとは，総称関数名に`"."`をつなげて，さらにクラス属性内の文字列をひとつつなげた名前を持つ関数オブジェクトのことである．メソッド選択においては，当該の総称関数に対して利用可能なメソッド群の中から，そのような関数名を持つ関数のうち先頭に来るものが選択される．メソッドがひとつも見つからなければ，`"default"`クラスに対応する関数が要求され，使用される．何らかの日時データを，異なる日付ごとに分割したいとしよう．

```
split(z, as.Date(z))
```

ここで，`z`はS3クラスの`"POSIXct"`に属するとする．

```
> class(z)
[1] "POSIXct" "POSIXt"
```

メソッドの候補は，順番に`split.POSIXct()`，`split.POSIXt()`，そして`split.default()`となるだろう．

利用可能なメソッドは，適切な名前を持つ関数のうち，総称関数呼び出しの環境から可視的であるか，または対応パッケージから`S3method()`ディレクティブを用いて登録されているものによって構成される．

`UseMethod()`の呼び出しは，それを呼び出す側の環境内で実行される．`UseMethod()`はプリミティブ関数なので，自分自身の環境を作成することはない．さらに，`UseMethod()`には特殊な内部コードがあり，これによって，メソッド呼び出しの評価が完了すると，メソッドを**呼び出す側の環境が終了する**．このため，メソッドディスパッチのあとにコードを含めることは不可能である．S4メソッドのディスパッチとは異なり，たとえば，メソッドの結果の妥当性を検証することはできない（とはいえ，我々は新たなS3総称関数が書かれる可能性は低いと想定しているので，このことはプログラミングするという目的に

とって特に重要ではない）．

　UseMethod() の呼び出しを含む関数だけでなく，base パッケージのプリミティブ関数にも，すべてではないがメソッド選択を行えるものがある．どのプリミティブ関数でメソッドが利用可能なのかをオブジェクトに基づいて決める方法は存在しない．ただし，経験に基づいたテストを作成することはできる．XRtools パッケージの isPrimitiveGeneric() 関数は，指定した関数に対して，もしそれがプリミティブ関数ならば S3 メソッドを作成しようと試みる．そのメソッドがディスパッチされるのであれば，そのプリミティブ関数は S3 メソッドをディスパッチするものだということがわかる．このテストは無謬というわけではないが，本書執筆時点のバージョンの R では正しいプリミティブ関数を特定できるようである（isPrimitiveGeneric() の実装を見ると，R のコードを動的に構築することの便利さがわかる）．以下の例では，isPrimitiveGeneric() 関数を base パッケージ内のすべてのプリミティブ関数に対して適用する．

```
> allObjects <- objects(baseenv(), all.names = TRUE)
> primitives <- allObjects[
+   sapply(allObjects,
+     function(x) is.primitive(get(x, envir = baseenv())))]
> length(primitives)
[1] 200

> sum(sapply(primitives, isPrimitiveGeneric))
[1] 99
```

論理ベクトルの sum() は TRUE の個数になるので，おおよそ半分のプリミティブ関数でメソッドが利用可能だとわかる．

第11章

カプセル化オブジェクト指向プログラミング

11.1 カプセル化OOPの構造

　Rのカプセル化OOPが用いる概念や提供するツールは，他言語でのOOP実装と類似しているが，関数型オブジェクトベースのRというソフトウェアに立脚しているため，趣は異なっている．たとえば，「起こることはすべて関数呼び出しである」という原則があるので，基盤となる計算では標準的な関数呼び出しの仕組みが用いられるが，それがカプセル化OOPらしく動作するように調整されているのだ．とはいえ，他のOOP実装の経験があれば，大して困難なくRのOOPを使い始めることができるはずだ．本節ではカプセル化OOPの構造の概要を述べる．11.2節では既存のクラスを利用したプログラミングについて議論する．残りの節では，クラス定義と，クラスのフィールドとメソッドについて論じる．

　Rのカプセル化OOPのクラスは，関数型OOPのクラスと区別するために**参照**クラスと呼ばれる．このOOPでは，参照クラスのオブジェクトの動作がクラス定義の中にカプセル化されている．オブジェクトが持つプロパティと，それに対して実行されるメソッドの両方がカプセル化されているのだ．他のカプセル化OOPの実装と同じく，プロパティはオブジェクトに対する操作を通じて抽出されたり，代入されたり，修正されたりする．メソッドはオブジェクトに対して標準的な演算子を用いて呼び出される．

　参照クラスのオブジェクトが参照と呼ばれるのは，プロパティを修正すると，そのオブジェクトが現在使用されているあらゆるコンテキストにおいて変更されるからである．他のほとんどのRオブジェクトとは異なり，オブジェクトの変更が，それが生じる関数呼び出しの中だけの局所的なものになるように，評価器が保証してくれるわけではない．

　関数型クラスと同様，参照クラスもRパッケージの中で構造化されている．クラスを一意に特定するのは，クラス名と，クラスに関連付けられたパッケージの組である．参照クラスは自分のパッケージ内の関数や他のソフトウェアを利用するのが普通である．

　クラス定義にはプロパティの仕様が含まれる（参照クラスでは**フィールド**と呼ばれる）．フィールドにはオプションとして型を付けることができる．また，読み込み専用として宣言することも可能である．クラス定義は他のクラスを1つ，あるいは複数，継承することができる．メソッドはクラスに対して定義され，その名前によってクラス定義内に格納される．メソッドの実装内では，他のメソッドやフィールドを直接的に参照できる．フィー

ルドとメソッドの定義は継承される．つまり，クラス定義内に実際に存在するフィールドとメソッドには，継承されたものが含まれる．ただし，直接の定義によって継承をオーバーライドした場合はその限りではない（メソッドをオーバーライドするのは大抵自然なことだが，あとで注意するように，フィールドのオーバーライドは危険である）．

関数型クラスと同じく，参照クラスにも普通は生成関数がある．生成関数にはそのクラスの名前が付けられることが多い．参照クラスの生成関数には，クラスを検査したり他の操作を行うための，参照スタイルのメソッドが付いている．

Rの参照クラスは，その実装の仕組みから，関数型クラスとも見なせる．参照クラスの仕組みは既存の関数型クラスの仕組みの上に構築されたのだ．参照クラスが関数型クラスの上に構築されているという事実は実装の細部に属することであり，参照クラスのAPIにはあまり関係がないが，まったく無関係というわけでもない．Rは基本的には関数型言語であり続けているからだ．参照クラスのオブジェクトに対する計算は，Rの関数式によって起動される．参照クラスに対して関数型メソッドを定義することができる．ただし注意は必要だ．

データフレーム風のオブジェクトに対する参照クラスでは，次のような抽出演算を行うための式が使えると便利だろう．

```
irisx["Sepal.Length",1:50]
```

しかし，もし同じようなデータの一部を**置換**する参照的なメソッドもあるとすると，そのメソッドは，関数型クラスのメソッドであれば保証される局所的置換と同じようには動作しないだろう．参照クラスのオブジェクトに対して，総称的な抽出演算子を利用した関数を使うと，結果が不正になるという点が危険なのだ．カプセル化OOPに対する関数型メソッドについては11.6.1項で考察する．

もし他のOOP言語を使ったことがあれば，参照クラスを使う際には，そこで学んだことの多くをRに翻訳できるはずだ．実のところ，他のOOPソフトウェアへのインターフェースを作ることが，Rのカプセル化OOPの重要な利用法のひとつである．メソッドの呼び出しに伝統的なドットではなく`$`演算子を用いるなど，技術的な細かい違いはある．Pythonなら`hamlet.findtext()`という形式でメソッドを呼び出すであろうところが，Rなら次のようになるというだけだ．

```
hamlet$findtext("TITLE")
```

他方，もしカプセル化OOPを初めて学ぶのであれば，後に他言語を使うときにR版のOOPでの経験が助けになるはずだ．11.2節ではカプセル化OOPの使い方をやや詳しく見る．

他のカプセル化OOP実装でプログラミングしたことがあっても，参照クラスのプログラミングには少々異なったところがある．その理由の一端は，私が知る限り，Rというソフトウェアが，本質的には関数型の言語の中で，関数型OOPの上にカプセル化OOPが

実装された唯一の事例であるという点にある．これによってもたらされる帰結は多い．その一部は表面的なものだが，より本質的なものもある．

大抵のOOP言語には，クラスとメソッドを定義するための専用の構文がある．Rでは，あらゆるプログラミングがひとつの関数型言語の中で行われる．カプセル化クラスの定義は，適切なRの関数を呼び出すことで，Rのオブジェクトとして作成される（11.3節でその概要を述べる）．これらの関数は，クラス定義を内包したオブジェクトを作成するために存在している．メソッドは，別の関数やメソッドの呼び出しによってクラス定義に追加されることが多いが，そうするのは可読性を高めるためという理由が大きい．いずれにせよ結果として得られるのは，メタデータオブジェクトの中に格納された，完成したクラス定義である．

フィールドの変更には参照スタイルのセマンティクスが適用されるが，フィールドの中のオブジェクトは通常の関数型クラスに属しているのが普通だ．こうしたオブジェクトは，Rの他の場所で動作するのと同じように動作する．

これは，Rの参照クラスの実装がもたらす最も重要な特徴である．参照クラスのオブジェクトを，そのフィールドを修正するような関数に引数として渡すことと，フィールドそれ自体を引数として渡すことは，異なることなのだ．前者の場合には，修正がもとの参照オブジェクトにも反映されるが，後者の場合にはそうではない．これは単に標準的なRのセマンティクスにすぎないのだが，プログラマはこの区別を心に留めておく必要がある．

すでに述べたように，参照クラスはRの既存の関数型クラスの仕組みを利用して実装されている．カプセル化OOPの実装は実際には極めて単純であり，この言語の中にあるプログラミングのための他の機能の上に，比較的薄いレイヤーを被せたものだ．実装の鍵となるのは，Rの基本データ型の中には参照として動作するものがいくつかあるということだ．最も重要なのは `"environment"` 型である．参照クラスとは，本質的にはRの環境の上に明示的なクラス機構を構築したものなのだ．

11.2 カプセル化OOPの使用

RのカプセルOOPでのクラスとメソッドの使用方法を説明するのは簡単だ．経験豊富なRユーザにとって目新しい構文や演算子はない．既存の式をカプセル化OOPという目的のために流用しているのだ．特に，フィールドへのアクセスとメソッドの呼び出しのために `$` 演算子が引き継がれている．

参照クラスには生成関数オブジェクトがあり，大抵はクラスと同じ名前である．クラスに属するオブジェクトは，生成関数を呼び出して作成する．

```
wEdit <- dataEdit(data=wTable)
```

クラスに専用の初期化メソッドがない場合，生成関数の引数には，この例の `"data"` のよ

うにフィールドを名前付きで与えるか，当該クラスのスーパークラスに属するオブジェクトを名前なしで与える．後者の場合，新しいオブジェクトでは，スーパークラスのオブジェクトから継承したすべてのフィールドに対してスーパークラスのオブジェクトと同じ値が割り当てられる．

生成関数の名前だけを打ち込むと，show() メソッドによっていつものように対応するオブジェクトが表示される．いまの場合，表示されるのはクラスの簡潔な要約だ．

```
> dataEdit
Generator for class "dataEdit":

Class fields:

Name:                data            row.names
Class:        environment data.frameRowLabels

Name:               edits          description
Class:               list            character

Class Methods:
     "undo", "edit", "import", "usingMethods", "show",
     "getClass", "untrace", "export", "callSuper", "copy",
     "initFields", "getRefClass", "trace", "field"

Reference Superclasses:
     "dataTable", "envRefClass"
```

生成関数には，個々のメソッドに対して，そのメソッド自身のドキュメントが提供されていれば表示するメソッドがある．

```
> dataEdit$help("edit")
Call:
$edit(i, var, value)

Replaces the range i in the variable named var in the object by value.
```

参照クラスのオブジェクトを作成したら，`$` 演算子を使ってそのメソッドとフィールドにアクセスできる．次節では，`"dataTable"` という参照クラスを拡張して `"dataEdit"` という参照クラスを定義する．`"dataTable"` クラスに属する `wTable` オブジェクトを使ってみることから始めよう．

```
> objects(wTable$data)
 [1] "Clouds"              "Conditions"
 [3] "DewpointF"           "HourlyPrecipIn"
 [5] "Humidity"            "PressureIn"
 [7] "SoftwareType"        "TemperatureF"
```

```
    [9] "Time"                  "WindDirection"
   [11] "WindDirectionDegrees"  "WindSpeedGustMPH"
   [13] "WindSpeedMPH"          "dailyrainin"

> wEdit <- dataEdit(wTable)
> wEdit$edit(1:9,"Humidity",NA)
> wEdit$data$Humidity[1:20]
 [1] NA NA NA NA NA NA NA NA NA 94 94 94 94 94 94 94 94 94 93 94 94
```

フィールドは R の通常の置換式を用いて変更できる（理由はともあれ，これによって "data" フィールドの "Time" 変数がシャッフルされる）．

```
wTable$data$Time <- sample(wTable$data$Time)
```

メソッドもやはり $ 演算子を用いた通常の構文を用いて呼び出される．

```
xx$append(4.5)
```

他のオブジェクトに対する類似した R の式と異なるのは，この例で $append() メソッドが行っているように，メソッド定義からオブジェクト全体を参照することができるし，オブジェクト全体の変更も行いうるというところだ（参照クラスのメソッドを関数と区別するため，名前の前に $ を付けることにする）．

R の参照クラスを使うときに何が起こるのかを理解するためには，これらの特殊な機能がどれも本質的には単純な変更にすぎない，ということを覚えておくとよい．参照クラスは R を拡張しているが，言語を変更しているわけではない．第 3 章で述べたような，R では物事がどう機能するのかに関する様々な説明は，ここでも同様に当てはまる．

11.3　参照クラスの定義

あらゆるオブジェクト指向プログラミングでそうであるように，フィールドとメソッドが参照クラスの核心である．フィールドとメソッドの一式を備えたクラスを作成することによって，R でのカプセル化 OOP が可能になる．フィールドは 11.4 節，メソッドは 11.5 節で，それぞれ一節全体を割いて論じる．まずは参照クラスを定義するための手続きについて簡潔に概観しよう．

参照クラスは `setRefClass()` を呼び出すことで作成されるが，これは関数型 OOP の `setClass()` とよく似ている．第一引数はクラスの名前であり，`fields` 引数にはフィールドを指定する．`setRefClass()` は 2 つのことを行う．

1. 副作用として，クラス定義を割り当てる
2. 値として，そのクラスの生成関数オブジェクトを返す

参照クラスは，R を拡張するプロジェクトのためのパッケージの一部として定義されるべ

きだ．クラス定義を持つメタデータオブジェクトと，生成関数オブジェクトは，パッケージの名前空間内に配置される．パッケージをロードするとクラス定義がインストールされる．

例として "dataTable" クラスの定義を示す．これには "data" と "row.names" という2つのフィールドがある（このクラスを作る動機については10.3.2項を参照）．

```
dataTable <- setRefClass("dataTable",
  fields = c(
    data = "environment",
    row.names = "data.frameRowLabels"
  )
)
```

関数型クラスの場合と同様，戻り値は生成関数である．この関数を呼び出すと，クラスに属する新しいオブジェクトが生成される．生成関数はユーザがクラスに属するオブジェクトを作成するために呼び出すものなので，生成関数オブジェクトにはクラスの名前を割り当てておくのが，大抵のアプリケーションにおいてはよい考えである．

別の例として，CRAN の Rook パッケージ [20] で定義されている参照クラスの "Brewery" がある．

```
Brewery <- setRefClass(
    "Brewery",
    fields = c("url","root","opt"),
    contains = "Middleware"
)
```

このクラスにはフィールドが3つあり，Middleware クラスを継承している．

"Brewery" の定義において，"url" 等のフィールドはクラス指定なしで文字ベクトルの中に並べてあるだけだ．これらのフィールドに対しては，Python の OOP 実装のように，任意のRオブジェクトを代入することができる．"dataTable" の例では，フィールドはベクトルの要素名であり，その要素によってフィールドのクラスを指定していた．"dataTable" の "data" フィールドは必ず "environment" クラスかそのサブクラスに属していなければならないのだ．

"Brewery" の定義における単純な形式の field 引数は次の形式の短縮形である．

```
field = c(url = "ANY", root = "ANY", opt = "ANY")
```

Rのフィールド指定には多くのオプションがある．フィールドは読み込み専用にできるし，アクセサメソッドを通じて定義することもできる（いくつかの OOP 言語における「セッター」や「ゲッター」の類似物である）．これらについてはすべて11.4節で議論する．

カプセル化 OOP の核心は，メソッドが総称関数ではなくクラスに関連付けられていることにある．

setRefClass() が返す生成関数オブジェクトは参照オブジェクトではない（また，それは関数でもありえない）．ただし，$ 演算子を用いたカプセル化スタイルの関数呼び出しが可能だという点において，参照オブジェクトに似た動作をする．最も重要なのは $methods() である．これはクラスにメソッド定義を与えるために用いる．たとえば，XRexamples パッケージの "dataEdit" クラスには，パッケージのソース内で次のように指定されたメソッドがある．

```
dataEdit$methods(
    edit = function(i, var, value) {
        ....
    },
    undo = function() {
        ....
    })
```

これによって，引数に与えられた関数定義に対応する "edit" と "undo" という名前のメソッドが作成される．ユーザは "dataEdit" クラスのオブジェクトを操作するために $edit() や $undo() を呼び出す．

メソッドを追加するための $methods() 呼び出しは，そのクラスを作成するパッケージのソースコード内にしか置くことができない．パッケージの名前空間がロードされたあとには，外部コードによる改竄を防ぐためにクラスがロックされるからだ．

メソッド定義は setRefClass() の呼び出し自体に含めることもできる．しかし，メソッド定義を別にしたほうが普通はコードが読みやすくなる．クラスを定義するパッケージの中には，そうしたメソッド定義がいくつあってもよい．メソッドを目的ごとに分けてグループにするのは有益だ．たとえば，メソッドを定義するコードの最初のほうには，別立てにした $initialize() メソッドの定義が来ることが多いだろう．このメソッドは，クラスからオブジェクトが作成される際には必ず呼び出され，クラスの生成関数呼び出しの結果を定義するものである．

$methods() は引数なしであればクラスの全メソッドの名前を返す．同様に，$fields() はフィールドの定義を返す．$lock() メソッドによってロックすべきフィールドを指定できる．すなわち，最初の代入後にそれらのフィールドが読み込み専用になるということだ（11.4.1 項に例がある）．

11.3.1 参照クラスにおける継承

setRefClass() の呼び出しにおいて，オプション引数 contains によってスーパークラスが定義される．スーパークラスのフィールドとメソッドは新しいクラスに継承される．

たとえば，次に示すのは "dataTable" クラスのオブジェクトを編集するための参照クラスである．

```
dataEdit <- setRefClass("dataEdit",
    fields = c(
      edits = "list",
      description = "character"),
    contains = "dataTable")
```

このクラス定義には2つのフィールドがある．"edit" と "description" だ．このクラスは参照クラスの "dataTable" を継承しているので，"data" と "row.names" というフィールドも与えられる．

`setRefClass()` の呼び出しのあとには，`$edit()` や `$undo()` といったメソッドを作成する `$methods()` の呼び出しが続く．スーパークラスに対して定義されたメソッドは継承され，明示的に定義したメソッドと同じように呼び出せる．"dataTable" クラスには `$initialize()` メソッドがあるが，"dataEdit" クラスにはない．したがって，"dataEdit" の生成関数を呼び出すと，継承された `$initialize()` メソッドが呼び出されることになる．

あるメソッドからスーパークラスの同名のメソッドを呼び出したい場合には `callSuper()` を使う．引数にはもしスーパークラスのメソッドを直接呼び出すなら必要になるものをすべて与える．

参照クラスの継承に関してひとつ考慮すべきは，スーパークラスとサブクラスが同じパッケージ内にあるかどうかということである．上記の例では両方のクラスが同じ `XRexamples` というパッケージ内にある．これとは対照的に，`XRPython` パッケージには "PythonInterface" という参照クラスが定義されているが，これは XR パッケージの "Interface" クラスを継承したものである．

パッケージが異なる場合には，サブクラス定義において，そのサブクラスのオブジェクトがサブクラスの名前空間を継承すべきなのか，それともスーパークラスの名前空間を継承すべきなのかを選択する．この区別はメソッドに影響を与える．基本的に，サブクラスが他のパッケージで定義されることを意図してスーパークラスが設計されているのであれば，スーパークラスのメソッドは自分のパッケージからエクスポートしているオブジェクトだけを使用するようになっているだろう．この場合は標準的なクラス定義を行えばうまくいく．XR パッケージの "Interface" クラスはこの場合に相当する．

そうでない場合，サブクラスは，スーパークラスと同じ親環境を持つオブジェクトを作成する必要がある．`setRefClass()` 呼び出しのオプション引数で

```
inheritPackage = TRUE
```

とすれば，オブジェクトがスーパークラスのパッケージ名前空間を継承するよう設定される．この場合に，もしサブクラスのメソッドにおいて，**自分のパッケージ名前空間からはエクスポートされていないオブジェクトを使いたいのであれば，メソッドではなく通常の関数を書く必要がある．これについては11.5.4項で解説する．

11.3.2 クラス設計の例

さらなる詳細に入る前に，新しいクラスを定義する際に生じる疑問点を見ておくのが有益だろう．クラスは関数型にすべきか，それとも参照的にすべきなのか？ クラスにはどんな構造（フィールドや継承するクラス）を持たせるべきなのか？ また，そのクラスを継承するであろうサブクラスのために，どんな用意をしておけばよいのか？

ここで取り上げるのは，すでに触れた "dataTable" クラスの例である．このクラスを作る基本的な動機は，データフレーム的なデータ（一揃いの変数に対する複数の観測値）に対して，そのデータを用意したり，訂正したり，変更したりする段階で使うツールを提供することだ．

データフレームは，関数型 OOP のオリジナルの実装において不可欠の要素であった．それは，同一の長さを持つ複数の変数の名前付きリストという概念を実装するものだった．データフレームは，モデルの指定と組み合わせることで，モデルを当てはめてそのモデルに対応するオブジェクトを返すために必要な情報を提供した．オリジナルの S[12] や類似の R パッケージにおいて，モデル当てはめの計算は自然と関数型になった．データとモデルが引数であり，モデル当てはめの関数はそれらを局所的に用いて，適切なクラスのオブジェクトを返す．データフレーム引数を修正しても影響が及ぶ範囲は関数の中に限られる．

データフレームに対する関数型アプローチは，この文脈においては自然であり，広く成功を収めた．だが，データフレーム概念を他に応用する際により自然で適切なのは，カプセル化 OOP のパラダイムと参照に基づく実装のほうである．おそらく最も明白なこととして，大抵の研究において基となるデータは完璧な形でやってくるわけではない．データを用意するのには多大な労力が費やされる．データの取得や整形，加工などと言われているものである．その過程で通常は実際にデータを訂正することになるが，データ取得時のちょっとした不具合や設定の誤りを訂正すれば済むわけではない．記録されたデータの意味や，データが持つべき形式も問題になってくる．データの行が範囲によって異なるデータソースに対応していて，整合性を持たせるために調整が必要になるかもしれない．同様に，異なる変数の組に対しても，分析の際に整合的に扱えるようにするための調整が必要かもしれない．

こうした計算はどれも関数型 OOP で行うことが可能であり，R では多くの場合にその方法でうまく計算を行っている．しかし，ここでの基本概念にまさしく適合するのは，カプセル化 OOP のモデルなのだ．（139 ページの）基本的な質問を投げかけてみよう．

> もしオブジェクト内のデータの一部が変更されてしまっても，それは同じオブジェクトのままだろうか？

答えは明らかに「イエス」である．持続し修正されうるオブジェクト，ユーザが調べたり変更したりすることを望みうるオブジェクト，というのが自然なパラダイムだ．

データフレームに対するこの見方を表現する，単純な参照クラスを開発しよう．この新

しいクラスを "dataTable" と呼ぶことにする．データベース管理ソフトウェアを扱ったことがあるなら，"dataTable" という用語からはそうしたソフトウェアにおけるテーブルのことが連想されよう．統計学的な意味での変数がデータベースのテーブルの列という役割もいくらか担うという点で，類似性がある．

オリジナルの "data.frame" クラスでは，名前付きリストに行ラベル用の属性かスロットを付与したものがオブジェクトであった．オリジナルのSバージョンのデータフレームは形式的クラスが導入される以前のものだったが，methods パッケージにはそれに等価な形式的クラス定義がある．

```
setClass("data.frame",
         slots = c(names = "character",
                   row.names = "data.frameRowLabels"),
         contains = "list")
```

10.5.1 項（174 ページ）ではこれに対する単純な代替案も見たが，そこでは名前付きリストを通常のスロットにした．

```
setClass("dataFrameNonVector",
         slots = c(
           data = "namedList",
           row.names = "data.frameRowLabels"
         )
)
```

このバージョンのデータフレームが今後採用される可能性はほとんどないだろうが，継承された動作のせいで不正な結果が生じうるのを回避しているという点で，設計上の利点はある．

データフレーム用の単純な参照クラスを作成するためには，前者ではなく後者の関数型クラスが流用可能だ．参照クラスでは，通常のRのベクトルからデータ部分を継承することは不可能だ．あらゆる参照クラスオブジェクトは実質的に "environment" 型だが，もしベクトルを継承可能だとすれば，オブジェクトがそのベクトルに対応した型を持つことになってしまうからだ．

また，ベクトルの継承は望ましくもないだろう．もしベクトルを継承すれば，オブジェクトの変更は局所的だと想定している関数型メソッドも継承されてしまうからだ．しかし，もし関数型メソッドが参照オブジェクトの「局所的」コピーを修正すれば，もとのオブジェクトも変更されてしまう．参照オブジェクトを（基本的には関数型クラスのオブジェクトにコピーすることで）自動的に変換することもできるだろうが，これがよい考えだという場合はほとんどないと思われる．いまの場合によい考えでないことは確かだ．

さて，"dataFrameNonVector" を基にして，データフレームの類似物を参照クラスで最も直接的に作るなら，スロットをフィールドに変更することになるだろう．"data" フィールドの変数が以前と同じく名前付きリストとなり，"row.names" フィールドもやは

り "data.frameRowLabels" クラスになる．"data.frameRowLabels" クラスは，それが整数か文字列のベクトルだということを意味している．

しかしながら，少し考えてみると，より参照クラスらしいスタイルにするためには少々変更が必要だとわかる．"data" の名前付きリストは関数型クラスであり，これを使うのはまったく正当なことではある．しかし，参照クラスのフィールドの動作は，フィールド自体も参照オブジェクトであれば，より首尾一貫したものになるだろう．データは名前で参照される変数によって構成されており，個々の変数に対する変更は，局所的にではなくオブジェクト全体に反映される，というのがここでの発想である．したがって，名前付き要素を持つ参照オブジェクトを用いるほうがふさわしい．

実は，このようなオブジェクトの参照的バージョンとして実に自然なものがある．基本的なクラスであり，データ型でもある "environment" だ．"data" フィールドをこれに変更すると，次のようなクラスになる．

```
dataTable <- setRefClass("dataTable",
  fields = c(
    data = "environment",
    row.names = "data.frameRowLabels"
  )
)
```

たとえ参照的かどうかという問題は置いておくとしても，名前付きリストよりも環境の中に変数を保持するほうが自然だというのには理由がある．ほとんどの場合，データフレームの変数に番号で順序が付いていること自体には意味がない．番号が付いていると使いたくなってしまうが，それがデータの記録過程において人為的に付与されたものにすぎないということはよくある．変数の数値インデックスを使うと，わかりにくいだけでなく危険なコードを作成してしまう可能性がある．名前付きリストでは，それ自体の実装と "vector" クラスからの継承の両方のおかげで，あらゆる種類の数値インデックスが使えてしまう．名前によるインデックスだけを許す単純な関数型クラスは存在しないし，データフレーム用の関数型クラスでデータに対して "environment" クラスのスロットを使ってしまっては，関数型の動作を維持できない．

11.4 参照クラスにおけるフィールド

本節では，フィールドの使い方や設計の仕方についてより詳しく見る．参照クラスにおけるフィールドの使い方は他の OOP 言語と概ね同様である．ただし，名前によるフィールドへのアクセスのためには，よく使われるドット演算子ではなくて $ 演算子が用いられる．フィールドの内容には様々な要件を課すことが可能だ．何も要件がなくてもよいし，フィールドを指定したクラスに制限したり，カスタマイズしたアクセサ関数を使ったりすることもできる．

11.4.1 フィールドの定義

クラス内のすべてのフィールドには，`setRefClass()` の `field` 引数で名前を付ける必要がある．必ずしもフィールドの内容を制限しなくてもよい．フィールド名だけを与えた場合，フィールドの内容としては任意の R のオブジェクトが許される．

```
simpleBox <- setRefClass("simpleBox",
    fields = c("contents", "backup")
)
```

制限なしのフィールドに対してはアクセスが若干高速になる．特に代入はそうである．

R の関数型 OOP と同じく，フィールドの内容に対してクラスを指定できる．すると，フィールド内のオブジェクトは，指定したクラスかそれを継承したサブクラスに属するオブジェクトであることが保証される．

```
binaryTree <- setRefClass("binaryTree",
    fields = list(
      left = "treeOrNull",
      right = "treeOrNull",
      leaf = "ANY"
    )
)
```

この例の `"treeOrNull"` はクラスユニオンになるだろう．

```
setClassUnion("treeOrNull", c("binaryTree", "NULL"))
```

クラスに `"ANY"` を指定すれば，一部のフィールドに制限を付けないままにしておくことができる．

フィールドは「ロック」されることがある．その場合，フィールドには一度しか値を代入できない．値の代入はオブジェクト作成時の初期化メソッド内で行われることが多いが，いつ行っても構わない．値が代入されるまでの間，フィールドには `"uninitializedField"` オブジェクトが入っている．

ロックするフィールドは生成関数の `$lock()` メソッドで指定する．たとえばこうだ．

```
dataSave <- setRefClass("dataSave",
    fields = c( saved = "dataTable", time = "DateTime")
)

dataSave$lock(c("saved", "time"))
```

おそらく `"dataSave"` の `$initialize()` メソッドでは，引数を `"save"` に代入して，現在時刻を `"time"` に付与することになるだろう．その後はどちらのフィールドも変更できなくなる．

11.4.2 フィールドの参照

フィールドは位置ではなく名前によって参照される．「1番目の」フィールドという概念は存在しないのだ．通常であれば，フィールド名は構文的に名前としてパースされるようなものを選ぶべきである．オブジェクト名でそうするのとまったく同様だ．名前の先頭を文字にして，2文字目以降には文字，数字，または "_" か "." という記号を使うことを推奨する．1文字目が "." のフィールドも許されるが，そうした名前はRの実装において特別な目的で使用されているので，そのようなフィールドを使うのは危険だし，そうでなくても誤解を招きかねない．また，フィールドとメソッドの名前に "." を使うのはまったくやめたほうがよいとする，ちょっとした理由もある．他の多くの言語ではこの記号を名前に使うことが許されていないからである．特に，Rではメソッド呼び出しの役割を $ が担っているが，多くのカプセル化OOP言語では "." がメソッド呼び出しの演算子になっている．Rプログラミングをしない同僚は，名前の中にドットがあれば困惑するだろう．

実際のところ，カプセル化OOPのフィールド名は，Rにおける他の名前と用途は同じである．つまり，それらはオブジェクトを特定するものだ．例によってオブジェクトは名前と環境の組み合わせによって指定されるが，カプセル化OOPでは環境が参照オブジェクトそれ自体なのである．概念上も実装上も，参照クラスのオブジェクトは各々が環境と対応付けられており，フィールド名はその環境内にあるオブジェクトを特定する．フィールド名はそれ自体が参照クラスのメソッドのソースコード内で使われることもあれば， $ 演算子の右辺の引数として使われることもある．

フィールド名は， $ 演算子の右辺であればRのコードのどこにでも現れうる．左辺に来るのは，評価されると参照クラスオブジェクトになるような式である．フィールド名は，オブジェクトが属するクラスの定義か，そのクラスのスーパークラスであるような参照クラスの定義において指定されたものでなければならない．スーパークラスは，クラスを定義する `setRefClass()` 呼び出しの `contains` 引数によって指定される．すべての参照オブジェクトには ".self" と ".refClassDef" という予約済みフィールドもあり，それぞれがオブジェクトそのものとクラス定義とに対応している．

$ 演算子は，任意の参照オブジェクトに対してRのコードのどこで使っても動作する．Rの参照クラス用に書くメソッドの中では，フィールドを扱うために ".self" フィールドと $ 演算子が使えるが，通常はこれらを使う必要はない．代わりに，クラスのフィールドは，直接定義されたものであれ，継承されたものであれ，名前だけで参照可能である．したがって，"dataEdit" クラスのオブジェクト x の "data" フィールドには x$data でアクセスできるものの，"dataEdit" クラスのメソッドを書く際には data という名前だけを使うことになるだろう．もし参照クラスが，異なるパッケージにある別のクラスを継承するのであれば，明示的に .self を用いてメソッドを書く必要があるかもしれない．11.5.4項を参照のこと．

参照クラスのフィールドやメソッドにアクセスする際， $ 演算子の左辺に来る式は，それが評価されて適切な参照オブジェクトになる限りは，どんなに複雑なものであってもよ

い．しかし右辺の式は定数である．それは名前そのものでなければならず，単に評価されれば名前になるというだけのものではいけない．

計算によって構築した名前を用いてフィールドにアクセスしたり変更したりする必要があるなら，`$field()` という参照メソッドが使える．このメソッドは，引数を 1 つ与えると，その引数の文字列値に対応するフィールドを返す．引数を 2 つ与えると，第一引数で指定したフィールドが，第二引数の値に設定される．

11.4.3 フィールドの代入と修正

フィールドを含んだ式を用いて，フィールドにデータを代入したり修正したりすることも可能である．そうした計算は標準的な R の計算を利用して実行されるが，いくつか特別な機能も加わっている．ここでは一般的な R の計算を利用したフィールドの代入と修正について見る．メソッド定義内で利用可能な，簡略化されたバージョンの代入や修正については，11.5 節で議論する．

`$` を含む様々な式を代入演算子の左辺で使うと，あらゆる R オブジェクトに対するのと同様，フィールドに対する代入や置換が行われる．`"dataEdit"` クラスには `"data"` と `"row.names"` というフィールドがある．`ex` をこのクラスに属するオブジェクトとすると，次のような式によってフィールドの置換や修正ができる．

```
ex$row.names <- paste("Obs.",1:nrow)
ex$data$Time <- revisedTime
```

単純なフィールド代入について考察しておけば，一般の場合の代入や置換も理解できる．あらゆる R の代入と同様，`ex$data$Time` に対する置換式も，一時オブジェクトを修正してから，そのオブジェクトを単純代入によって再度 `ex$data$Time` に割り当てる（5.2.1 項）．

フィールドへの代入を行う際，クラス定義時にそのフィールドのクラスが指定されていた場合には，代入するオブジェクトがそのクラスかサブクラスに属している必要がある．231 ページの `"dataTable"` クラスの定義において，`"row.names"` フィールドは次のように指定されていた．

```
fields = c(data = "environment",
           row.names = "data.frameRowLabels")
```

フィールドを置換するオブジェクト `value` に対して，`is(value, "data.frameRowLabels")` は必ず真になる．

フィールドのクラスは指定されないこともある．この場合のクラスはフォルトの `"ANY"` になり，任意の R オブジェクトが許される．226 ページの `"Brewery"` クラスでは

```
fields = c("url","root","opt")
```

となっていたが，これはすべてのフィールドのクラスが未指定なことを表している．

フィールドは**アクセサ関数**で定義することもできる．通常は，`setRefClass()` 呼び出

しにおいてフィールドに必要なクラスの名前を文字列で与えることで，フィールドが設定される．その代わりに，引数が1つの関数をフィールドに設定すると，そのフィールドを抽出したり修正したりする際に，Rはその関数を呼び出すようになる．アクセサ関数は，フィールドの抽出では引数なしで呼び出され，置換では（新しいオブジェクトを与える）引数1つで呼び出される．これは高度な技法であり，参照クラスを用いる通常のプログラミングで使うことは推奨しない．しかし，参照クラスのオブジェクトが何か別のものに対するプロキシとして動作する場合には，アクセサ関数が使われる．特に，XR のアプローチによってRと他のカプセル化OOP言語とのインターフェースを作成する際には，この技法が要となる．

11.4.4 参照フィールドと非参照フィールド

参照クラスのフィールドは，特定のクラスを必要とするように定義することができる．それは原理的にはどんなRのクラスであってもよい．どう定義するにせよ，フィールドそのものは参照である．オブジェクト x が属するクラスに "data" というフィールドがあるとする．すると，代入式や置換式の左辺に x$data という式が現れる際には必ず，x が使用されているすべての場所で "data" フィールドの内容が変更される結果となる．参照クラスのメソッド内で data が大域的代入（ <<- 演算子）によって置換される場合も同様の結果となる．

以上のことは，"data" フィールドが何のクラスであるかによらず当てはまることだ．

他方，x$data という式がRの関数呼び出しに引数として渡される場合には，何が起きるかがそのフィールドのオブジェクトのみに依存する．x$data が参照クラスのオブジェクトから抽出されたものだという事実はまったく影響を及ぼさない．これはRの標準的な計算規則からの帰結にすぎないが，フィールドの定義を決める際に留意すべきことだろう．また，これに関連して，もし気にするのであればだが，オブジェクトのコピーがどの程度行われるかという問題がある（ただし，ユーザが時折想像するほどにはコピーの有無による差はないだろう）．

簡単な例で説明する．data は名前付きの変数を備えたデータフレーム的なオブジェクトだとしよう．また，data を対話的なデータビューア（たとえば rggobi が提供しているようなもの）に渡すものとしよう．何か計算に関する名案が浮かんで（何であるかはどうでもよい），それによって興味あるデータ行のグループが定まるとする．それを実装する自然な方法は，Groups という変数を計算して，その変数をビューアに渡されたデータに追加する関数を作ることだ．関数を仮に viewWithGroups() としよう．

```
viewWithGroups <- function(frame, ...) {
    frame$Groups <- .... ## データに対して何か気の利いた計算をする
    viewer(frame, ...)
}
```

こうして，viewWithGroups(data) によってデータの見方が拡張される．

ここで何が起こるかは data のクラスのみに依存し，data がどこから来たかとは無関係である．良くも悪くも，R では，frame$Group に対する代入が，関数的データ型である "list" と参照型である "environment" の両方（したがって，"data.frame" のようなクラスと参照クラスの両方）に対して定義されている．"list" の場合，代入計算はもとの data に何の影響も及ぼさない．しかし "environment" の場合には，data に変数が追加されたり（さらに悪い場合は）上書きされたりする．

くり返しになるが，以上のことはすべて，R に関数的な型と参照的な型が両方存在することの帰結にすぎない．また，パラダイムが異なる 2 つのクラスに対して，概ね同じ意味を持つ妥当な演算が存在するという事実からの帰結でもある．オブジェクト指向プログラミングはこうした状況において安全性を高めるのに貢献できる．もし本当に frame を局所的にのみ変更したいのであれば，たとえばそれを，シグネチャに "list" を持つ関数型メソッドの引数にしてしまえば，ユーザを誤った変更から保護できるだろう．

11.5 参照クラスにおけるメソッド

参照クラスのメソッドは R の関数である．メソッドは概ね他の関数と同様に動作するが，特別な性質を 2 つ備えている．

- メソッドの出所：通常の関数であればパッケージの名前空間内で作成，保存されるが，メソッドは参照クラス定義の一部として作成，保存される．
- メソッドの環境：パッケージ内の関数の環境はそのパッケージの名前空間だが，参照クラスのメソッドの環境はそのクラスのオブジェクトそのものである（そして，その環境の親環境がパッケージ名前空間となる）．

2 つめの性質により，メソッド内では名前によってフィールドや他のメソッドを参照できるので，メソッド定義の読み書きが容易になる．ただし実際には，この性質を使うかどうかは任意である．特殊な状況ではこの性質が望ましくないこともあるが，その場合には 11.5.4 項で論じるように，メソッドを**外部メソッド**として定義すればよい．本書では参照クラスのメソッドについて語る際，説明のない限りは標準的な内部メソッドのことを意味するものとする．

参照クラスのメソッドは 0 個以上の引数を持つ関数であり，クラス定義に付属している．参照クラスのメソッドに対する関数定義は，通常の R の関数と同じ見た目をしている．実際，引数や関数本体の局所的計算に関しては本当に同じである．

メソッドの環境はオブジェクトそれ自体なので，メソッド定義内では，修飾なしの名前によってフィールドを参照したり，カプセル化されたメソッドを呼び出したりできる．これにより，Java や C++ のような，フィールドやメソッドを直接に使用できる言語に似たプログラミングスタイルが可能になる．これとは対照的に，Python でフィールドを抽出するには，オブジェクトへの明示的な "self" 参照が必要である．11.5.4 項で示すとお

り，Rにも .self フィールドがあり，Pythonのスタイルで外部メソッドを書くことができる．しかし，標準的なメソッド定義であればどれも，フィールドとメソッドへのアクセスに必要なのは名前だけだ．

こうした点を確認するため，メソッド定義の例を見てみよう．11.3.1 項で示した "dataEdit" クラスのフィールドは data と edits であった．このクラスには主なメソッドとして \$edit() と \$undo() の 2 つがある．これらのメソッドは，11.3 節（227 ページ）で示した \$methods() の呼び出しによって割り当てられている．

\$edit() メソッドは，名前付き変数内の何らかのデータを置換する．そして，その変更内容と以前そこにあったデータを， edits フィールドに保持しているリストに記録する．\$undo() は前回の変更を取り消して，それを edits のリストから取り出す．\$undo() メソッドの定義全体は次のとおり．

```
function() {
    "前回のedit()による操作を取り消してeditsフィールドを更新する"
    if(length(edits)) prev <- edits[[length(edits)]]
    else stop("No more edits to undo")
    edit(prev[[1]], prev[[2]], prev[[3]])
    ## editsリストを削って調整
    length(edits) <<- length(edits) - 2
    invisible(prev)
}
```

このメソッド定義について注目すべき点をいくつか挙げる．

- メソッド定義の本体が複数行にわたる文字列定数から始まっている．メソッドの第一要素に文字列があると，そのメソッドのドキュメントとして解釈される．Python 用語でいうドキュメンテーション文字列 (docstring) である．生成関数の \$help() メソッドを呼び出すとこの文字列が表示される．パッケージのインラインドキュメントを書くのに roxygen2 パッケージ [38] を使っている場合， roxygenize() 関数でドキュメントを作成すると，ドキュメンテーション文字列が，クラスに対する R の通常のドキュメントへとコピーされる．
- このメソッドは edits フィールド末尾の要素を取り出すように動作する．その要素には， data フィールドの編集箇所の以前の値が入るように設計されている．したがって，それを引数にして \$edit() メソッドを呼び出せば，前回の編集が取り消される．\$undo() メソッドの環境はオブジェクトそれ自体なので， edits フィールドと \$edit() メソッドの両方とも \$ 演算子なしで直接使うことができる．
- 最後に，このメソッドは edits フィールドから末尾の 2 要素を削除している（元々の編集内容と，それを取り消す編集だ）．これは**非局所的**代入であり，カプセル化 OOP を実装する参照クラスには不可欠なものだ．したがって，代入には <<- を使わなければならない．

11.5.1 メソッドの書き方

何かRの関数をプログラムしたことがあり，それがどう動作するのか要点を理解しているのであれば，参照クラスのメソッドを書くのは容易い．ただし，いくつかの点に留意する必要がある．

参照クラスのフィールドには名前を使うだけでアクセスできる．参照スーパークラスから継承したフィールドであってもよい．フィールドは関数呼び出し内の局所的なものではないので，フィールド名を引数や局所変数として使うとフィールドがマスクされるが，これはやってはいけない．プログラミングの誤りが覆い隠されることになりやすいし，よくても混乱を招くだけだ．直接的な誤用があれば，メソッド定義時に行われるコード解析によって検出され，警告が出る．

例で示したとおり，フィールドを**修正**するにはRの非局所的代入演算子 `<<-` を使う．これを使うのは実装上必須だが，参照的な種類の代入を行っているということを忘れないためにも役立つ．

別の例として，`"dataEdit"` クラスの `$edit()` メソッドには次のような行がある．

```
data[i,j] <<- value
edits <<- c(edits, list(backup))
```

これによって `"data"` と `"edits"` という2つのフィールドが修正されたり再代入されたりする．

`setRefClass()` 呼び出しにおいてフィールドが `"ANY"` クラスとして定義されている場合，任意のオブジェクトをそのフィールドに代入できる（クラス指定がなければ暗黙的に `"ANY"` になる）．それ以外の場合，オブジェクトは宣言されたクラスかそのサブクラスに属している必要がある．クラス定義内で `$lock()` を呼び出してフィールドをロックしている場合，代入は一度しか行えない．一度きりの代入をオブジェクト初期化時に行ってもよいが，そうするのが必須というわけではない．

使用可能なメソッドは，直接定義したものと継承したものを合わせて数多くあるかもしれない．メソッドが評価されるときには，コードが解析されて他のメソッドに対する呼び出しが検出される．そして，オブジェクトの環境内にそれらのメソッドへの参照が作られ，メソッドが使用可能であることが保証される．当該のメソッドから参照していない他のメソッドがクラスやスーパークラスの中にあっても，それらはオブジェクトの環境には挿入されない．

コードの解析がうまくいくためには，他のメソッドが確かに呼び出されているという証拠が必要だ．メソッド本体の中で `usingMethods()` というユーティリティ関数を呼び出せば，メソッドが使用可能だと保証することができる．コードを明確にするなら `usingMethods()` の呼び出しを実際の計算の前に置くとよいが，この関数は実行時には何もしない．この関数の引数には，現在のメソッドから使用されるメソッドの名前を与える．

通常の関数呼び出しによって他のメソッドを呼び出す場合，そのメソッドを

usingMethods() で宣言する必要はない．コード解析によって呼び出しが検出されるからだ．また，$ 演算子でアクセスしようとして新たに必要になったメソッドも，自動的にオブジェクトの環境に追加される．

だが，（たとえば，apply() 系の関数を呼び出したり do.call() を用いたりして）他のメソッドが間接的に使用されている場合には，他のメソッドを usingMethods() で宣言することが必須になる．どんな場合であれメソッドを宣言しておいて害はないし，使用している他のメソッドを思い出すのに役立つだろう．

setRefClass() 呼び出しで contains 引数に指定したスーパークラスから継承したメソッドも使用可能である．これらのスーパークラスもまた継承したメソッドを持っており，継承の階層は "envRefClass" クラスに対して定義されたメソッドまで続く．直接定義したメソッドは，継承した同名のメソッドをオーバーライドする．直接のスーパークラスが複数ある場合，重複するメソッド名のうち 1 つが位置に基づいて選択される．もしクラス継承が contains = c("C1", "C2") と定義されていれば，クラス "C1" に対するメソッドのほうが，クラス "C2" に対する同名のメソッドよりも優先して選択される．ただし，このような重複があるのはよくない兆候であることが多い．ユーザはこのメソッドが何を意味していると思うべきなのだろうか？

もし自分が開発している参照クラスが他のパッケージにおいて広く継承されることを期待するのであれば，自分のパッケージからエクスポートしていない関数をその参照クラスのメソッドから呼ばないことが，他のパッケージの作者を助けることになる．そうでないと，自分のクラスを継承する他のクラスに，継承したメソッドを使うための余計な手間をかけさせることになる．その詳細や次善策については，11.5.4 項の外部メソッドに関する議論を参照してほしい．

同じ名前を持つ関数とメソッドは区別する必要がある．何の計算なのかがユーザにとってわかりやすくなるように，メソッドの名前を似たような目的を持つ関数と同じにすることは，かなり頻繁にある．参照クラスのメソッドからそのような関数を呼び出したければ，パッケージ名を付して完全修飾形式で呼び出すべきだ．

たとえば，参照クラスには自動表示のための $show() メソッドが含まれていることが多い．このメソッドから，大域的に利用可能な methods パッケージの show() 関数を呼び出したければ，明示的に呼び出す必要がある．"dataEdit" の例にある

```
methods::show(data)
```

という行では，show() 関数を用いて "data" フィールドを表示している．これは "data" フィールドのクラスに対する関数型メソッドを利用するためだ．

11.5.2 参照クラスのメソッドのデバッグ

参照クラスのメソッドをデバッグするためには，通常の関数呼び出しのデバッグ用ツールが基本的にはすべて使える．ただし，メソッドは（環境としての）オブジェクトそれ自

体や参照クラスに属しているのであって，関数のように直接パッケージの名前空間に属していているわけではない，という点には大いに注意する必要がある．

たとえば，適切な "error" オプションを設定すれば，通常の関数のようにエラー発生時に結果を調査することができる．

```
options(error = recover)
```

コールスタックの閲覧は期待通りにできるし，メソッド呼び出しの中から，オブジェクトに対するメソッドの定義を見ることができる．たとえば，"dataEdit" クラスの $undo() メソッド内でエラーが発生したのであれば，$undo() 呼び出しのフレーム内で，そのクラスの edit メソッドオブジェクトを閲覧して調査することができるだろう．

エラー発生前に仕込んでおくデバッグ用の仕組みである trace() と debug() は，両方ともメソッドにも適用可能である．ただし，2 つの仕組みは定義のされ方が異なるので，若干の違いがある．debug() 系の関数は関数オブジェクトに対して作用するものであり，参照クラスのオブジェクトのメソッドに対しても直接使うことが可能だ．たとえば wTable が "dataEdit" クラスのオブジェクトだとすると，

```
debugonce(wTable$edit)
```

とすることで，このオブジェクトに対して次に $edit() メソッドを呼び出すときにはデバッグモードに入るようになる．

trace() 機能は名前とパッケージに基づいて動作する．類似のメソッドとして $trace() があり，これは参照クラスか，そのクラスに属するオブジェクトに対して動作する．先ほどと同じ wTable オブジェクトに対して

```
wTable$trace(edit, exit = browser)
```

とすれば，オブジェクトに対する $edit() 呼び出しの終了時に毎回 browser が実行されるようになる．

生成関数オブジェクトに対して $trace() を適用すれば，以後そのクラスから生成されるすべてのオブジェクトのメソッド呼び出しがトレースされるように設定できる．先ほどのトレースをすべてのオブジェクトに対して適用するには，当該クラスの生成関数が dataEdit だとして，次のようにする．

```
dataEdit$trace(edit, exit = browser)
```

debug() に対してはこれと同じ仕組みが使えない．なぜなら，生成されたオブジェクトのメソッドはクラス定義内のメソッドオブジェクトのコピーであり，debug() は評価器の内部に現に存在している関数に対して作用するからである．

11.5.3 参照クラスの $initialize() メソッド

参照クラスにはオプションとして初期化用の $initialize() メソッドを含めてもよい．

その場合，生成関数か `$new()` メソッドを呼び出してクラスからオブジェクトを作成する際に，`$initialize()` メソッドが呼ばれることになる．初期化メソッドは有用だが，関数型 OOP でも参照クラスでも，うまく設計するのが少々難しいものでもある．本節ではいくつかの例を示して設計のヒントについて論じる．10.5.6 項では同様のことを関数型 OOP の場合について議論している．

クラスに対してもスーパークラスに対してもまったく `$initialize()` メソッドが定義されていない場合には，`initFields()` メソッドが呼び出される．このメソッドは "envRefClass" クラスで定義されており，生成関数呼び出しに渡される任意個数の引数（"..." 仮引数）を受け取る．フィールドの値は名前付き引数として明示的に与える．スーパークラスか，当該クラスそれ自体に属するオブジェクトは名前なし引数として与えることが可能だ．オブジェクトのフィールドは新しいオブジェクトへコピーされるが，名前付きで明示的に与えたフィールド値があれば，オブジェクトから引き継いだ値は上書きされる．たとえば，xx が 11.3.1 項で定義した "dataEdit" クラスに属するオブジェクトだとしよう．また，"dataEdit" には `$initialize()` メソッドがないとしよう．すると，"description" フィールド以外は xx と同じ内容を持つ，xCopy という新しいオブジェクトを作成するには

```
xCopy <- dataEdit(xx, description = "copy of xx")
```

とすればよい．これは浅いコピーだということに注意してほしい．参照的なフィールドは単に参照先が同じになるように割り当てられる．この場合であれば，"data" フィールドは同じ "environment" オブジェクトになる．

クラスに対して `$initialize()` メソッドを定義すればフィールドをより柔軟に扱えるようになり，ユーザから見えるオブジェクトの姿を実装の詳細からは切り離すことができる．また，クラスが単純な参照クラスではない場合（たとえば，他の OOP 言語へのインターフェースを含む場合）には，初期化メソッドが必須になるかもしれない．

初期化メソッドにはフィールドやスーパークラスのオブジェクト以外の引数を持たせることも可能である．参照クラスのメソッドの仮引数は総称関数によって決まるものではない．したがって原理的には任意の引数でよい．クラス定義では，オブジェクトを用いた計算という目的にとって自然なフィールドを選ぶ．だが，オブジェクトの作成という目的にとっては，`$initialize()` でフィールド以外の仮引数を使うほうが自然な場合もある．

`$initialize()` に課せられた 2 つの特殊な要件には留意が必要だ．

- あらゆるメソッドと同様，`$initialize()` も，当該クラスに対して今後定義されるサブクラスによって継承される．サブクラスがあまり自分で初期化メソッドを定義しなくても済むように，初期化メソッドは現在のクラス定義には含まれていないフィールドも扱えるようにしておくべきだ．そのためには，新しい初期化メソッドがスーパークラスのメソッドを呼び出すようにし，最終的にはデフォルトのメソッドまで呼び出されるようにするのが自然である．これは以下の例で示す．

- `$initalize()` メソッドの引数はオプションにすべきだ．特に，生成関数を引数なしで呼び出せるようにしておくこと．現在のRの実装では，クラスがデフォルトのオブジェクトを持つことが期待されている．関数型OOPでは実際にプロトタイプオブジェクトがあればよいが，参照クラスではプロトタイプのコピーを作成する必要がある．ただし，それ以外のやり方でデフォルトオブジェクトを生成してもよい．

単純な例で説明しよう．"dataTable" クラスには "data" フィールドがあり，そのクラスは "environment" で宣言されている．ユーザが環境だけではなく名前付きリストも与えられるようにするため，`$initialize()` メソッドは引数を変換する場合がある．

```
dataTable$methods(
    initialize = function(..., data) {
        if(missing(data))
            callSuper(...)
        else
            callSuper(..., data = as(data, "environment"))
    })
```

`data` 引数は仮引数内で `...` より後ろにあるので，名前付きで与える必要がある．

メソッド初期化の際には，最終的にデフォルトのメソッドまで遡れるように，必ず `callSuper()` を呼ぶべきだ．デフォルトメソッドはすべての名前付きフィールドに値を割り当てる．これがないと，**自分がつくったクラスを他人がつくったクラスが拡張するとき**に，追加したフィールドをすべて明示的に初期化する必要が生じてしまう．

11.5.4 外部メソッドとクラス継承

参照クラスのメソッドとして指定された関数は，そのクラスのオブジェクトが親環境になるよう修正される．この修正によって他のフィールドやメソッドの単純参照が可能になる．単純参照は `$` 演算子を使用するより少し高速だが，必須というわけではない．

メソッドの第一仮引数を `.self` にすると，上記の特殊な処理は行われない．この場合，メソッドはオブジェクトを `.self` 引数にして呼び出される．他の引数はメソッド呼び出しに与えたものが使われる．メソッドを設定する際，第一引数の指定以外に特殊な命令は必要ない．メソッドの中では `$` 演算子を用いてオブジェクトやそのフィールドとメソッドを参照するが，これは外部の関数から参照する場合とまったく同様である．

参照クラスにおいて，この形式のメソッドは**外部**メソッドと呼ばれている．外部メソッドはどこでも使えるが，あるパッケージ内のクラスが別のパッケージ内のクラスを拡張する場合に使うことが最も多いだろう．なぜそうなのかを見るために，我々の "dataEdit" クラスにあるメソッドが，このクラスを定義している `XRexamples` パッケージからエクスポートされていない関数を呼び出すものとしよう．

さて，誰かがサブクラス "dataEdit2" を `newPkg` という別のパッケージ内で定義するとしよう．新しいクラスの標準的メソッドでは，通常通りオブジェクトそのものが環境にな

る．この環境の親環境はパッケージの名前空間であり，そのパッケージというのは当該のクラスを定義したパッケージであるのが通常だ．いまの例では newPkg の名前空間である．しかしそれでは，継承したメソッドが XRexamples からエクスポートされていない関数を見つけられなくなってしまう．

　ある参照クラスが別のパッケージの参照クラスを継承する場合，setRefClass() 呼び出しに

　　　inheritPackage = TRUE

という引数を与えてサブクラスを定義するオプションがある．これには，そのクラスのオブジェクトの親環境を，スーパークラスを含むパッケージの名前空間にするという効果がある．いまの例では，"dataEdit2" クラスのメソッドが，newPkg ではなく XRexamples の名前空間を親環境として持つことになる．

　クラスが別のパッケージのクラスを継承する場合，明示的に設定したメソッドと継承したメソッドの両方をうまく機能させるためには，実装を計画的に行う必要がある．基本的には以下のような状況になる．

1. 標準的メソッドがどれもエクスポートされたオブジェクトだけを参照するように片方のクラスが設計されていれば，もう一方のクラスでは何をやってもよい．
2. エクスポートされていないオブジェクトを参照するスーパークラスのメソッドがひとつでもある場合，サブクラスはそのようなメソッドをすべて置き換えてしまうか，あるいは inheritPackage 引数を用いてスーパークラスの名前空間を使用するか，いずれかの処置をとる必要がある．
3. サブクラスでスーパークラスの名前空間を使用するという道を選ぶ場合，サブクラスの標準的メソッドからは，自分が属するパッケージのエクスポートされていないオブジェクトを参照できなくなる．

こうした制限が課されるのは標準的メソッド，すなわち非外部メソッドだけだということには注意してほしい．外部メソッドでは，メソッドに対して特殊なコード処理が行われないので，単にパッケージ内の他の R の関数と同じように動作する．

　参照クラスを開発するプロジェクトに向けた主要メッセージは以下のとおり．もし定義中のクラスが他のパッケージによって拡張されそうなら，メソッドには自分が属するパッケージに特有の物事を含めないほうがよい．どんな場合であれ，メソッド定義においてはエクスポートされた関数しか呼び出さないのがよい参照クラス設計だ，というのが私の意見である．我々が検討してきたいろいろな実際上の問題は脇に置くとしても，カプセル化クラスのメソッドというのは，それらがオブジェクトそのものに付随しているというまさにその点において，関数型メソッドとは異なるものなのだ．この意味において，パッケージはメソッドをエクスポートしているのであり，単にメソッド呼び出しの仮引数だけをエクスポートしているのではない．

現実の例として，第13章から第15章で議論する，XR 構造に従うインターフェースパッケージについて考察しよう．この例では，各言語に共通な構造は XR パッケージの "Interface" クラスの中に配置する，というインターフェース設計になっていることが明らかだ．ただし，特定の言語に対する実際のインターフェースは，各言語別のパッケージにあるサブクラスに属している．

"Interface" クラスのメソッドでは，XR パッケージからエクスポートされていない関数は使用しない．この要件を満たすのは大した負担ではなかった．使用した機能は，各言語に特化したパッケージの関数からも呼び出されそうなものが多く，いずれにせよエクスポートされていただろう．

11.6 参照クラスに対する関数型メソッド

参照クラスのオブジェクトに対して，総称関数が呼び出されて関数型メソッドの選択が行われうる状況が2つある．

1. 総称関数をカプセル化メソッドから呼び出して，そのメソッドを引数のクラスに応じて特殊化したい場合．
2. 参照クラスのオブジェクトを引数のひとつとして，総称関数を直接呼び出す場合．

前者の場合は原理的には何の問題もない．これは実際のところ，カプセル化メソッドの定義そのものが，参照オブジェクト自体のクラスだけでなく，それ以外のオブジェクトのクラスにも自然に依存しているということを述べているにすぎないからだ．参照クラスの実装にはこのような関数型メソッドを直接定義するための仕組みがない．したがって，カプセル化メソッドはこの目的のために別の総称関数を利用せざるを得ないのである．

後者の場合，実装は容易だが，当該の総称関数が関数型クラスに対してもメソッドを備えている場合には注意が必要だ．関数型でないメソッドを実装してしまうことで，総称関数が不正なものになる恐れがある．

11.6.1 カプセル化メソッドを特殊化する関数型メソッド

第13章から第15章で議論する XR インターフェースクラスの例を用いて，この技法に関連した設計上の選択について説明しよう．

XR インターフェースは，サーバ言語側での計算を実行するために，参照クラスの評価器オブジェクトを使用する．その過程の構成要素として，オブジェクトには `$AsServerObject()` メソッドが備わっている．これは `object` 引数に任意の R オブジェクトを受け取る．このメソッドは文字列を返す必要がある．その文字列は，サーバ言語において評価されれば，R オブジェクトに等価なサーバ言語のオブジェクトか，R オブジェクトに対応するデータを返すようなものでなければならない．このメソッドは "Interface" クラスでは次のように定義されている．

```
> XR::Interface()$AsServerObject
Class method definition for method AsServerObject()
function (object, prototype = prototypeObject)
{
    "Given an R object return a string ......"
    asServerObject(object, prototype)
}
```

ドキュメント文字列を除くと，関数本体は `asServerObject()` 総称関数の呼び出しだけでできている．

`asServerObject()` のメソッドは R オブジェクトのクラスに依存しているが，参照クラスにも依存しているかもしれない．したがってこの場合，総称関数には `prototype` 引数があり，これが実質的には参照クラスのオブジェクトに対応している．この引数には単に `.self` が渡されることが多いが，この例にはもう少し微妙なところがある．アプリケーションが特定のサーバ言語クラスを想定している場合のことを考慮して，`prototype` が参照クラスのメソッドのオプション引数になっているのだ．

前節のクラス継承に関する議論と同様，このような場合には総称関数をパッケージからエクスポートするのが望ましい．サブクラスが総称関数に対して新たなメソッドを定義する必要があるかもしれないからだ．`asServerObject()` の場合には，`"Interface"` の任意のサブクラスに対して適用可能なメソッド群が `XR` パッケージにおいて定義されている．だが，それとは異なるメソッドを選ぶサブクラスもあるだろう（いまの例では，`XRJulia` パッケージは異なるメソッドを使うが，`XRPython` はそうではない）．

11.6.2　参照クラスのオブジェクトに対する関数型 OOP

参照クラスは S4 クラスとして実装されている．したがって，原理的には関数型 OOP のツールを参照クラスに対して適用できるが，危険もある．

R は全体としては関数型言語なので，参照クラスのオブジェクトに対しても関数型計算を適用することができる．参照クラスのオブジェクトに総称関数を応用するために，そうしたクラスに対して関数型メソッドを定義したくなるかもしれない．そうしたくなるのは，類似のカプセル化メソッドを呼び出すのが不便だからという場合もあれば，単にユーザレベルでの計算の一貫性を維持したいからだという場合もある．前者の例としては様々な演算子が挙げられる．

```
x + 1
```

と書くほうが，

```
x$add(1)
```

と書くよりも自然なのだ．後者の一貫性に関しては，一般的な関数を，それが意味をなすのであれば参照オブジェクトに対しても適用できるようにしたいという場合がある．

```
plot(x); summary(x)
```

危険なのは，総称関数に対して関数型でないメソッドを導入すると，参照クラスと無関係な計算を行う際に，その総称関数を利用した計算が不正なものになってしまう恐れがあるという点である．

悲惨な副作用を避けるために，参照クラスに対する関数型メソッドは次の原則に従うべきである．

> 原則：総称関数が関数型クラスに対してメソッドを持つ場合，その総称関数のすべてのメソッドの動作が関数型になるようにすべきである．

こうする動機は単純であり，関数型 OOP という考え方全体にとっての要でもある．関数型プログラミングにおいて，総称関数はその引数と自身が返すオブジェクトを記述することで定義される．メソッドは，総称関数が表現している計算モデルに違反すべきではない．その計算モデルを実現するのに適切な**手段**（メソッド）だけを提供すべきなのだ．

もし $add() メソッドが x を修正するのであれば（大抵の場合はそうだが），これを関数型メソッドで置き換えるべきではない．置き換えてしまうと，算術演算が純粋に関数型の計算であることを前提にした計算が，不正なものになってしまう恐れがある．

この原則は参照クラスだけでなく，関数型でないあらゆる形式のデータに対して適用される．たとえば，様々なパッケージが，R が内部的にはサポートしていない巨大なオブジェクトを扱うための仕組みを提供している（CRAN の高性能計算に関するタスクビュー [15] の，「大量のメモリが必要なデータとメモリに収まらないデータ（Large memory and out-of-memory data）」の項を参照のこと）．こうした仕組みは関数型ではないことが多い．というのも，データが R 評価器の中で自動的には複製されないからだ．どんな場合であれ，プログラマはそのような巨大オブジェクトが必要以上にコピーされるのを避けたいだろう．しかしその結果として，悪い副作用を回避できるように注意深くメソッドを設計しなければならなくなる．

この原則がなぜ重要なのかを例で示そう．methods パッケージには，ベクトル構造という概念を実装した形式的クラス "structure" がある．ベクトル構造とは何らかのデータにその構造を伝える属性（行列や時系列，その他何でも）を付加したものだ，というのはオリジナルの S にまで遡るアイディアである．ベクトル構造を持つオブジェクトに対する要素ごとの演算は，データを修正するが構造は不変に保つ（たとえば行列の log() は行列である）．

"structure" クラスには，Math() という総称関数グループに対するメソッドが存在する．

```
setMethod("Math", "structure", function (x) {
    x@.Data <- callGeneric(x@.Data)
    x
})
```

このメソッドは，オブジェクトのベクトル部分を表すのに ".Data"「スロット」という関数型 OOP による実装を利用している．よいメソッドであり，構造という概念をきれいに捉えている．だが，この実装は暗黙にオブジェクトの関数型の特性に依存している．".Data" スロットの置換は関数呼び出し内のオブジェクト x に影響を与えるだけであり，もとの引数はそのままである．

　オブジェクトに関連付けられたデータベクトルを含む "data" フィールドを持ち，付加的情報を与える他の様々なフィールドを備えた参照クラスを想像することは可能だろう．"data" フィールドが ".Data" スロットと同じように動作する．このクラスに対する Math() のメソッドは "structure" に対するメソッドと同様に書ける．単に

    x@.Data

を

    x$data

で置き換えるだけだ．だが，これは悪い考えだというのが原則の教えるところである．グループ総称関数 Math() に対する "structure" のメソッドも他の類似したメソッドも，引数のオブジェクトを変更することはない．参照クラスに対するメソッドは引数を修正してしまうが，そうすべきではない．参照クラスに対して関数型クラスと類似のメソッドを書くなら，最初に

    x <- x$copy()

と書く必要がある．非関数型の変換メソッドを作りたくなるかもしれないが，悲惨な副作用を避けるためには別の構文を使う必要がある．指定した関数を適用して x のデータ部分を変換するメソッドは，おそらく次のようになるだろう．

    x$transform(func,...)

置換関数の場合はさらに微妙だが，原則は同様に当てはまる．S 言語における置換式の定義では，すべての置換が局所的代入と等価である．

    x[x > upper] <- upper

という置換式は

    x <- `[<-`(x, x > upper, upper)

と同じ意味であり，この式として評価されるのだ．
　置換関数 `[<-`() に対するメソッドは関数型にすることができるし，そうすべきでもある．置換関数の副作用は暗黙的な代入だけであり，その代入は置換式が評価される環境内で局所的に行われるようにすべきだ．
　正当な R の関数であっても，その引数に対して非関数型の置換メソッドが定義されてい

ると，その関数自体が関数型でなくなったり，誤った結果を返したりする可能性がある．望みの統計量を作るために入力データを「微調整」するというのは妥当な方針である．前述の式はロバスト推定に必要な計算の一部であり，入力データ x の極端な値を切り捨てている．R において，正常なオブジェクトモデルを前提とすれば，この計算は関数型で安全である．だが，`[<-`() に対して非関数型のメソッドが存在する場合には，この計算によって引数が修正されてしまう．

ここで必要な判断について説明するために，再度 "dataTable" クラスを見よう．これはデータフレームに類似した参照クラスである．関数型クラスのように，オブジェクトを変更すると暗黙的に「別の」オブジェクトになってしまうのではなく，オブジェクトそのものに対して変更がなされるようにデータの編集やその他の操作を行う，というのがこのクラスを作成する動機である．

データ分析プロジェクトの過程では，現状のデータの全部または一部に対して，プロジェクトに適用可能なあらゆる分析や可視化を試してみたくなる．そうした計算に用いるオブジェクトは参照オブジェクトにすべきではない．それらのオブジェクトは，試行中の分析内では通常の R オブジェクトとして動作する必要がある．特に，関数型計算を適用しているのであれば，それを関数的に動作させ続けるべきだ，というのが原則の教えるところである．つまり，抽出されるデータは関数型クラスに属しているべきなのだ．

いまの例では，異なる観点から同一の結論に至ることになる．"dataTable" クラスはデータを編集するために作成された．しかし，分析のため，また一般に関数型計算のためには，多くのメソッドがすでに定義されている伝統的なデータクラスを使うほうがよい．"dataTable" に対してそれを提供するのは，明らかに "data.frame" クラスである．データフレーム形式でデータを抽出すれば既存のメソッドの大部分が利用可能になるし，関数型形式なので誤ってデータテーブルを破壊してしまうこともない．

データの変換や抽出を実装する簡単な方法は，データフレームを返すメソッドを [演算子に対して定義することだ．これには，データ全体をデータフレームとして返す x[] という式も含まれる．デフォルトの動作とエラーチェックに関するちょっとした詳細を省くと，メソッドは次のようになる．

```
setMethod("[",
    signature(x = "dataTable"),
    function (x, i, j, ..., drop = TRUE)
    {
        ....
        value <- lapply(j,
            function(var) { y <- get(var, envir = x$data); y[i]})
        names(value) <- j
        value <- as.data.frame(value)
        row.names(value) <- x$row.names[i]
        value
    }
)
```

ただし，これに対応する置換メソッドは不要だ．エラーメッセージを

'S4' 型のオブジェクトは部分代入可能ではありません

というわかりにくいものにしておくよりは，エラーの内容がわかるメソッドを実装するほうが有益なアプローチである．

```
setMethod("[<-",
    signature(x = "dataTable"),
    function (x, i, j, ..., value)
    {
        stop(gettextf(
            "クラス%sの部分的置換はできません; $edit()を使用してください",
            dQuote(class(x))))
    }
)
```

第 IV 部

インターフェース

　INTERFACE原則 によれば，Rの拡張を実装する際には，目標を達成するために優れた計算技法を幅広く探し求めるべきである．有効な解法がRのコード以外の形で実装されている場合には，それに対してRからのインターフェースを提供するのが最良のアプローチかもしれない．第IV部では，どうすればそのようなインターフェースを実装できるのか，また，RをベースにしたプロジェクトにとってインターフェースをRベースにしたプロジェクトにとってインターフェースを不可欠な構成要素とするにはどうすればよいのかを考察する．

　Rとそれ以前のSにとって， INTERFACE原則 はつねに中心的なものであった．最初のバージョンのSを拡張するには，サブルーチンへのインターフェースが唯一の方法だった．サブルーチンインターフェースはRにとって中心的なものであり続けているが，アプローチの仕方は変化した．第16章では現在のサブルーチンインターフェースについて論じるが，広く使われている Rcpp パッケージによる，利便性と一般性を備えたアプローチに重点を置く．

　しかしながら，現在では利用可能なソフトウェアが非常に増加しているうえに極めて多様なので，我々の選択肢は大きく広がっている．Rの拡張にとって重要なソフトウェアをもたらしうる言語には，計算を重視するもの（Python, Julia, C++等）や，データの構成と管理を重視するもの（関係データベース，Excel等），あるいはユーザとのインタラクションやディスプレイを重視するもの（Java, JavaScript等）がある．第12章ではインターフェース一般の概説を行う．既存のパッケージをいくつか挙げて，インターフェースプログラミングの概念について論じる．

　第13章から第15章では，言語インターフェースに対する統一的アプローチを提示する．これは私が XR 構造と呼ぶものだ．このアプローチの目標は利便性，一般性，そして一貫性である．アプリケーションパッケージは，実際のインターフェースプログラミングをユーザから隠蔽するために，この統一的アプローチの機能を利用することができる．ユーザはRの関数とクラスを自然に併用してプログラミングを行う．サーバ言語の任意の計算やオブジェクトがインターフェースの候補になりうる． XR 構造は言語に依存しておらず，特定言語に対するインターフェースはメソッドや関数型拡張によって特殊化される．

　この統一的アプローチは比較的新しく，本書執筆中に開発されたものである．第13章ではこのアプローチの全体像を提示する．第14章と第15章では，Python言語とJulia言語に対する2つのインターフェースについて述べる．もし読者がこれらの言語の一方に特に関心を持っているのであれば，細部については第13章を参照しつつ，各言語に対応する章を独立に読むことが可能である．各章で解説するパッケージはGitHubのサイトの https://github.com/johnmchambers から入手できる．

第12章

インターフェースを理解する

12.1 導入

|INTERFACE 原則|は，Rを拡張するためにはR以外のソフトウェアも潜在的なリソースとして考慮に入れるべきだということを教えている．適切なソフトウェアがあるなら，それを使ったほうが同等のプログラムを新たに書くよりも時間が節約できる．また，より重要なこととして，最終成果物の品質が改善できるのだ．

便利な用語として，私は「他言語」のことを**サーバ言語**と呼ぶことにする．これはインターフェースが実際にクライアント・サーバ型だという意味ではない．クライアント・サーバ型インターフェースが適切な場合もあればそうでない場合もある．単に，R以外のソフトウェアを我々に何かを与えてくれるものとして見るということだ．

12.2節では，サーバ言語の候補と，それらに対する既存のインターフェースパッケージをいくつか挙げる．また，各言語を利用しそうなアプリケーションについて述べる．

本章の残りの部分ではインターフェースの様々な側面について述べ，サーバ言語のソフトウェアを有効に利用するためにアプリケーションがとるべき措置について論じる．

基本的な区別として，個々のサブルーチンに対するインターフェースと，他言語の評価器に対するインターフェースがある（12.3節）．第16章ではサブルーチンインターフェース，特にC++に対する Rcpp インターフェースについて述べる．

言語の評価器へのインターフェースに関しては，サーバ言語のソフトウェアをRに含める方法や，計算の表現，オブジェクトの管理，言語間でのデータ変換(data conversion)の方法について，12.4節から12.7節で議論する．

これらの節は，言語インターフェースのために考案された統一的構造への動機付けと導入にもなっている．第13章では XR パッケージに組み込まれているこの構造について紹介する．

第14章と第15章では，XR 構造を用いた Python 言語と Julia 言語へのインターフェースを紹介する．

12.2 利用可能なインターフェース

多岐にわたる計算を実装するために，数多くの言語やプログラミングシステムが用い

られてきた．|INTERFACE原則|は，そのような言語やシステムを幅広く参照することを我々に勧めている．他のソフトウェアを利用するのに役立つ方法は多数存在しており，通常の意味での言語にとどまらないものさえある．そうした方法に共通する構成要素は，第3章で論じたRのプロセスと評価モデルを飛び越えてプログラミングと計算を行うための何らかの仕組みである．

インターフェースの対象として有力な候補をいくつか挙げよう．

- **C，Fortran**：これらの言語は，今も昔もSとRの実装における基盤言語である．これらに対するインターフェースは現在でも基本的だ．なかでもCに対する `.Call()` インターフェースは，Rプロセスにリンクされたあらゆるソフトウェアへの基本的なエントリポイントである．
- **C++**：C++の関数とクラスを用いてプログラミングすれば，広範囲にわたる重要なアルゴリズムが実装されたソフトウェアが利用可能になる．オブジェクト指向と現代的なプログラミング技法を利用して，汎用的で広く使われている `Rcpp` が生み出された（第16章）．
- **Python，Perl，JavaScript，Julia**：これらはRを補完しうるライブラリや機能を備えたインタラクティブ言語である．どの言語も汎用的なプログラミング環境を提供しており，多くのアプリケーションがそこで実装されてきた．各言語には得意分野があり，たとえばJavaScriptならウェブベースのソフトウェア，Juliaなら数値計算ソフトウェアである．
- **Java**：この言語は伝統的にはウェブなどのグラフィカルインターフェースを本格的に設計するために利用されてきた．比較的純粋なOOPの構造を持ち，自己記述的なオブジェクトとクラスを扱うための完全な機能を備えているので，それに類似したインターフェースでRから使うのに適している．
- **Haskell**：最も活発に利用されている関数型プログラミング言語である．
- **Excel，XML，JSON，関係データベース管理システム**：これらの言語は多くのプロジェクトにおいてデータの保存場所として特に重要である．また，XMLとJSONは，言語間で受け渡されるオブジェクトを表現するための一般的な仕組みとしても重要だ．

数多くの貢献者によって，上記の言語の大半や，その他の言語に対するインターフェースが実装されてきた．

我々の観点はRから他の言語へのインターフェースに関わる．本書はRの拡張に関するものであり，少なくともプロジェクトの一部はRによるプログラミングから始まるものだと想定している．だが，そのことと|INTERFACE原則|自体には関係がない．優れたソフトウェアを組み合わせるための様々なアプローチは有意義である．

`rpy2` [31] は広く使われているPythonからRへのインターフェースである．`HaskellR` [18] は，Rのコード片をHaskellプログラムに挿入する興味深いインターフェースだ．

他のアプローチとして，特殊な計算環境から複数言語を利用可能にするものがある．

Jupyter プロジェクト (https://jupyter.org) はウェブベースのドキュメント作成環境であり, Julia, Python, R やその他の言語のコードをドキュメントに埋め込むことが可能だ. h2o システム [25] は複数言語, 特に R と Java を組み合わせて, 大規模アプリケーションをも支えるデータサイエンスの技法と様々な統計モデルとを統合している.

INTERFACE原則 は, こうしたアプローチのどれもが探求に値するということを教えている. 柔軟な態度をもってうまく設計された R プログラムを書けば, 有用な拡張を目下のプロジェクトに適合させることができる.

表 12.1 R から様々な言語へのインターフェースを備えたパッケージ. 四角形で囲んだ項目については本書で議論する. 他は表内に記載がなければ CRAN から入手可能. 表の上側は計算指向の言語. 下側はデータ指向の言語であり, 12.7 節で論じる.

言語	パッケージ	備考
C++	Rcpp	第 16 章
Java	rJava	クラスとメソッドを提供
Python	rPython, rJython, XRPython	第 14 章
Javascript	V8	組み込みの JavasScript エンジン
Perl	RSPerl	www.omegahat.net を参照
Julia	XRJulia	第 15 章
JSON	rjson, jsonlite, RJSONIO	JSON オブジェクトの読み書き
XML	XML 等	その他の特殊パッケージ
Excel	XLConnect	外部インターフェース
SQL	DBI とそれに依存するパッケージ群, RODBC	関係データベース

12.3 サブルーチンと評価器

最初期のバージョンの S では,「インターフェース言語」による Fortran へのインターフェースが S 言語を拡張する主な手段だった. それはまた『S システムの拡張 (原題: *Extending the S System*)』という書籍 [4] の主題でもあった. この書籍の名前は本書の題名のもとになっている. インターフェース言語はコンパイルされて, S プロセスにリンクされた Fortran サブルーチンになるのであった.

現在では R を拡張する手段が多数存在しているが, R 自体でプログラミングするのが標準的方法である. とはいえ, 他言語によるプログラミングもつねに選択肢であり続けている. インターフェース言語の関数を直接受け継いでいるのは, 他言語からコンパイルされたサブルーチンを呼び出すインターフェースである. 我々はこれを略して**サブルーチンインターフェース**と呼ぶことにする. サブルーチンインターフェースを提供する base パッ

ケージの様々な関数については 5.4 節で述べた.

本格的なアプリケーション, 特にサーバ言語側の非自明な構造を取り扱うアプリケーションでは, C++ への Rcpp インターフェースを用いてサブルーチンインターフェースを実装するのが, 大抵は最善策である. Rcpp は多くのアプリケーションにおいて, C++ の関数（すなわち, 値を返すサブルーチン）に対する R のプロキシ関数を生成してくれる. また, R オブジェクトと C/C++ の多くのデータ型との間の変換を自動的に行ってくれる. この変換機能は C++ のプログラミングツールによって拡張可能である. Rcpp を使うのに C++ の基本的知識が必要なのは確かだが, 多くのアプリケーションではそう複雑な知識が求められるわけではない.

第 16 章では Rcpp の利用に重点を置きつつサブルーチンインターフェースについて議論する. 内部のインターフェースを直接使う方法は R プログラミングに関する多くの書籍で解説されており, マニュアル「R の拡張を書く」の第 5 章にも解説がある.

コンパイルして独立したサブルーチンを作ることができない言語へのインターフェースでは, その言語の何らかの**評価器**と通信を行う必要がある. 本章の残りと第 13 章から第 15 章では, 評価器に対するインターフェースについて論じる.

インターフェースされるサーバ言語の評価器には, それが R プロセスへの**組み込み**によって実装されるのか, それとも R プロセスに**接続**されるのかという違いがある. サーバ言語が組み込み可能な場合, すなわち, サーバ言語がその構造上, 他のプロセス内にロードして起動できるようになっている場合には, サーバ言語の評価器と R インターフェースが C 言語レベルで通信できる可能性がある. 現代の汎用言語の多くは組み込み可能だろう. たとえば Java や Python, Julia はほぼ組み込み可能だし, R 自体もそうである.

組み込みインターフェースは, C 言語から呼び出し可能なエントリポイント群によって定義される. それらの中にはサーバ言語の評価器を初期化するためのものが含まれているのが普通である. 評価とパースというパラダイムを用いるのであれば, 式やコマンドを文字列として評価器に渡すためのエントリポイントが存在するだろう.

組み込みとは別の方法として, 独立して実行中のサーバ言語インスタンスに対して, 何らかの外部的通信の仕組みを用いて R プロセスを接続するというやり方がある. 通常は, R が接続に対して文字列を書き込み, それからサーバ言語のプロセスがその文字列を読み込んでパースし, 評価する. このインターフェースでは任意の式や命令をサーバ言語に直接渡すことができる. あるいは, ユーザからの要求をインターフェースの R 側で特殊な形式に変換することもできる. 特殊な形式とは, たとえば, R からの要求を処理することに特化したサーバ言語側の関数の呼び出しなどである.

接続を通じた通信は, 広く使われているプロセス間通信の手法を応用したものである. R に付属している `parallel` パッケージはソケット接続を利用している例だ. この場合は R プロセスどうしが通信するために接続を利用している. 接続インターフェースが本来的に最もふさわしいのは, 小規模な計算やデータ転送が頻繁に行われる場合ではなく, 通信がかなりの高水準において行われる場合である.

組み込みインターフェースの利点は性能にある．関数呼び出しやその他のコマンドは，プロセス間通信よりもオーバーヘッドが少ないはずの，C言語レベルの呼び出しを通じて行われる．より気付きにくい利点として，Rとサーバ言語が同一のハードウェアとソフトウェアの中で実行されるので，原理的にはデータ表現やテキストエンコーディングなどの環境に依存するパラメータに互換性があるはずだということがある．環境の共有を推し進めれば，言語間でデータを変換してコピーするのではなく，メモリ内でデータを共有することが可能な場合もある．

接続インターフェースの利点は柔軟性と一般性である．このインターフェースは2つの言語そのものによって定義される．他方，組み込みインターフェースにはその定義上，両方の言語の内部構造が関わってくるため，言語間の相違によって移植が困難になる可能性が高くなる．同様の理由により，接続インターフェースは（当該言語自体で定義されているので）古びにくく，適応性が高い（たとえば，複数のマシンにプロセスを分散できる）．

表12.1に記載したインタラクティブ言語に対するインターフェースは，ほとんどが組み込み方式である．データ指向のインターフェースのほとんどはファイルの読み書きを中心にして構成されている．

第13章のXRによるインターフェースへのアプローチでは，個々のサーバ言語に対する選択肢として，組み込み方式と接続方式による実装のいずれかを選ぶことができる．あるいは両方を組み合わせることもできる．個々のプロジェクトや計算環境にとって適切な方式に従えばよい．たとえばXRPython パッケージとXRJulia パッケージは，それぞれ組み込み方式と接続方式を用いている．だが，どちらも別の方式で実装することもできるだろう．

12.4 サーバ言語のソフトウェア

サーバ言語の個々の関数やメソッド，クラスに対してインターフェースを提供するためには，その言語の基盤となっているサーバソフトウェアが，そのインターフェースの評価器から利用できるようになっている必要がある．様々な場合がありうるが，典型的なのは以下の場合である．これらはR自体の評価器にも同様に当てはまる．

1. 評価器の起動時にデフォルトで利用可能となるソフトウェアがある．Rであれば base などの標準パッケージがこれに相当する．
2. 明示的にインポートする必要があるソフトウェアは，特定の目的のためにまとめられているのが普通である．Rではパッケージがこれにあたるが，より一般的な用語はモジュールである．ここではこの用語を使うことにしよう．
3. モジュールはライブラリの中にまとめられていることが多い．ライブラリとは，評価器がモジュールをインポートするように要求された際に検索しにいく，モジュールソフトウェアの保存場所のことである．多くの場合，こうしたライブラリのリストが存在しており，Rでは .libPaths() によってそのリストを管理する．

4. インターフェースを利用しているアプリケーションパッケージが，1つまたは複数のモジュールにまとめられたサーバ言語のソフトウェアを独自に備えている場合がありうる．そのパッケージ内の R オブジェクトはパッケージをロードすれば直ちに利用可能になるが，サーバ言語のモジュールやそのライブラリは明示的に利用可能にする必要がある．

表 12.1 のサーバ言語には，項目 2 と 3 に該当するコマンドがある．通常，項目 2 に該当するのは何らかの形式のインポートコマンドであり，項目 3 に該当するのは検索リストオブジェクトやそれを管理するための関数だ．XR 構造を利用するパッケージには `$import()` と `$addToPath()` というメソッドがある．

アプリケーションパッケージ独自のサーバソフトウェアは，インストール済みパッケージの場所を通じて利用可能になる．

たとえば，XRPython に関して項目 4 の例となる shakespeare パッケージでは，データファイルをパースするのに Python の xml モジュールを使っているし，"thePlay.py" ファイルに独自のクラスと関数を定義してもいる（Python のモジュールは単なるソースコードファイルの集まりである）．

```
class Speech(object):
   ....
def getSpeeches(play):
   ....
```

shakespeare パッケージはこのモジュールが利用可能であることを保証する必要がある．

R 以外のコードをパッケージに含めるための手法については第 7 章で論じた．サーバ言語には，パッケージに含めたソフトウェアの場所を教えてやる必要がある．最良の汎用的手法は，サーバ言語のソースコードを，インストール済みパッケージにコピーされるディレクトリの中に置くことだ．

ソースパッケージの "inst" ディレクトリ内にあるファイルやサブディレクトリは，インストール済みパッケージのメインディレクトリへとコピーされる．たとえば，Python の関数やクラスなどのコード群はアプリケーションパッケージの "inst/python" に格納することができるだろう．それらのコードはインストール済みパッケージの "python" ディレクトリへとコピーされる．こうして，検索パスに正しいディレクトリを含めるよう Python に指示することが可能になる．パッケージのインストールディレクトリの絶対パスは `system.file()` 関数で取得できる．shakespeare パッケージの場合は次のようになる．

```
pythonLocation <- system.file("python", package = "shakespeare")
```

我々のパッケージからモジュールをインポートするには，`pythonLocation` の値を Python の "sys.path" 変数に追加するよう，パッケージから Python に指示を与える必要がある．XR の `$addToPath()` メソッドはこれを自動的に行ってくれる．より基礎的なインター

フェースパッケージの場合には，検索パスを追加するための明示的なコマンドを発行することができる．

同じく `system.file()` 関数を用いて，利用可能な他の R パッケージ内にあるサーバソフトウェアの場所を取得することも可能である．pkgA パッケージのソースディレクトリ内で `"inst/python"` サブディレクトリに Python コードのファイルが含まれているのであれば，インストール済みパッケージでは，対応する `"python"` サブディレクトリにそのコードが含まれる．

```
system.file("python", package = "pkgA")
```

という R の関数呼び出しは，そのディレクトリの正確な場所を表す文字列を返す．

R パッケージの一部ではないモジュールやファイルは，直接探したり指定したりする必要がある．残念ながら，その詳細はオペレーティングシステムによって異なることが多いし，その他のローカルな差異にも依存する．サーバ言語そのものにも同様の問題があるが，R の `system.file()` のようにプラットフォーム非依存な方法で場所を取得する仕組みが存在することもある．

12.5　サーバ言語の計算

インターフェースを用いた R の計算は，あらゆる R の計算と同様，FUNCTION 原則と OBJECT 原則によって特徴付けられる．サーバ言語が行う計算は R の関数呼び出しによって起動されるし，サーバ言語からの情報は R オブジェクトとして返ってくる．

サーバ言語の候補になりうる各言語は，基本的な計算原理が少しずつ異なっている．R と比べて異なるという場合もあるし，各サーバ言語の間にも差異がある．ただし，3 種類の計算によって大抵の用途はまかなえる．

1. 関数呼び出し
2. オブジェクトのメソッド呼び出しとフィールドへのアクセス
3. 評価器に対するコマンド全般

第 13 章では，R からこうした計算へのインターフェースに関する統一的構造を紹介する．表 12.2 に，関数呼び出し，メソッド呼び出し，コマンドという観点から基本的なインターフェースパッケージについてまとめた．

JavaScript に対する V8 インターフェースは，ユーザが 1 つ以上の「コンテキスト」を作成するという点で他のインターフェースとは異なる．コンテキストには対応するコンテキストオブジェクトがある．コンテキストオブジェクトは，XR に基づくインターフェースの評価器オブジェクトに多くの点で似ているが，その由来は JavasScript のオブジェクトに基づくコンテキストにある．

カプセル化 OOP をサポートする言語には，メソッドだけではなく，オブジェクト内

表 12.2 いくつかのインターフェースパッケージにおける，関数呼び出し，メソッド呼び出し，コマンドの評価に関する機能（ct は V8 のコンテキストオブジェクトである）．

パッケージ	関数呼び出し	メソッド	コマンド
rJava	——	.jcall()	——
rPython	python.call()	python.method.call()	python.exec()
rJython	jython.call()	jython.method.call()	jython.exec()
V8	ct$call()	——	ct$eval()

に名前付きフィールドを作成する何らかの仕組みがある（ただし呼び名はいろいろだ．Java や Julia では「フィールド」だが，Python, JavaScript, C++ では「メンバ」という）．rJava はフィールドの抽出や置換のために .jfield() という関数を提供している．Python インターフェースと JavaScript の V8 インターフェースでは，フィールドの操作はコマンドによって行う必要がある．

すべての言語が FUNCTION原則 に相当する原則に従っているわけではないため，インターフェースはサーバ言語のコマンド全般を評価できるようになっていることが多い．コマンドの式は文字列で表現してインターフェースに渡すことが多いだろう．コマンドの中には値を持たず，サーバ言語において値を得ようとするとエラーになるものがある．たとえば Python や Julia のインポート文がそうである．コマンドに対応するインターフェースでは，正常に終了したかをオプションとして確認することはできるが，それ以外の値は返さないというのが通常である．

V8 インターフェースの $eval() メソッドは，値のない式も値を持つ式も受け付ける．後者の場合には値が返される．Python の exec() 呼び出しは，与えられた式が値を持つ場合であっても，決して値を返さない．ユーザが結果を代入してそれを取り出す必要があるのだ．Java ではどんなインタラクティブなプログラミングもメソッドを通じて行う必要があるので，コマンド全般を使うことがほぼない．仮想マシンを制御するためのコマンドは存在しており，rJava はそれらに対応する特殊なインターフェース関数をいくつか提供している．

12.6 サーバ言語のオブジェクト参照

計算が完全に R の中で行われる場合，計算がどのように動作するかは FUNCTION原則 と OBJECT原則 の組み合わせによって記述される．すなわち，起こることはすべて関数呼び出しであり，関数呼び出しの引数と結果はオブジェクトである．計算がサーバ言語内の関数やメソッドの呼び出しへ変換される場合でも，引数と結果は R 側では OBJECT原則 に従い続ける．

個々のインターフェースの方針に関わる問題は，R 側での見え方をいかにしてサーバ言

語側のデータやオブジェクトの取り扱い方と関連付けるかという点にある．データやオブジェクトはどうやって参照すべきだろうか？ 2つの言語のオブジェクト間の変換をいつ，どのようにして試みるべきなのだろうか？

計算にとって参照という概念は根本的なものであり，本質的にあらゆるプログラミング言語において発展してきたものだ，というのが第I部を貫くテーマであった．ということは，あらゆるサーバ言語がオブジェクトへの参照を持つということだ．そうした参照をRに提供するにはどうすればよいのだろうか？

rJava インターフェースの場合，Javaのどんなクラスに属するオブジェクトへの参照であっても，Rの "jobjRef" クラスのオブジェクトとして返すことができる．たとえば，Javaの "util" パッケージにある "Vector" クラスの新しいオブジェクトを作成するには，.jnew() 関数を用いて次のようにする．

```
> v <- .jnew("java/util/Vector")
> v@jclass
[1] "java/util/Vector"
```

プロキシオブジェクト v は Java のメソッドを呼び出すためのオブジェクトとして使えるし，メソッド呼び出しの引数としても使える．

他のインターフェースでは，関数やメソッドの呼び出しが返るときには，サーバ言語での計算結果が等価な R オブジェクトへ変換されるものだと想定されている．変換がつねに可能なわけではないし，可能な場合であっても，複数回にわたって変換を行うのは望ましくないことが多い．情報が失われる恐れがあるからだ．また，単に無用な計算を大量に行うことになるからという理由もある．

結果を再利用するためには，サーバ言語のオブジェクトを代入しておく必要があるだろう．XR ではこれが自動的に行われるが，明示的なコマンドが必要な場合もある．たとえば rPython ではこうだ．

```
python.exec("hamlet = xml.etree.ElementTree.parse(myFile)")
```

これはごく単純な例だが，アプリケーションパッケージはサーバ言語側にある名前を記録しておく必要がある．また，多くの言語ではガベージコレクションによってメモリが解放される．ガベージコレクションは必要ならばいつでも実行されうる．メモリ空間は，現在参照されていないオブジェクトを削除することで解放される．アプリケーションプログラムでは，メモリを節約するために，巨大なオブジェクトに対する参照を明示的に解除したくなることがある．Python なら次のようにする．

```
python.exec("hamlet = None")
```

12.7 データの変換

我々が考察しているような状況では，必ずといってよいほどデータの変換がインター

フェースの用途の一部となっている．

表 12.1 の上側に記載した言語（C++ から Julia まで）は，計算や表示を行うために選ばれることが多い．R のデータを計算に渡す引数へと変換する必要があるし，計算結果を利用するためにはサーバ言語のデータを R のデータに変換する必要があるだろう．

表の下側（JSON から SQL まで）に記載したインターフェースは，それら自体がデータのインターフェースである．つまり，いろいろな構造のデータを格納するためにそれらが広く利用されている．R からこれらのインターフェースを使うこと自体が目的だという場合（プロジェクト用のデータがその形式になっている）もあれば，計算指向のインターフェースの一部として使うという場合もある（R とサーバ言語の両方でその形式のデータを読み書きできる場合）．後者の場合，特殊な種類のデータに対しては，計算用サーバ言語向けの標準的データ変換よりも，データ言語インターフェースのほうが有用なツールとなるだろう（たとえば，第 14 章の例において R と Python が通信するために XML を使うような場合である）．

まずは計算指向のインターフェースのためのデータ変換について見たあと，データ指向のインターフェースについて検討する．

データ変換に関して生じうる問題は，以下に述べる R オブジェクトの特性と関連している可能性がある．

- **ベクトル型**：サーバ言語の中には，R のベクトルのような，単一の型の要素を持つインデックス付け可能なオブジェクトを備えたものがある．Java と Julia はそのような言語に属するが，どちらも当該のオブジェクトのことは**配列**と呼んでいる．他の言語，たとえば Python や JavaScript には，要素が複数の型をとりうるリストしかない．表 12.1 に記載したこのような種類のインターフェースを用いるアプリケーションでは，R 側でどうにかして局所的なデータ変換を行う必要がある．インターフェースの中には，たとえば V8 のように，オブジェクトを R のものに変換する関数呼び出しにおいて，関連するオプションを提供しているものがある．

- **スカラーかベクトルか？**：R にはスカラー型が存在しないので，スカラー型があるサーバ言語へのインターフェースを利用するパッケージでは，長さ 1 のベクトルに対して何が起こるのかをコントロールする必要があるだろう．具体的な状況に応じて，長さ 1 のベクトルをスカラーに変換しないようにしたり，変換したりすることを保証するためである．

- **行列**：Fortran では列ごとにデータを格納したブロックで数値行列を表現するが（2.1 節），行列を用いた数値計算に関するソフトウェアでは，この表現形式が踏襲されていることが多い．たとえば R や Julia は言語全体がそうであるし，他の言語にはそのようなライブラリやモジュールがある．C++ の多くのライブラリや Python の numpy がその例である．表現形式が共通の言語間では，こうしたオブジェクトのデータ変換は直接的に行うことができる．ただし細かい問題はありうる．たとえば Julia は明示的な次元のフィールドを保持していない．

その他の言語では，行列の基本的表現形式が存在していても，Rとの互換性はないかもしれない．だが，そのような表現形式に対するインターフェースでは，大規模な行列計算が目的になることもあまりないだろう．もし行列計算が目的なのであれば，Rの配列のベクトル部分との相互変換をサーバ言語で行う必要がある．

- **欠損値**：各基本型において欠損あるいは利用不可を表す値が定義されているのは，Rの特徴かもしれない．浮動小数点の国際規格では NaN （Not a Number：非数）を表す値の範囲が定められており，浮動小数点型に対するRの NA はその範囲内にある．"integer" のような他の型の場合，サーバ言語の対応する基本型には，欠損値として解釈できる値が存在しない．具体例としては論理値の欠損がある．言語によっては，論理型の欠損値を null のようなオブジェクト（たとえばPythonの None）に変換することで，Rがサポートしているような三値論理を構築できることもある．

- **整数か数値か？**：Rでは，本物の整数型のデータと，整数値になっている数値型（"double"）のデータとの区別がかなり緩く，普通は後者のデータが生成されることが多い．たとえば，以下の2つの式は同じように見える数列を生成する．また，by 引数に対してデフォルトで計算される値と，明示的に与えた値は同じに見える．しかし，一方の例では型が "integer" になり，他方では "double" になるのである．

```
> seq(1,4)
[1] 1 2 3 4

> typeof(seq(1,4))
[1] "integer"

> typeof(seq(1,4, by = 1))
[1] "double"
```

Rではこのような区別が問題になることはまれだが，サーバ言語では問題になるかもしれない．サーバ言語のデータが意図したとおりの型になるよう保証するには，何らかの特別な措置が必要な場合がある．たとえば，整数値は "1" ではなく "1.0" と小数点付きで書くように気を付けるなどである．

- **辞書とその仲間たち**：我々が**辞書** (dictionary) と呼ぶデータ型は，初期のサブルーチンレベルの言語の一部ではなかったものの，表12.1に挙げた言語にほぼ必ず備わっている基本データ型である．辞書とは，名前によってインデックス付けられたオブジェクトの集まりである．基本的操作として，指定した名前を持つ要素の抽出や置換，また要素の削除がある．このデータ型には他にも2つの特性が備わっていることが多い．名前が一意だという性質（指定した名前を持つ要素の追加はできず，代入だけが可能）と，数値で位置を表して要素をインデックス付けることには意味がないという性質である．Rにはまさにこれらの特性を備えたクラスがある．実際には基本データ型でもある環境 "environment" のことだ．ただし，SとRの伝統的なアプリケーションでは代わりに名

前付きリストを使うのが一般的だ．すなわち，名前属性を持つ `"list"` 型のベクトルのことである．多くの有名な関数が名前付きリストを値として返す．

名前付きリストには，辞書では一般的な2つの制約がどちらも存在しない．数値によるインデックス付けはあらゆるベクトルと同じように機能するし，名前属性に重複があってもよい（ただし，データフレームを構築するソフトウェアの中には，名前を一意的にするものがある）．また，他の型のベクトルにも本質的に同じ方法で名前属性を持たせることができる．

表 12.1 に挙げたパッケージは，認識対象となるデータやデータの変換方法に関して，様々な規約を採用している．アプリケーションはパッケージで何が起きるのかを確認する必要があるし，結果が意図したクラスになることを保証するためには，変換されて戻って来るデータに対して適切な `as()` 呼び出しを作成する必要がある．

以上の議論は，表 12.1 に挙げたような計算指向の言語でのデータ変換に関するものであった．

表の下側には，データ指向のインターフェースを記載している．各インターフェースはそれぞれのやり方で，比較的汎用性のある方式によってデータを表現する．表に挙げた4つのデータ指向インターフェースの中では JSON と XML が最も汎用的である．これらは広範なデータを取り扱うことを目的として，リスト的，あるいは木構造的な表現方式を用いている．他の2つはデータモデルの汎用性では劣るが，広く利用されているという事実がそれを補っている．実際のところ，これら2つを使うことは避けがたい．

2つの汎用的なデータ言語のうち，XML のほうがかなりリッチであり，より複雑にもなりうる．XML と R に関する網羅的な議論は Nolan と Temple Lang の書籍 [27] を参照してほしい．R にもほとんどの計算指向サーバ言語にも，XML ファイルを読み書きするためのパッケージがある．XML ファイルは適切なアプリケーションに対して中間ストレージとして機能する．第 14 章を通じて扱う 14.4 節の例では，XML をまさにそのようにして利用する．

JSON は XML よりずっと単純であり，良いものに悪いものにもなりうる．JSON をデータ変換の基盤として使うのは簡単だが，V8 パッケージで行われているように，ユーザが手を加えて補完してやる必要がある．あるいは XR パッケージのように，より一般的な構造に埋め込む必要がある（13.8 節）．

Excel データは数十年もの間，あらゆるところに存在するデータ形式であり続けてきた．ビジネスデータを収集するため，また多くの場合には分析を行うための形式である．Excel データには，部外者にとってはうんざりするような特殊なフォーム，技巧やハックが堆積していることがある．それは XLConnect パッケージに 100 余りの関数があることからもわかるだろう．しかし大抵の場合，背後にあるデータの大部分は R のデータフレームによく馴染むものである．また，Excel から変換されたデータフレームの変数には，日付や時刻のベクトルなど，見慣れた R オブジェクトが含まれていることが多い．結果として，Excel データへのインターフェースは R を拡張する強力なツールになりうる．

まえがきの vii ページにある私の個人的なバードウォッチングの例では，その日の記録を R に読み込んで単純化し，"data.frame" を特殊化した "BirdWatch" という R のクラスに保存するために，案内人がくれた専用の Excel フォーマットを修正した．まえがきで説明したとおり，1 列目に鳥の種類が書いてある非常に大きな表の中から，見たことのある行（鳥）をいくつか見つけるというのがここでのコツである．それから，簡単なメモや，見たり聞いたりした鳥の数を入力する．残りの行は空にしておけば，それに対応するセルが NA となる．やや単純化しているが，Excel ファイルを読み込んで変換するコードは次のようになる．

```
getBirdsFromExcel <- function(file) {
    ## Excelのワークシートをデータフレームdfrに読み込む
    tbl <- XLConnect::loadWorkbook(file)
    dfr <- XLConnect::readWorksheet(tbl, 1, header = FALSE)
    .... # 日付，場所，まえがきを1～5行目から取得
    there <- !(is.na(dfr[,2]) & is.na(dfr[,3]))
    there[1:5] <- FALSE
    birds <- dfr[there, ] # 見ていない種は削除
    row.names(birds) <- NULL
    names(birds) <- c("Species", "Seen/heard", "Notes")
    BirdWatch(birds,
              date = date, location = location, preamble = preamble)
}
```

最初の 5 行はその他の情報（まえがき，日付，場所）を格納しておくためのハックである．情報を取り出したら，それらの行と there ベクトルで計算した空行は捨ててしまう．そして，結果として得られたデータフレーム birds にその他の情報を付け加えて "BirdWatch" オブジェクトにする．その次にはこのオブジェクトを表示することができるし，将来このデータを分析することもあるかもしれない．

スプレッドシートと同様，関係データベースも大規模アプリケーション等でデータソースとして広く利用されている．インターフェースはデータソースへのアクセスを提供し，大量のデータを比較的効率がよく便利な形式で保守するための手段を与える．そうしたインターフェースを R からビッグデータを管理するために使うことができる．データの更新も可能だが，大半のアプリケーションはデータにアクセスしても変更は行わない．

DBI パッケージはこうしたシステムの多くに対する統一的インターフェースである．DBI とその用途については 2.6.1 項で見た．

12.8 性能のためのインターフェース

ここまでの議論では，役に立ちそうだがたまたま他の言語で書かれているソフトウェアを「引っ張ってくる (pull)」というのが，インターフェースを使う動機であった．しかし，既存の R のソフトウェアの性能を向上させて「押し広げる (push)」という観点から，

アプリケーションの他言語へのインターフェースを検討するようになることもある．ソフトウェアをより高速にしたり，より大きなデータに適用したりできるようにするということだ．

これはよい考えなのだろうか？コストと利益は，必要なプログラミングと得られる性能向上の程度に依存する．

ここで考えるシナリオは次のとおりである．我々はRで動作する何らかのソフトウェア，おそらくは既存パッケージや予備的な実装を持っている．計算はうまくいっているが，許容できないほど遅くなりそうだとか，興味あるデータに適用した場合にはそもそも機能しないだろうと考える理由がある．

他言語で再プログラミングしたり，その他のインターフェース機構を利用したりすれば，十分うまくいくのだろうか？単に計算を別の言語へ移譲するという手段をとる場合，様々な問題サイズに対して，相対的な性能改善の度合いは計算時間のほぼ一定割合となるだろう．性能に関する問題の原因としてよく非難にさらされるのは，Rの実装における関数呼び出しごとのオーバーヘッドである．5.5節で検討した convolve() 関数はできる限り純粋化した例だ．Rによる素朴な実装は，2重ループでスカラー値の小さな計算を毎回行うものだった．関数呼び出しのオーバーヘッドが計算時間を支配してしまうことは不可避であった．C言語による本質的に同じ実装は 10^3 倍のオーダーで高速であり（5.5.1項），これは幅広いデータサイズに対して成り立ちそうな見込みが高かった．

同じ例では，関数呼び出しの回数を減らすためにRの計算をベクトル化することで大幅な改善が得られることもわかった．ただし例の中で指摘したように，ベクトル化を行うとより大きなオブジェクトを構築することになる場合がかなり多い．この場合には $n \times n$ 行列だ．問題のサイズが大きくなるにつれ，追加で必要になるストレージがオーバーヘッドの減少分を打ち消してしまうことも考えられる．

挑戦的なアプリケーションでは，これと同等かさらに急激な2次以上のサイズ依存性があるのが自然だろう．より大きなデータに対処しようとして同じ計算を再プログラミングする前に，このサイズ依存性についてそれなりによい推定値を得ておく必要がある．

これと同様，再プログラミングを行う前にいくらか検討や分析をしておくと，単にもう一度プログラミングするばかりでなく，よりよい計算手法を見つけられる可能性があるというのも利点である．畳み込みの例であれば，2次未満の高々 $O(n \log(n))$ のレートで計算量が増大する高速フーリエ変換を実際には使うだろう．

以上は利益側からの検討であった．再プログラミングのコストを見積もる際には，やはり予備的な探索や検討を行っておくことを強く勧める．望ましいのは，必要な計算かその大部分を，はるかにオーバーヘッドが小さい手段で実装した既存のソフトウェアが見つかることである．たとえばC++やJuliaによる数値計算は有望だろう．

最終的にはインターフェースをまたがるプログラミングが必要になる．ここでもやはり，多くの場合に有用なやり方がある．既存のうまく設計されたR実装に合わせてサーバ言語でのプログラミングを構造化すれば，再プログラミングが容易になり，誤りを犯しに

くくなる．

インターフェースソフトウェアも助けになる．たとえば Rcpp には，R の類似機能を再現するように設計された，多くのデータ型や演算が備わっている．Julia による計算にも，R に類似していて有用になりうるものがある．

この類似性をさらに推し進めて，R 自体でプログラムされた計算をより効率的な計算モデルへ翻訳する技術も存在する．LLVM ソフトウェアを用いて，R 言語のコードを選択的に機械命令へとコンパイルするのがその一例である．LLVM [26] とは，特定の言語形式から実行可能な命令への対応付けを定義するための汎用フレームワークである．Duncan Temple Lang は，このフレームワークを適用して，適当な R ソフトウェアを非常に効率的な計算へとコンパイルするプロジェクトについて文献 [33] で解説している．将来的には R の既存の関数が，ある種の制約を満たす効率的で独立した計算ユニット群へと**コンパイル**される可能性もあるだろう．

第13章

インターフェースのための XR 構造

13.1 導入

　本章は XR インターフェースの構造に関するリファレンスである．XR は，以降の章で述べる Python や Julia などに対する R からのインターフェースの基盤である．本章では XR の構造と実装について詳述する．本節では設計に関して，また，R を拡張するプロジェクトへのインターフェースパッケージの統合に関して，動機付けとなる目標を導入する．

　インターフェースの主な用途はアプリケーションパッケージを書くことにあると私は考えている．アプリケーションパッケージに対してサーバ言語を利用して有用な機能を提供するのである．本書の読者のほとんどは，アプリケーションパッケージやその他の R の拡張の開発に関わることになるだろう．それが私の望みでもある．

　個別のインターフェースパッケージに関する章では，各言語に固有の事柄を述べるとともに，XR 構造を使うために必要な情報も再掲する．XR 構造について理解せずにインターフェースを使うこともできるが，本書の他の章と同様，理解することが助けになると私は思っている．とりわけ，プログラミングが複数の階層にわたっていて，解決策を実装するための選択肢が多数あるような言語間インターフェースに関してはそうである．

13.1.1 目標

　XR インターフェース構造の目標は，一般的なプログラミング言語群のひとつで書かれたソフトウェアの使用を支援することにある．そのような R のインターフェースを用いてアプリケーションを実装できるようにするため，また，特にそれらのアプリケーションを使うユーザを助けるために，XR の設計には 3 つの主要な目標がある．利便性，一般性，一貫性である．

- **利便性**：アプリケーションが，R にとって自然な形式で，サーバ言語へのインターフェースとなる関数やクラス等のソフトウェアを作成できるようになっているべきだ．その際，細部は可能な限り自動的に処理されるべきだ．アプリケーションの**ユーザ**には自然な R の関数やオブジェクトが見えるようにし，インターフェースのせいで不便が生じないようにすべきである．
- **一般性**：使用されるサーバ言語の関数やオブジェクトに内在的な制限を設けるべきでは

ない．インターフェースは，R とサーバ言語の双方において任意のクラスのオブジェクトを処理することができ，必要であればオブジェクトを言語間で通信できるようになっているべきだ．

- **一貫性**：インターフェースの基本構造は個々のサーバ言語からできる限り独立させるべきだ．ただし，各言語に合わせるための適切な拡張や変形はあってもよい．これによって単一の自然な構造が与えられ，アプリケーションプログラマやエンドユーザにとっての助けとなる．

これらの目標を支えるために，XR 構造は前章で議論した過去のほとんどのパッケージよりも先進的なインターフェースを使用している．XR には，R の FUNCTION 原則 と OBJECT 原則 を利用した機能や，多くのサーバ言語にある現代的な機能の一部を利用した機構が備わっている．

13.1.2 プログラミングのレベル

XR 構造に基づくインターフェースを用いて R を拡張する際には，3 つの段階においてパッケージと関わることになる．深い段階にいくほど関与の度合いは深くなり，開発者は少なくなる．

1. **アプリケーションパッケージ**：アプリケーションパッケージは，1 つ以上のサーバ言語に対して，それらの言語で書かれた特定のソフトウェアを使うためにインターフェースパッケージをインポートする．
2. **インターフェースパッケージ**：個々のサーバ言語に対するインターフェースパッケージは，アプリケーションのための機能やプログラミングツールを提供する．
3. **XR パッケージ**：個々のインターフェースパッケージがインポートして使う共通構造を提供する．

アプリケーションパッケージがユーザに対して提示するインターフェースソフトウェアは，第二段階の個々のインターフェースパッケージの機能を利用したプロキシや特定用途向けのソフトウェアという形をとることがほとんどである．インターフェースパッケージは XR のクラスや関数を拡張する．アプリケーションパッケージは言語固有のメソッド付きオブジェクトや関数を使うが，それらは本章で述べる共通構造を共有する．

アプリケーションパッケージを使う普通の R ユーザは，その基盤となっている他言語のソフトウェアに対する依存性の影響をほとんど，あるいはまったく受けない．ユーザが行う R プログラミングは，標準的な R の式を用いた関数型オブジェクトベースのものであり続ける．

アプリケーションパッケージのプログラミングでは，サーバ言語によらずに同じスタイルでインターフェースを使用する．言語が重要な点において異なる場合にはプログラミングの仕方に差異が生じるが，そうでなければ，本章で述べる構造に従ってプログラミングすることになる．個々のサーバ言語用の便利関数によってプログラミングが単純化される

ことはあるかもしれないが，そうした関数もやはり共通構造に従う．

次に深いレベルの関与は，XR 構造を特殊化して新しい言語用のインターフェースパッケージを開発したり，既存の言語に対して従来とは異なる方針でパッケージを開発したりすることだ．各サーバ言語用のパッケージはクラスを拡張し，XR で定義されている総称関数に対してメソッドを提供する．拡張されたクラスは，ユーザの式を評価したり，サーバ言語のクラスの説明を返したりといった，特定のサーバ言語による計算のためにメソッドをオーバーライドする．必要なプログラミングの量は，インターフェースをゼロから定義するのに必要な量に比べればほんのわずかで済むことが多い．

誰が何を知っているべきなのかという点に関して，結果は望ましい**ピラミッド型**になっている．特定言語に対するインターフェースの作成や修正に関わる人々は少数であり，その人たちは XR 構造の詳細をそれなりに知っている必要がある．

特定言語用インターフェースを利用してアプリケーションパッケージの開発や修正に関わる人の数はそれよりも相当多くなる．本書の読者の多くもそうした人たちだろうと私は思う．

さらにずっと大きなグループをなすのが，アプリケーションパッケージのユーザである．ユーザがアプリケーションパッケージを使ったりプログラミングしたりする際に，そのソフトウェアが本来はインターフェースだということを普段はまったく忘れていても構わないようにするのが，XR の設計目標である．

ただし，すでに述べたように，たとえ読者のプロジェクトにおいて XR を明示的に用いてプログラミングを行う必要がないとしても，XR の設計を理解することは有益だと私は信じている．

13.2 XR インターフェース構造

XR 構造の基礎になっているのは，サーバ言語に対して前提されている以下の 2 つの特性である．

1. クラスやそれに類似した構造に組織化されたオブジェクトが存在する．
2. 式は，オブジェクトを引数に取りオブジェクトを値として返す関数，あるいはメソッドの呼び出しとして評価される．

R 自体がそうであるのと同様，Python, Java, JavaScript, Julia, Perl 等の言語もこの種のパラダイムに従っている．

XR インターフェース構造の設計には以下の特徴がある．

- このインターフェースを用いた R プログラミングでは，式を評価したり他の計算を実行したりするために，R の参照クラスに属する評価器オブジェクトを使用する．
- 評価器オブジェクトには式の評価やデータ変換のためのメソッドがある．また，モジュールのインポートのようなプログラミングでよく必要になるステップのためのメ

ソッドもある．
- さらに，評価器に対して計算を実行する総称関数がいくつか存在する．そのほとんどはデータ変換のためのものだ．
- 特定言語向けの特殊化は，評価器オブジェクトと総称関数に対するいくつかのメソッドを通じてなされる．
- サーバ言語の関数型機能とオブジェクト指向的機能は，それに対応する R のプロキシ関数やプロキシクラスへと対応付けられる．
- 利用しうるサーバ言語のソフトウェアに制限がない．これは，サーバ言語のどんな関数やメソッドも，引数や戻り値のクラスあるいはデータ型に関係なく，プロキシを使うことによって利用しうるソフトウェアの候補となる，という意味においてである．
- R のクラスに属するオブジェクトをサーバ言語に渡したり受け取ったりするために，任意の R のクラスのオブジェクトを名前付きリストで表現する方式が存在する．以下ではそれを「辞書」と呼ぶことにする．この辞書が意味をなす場合には，同様の方式でサーバ言語の任意のオブジェクトを表現することもできる．

言語によっては，この設計通りに実装するのに限界がある．とはいえ，前述のパラダイムに従っていて，R からのインターフェースを作成するほどの魅力を備えている可能性が最も高い言語であれば，全体的な構造は広く当てはまるだろう．

13.3 節では，個々のインターフェースにとって共通のスーパークラスとなる，評価器オブジェクトのクラスについて述べる．このクラスにはインターフェースに必要不可欠な計算メソッドが備わっている．典型的な計算は，式の評価，サーバ言語の関数やメソッドの呼び出し，それから，計算結果の情報を最終的に R へ返すことである．

13.4 節では，アプリケーションプログラミングを支援するためにインターフェースパッケージが提供する機能と，アプリケーションパッケージの構成において必要となるいくつかのステップについて概要を述べる．アプリケーションのためのプログラミングでは，プロキシ関数とプロキシクラスの作成に重点を置く．アプリケーションに固有のデータ変換機能についても述べるであろう（たとえば，結果のグラフィカルな要約等）．

13.5 節では，特定のサーバ言語向けに一般クラスを特殊化することについて議論する．基本的計算を実行したり，言語固有の情報を取り出したりするためには，特定のサーバ言語用にいくつかのメソッドを実装する必要がある．その他の演算にはデフォルトの定義があるが，その言語専用のメソッドで再定義することが多い（たとえば，モジュールをインポートしたり，関数やクラスの情報を取得するためのメソッド）．

サーバ言語の任意の計算を扱えるようにするという目標を支えるのは，R における**プロキシオブジェクト**の定義である．単純な型のデータ以外の計算結果は，変換されずにサーバ言語内に割り当てられる．インターフェース呼び出しが R に返すのは，その計算結果を特定するためのキーと，サーバ言語側のオブジェクトのクラスとサイズである．プロキシオブジェクトについては 13.6 節で議論する．

プロキシ関数とプロキシクラスは，サーバ言語側の対応する計算への透過的な接続を与

える．プロキシとなる R の関数は他の関数と同じようにユーザから呼び出されるが，プロキシが行うのは，その呼び出しをサーバ言語側の対応する関数へと渡すことだけである．デフォルトでは，プロキシはインターフェースクラスに対応する現在の評価器を使用する．

これと同様，プロキシクラスは，そのフィールドとメソッドがサーバ言語における対応物のプロキシとなっているような R の参照クラスである．ひとたびサーバ言語のクラスに対してプロキシが作られると，サーバ言語のクラスのインターフェースが返すプロキシオブジェクトは，自動的にそのプロキシクラスに属するオブジェクトになる．こうしたオブジェクトに対するフィールドやメソッドの計算は，サーバ言語側の対応する計算へと変換される．プロキシクラスのオブジェクトには，そのオブジェクトを作成したインターフェースの評価器への参照が含まれている．したがって，その評価器がサーバ言語のデフォルトの評価器ではない場合でも，オブジェクトを用いて計算する際に評価器を指定する必要はない．

R と同様，多くのサーバ言語には既存の関数やクラスの仕様を返す機能がある．この機能がある場合，インターフェースはその仕様情報を利用して R のプロキシ関数やプロキシクラスを構築することができる．

結局のところ，アプリケーションパッケージの普通の用途においては，通常の R 関数を呼び出してプロキシクラスのオブジェクトを作成し，作成されたオブジェクトを今度は通常の参照クラスのオブジェクトとして扱うことになる．プロキシ関数とプロキシクラスについては 13.7 節で議論する．

任意の R オブジェクトを表現するという目標は，R のオブジェクト構造を名前付きリストで表現するための規約によって実現される．この名前付きリストには，クラス定義の一部だけでなく，個別のオブジェクトのデータ表現（スロットや属性といったオブジェクトの部品）が含まれる．この表現方式は，単純なオブジェクトを言語間で送信する仕組みの上に構築されており，任意の R オブジェクトを構築するのに十分なだけの情報をサーバ言語から返すことができる．同様にして，既存の R オブジェクトをサーバ言語ソフトウェアに送信するために，この方式でオブジェクトを表現することも可能だ．そしてサーバ言語は関連する情報を受信したオブジェクトから抽出する．もしサーバ言語がサポートしていれば，サーバ言語のオブジェクトに対して同様の表現を生成することも可能だろう（Julia は R と非常によく似た方法でこれを行う）．

この変換機構は，変換に関わる総称関数に対してメソッドを定義することで，複数の段階で特殊化することが可能だ．ここにサーバ言語の機能，たとえば R と Julia に共通するデータ構造の利用などを含めることができる．巨大オブジェクト用の代替的メソッドを提供したり，共通の中間形式（たとえば XML オブジェクト）を使用したりすることもできよう．13.8 節でこの変換機構について述べる．

13.3 評価器オブジェクトとメソッド

XR インターフェースは**評価器オブジェクト**を通じて動作する．評価器オブジェクトは参照クラスのオブジェクトであり，サーバ言語で計算を実行したり，オブジェクトをRとサーバ言語間で変換したり，サーバ言語のクラスや関数の定義といった情報を取得したりするためのメソッドを備えている．実際の評価器オブジェクトは特定言語用に定義されたクラスによって実現される．そのようなクラスは，本節で説明する `"Interface"` クラスを継承する．

本節と以降の節の例では，評価器オブジェクトのメソッドを直接使う方法を説明する．これらのメソッドはインターフェースによる計算の基礎である．ただし，これは低水準のインターフェースプログラミングであり，特殊な必要性があったり，プロキシクラスのようなもっと高水準の機能を実装したりする場合に関連してくるものだということには留意してほしい．

アプリケーションパッケージのユーザがこの低水準なオブジェクトを目にすることはないだろう．アプリケーションパッケージの実装者でさえ，評価器オブジェクトのメソッドを直接使うのは，サーバ言語のツールをRアプリケーションにとって自然な関数やクラスと特別に適合させる必要性がある場合だけだろう．それ以外の場合には，プロキシ関数やプロキシクラスを作成してくれるソフトウェアによって，もっと単純なプログラミングの仕組みが提供される．

XR パッケージは，現在アクティブな評価器たちのテーブルを保持している．各評価器はインターフェースのクラス名を用いて格納されている．プロキシ関数やプロキシクラスによる計算は，インターフェースクラスに対応する現在の評価器を取得することができるので，通常の用途であればユーザが評価器を指定する必要はない．評価器がひとつも起動されていない場合は，リクエストによって評価器が作成される．ユーザは任意のクラスに対して必要なだけの数の評価器オブジェクトを持つことが可能だ．とはいえ，典型的なアプリケーションでは必要な評価器はひとつだけだろう．明示的に評価器が必要な場合には，個々のインターフェースクラスに応じた便利関数を呼べば評価器が返ってくる（13.4節を参照）．

評価器の計算用メソッドには，制約なしにサーバ言語での計算を利用可能にするという目標にとって中核となる，ある共通構造が備わっている．これを調べるには基本的な計算メソッドである `$Eval()` を見ればよい．

```
ev$Eval(expr, ...)
```

`expr` 引数は，サーバ言語の式を指定する文字列である．式は評価されて値がRへ返される．

```
> ev$Eval("1+1")
[1] 2
```

より一般の計算は式にデータを含みうるが，データは ... 引数で与えられ，... の各引数は文字列へ変換される．その文字列がサーバ言語においてパースされ評価される際には，評価結果がRのオブジェクトに等価なオブジェクトやデータ構造になる必要がある．

```
> ev$Eval("1+%s", pi)
[1] 4.141593
```

サーバ言語において式を評価した結果は，その言語の（任意の）オブジェクトやデータ項目である．この結果をつねにサーバ言語側に割り当てておいて，`$Eval()` メソッドの呼び出しからはプロキシオブジェクトが返されるようにすることができる．これによって，以前にインターフェースで行った計算の結果を，それがプロキシオブジェクトとして返されたのか，変換されたオブジェクトとして返されたのかによらずに，上記のような式に代入する引数とすることが可能になる．

デフォルトの方針では，単純な計算結果（典型的にはスカラー）については変換されたものを取得するようになっている．その他の計算結果はすべてサーバ言語内に割り当てられ，プロキシが返ってくる．この方針はオプション引数の `.get` によって制御できる．デフォルトの方針は `.get=NA` に相当するが，`.get=TRUE` とすれば，つねに等価な R オブジェクトを取得しようとする（ `speech` については 14.5 節を参照のこと）．

```
> yp <- ev$Eval("%s.lines", speech)
> yp
R Object of class "list_Python", for Python proxy object
Server Class: list; size: 9

> y <- ev$Eval("%s.lines", speech, .get = TRUE)
> class(y); length(y)
[1] "list"
[1] 9
```

任意のオブジェクトの送受信における変換の方針については 13.8 節で議論する．

インターフェースによって作成されるあらゆるプロキシ関数やプロキシメソッドもまた，必要であれば計算結果を変換できるように `.get` 引数を備えている．変換の方針に関する議論のところで説明するが，実質的には各言語のどんなオブジェクトにも，他言語への何らかの変換機構が備わっており，そこではもとのオブジェクトの重要な情報をすべて含めることが試みられる．

この構造によって，実質的にはサーバ言語における任意の計算が可能になる．たとえば，あるサーバ言語の関数の引数として，Rオブジェクトを単純に変換したのではないオブジェクトが必要だとする．まずはそのオブジェクトを計算するためのサーバ言語の式を評価することになるだろう．この評価によってプロキシオブジェクト参照がRへと返されるが，それを今度は問題になっている引数として渡し返すことができる．

こうした引数はCスタイルの文字列フィールド `"%s"` を通じて `expr` に組み込まれ，

`$AsServerObject()` メソッドを用いてインターフェース内で処理される．このメソッドは文字列を返すが，その文字列とは，パースされて式の一部として評価される際には，サーバ言語の適切なオブジェクトへと評価されるはずのものである．

たとえば，Python の `"xml.etree.ElementTree"` モジュールにある `parse()` 関数は，指定したファイル内の XML オブジェクトをパースする．この関数の呼び出しは次のようにして生成できるだろう．

```
x <- ev$Eval("xml.etree.ElementTree.parse(%s)", file)
```

もし引数がプロキシオブジェクトであれば，それに対応するサーバ言語のオブジェクトを取得するようなサーバ言語の式が `"%s"` に代入される．大抵の実装では，その式とはプロキシオブジェクト内にある「キー」のことにすぎない．キーとはサーバ言語のオブジェクトの割り当てに用いられる名前のことだ．

プロキシでないオブジェクトの場合，R オブジェクトはあとで評価されるサーバ言語の式として表現される．オブジェクトがスカラーの数値や文字列，論理値の場合，R オブジェクトを表現する式は，その値をサーバ言語において表現する定数になるのが通常である．いまの例であれば，`file` をクオートされた文字列として，それが Python の同様なクオートされた文字列に変換されるようにすることもできただろう．

スカラー値を単純さの極，任意の R オブジェクト表現を一般性の極として，この 2 つが変換に関する両極端をなしている．この 2 つの間には，オブジェクトのクラスや個々のサーバ言語インターフェースに応じて様々な特殊ケースが存在しうる．どちらの方向の変換方針についても 13.8 節で議論する．

引数の代入については，同じ技法が，サーバ言語の関数やメソッド，コマンド全般の呼び出しに対しても使われる．サーバ言語の関数名を与えると，その呼び出しが `$Call()` メソッドによって実行される．上述の例では次のようになる．

```
x <- ev$Call("xml.etree.ElementTree.parse", file)
```

一般に，`ev$Call(fun, ...)` は `fun` で指定したサーバ言語の関数を呼び出す．引数は `...` で与える．戻り値はその関数呼び出しの値である．

`$MethodCall()` という類似のメソッドもある．これは，オブジェクトとメソッド名，そしてそのメソッドの引数を指定して，サーバ言語のメソッドを呼び出すためにある．上記の戻り値オブジェクトに対して，`"TITLE"` を引数にして `findtext()` という Python のメソッドを呼び出すには次のようにする．

```
ev$MethodCall(x, "findtext", "TITLE")
```

`$Call()` にも `$MethodCall()` にも，結果をプロキシとして保持するか，それとも変換するかを制御するために `.get` 引数が備わっている．3 つの評価メソッドは基礎的なレイヤーであるが，このレイヤーはプロキシ関数やプロキシクラスによってエンドユーザからは隠蔽されるということを忘れないでほしい．

Rではあらゆる式が値を持つ．だが，言語によっては式ではないコマンドを実行するものもあり，コマンドが値を生成するかのように扱ってしまうとエラーが送出される．

```
ev$Command(expr, ...)
```

という評価器のメソッドは `$Eval()` に似ているが，値は返さない．

以前に計算したプロキシオブジェクトに対して，変換されたバージョンのオブジェクトを取得するには次のようにする．

```
ev$Get(expr)
```

変換されたバージョンのオブジェクトをサーバ言語に送信してプロキシを得るには次のようにする．

```
ev$Send(object)
```

一般に，巨大なオブジェクトやかなり複雑なオブジェクトであれば，それらを引数として何度も評価するのではなく，明示的にサーバ言語へと送信しておくのが有用な方針である．

言語によっては，いくつかのメソッドが意味をなさないこともある．あらゆるプログラミングが本質的に OOP のパラダイムに従って行われる言語（たとえば Java）では，`$Call()` はほぼ不要だろう．カプセル化 OOP を実装していない言語（たとえば Julia）では，カプセル化 OOP 的なメソッド呼び出しは無意味だろう．

特定のサーバ言語に対して XR 構造を実装するパッケージは，XR の一般的構造を補完してカスタマイズする．これについては 13.5 節で議論し，第 14 章と第 15 章でパッケージの例を示す．

XR 構造は，成果物となるインターフェースに関する目標は守りつつ，特定言語への特殊化を容易に行えるように設計されている．特定言語用の評価器オブジェクトは `"Interface"` のサブクラスによって実現され，このクラスがその言語と実際に通信するためのメソッドを提供する．特殊化されたデータ変換機構は，`asServerObject()` 関数と `asROobject()` 関数に対するメソッドによって実装される．

13.3.1 評価器テーブル

アプリケーションプログラミングにおいて評価器オブジェクトを明示的に管理せずに済むよう，XR は現在アクティブになっているインターフェース評価器のテーブルを保持している．このテーブルは，評価器のクラスを用いてオブジェクトを格納している．そうしたクラスは各サーバ言語のインターフェースによって定義され，XR の `"Interface"` クラスを拡張したりオーバーライドしたりしたメソッドを備えている．

通常，評価器テーブルには `getInterface()` 関数を通じて次のようにアクセスする．

```
getInterface(Class)
```

これは指定したクラスに対する現在の評価器を返す．そのような評価器がテーブル内に存在しなければ，評価器がひとつ初期化される．引数なしで `getInterface()` を呼び出した場合は，現在の評価器（どの言語に対してであれ最後に起動されたもの）が返される．個々のサーバ言語インターフェースを実装するパッケージは，適切なクラスを引数として `getInterface()` を呼び出す便利関数を提供する．

たとえば XRPython パッケージには `RPython()` という関数が含まれる．この関数は `"PythonInterface"` クラスに属する評価器への参照を返す．既存の評価器があればそれを返すが，なければ新たに作成した評価器を返す．

```
ev <- RPython()
```

`getInterface()` の呼び出しや，この関数を利用する個々の関数の呼び出しには，追加のオプション引数がある．それらのオプション引数を使えば，異なるパラメータを持ちうる複数の評価器を作成することが可能である．

接続インターフェースでは複数の評価器を使う可能性が高い．組み込みインターフェースでは特定言語に対して1つの内部的評価器を呼び出すのが普通である．一般のソケット接続を利用する接続インターフェースでは，大規模な問題を扱ったり，ローカルでは利用不可能なサーバ言語モジュールを使ったりするために，リモートサーバ上で評価器を生成することもあるだろう．`getInterface()` 関数にはオプション引数の `...` があり，これはインターフェースクラスの初期化メソッドに渡される．`.makeNew` という特殊な引数によって，新しい評価器を生成するかどうかを制御する．デフォルトでは，評価器が存在しない，または，`...` 引数が与えられた場合に，新しい評価器が起動される．

さらに追加で `.select` 引数を与えることもできる．この引数は，1つの引数を持つ関数でなければならない．この関数は，指定したクラスの現在の評価器たちのリストを引数として呼び出され，要求を満たす評価器があればそれを1つ返し，なければ `NULL` を返すことが期待されている．`.select` の関数は，たとえば，特定のホストに接続している評価器を要求するために使えるだろう．また，分散処理のために評価器を順番に使いまわすこともできるだろう（全評価器のリストを引数にとるようになっているのはこのためである）．

13.4　アプリケーションプログラミング

評価器オブジェクトは必要不可欠なインターフェース計算を提供する．評価器オブジェクトのメソッドやフィールド，その他のプロパティによって，インターフェース用の構造を作成したり，その構造をいろいろな言語向けに特殊化することが可能になる．

一方，アプリケーションにとって普通は評価器オブジェクトを明示的に取り扱うことは重要ではない．必要なのは，単に特定言語用の評価器が存在するということだけである．アプリケーションプログラミングでは，特定言語用の「現在の評価器」を利用すればほとんどの計算を行うことが可能だ．少なくともデフォルトではそうである．このため，アプ

リケーションは評価器オブジェクトを明示的に生成したり管理したりする必要がない．

大抵のアプリケーションでは特定言語用のデフォルトの評価器があれば十分だ．評価器を明示的に使う関数には普通，評価器を指定するための仮引数があり，そのデフォルト値が特定サーバ言語用の現在の評価器になっている．たとえば，プロキシ関数はこの仕組みを使って評価器をユーザから隠蔽している．

アプリケーションに必要なプログラミングの大部分は，インターフェースパッケージが提供する3つの技法を用いてなされる．

- サーバ言語のコードのインポートや評価
- プロキシ関数やプロキシクラスの定義
- Rまたはサーバ言語の特定クラス用のデータ変換の特殊化

1点目については以下で扱う．他の2つは13.7節と13.8節で扱う．

特殊なデータ変換が必要になりうるという点を除けば，アプリケーションパッケージで必要なRプログラミングは，インターフェースパッケージが提供するいくつかの関数に簡単な引数を与えて呼び出すだけの場合が多い．

13.4.1 サーバ言語でのプログラミング

アプリケーションをR側で使いやすく保てるかどうかは，アプリケーションパッケージにおいてサーバ言語のプログラミングを行う気があるかどうかにかかっている，ということがしばしばある．プロキシ関数とプロキシクラスを設定するのは非常に簡単だが，これらはサーバ言語の関数やクラスがR側のニーズにマッチしているということを前提にしている．もしアプリケーションにとって自然な計算とのミスマッチがあるなら，アプリケーションをカスタマイズする必要がある．

ほとんど，あるいはすべてのカスタマイズをR側でできる場合もあるだろうが，多くの場合はサーバ言語側を補強するほうが自然である．たとえば shakespeare パッケージでは，パースされるデータ構造が，中にあるテキストの分析には向かないツリー状の形式になっている．このパッケージでは，適切なデータ形式を抽出して，それらに対するR側でのプロキシを作成するPythonのクラスをいくつか定義している．

特定のアプリケーション用にサーバ言語の関数やクラスを開発していると，サーバ言語のコードに対してインタラクティブに実験を行う必要を感じるだろう．アプリケーションパッケージを毎回再インストールして変更を行ったり，異なる方針を試したりするのは楽しいことではない．関連するサーバ言語のモジュールやコードを，その言語向けの優れたインタラクティブ開発環境へとインポートするのが，通常は最良の方針である．インターフェースを作成するだけの魅力がありそうなサーバ言語には，ほぼ必ずそのような環境が備わっている．そうした環境が複数あることも多い（たとえばPythonにはIPython notebookがあるし，JuliaにはIJuliaやJunoがある．複数言語向け環境としてはJupyterがある）．

XR 構造には `$Shell()` メソッドという代替物がある．このメソッドは，サーバ言語の式をパースして評価する単純なインタラクティブシェルを起動する．式は 1 行でなければならない．ただし，最終行以外の各行が，行の継続を表すバックスラッシュ文字 `"\"` で終わっていればこの限りではない．このシェルには終了コマンドを持たせることができる．大抵はサーバ言語のコマンドや関数をそのまま終了コマンドとして用いる．

`$Shell()` の有利な点は，`$Eval()` や `$Command()` が用いるのと同じコンテキストや名前空間において式が評価されることである．

13.4.2 アプリケーションパッケージの構成

インターフェースを使うアプリケーションパッケージのソースコードでは，R で書いたソフトウェアに加えて，1 つ以上のサーバ言語で書いたソフトウェアも提供する必要があることが多い．アプリケーションパッケージはプロキシ関数やプロキシクラスのように特殊なオブジェクトを構築する場合があり，それらのオブジェクトの定義自体にインターフェースを用いた計算が必要となる．もしそうしたアプリケーションパッケージを配布したいのであれば，パッケージの構造を特別なものにして，特別なステップを踏むのが望ましい．

パッケージ内の種々雑多なソフトウェアはすべて `"inst"` サブディレクトリに入れるべきである．すなわち，R と C のソースコードやドキュメントなど，インストール処理において明示的に認識される項目以外のものすべてのことだ．`"inst"` ディレクトリとそのサブディレクトリの中のファイルがパッケージとともにインストールされる処理については 7.2 節で論じた．

XR 構造では，特定のサーバ言語で書かれたソフトウェアが，その言語と同じ名前を持つ `"inst"` のサブディレクトリ内にあることを前提にしている．つまり `"python"` や `"julia"` といった名前である．この規約によって，インターフェースのメソッドにデフォルトの動作が与えられる．

評価器はアプリケーションパッケージ内にあるサーバ言語のソフトウェアにアクセスする必要がある．多くの言語ではアクセスのために 2 つのステップが必要だ．すなわち，ある種の検索パスを更新して，そこにパッケージに関連付けられたディレクトリが含まれるようにすること，それから，個々のオブジェクトやモジュールを現在の評価器にインポートすることである．

通常，サーバ言語はソフトウェアを探しにいくべきディレクトリのリストを内部に持っている．評価器の起動時には，インターフェースパッケージの初期化メソッドによって，サーバ言語のコードがあるディレクトリがそのパスに追加される．アプリケーションパッケージも，もしサーバ言語の関数を持っているなら同様の準備をする必要がある．ディレクトリは次のメソッド呼び出しによって評価器の検索パスに追加される．

```
ev$AddToPath(directory)
```

アプリケーションにとってほとんどつねに望ましいのは，当該言語の**すべて**の評価器に対して検索パスへのディレクトリの追加が行われることだ．アプリケーションは`$AddToPath()`メソッドを直接使うのではなく，言語固有の関数を呼び出す．たとえば次のとおりである．

```
pythonAddToPath(directory)
```

この結果，XR パッケージが保持しているテーブルにディレクトリが追加される．いまの例では，`RPython()`によって評価器が生成される際に，`PythonAddToPath()`の呼び出しで指定したすべてのディレクトリが追加される．

関数版の`AddToPath()`系関数には追加の御利益がある．`AddToPath()`系関数がインストール時にパッケージのソースから呼び出されると，ロード時にも同じ呼び出しがくり返されるようなロードアクションが追加される．検索パスの追加がインストール時（たとえばプロキシクラス定義に対して）とパッケージロード時の両方で行われるのだ．

アプリケーションパッケージのソースコード内の関数から`AddToPath()`系関数が呼び出されていて，さらにサーバ言語のコードを含むサブディレクトリが前述の規約に従って構成されている場合には，`AddToPath()`系関数の呼び出しに引数は必要ない．そうでない場合は`directory`引数と`package`引数を与えてやればよい．`package`引数が必要になるのは，`directory`が当該パッケージ内にない場合である．特に，どんな R パッケージにも関連付けられていないディレクトリを検索する必要がある場合には，`package`引数を空に設定すること．例を挙げよう．

```
juliaAddToPath("/usr/local/juliaStuff", package = "")
```

`package`が空で，かつ`directory`が絶対パスで与えられていない場合，`directory`は通常の R のやり方で，作業ディレクトリからの相対パスとして解釈される．

今までにインターフェースによって追加されたディレクトリは，評価器の`"serverPath"`フィールドに格納されている．

```
> ev$serverPath
[1] "/Users/jmc/Rlib/XRPython/python"

> ev$AddToPath(package = "shakespeare")
> ev$serverPath
[1] "/Users/jmc/Rlib/XRPython/python"
[2] "/Users/jmc/Rlib/shakespeare/python"
```

`$AddToPath()`メソッドは重複をチェックするので，パスを二度追加しても影響はない．

サーバ言語のソースコードが検索されるディレクトリ内ではコードが構造化されており，これは**モジュール**と呼ばれることが多い．モジュールの意味や，モジュールとファイルの関係といった細部は，言語固有のものであることが多い．オブジェクトに単純名でアクセスできるのか，それとも完全修飾名（R では`"package::object"`という形式）が必要

なのかといった問題に応じて，複数の形式でモジュールにアクセスできる場合がある（R はまさにそうなっている）．

サーバ言語のコードをインポートするための評価器のメソッドは次のとおり．

```
ev$Import(module, ...)
```

第一引数はモジュール名であり，そのモジュールから関数やその他のオブジェクトが評価器へインポートされる．残りの引数はインポートされるものに修正を加える．場合によってはその他のオプションも修正されるが，引数の解釈はインターフェースパッケージによって異なる．

アプリケーションにとっては，検索パスと同様に，モジュールもすべての適切な評価器へインポートされるのが望ましいだろう．これは当該メソッドの関数版，たとえば

```
juliaImport(module, ...)
```

によって行える．ここでもやはり，XR パッケージ内にあるインポート式のテーブルが用いられる．当該言語の現在の評価器（もしすでに起動されていればだが）と，`Import()` 系関数の呼び出し後に起動されたすべての評価器には，要求したインポートが含まれる．まったく同一のインポート要求をくり返しても，実行されるのは一度だけである．

13.5 サーバ言語への特殊化

XR 構造では，特定言語に対するインターフェースはその言語固有のパッケージによって提供される（本書に出てくる例は，Python と Julia に対する XRPython パッケージと XRJulia パッケージである）．エンドユーザ，あるいは，大抵の場合にはアプリケーションパッケージの実装者は，そうした言語固有のパッケージ内の関数を用いて，評価器オブジェクトによる計算を行ったり，プロキシ関数やプロキシクラスを定義したりする．評価器オブジェクトは "Interface" のサブクラスに属することになる．たとえば XRPython なら "PythonInterface" である．

インターフェースクラスの初期化メソッドは，サーバ言語との通信を確立する．12.3 節で述べたとおり，重要な区別はインターフェースが**組み込み型** (embedded) か**接続型** (connected) かということだ．組み込みインターフェースは，サーバ言語に対する C 言語レベルでのエントリを呼び出して，サーバ言語の評価器を初期化する．接続インターフェースは，通常はサーバ言語を実行している外部プロセスへの接続を作成する．XRPython と XRJulia というインターフェースは，それぞれが組み込み型と接続型のアプローチの例となっている．

評価器ができたら，それを使って計算を特殊化するために必要なものは，ほぼ `$ServerExpression()` と `$ServerEval()` だけだ．これら 2 つの言語非依存のメソッドは，`$Eval()` メソッドの鍵となるステップにおいて使用される．

```
value <- ServerEval(ServerExpression(expr, ...), key, .get)
```

expr 引数はサーバ言語における計算を表現する文字列である．これはプログラマによって書かれる場合もあるかもしれないが，評価器の他のメソッドによって生成されることが多い．expr の文字列には "%s" というフィールドが含まれており，各々の "%s" が "..." の各引数に対応する．"%s" は対応する引数に応じたサーバ言語の式で置換される．

$ServerExpression() の呼び出しは，置換結果の文字列を返す．この文字列は $ServerEval() へと渡される．$ServerEval() はインターフェースのサーバ側で文字列をパースし，評価する．特定言語へのインターフェースを作成するには，これら 2 つのステップをカスタマイズする必要がある．サーバ言語の式への変換と，その式の評価というステップである．

$ServerExpression() の "..." の各引数は，以下の総称関数呼び出しによって文字列に変換される．

```
asServerObject(object, prototype)
```

object 引数が "..." の要素であり，prototype 引数は変換の対象先となるクラスを表現するオブジェクトである．$ServerExpression() から asServerObject() が呼び出される場合，prototype はサーバ言語を特定するオブジェクトである．

XR を特定言語に対して特殊化するパッケージは，asServerObject() を特殊化するメソッドを定義するのが普通だ．詳細は 13.8 節で述べる．

パッケージは，以下の参照クラスのメソッドを定義することにより，サーバ言語の式を含む文字列の評価方法を特殊化する．

```
$ServerEval(expr, key, keepValue)
```

このメソッドの実装は以下の要件を満たさなければならない．

1. expr 引数は必ず単一の文字列である．これは構文的に妥当な式であることが意図されている．インターフェースのサーバ側ではこの文字列をパースして評価する．
2. key 引数も文字列である．key が空でない場合，expr の値が計算されて何らかの形式で返される必要がある．key が "" である場合，式は評価されるが値はあっても無視される．
3. keepValue 引数は必ず単一の論理値である．R で可能な値は TRUE，FALSE，NA である．
   - TRUE：expr の値をつねにサーバ側に割り当て，R にはプロキシオブジェクトを返す．
   - FALSE：値をつねに R の等価なオブジェクトに変換して返す．
   - NA：値が単純であれば変換した値を返すが，そうでなければプロキシオブジェクトを返す．

4. 以上の要件にかかわらず，パースや評価において例外（Rの用語では**条件**(condition)）が送出された場合には，それに対応した条件オブジェクトをRに返す．

大抵のサーバ言語にはパース，評価，例外処理のためのツールが備わっている．その場合には，`$ServerEval()`を実装するサーバ言語側の関数を定義することができる．たとえばXRPythonパッケージには，`$ServerEval()`と類似の引数を備えた`value_for_R()`というPythonの関数がある．

`key`引数が空文字列ではない場合，そのキーに値を割り当てることができる．特に，キーは一意的であることが保証されている．XRの設計上，サーバ言語は渡されたキーと同一のキーを持つプロキシオブジェクトを返す必要はない．インターフェースは，同一のオブジェクトに対して複数の参照を持たずに済むよう，何らかのキャッシングを行ってもよい．

`keepValue`引数は`NA`であってもよい．サーバ言語には論理値の`NA`が存在しないのが一般的だが，`NULL`に等価なものはある場合が多い（たとえば，Pythonの`None`やJuliaの`nothing`）．`keepValue`が`NA`の場合にはそれがサーバ言語側での引数の値となる．そしてインターフェースのサーバ言語側では，計算結果に関する情報を利用して，プロキシオブジェクトを返すか変換を行うかを判断する．

`keepValue`が`NA`の場合に現在のインターフェースがとる方針は，スカラー（典型的には単一の数値や文字列）であれば変換するが，他のオブジェクトであればプロキシを返すというものだ．Rに等価なものが存在しないとわかっているデータ型は，プロキシオブジェクトとして保持される．

ここでは「式」という用語を使っているが，Rのようにすべてが評価されてオブジェクトになる言語ばかりではない．言語によっては，構文的に正しくて実行可能だが，値を持たず，他の式の中にネストさせて含めることができない「文」というものを備えている場合もある．空のキーによって，このような一般の文の評価にも対応できる．

値が返ってくると期待される場合もそうでない場合も，式をパースして評価するとサーバ言語が例外（たとえばパースエラーや評価エラー等）を送出する可能性がある．XRのインターフェース構造は特別なクラスとメソッドを用いて例外に対処する．例外が発生した場合，`$ServerEval()`メソッドは必ず`"InterfaceCondition"`かそのサブクラスに属するRオブジェクトを返すことが期待されている．たとえ他の場合にはその値が無視されるとしてもだ．

特定のサーバ言語インターフェースに対する`$ServerEval()`メソッドは，概念的には「2行」からなる．

1. 式を文字列としてサーバ言語側に送信する．`key`と`keepValue`も何らかの形で合わせて送る．結果を文字列として取得する．
2. 結果の文字列をRオブジェクトに変換する．

XR構造には，両方の言語において一般性を持たせるという目標がある．サーバ言語の任意

の式を評価してその結果をRに返せるということと，任意のRクラスに属するオブジェクトを返せるということである．これらは，上記2つのステップの各々における一般的機能に対応している．

1つめのステップにおける一般性は，オブジェクトや関数，クラスに対するRのプロキシによって与えられる．これについては13.6節と13.7節で論じる．2つめのステップにおいて一般のオブジェクトを返すためには，まず文字列を少数の基本クラスのいずれかに属するオブジェクトとして解釈してから，それをRオブジェクトの汎用的表現方式を用いて変換する．

2つめのステップにおける変換計算は，サーバ言語のコードとRのコードの間で分担される．13.8節で述べるように，変換手法には，任意のクラスのRオブジェクトに明示的表現を与えたり，可能であればサーバ言語の任意のオブジェクトに対しても類似の表現を与えたりすることなどがある．こうした表現によって，Rにおいて戻り値をさらにカスタマイズするための道が開かれる．

たとえばRの基本的なベクトルには，それに対応するが同一ではないJuliaにおける表現がある．ただし，Juliaから計算結果を返すために使われる単純な文字列による表現方式では，型のないリストのようなベクトルしか扱えない．そこで，正しい型のベクトルオブジェクトがRへ返されることを保証するために，Juliaのコードによって，"vector_R"というクラスのオブジェクトに対する明示的表現が生成される．

```
vector_R <- setClass("vector_R",
                     slots = c(data = "vector", type = "character",
                               missing = "integer"))
```

このオブジェクトの "data" スロットは個々の要素からなるリストでよい．Juliaのメソッドが明示的表現を生成し，それに対応する文字列が "vector_R" クラスのオブジェクトへ変換される．そして，それがasRObject()総称関数のメソッドによって望みのベクトルへと変換される．

RとJuliaは両方とも複素数値のベクトルまたは配列をサポートしているが，その中間表現には互いに対応するものがない．Juliaから "Array{Complex{Float64},1}" 型の複素数値データの配列を返すために，Julia側では "vector_R" オブジェクトを記述する辞書を構築する．このオブジェクトの "data" スロットは値のリストであり，文字列としてフォーマットされる． "type" スロットの値は "complex" である． "vector_R" に対するasRObject()のメソッドはこのオブジェクトを解釈して，意図したとおりの "complex" ベクトルを生成する．

インターフェースは，アプリケーションの視点から見て正しく動作すべきである．

```
> x <- ev$Send(1:3 + 1i)
> x
Julia proxy object
Server Class: Array{Complex{Float64},1}; size: 3
```

```
> y <- ev$Eval("%s * 0.5",x)
> ev$Get(y)
[1] 0.5+0.5i 1.0+0.5i 1.5+0.5i
```

13.8節では，`$ServerExpression()` に渡す文字列への変換と，`$ServerEval()` が返す値を表す文字列からの変換の，両方向のデータ変換について述べる．どちらの方向でもカスタマイズのために総称関数を使う．総称関数のメソッドをオブジェクトのクラスや特定のインターフェースに対して特殊化するのだ．

インターフェースクラスには，基本的な評価以外の計算を行うためのメソッドがさらにいくつか備わっている．

- `$ServerRemove(key)`：以前に `key` として割り当てられたサーバ言語内の参照を削除する．サーバ言語内のメモリを解放するのが目的だが，どうやって解放されるのか，あるいは本当に解放されるのか否かはインターフェース自体には影響を与えない．専用のメソッドが定義されない場合，デフォルトのバージョンのメソッドは何もしない．

- `$ServerClassDef(ClassName, ...)`：指定した名前を持つサーバ言語のクラスやデータ型について，そのフィールドとメソッドの一覧を与えるオブジェクトを返す．指定したクラスについて何がわかるのか，また，さらに必要な `...` 引数が何なのかは，言語によって異なる．サーバ言語内に返すべき情報がない場合，このメソッドは `NULL` を返す．プロキシクラスを定義する際には，このメソッドが返す情報が利用される．

- `$ServerFunctionDef(what, ...)`：`what` に対するプロキシ関数を返す．すなわち，呼び出されればサーバ言語の特定の関数呼び出しを評価するような R の関数オブジェクトのことである．可能であれば，このメソッドは対象となる関数を定義しているサーバ言語のオブジェクトを，その言語の呼び出し規約と併せて使用する．

- `$ServerSerialize(key, file)`，`$ServerUnserialize(file)`：`$ServerSerialize()` は，キーのもとに格納されているプロキシオブジェクトをシリアライズし，結果として得られるバイト列を指定したファイルへ書き込む．`$ServerUnserialize()` は `file` の内容をデシリアライズしてプロキシオブジェクトを返す．両方併せてプロキシオブジェクトの保存のために使われる．

- `$ServerGenerator(class, module)`：指定したクラスとモジュールに応じた生成関数を表すサーバ言語の式を返す．デフォルトではクラス名が生成関数の名前として用いられ，その前に `"."` で区切ってモジュール名が付加される．

- `$ServerAddToPath(directory, pos)`：サーバ言語の関数やクラス等をインポートするための検索パスに `directory` を追加する．`pos` 引数が `NA` （デフォルト）の場合，ディレクトリはパスのリストの末尾に付加される．そうでない場合，`pos` はその新しいディレクトリの望ましい位置を表す．位置は個々のサーバ言語に応じて解釈される（とはいえ，わざわざこのメソッドを使うのであれば，自分が何をしているのかを本当に知っておく必要がある）．

クラスのメタデータやシリアライズに関するサーバ言語側のメソッドは，それらを計算するために重要である．表 12.1 のほぼすべての言語が両方のメソッドを備えている．

これまでに述べてきたメソッドはどれも内部的に使用されるものであり，エンドユーザやアプリケーションパッケージから呼び出されることはない．より直接的にユーザから見える操作の中にも，言語固有のメソッドがある場合がある．

XR パッケージの `$Import()` メソッドは単一のモジュール名のみを引数としてとる．R や他の多くの言語は，ひとつのモジュールから一部のメソッドのみをインポートする．第 14 章や第 15 章のインターフェースの `$Import()` メソッドは，第一引数としてモジュール名を取り，さらに追加の引数もとる．それらの引数は Python や Julia のインポートのセマンティクスに従って解釈される．

インポート実行後の式において，インポートされた名前の前にモジュール名を付ける必要があるサーバ言語もあれば，そうでない言語もある．JSON モジュールから `parse()` 関数をインポートしたという場合であれば，それが名前空間内で単に `"parse"` として定義されているのか，それとも `"JSON.parse"` として呼び出さなければならないのか，ということである．前者の場合には，そのインターフェースのサーバ言語の名前空間にある既存の `parse()` の定義が，インポートされたバージョンによってマスクされるか，あるいは既存のバージョンがインポートされたバージョンをマスクすることになる．我々のパッケージの `$Import()` メソッドは個々の言語のプロトコルに従って動作する．プロトコルには，単純な形式を使うのか，それとも完全修飾形式を使うのかを選ぶオプションが含まれる場合もある．

`$Source()` メソッドもまた，（特に大きなファイルに対して）より効率的な，言語に依存したバージョンで置き換えられることが多い．Python ではモジュールがファイルとして解釈されるので，`$Source()` は一種のインポートコマンドになる．Julia ではモジュールとファイルは区別される．この言語には `include()` という関数があり，これを用いて `$Source()` を実装する．

13.6　プロキシオブジェクト

XR 構造の設計目標のひとつは，サーバ言語の任意の計算をサポートすることだ．そのためには，13.3 節で述べた `$Eval()` やその他のサーバ言語のメソッドに対して，任意のデータやオブジェクトを引数として与えることができる必要がある．また，その計算はサーバ言語の任意のオブジェクトを値として返せる必要もある．この一般性を提供するためには**プロキシオブジェクト**が不可欠である．すなわち，本質的にはサーバ言語内のオブジェクトへの参照となっているような R オブジェクトのことだ．

サーバ言語の評価によって，R オブジェクトには変換できないような結果が生成される場合には，サーバ言語側にオブジェクトが割り当てられる．割り当てには R 側の評価器から与えられたキーが使われる．オブジェクトを保持し，R からキーが送信されたらそのオ

ブジェクトを検索するのは，サーバ言語側の実装の仕事である．キーは R 側ではプロキシオブジェクトに組み込まれている．

R のプロキシオブジェクトが後続のインターフェースメソッドで引数として使われる場合，プロキシオブジェクトは `$ServerExpression()` により，割り当て済みのオブジェクトを取得する式で置換される．この式は通常，単にキーを名前として使うだけである．オブジェクトはワークスペースやモジュールの中に割り当てられていると想定されている．ただし，もしインターフェースパッケージにおいてオブジェクトの格納に他の仕組み（たとえば明示的なテーブル）を使いたければ，`asServerObject()` 関数に対するメソッドを提供してやればよい．

XR インターフェースは `"AssignedProxy"` クラスに属するプロキシオブジェクトを返す．これは `"character"` のサブクラスであり，データ部分がオブジェクトに対するキーになっている．キー自体は XR の `$ProxyName()` メソッドによって生成され，1 つのセッション内では一意になることが保証されている．複数の評価器がある場合，キーは各々の評価器内でも一意であり，複数の評価器をまたいでも一意である．具体的なインターフェースパッケージやアプリケーションがプロキシオブジェクトに対してキーを生成する必要はないし，生成すべきでもない．

`"AssignedProxy"` クラスには，オブジェクトを作成した評価器の情報を持つスロットもある．サーバ言語におけるクラス，そのクラスを定義しているモジュール，そしてオブジェクトのサイズの情報だ．こうした補助的情報は，計算結果が予期したとおりになっているかを判断する際に役立つ．また，データを R に変換するメソッドを選択する場合にも有用かもしれない（たとえば，巨大なオブジェクトを変換するために特別なメソッドを使うなど）．サーバ言語のクラスとモジュールのおかげで，オブジェクトに対してプロキシクラスが存在しているのかどうかをインターフェースが検知することが可能になる．もし存在していれば，戻り値はそのプロキシクラスに属するオブジェクトへと昇格させられ，フィールドのひとつとして `"AssignedProxy"` オブジェクトを持つことになる．

サーバ言語から `"AssignedProxy"` オブジェクトを返す際には，XR で定義されている R オブジェクトの汎用的表現方式が利用される（13.8.2 項参照）．

プロキシオブジェクトをいつ返すべきかを定める方針は，スカラー（単一の数値や文字列，論理値等）なら変換して返し，他の型ならプロキシオブジェクトとして返すというものである．評価器の `$Get()` メソッドは，`$ServerEval()` に空でない key と `keepValue=FALSE` を与えて呼び出し，オブジェクトを強制的に変換する．`$ServerEval()` メソッドの異なる実装を用いれば，インターフェースパッケージが異なる方針を採用することもできよう．

サーバ言語側の式の値として返されるキーは，R から渡されたキーと同一である必要はない．大抵のサーバ言語はオブジェクトに対する参照を扱うので，目下のオブジェクトが最近割り当てられたオブジェクトと同一かどうかを比較的低コストでチェックすることができる．その場合には以前と同じキーを返すようにするのがよい考えである．そうすればサーバ言語側をあまり散らかさずに済むし，R の計算においてオブジェクトの等価性をよ

り効率的にチェックすることが可能になる．

　プロキシオブジェクトのおかげでアプリケーションはデータの相互変換を行わずに済む．これは効率のためには望ましいことだが，それだけでは済まず，オブジェクトが相互変換の際に微妙に変化してしまうことがある．言語間には多くの類似点が存在する場合もある ―― XR の方針ではそのことを利用している ―― が，言語には必ず差異もある．とりわけ，データの基本的構造に関してはそうである．たとえば，次の 2 つの R オブジェクトは似て非なるものだ．

```
c(1.1, 2.2, 3.3)
list(1.1, 2.2, 3.3)
```

しかし，これらに対応する標準的な Python のオブジェクトは 1 つしかない．

```
[1.1, 2.2, 3.3]
```

どちらの R オブジェクトも，Python に変換してから R に戻すと同じ結果（リスト）になる．サーバ言語側でオブジェクトの区別を維持するには，特殊なクラスのオブジェクトを用いる必要があるが，これについては 13.8 節で検討する．

　1 つのセッションにおいて，プロキシオブジェクトは少なくとも $Remove() メソッドによって明示的に削除されない限りは持続する．また，評価器が何か計算を行わない限り変更されることもない．次に検討するとおり，プロキシオブジェクトはセッションをまたいでは維持されない．

13.6.1　プロキシオブジェクトの保存：シリアライズ

　サーバ言語内で計算して格納したオブジェクトが保持されるのは，それに対応する評価器が存在している間のみ，すなわち現在の R セッションの間のみである．オブジェクトのコピーをファイルに保存するため，評価器には $Serial() メソッドが備わっている．インターフェースを作成するだけの魅力がある言語なら，基本的にはどれもシリアライズの仕組みを備えている．つまり，オブジェクトをバイトストリームとしてエンコードし，あとでデコードすると通常は情報損失なしでオブジェクトを再生できるような仕組みである．$Serialize() と対になる $Unserialize() メソッドは，ファイルを読み込み，その結果を変換してオブジェクトに戻す．

　XR パッケージには，サーバ言語のオブジェクトを R のオブジェクトに変換してから，それを R の serialize() 関数でエンコードするという，R によるデフォルトの実装が入っている．この方法は本当に「最終手段」の選択肢だ．代わりに，特定言語用のインターフェースパッケージでは，サーバ言語側のオブジェクトを変換なしでエンコードするために，その言語のシリアライズ機能を使う．対になるデシリアライズの実装も使用する．インターフェースパッケージでは，個々のサーバ言語でシリアライズとデシリアライズの計算を行うのに適切なコードを利用して，$ServerSerialize() メソッドと $ServerUnserialize() メソッドを実装する．サーバ言語による実装のほうがあらゆる基準において優れている可

能性が高い．エンコード時に曖昧さや不正確なところが少なく，必要な計算量も少ない．

多くの言語において，シリアライズは複数のオブジェクトのストレージとしてモデル化されている．シリアライズ関数の引数としては，出力に対してオープンされた接続が期待されている．シリアライズ関数を呼び出す度にオブジェクトが追加されていき，デシリアライズのメソッドは同一ファイルに書き込まれた複数のオブジェクトを1つずつ返す．

Rには OBJECT 原則 があるので，ファイルとオブジェクトを一対一対の関係で考えるほうが自然かもしれない．XR 構造は $Serialize() メソッドの append 引数を利用して，どちらの観点もサポートしている．append が FALSE（デフォルトの場合）なら，ファイルを開いて上書きする．そうでなければ次のオブジェクトはファイルに追加される．アプリケーションのコードで複数のオブジェクトを1つのファイルへとシリアライズしたければ，初回は $Serialize() を append=FALSE で呼び出して，そのファイルの以前の内容がすべて削除されるよう保証すべきだ．

シリアライズやデシリアライズのインターフェースを使用する際に，次のインターフェース呼び出しまでの間に接続を開いたままにしておくのが困難だったり，望ましくなかったりする場合がある．XR 系のパッケージは，ファイルを閉じて追加モードで再度開くことで，複数回のシリアライズをサポートしている．デシリアライズについては，次の呼び出しまでの間ファイルの位置を記録しておくという，より限定的な技法が必要だろう．これとは違い，$Unserialize() メソッドはつねに保存されているファイルの全体を読み込む．そして，シリアライズされたすべてのオブジェクトを要素に含む，サーバ言語におけるリスト的なオブジェクトを返す．$Unserialize() には all 引数があり，この引数には，ファイルを作成した $Serialize() の呼び出し時に append で使ったのと同一の値を与えるべきである．見つかったオブジェクトが1つの場合は，multiple 引数によって値が長さ1のリストになるか，それとも単一のオブジェクトになるかが決まる．

13.7　プロキシ関数とプロキシクラス

プロキシオブジェクトが実際にはサーバ言語のオブジェクトを参照するRのオブジェクトであるのと同様，プロキシ関数やプロキシクラスはRの中で使用されるがサーバ言語の関数呼び出しやOOPの計算へと変換される．

プロキシ関数オブジェクトとプロキシクラス定義はアプリケーションパッケージによって提供されるのが望ましい．アプリケーションパッケージのユーザは，標準的なRのやり方でそれらの関数を呼び出し，それらのクラスに属するオブジェクトを利用することになり，サーバ言語の実装にほとんど影響を受けない．

本節では，プロキシ関数とプロキシクラスを作成するのに必要なプログラミングのステップについて論じる．アプリケーションの作者にとって，このプログラミングとは2つの関数を呼び出すことを主に意味している．ひとつはプロキシ関数オブジェクトを作成するものであり，もうひとつはサーバ言語のクラスに対するプロキシとして機能するRのク

ラスを作成するものだ.おそらく,実際に呼び出される関数は特定のサーバ言語用に特殊化されたものになるだろうが,どの関数も動作は同様であり,結局は XR パッケージ内にあるバージョンを呼び出すことになる.これについては本章で述べる.

プロキシ関数とプロキシクラスを作成する計算では,ほぼ必ず,サーバ言語にある何らかのメタデータ情報を使用する.この情報は R の関数オブジェクトやクラス定義に似ているが,個々の言語による違いが反映されている(13.7.3 項).この情報はアプリケーションパッケージのインストール時には簡単に取得できないかもしれない.そうした場合には,XR パッケージの機能に含まれる 2 つの仕組みが代替手段を提供する(13.7.4 項).

実例として shakespeare パッケージを用いよう.このパッケージのプロキシ関数とプロキシクラスを作成するための関数呼び出しは,すべて "R/proxy.R" に集められている.

13.7.1 プロキシ関数

プロキシ関数とは "function" のサブクラスに属するオブジェクトのことである.プロキシ関数は,関数として呼び出される場合には,インターフェースの評価器のメソッドを使ってサーバ言語の対応する関数を呼び出し,その結果(通常はプロキシオブジェクト)を返す. $Call() メソッドを適切に使ってこれを直接プログラムすることも可能ではあるだろうが,プロキシ関数には付加的な情報が備わっており,たとえば,何かのモジュールが必要であればインポートされることが保証されている.特定のサーバ言語に対するプロキシ関数はさらに多くの情報を含みうる.たとえば関数のドキュメントなどである.強く型付けされたサーバ言語であれば,実引数の同一性や型をチェックすることも可能だろう. XRPython や XRJulia の場合には大部分のチェックがサーバ言語に任されている.

プロキシ関数用の一般クラスが XR パッケージの "ProxyFunction" である.通常,個々のインターフェースパッケージはこのクラスのサブクラスを作成して特殊機能を取り入れる.たとえば XRPython パッケージでは,

```
PythonFunction(name, module)
```

が "PythonFunction" クラスのプロキシ関数オブジェクトを作成する(先頭の "P" が大文字なのは,これがクラスの生成関数であり,これらのインターフェースでは特殊なクラスの名前を大文字で表記する規約だからである).

プロキシ関数の呼び出しは,指定された名前とモジュールを持つ Python の関数の呼び出しへと変換される. R の関数を作成して, R のプロキシから Python の xml.etree.ElementTree モジュールにある parse() 関数を使うことができる.

```
parseXML <- PythonFunction("parse", "xml.etree.ElementTree")
```

プロキシ関数は $Call() メソッドよりも自然で便利なインターフェースを提供する.アプリケーションパッケージにこのプロキシ関数の定義がある場合,

```
hamlet <- ev$Call("xml.etree.ElementTree.parse", "hamlet.xml")
```

という式は

```
hamlet <- parseXML("hamlet.xml")
```

へと単純化される．

通常の状況では評価器は隠蔽されて自動的に選択されるので，エンドユーザにとっては概念的に単純になっている．さらに，プロキシ関数はモジュールのインポートも行ってくれる．アプリケーションパッケージのユーザは実際のインターフェースのルーチンを呼び出す必要がないし，インターフェースの評価器を初期化する必要もない．

13.7.2　プロキシクラス

プロキシクラスは指定されたサーバ言語のクラスに対応するRのクラスを定義する．プロキシクラスのオブジェクトは，サーバ言語のクラスのフィールドやメソッドに対応するRのフィールドやメソッドを見かけ上持っている．サーバ言語において書くであろう式と同じ式がRで書かれるが，サーバ言語のドット演算子はRの `$` 演算子に置き換えられる．

Rのプロキシクラスは，XR パッケージの `setProxyClass()` か，それを拡張したサーバ言語固有の関数を呼び出して作成する．たとえば，`"ElementTree"` は `"xml.etree.ElementTree"` モジュールにある Python のクラスであり，前述の例で `parseXML()` 呼び出しが返す Python オブジェクトはこのクラスに属している．このプロキシ関数を定義して使用するパッケージでは，それに対応するプロキシクラスも次のようにして作成するだろう（この例の詳細は14.5節で見る）．

```
ETree <- setPythonClass("ElementTree", "xml.etree.ElementTree")
```

作成される参照クラスは `"ProxyClassObject"` のサブクラスである．このクラスのフィールドやメソッドに対する参照は，サーバ言語側にある同様のフィールドやメソッドに対するアクセスのプロキシとして解釈される．

プロキシクラスのオブジェクトはRの中で直接作成してもよいが，我々の例の `parseXML()` 呼び出しのように，インターフェースを通じた関数呼び出し等の計算による値として得られることのほうが多い．

サーバ言語のオブジェクトのメソッドとフィールドは，Rの標準的なOOPの式を用いてRから呼び出したりアクセスしたりできる．その際，サーバ言語側のクラスのメソッドやフィールドの名前を使用する．Pythonの `"ElementTree"` クラスは `findtext()` 等のメソッドを持っている．すると，これに対応するRのクラスも `$findtext()` メソッドを持つ．Rのメソッド呼び出しを評価すると，対応するPythonのメソッド呼び出しになる．いまの例の `hamlet` オブジェクトであれば次のようになる．

```
> hamlet$findtext("TITLE")
[1] "The Tragedy of Hamlet, Prince of Denmark"
```

プロキシとなる関数，クラス，オブジェクトをこうして組み合わせることで，アプリケー

ションパッケージのユーザのために，インターフェースを用いた実装に対して計算を本質的に透過的なものにするという目標が達成される．

プロキシ関数を呼び出すと，サーバ言語側で対応する関数呼び出しが引き起こされる．サーバ言語側の関数がスカラーでない値を返す場合，R 側の関数は割り当てられたプロキシオブジェクトを返す．このオブジェクトのフィールドにはサーバ言語側のクラスが設定される．もしインターフェースの評価器が対応するプロキシクラスを発見できれば，戻り値はそのプロキシクラスに属することになり，プロキシオブジェクトがフィールドになる．ユーザはオブジェクトのメソッドとフィールドを，サーバ言語において使用するのと同じように使うことができる．ただし実際には，ユーザよりもアプリケーションパッケージ内の独自の計算において使われることのほうが多い．

13.7.3 サーバ言語からのメタデータ

前述の例において，サーバ言語の関数やクラスは単に名前を用いて与えられていた．ただしオプションとしてそれが定義されているモジュールの名前も用いた．名前以外のものが必要なかったのは，Python が大抵のサーバ言語と同様，具体的な関数とクラスの構造を定義するために使える情報を提供しているからである．インターフェースの評価器のメソッドは，サーバ言語側の対応するオブジェクトを検査して，その情報を R に返してくれるのだ．R と同様，名前とモジュール（R ではパッケージ）への参照があれば，プロキシオブジェクトに必要なメタデータを見つけるには十分である．

ただし問題もある．R を拡張する典型的なプロジェクトにおいて，プロキシ関数やプロキシクラスを定義する計算はアプリケーションパッケージの一部であるが，パッケージのインストール時にそうした計算を行うのが不可能な場合があるのだ．こうした問題を避けるために，XR インターフェース構造は 2 つの技法をオプションとしてサポートしている．ロードアクションとセットアップステップである．これらについても述べるが，まずはサーバ言語のメタデータがどう使われるのかを調べよう．

プロキシ関数オブジェクトを作成するインターフェースのメソッドは，可能であればオブジェクトとしてのサーバ言語の関数にアクセスして，引数名を取得する．引数の型やオンラインドキュメントなどの情報を取得する場合もある．

プロキシクラスに対しても同様だが，言語によって利用可能な情報やクラスの使用法は異なる．プロキシクラスを作成する計算では，R 側のフィールドとメソッドを定義するためにこの情報を使用する．

プロキシ関数のメタデータを返すのは `$ServerFunctionDef()` メソッドであり，これは個々のサーバ言語に対して特殊化されている．プロキシ関数クラスの生成関数はこの情報を使用する．たとえば，`"PythonFunction"` クラスに対する `initialize()` メソッドでこれが利用されている．

プロキシクラスでは，クラス定義のメタデータを `$ServerClassDef()` メソッドから取得する．このメソッドは `fields` と `methods` を要素に持つ名前付きリストを返す．`methods`

要素はそれ自体も名前付きリストである．`methods` の要素の名前はメソッド名であり，各要素が R でプロキシメソッドとして使う関数になっている．"Interface" クラスが持つデフォルトの `$ServerClassDef()` は NULL を返すが，これは利用可能なメタデータ情報がないことを示す．

言語によってクラスの実装は異なる．そうした差異への対処は `setProxyClass()` の中で `$ServerClassDef()` の定義を用いて行われる．たとえば，Python には形式的なフィールドというものがない．インターフェースはクラスに属するオブジェクトを利用してフィールドを推測しようと試みる．その際，`example` 引数で他のオブジェクトが与えられていない限り，そのクラスのデフォルトオブジェクトが生成される．

他の言語では動作が異なる．Julia には**複合型** (composite type) があり，メタデータを用いてフィールドが定義されている．メソッドは関数型であり，カプセル化はされていないので，`$ServerClassDef()` が返すメタデータからプロキシメソッドの呼び出しが生成されることはない．Java はフィールドとメソッドに関して非常に詳細な情報を提供しており，それには全メソッドの引数や戻り値の型が含まれる．したがって，プロキシクラス定義が持つフィールドやメソッドに曖昧なところはない．

13.7.4　ロードアクションとセットアップステップ

ロードアクションとは，通常，パッケージのロード中に，パッケージの名前空間を唯一の引数として呼び出される関数のことである（7.3.2項）．

セットアップステップとは，それ自体がソースパッケージにソフトウェアを書き出すような R スクリプトのことである．XR パッケージの `packageSetup()` はそうしたセットアップスクリプトを実行するために設計されている．`packageSetup()` が保証するのは，パッケージの名前空間をセットアップ計算で利用できるようにすることと，セットアップ計算に必要な環境をパッケージと関連付けることである（たとえば，クラス等の OOP 的オブジェクトが当該パッケージの名前を "package" スロットに持つようにすることなど）．

インターフェースを使うアプリケーションパッケージにとってロードアクションとセットアップステップが重要なのは，アプリケーションパッケージのインストール時に，サーバ言語の評価器と，関連するすべてのモジュールが利用可能だとは前提できない場合である．

パッケージのリポジトリが，R とそのリポジトリのサポートするパッケージと標準的コンパイラのみを用いてインストールを行うように要求する場合がある．インターフェースが組み込み型であって，使用するモジュールがサーバ言語を通じて直接利用できる場合，または，すでにインストール済みの他の R パッケージにおいてモジュールが提供される場合には，問題はない．

モジュール等，サーバ言語のソフトウェアが実際に何らかのアプリケーションパッケージの一部である場合には，`system.file()` を用いてインストール済みパッケージを見つけ，そのソフトウェアの場所を特定する．そのパッケージがインストール済みであり，

パッケージのソースディレクトリ内の "inst" ディレクトリにそのソフトウェアがあれば，場所が特定できる．これには，パッケージが自分自身の中の場所を参照することも含まれる．たとえまだそのパッケージがインストールされていなくても，インストールの過程では，7.2節で概説したような順序で処理が行われるからである．

残りの可能性として，サーバ言語が利用不可能（かつ，インターフェースが接続型）な場合と，インストール時に特定のモジュールが利用可能だとは前提できない場合がある．

インストール時ではなく，ロードアクションで計算を行うことにすれば，中央リポジトリに追加の要件を課さずとも，インストール済みパッケージを作成して配布することが可能になる（ただし，リポジトリが INSTALL コマンドにおいてデフォルトのテスト用ロードを省略してくれる場合に限る）．

プロキシ関数やプロキシクラスを定義する処理は，適切なロードアクションを定義すればロード時まで遅延させることができる．たとえば15.5節では，Julia の "SVD" 型に対するプロキシを定義する．これをロード時に行うためには次の関数を定義する．

```
.loadSVD <- function(ns) {
    genr <- setJuliaClass("SVD", where = ns)
    assign("SVD", genr, envir = ns)
}
```

引数の名前空間は，setJuliaClass() 呼び出しにおけるクラス定義の格納先として使用される．また，生成関数を明示的に割り当てるためにも使われる．

ロードアクションの定義に加えて，パッケージのソースコードで次の設定を行う必要がある．

```
setLoadActions(proxySVD = .loadSVD)
```

これによってメタデータがインストール済みパッケージ内に割り当てられる．このメタデータはパッケージのロード中に検知される．setLoadActions() の引数名は，単に警告やエラーのメッセージ内でロードアクションを識別するためにある．

プロキシ関数やプロキシクラスをロード時に作成するのであれば，それらに依存する R オブジェクトの作成も遅延させなければならない．特に，プロキシクラスをフィールドやスーパークラスとして持つ R のクラスは，ロードアクションによって作成する必要がある．アプリケーションパッケージではこれを明示的に行う必要がある．

R のクラス "SvdJTimed" が，プロキシクラス "SVD" に "time" という数値フィールドを追加したサブクラスであるとしよう．通常であれば次のような定義になるだろう．

```
SvdJTimed <- setRefClass("SvdJTimed", contains = "SVD",
                        fields =c(time = "numeric"))
```

"SVD" の定義がロード時まで遅延させられている場合，このサブクラスもロード時にプロキシクラス "SVD" のあとで定義する必要がある．これを最も簡単に行う方法は，プロキシクラスに対して定義したロードアクションに，クラス定義を追加することだ．

```
genr <- setRefClass("SvdJTimed", contains = "SVD",
                    fields =c(time = "numeric"), where = ns)
assign("SvdJTimed", genr, envir = ns)
```

この 2 行を .loadSVD() の本体に追加することになるだろう．

ロードアクションに代わる選択肢は，セットアップステップを利用して情報をあらかじめ計算しておくことだ．この場合，プロキシ関数やプロキシクラスを作成するための関数呼び出しは，直接呼び出す場合と同様だが，save 引数を追加することになる．

セットアップステップにおいて，save 引数はファイル名または開いている接続である．ファイルか接続に対して，プロキシ関数やプロキシクラスを定義する R 言語の関数呼び出しを書き込むのが save 引数の機能である．この関数呼び出しにはすべてのメタデータが明示的に含まれるので，インストール時であれロード時であれ，評価するのにサーバ言語側での計算は必要ない．

セットアップステップの例を挙げよう．アプリケーションとして shakespeare パッケージを，インターフェースとして XRPython を利用する．shakespeare パッケージはプロキシ関数とプロキシクラスを定義しており，それらの中には，このパッケージ固有の Python コードを参照するものがある．

shakespeare パッケージには 3 つのプロキシクラスが定義されている．"Act"，"Scene"，そして "Speech" であり，これらはパッケージ固有の thePlay モジュールに属している．これらに対応する，プロキシ作成用の直接的な関数呼び出しは次のようになるだろう．

```
Act <- setPythonClass("Act", "thePlay")
Scene <- setPythonClass("Scene", "thePlay")
Speech <- setPythonClass("Speech", "thePlay")
```

すべてのクラス定義をセットアップステップで生成することに決めたとしよう．完全なクラス定義はパッケージのソースディレクトリ内のあるファイル，たとえば "R" サブディレクトリ内の "proxyClasses.R" へと書き込まれるとする．

セットアップステップの R スクリプトは，プロキシ定義をどのように計算したのかを示す証拠として，ソースパッケージの "tools" ディレクトリに配置しておくことが推奨される．いまの例では，"tools/setup.R" にあるセットアップスクリプトは次のようになるだろう．

```
library(XRPython)
con <- file("R/proxyClasses.R", "w")
setPythonClass("ElementTree", "xml.etree.ElementTree",
               save = con)
setPythonClass("Act", "thePlay", save = con)
setPythonClass("Scene", "thePlay", save = con)
setPythonClass("Speech", "thePlay", save = con)
close(con)
```

このスクリプトでは，接続を開いてそれを各 setPythonClass() 呼び出しの save 引数へと渡している．その結果，すべての出力が同じ対象ファイルへと書き込まれる．

セットアップステップを実行するには，作業ディレクトリを設定して packageSetup() を呼び出す．

```
setwd("~/localGit/shakespeare")
XR::packageSetup()
```

ここではスクリプトの場所としてデフォルトの "tools/setup.R" を使ったので，packageSetup() に引数は必要ない．このスクリプトは，パッケージのインストールをシミュレートする環境を作成し，packageName() が正しい名前を返すよう保証する．注意してほしいのは，スクリプトの実行前にパッケージがインストールされてロード可能になっていなければならないということだ．この例では，クラス定義を含むモジュールがパッケージのディレクトリからインポートされるからだ．初回インストール時にプロキシ関数とプロキシクラスが定義されている必要はない．ただし，それらを明示的にエクスポートするのであれば，セットアップステップの初回実行後に export() ディレクティブを挿入する必要がある．

作成したプロキシオブジェクトにサーバ言語の関数やクラスとは別の名前を付けるには，プロキシ作成用の関数呼び出しに objName 引数を与えてやればよい．shakespeare パッケージは，13.7.1 項で示したように，XML データを扱う Python モジュールの parse() 関数に対してプロキシ関数を定義している．R の parse() 関数との混同を避けるため，このプロキシ関数の名前は parseXML() に変更されている．セットアップスクリプトでは次のようになっている．

```
PythonFunction("parse", "xml.etree.ElementTree",
               save = TRUE, objName = "parseXML")
```

setPythonClass() にも同じく objName 引数があり，これはクラス生成関数オブジェクトの名前を変更する．この例では save 引数でファイル名も接続も指定していないが，関数名に基づく名前を持つファイルが，パッケージの "R" ディレクトリへ書き出される．

セットアップステップを再実行する必要があるのは，生成されたスクリプトに影響を与えるような変更がサーバ言語のクラスや関数の定義にあった場合に限る．

13.8 データ変換

XR インターフェースの方針における一般性という目標は，サーバ言語で表現可能な任意の計算を包含することを目指すということだ．プロキシオブジェクトやプロキシ関数，プロキシクラスは，そのための中心的な仕組みである．また，R とサーバ両方の言語の任意のオブジェクトを使用するための機能というのも，この目標に含まれる．つまり，各言語のオブジェクトを記述し，それを他方の言語の等価なオブジェクトに可能な限り正確に

変換するための方法が必要だということだ．

本節では，サーバ言語へのデータ送信やRオブジェクトの回収のための変換方式と手続きに関して，XR構造の説明を行う．

実際の言語間通信は文字列を通じてなされる．$ServerEval() メソッドはサーバ言語へ文字列を送信する．サーバ言語はその文字列をパースし，評価して，結果をやはり文字列で返す．インターフェースのR側ではその文字列をオブジェクトとして解釈する．

オブジェクトをサーバ言語に送信するために，オブジェクトは

`ev$AsServerObject(object)`

という呼び出しによって文字列に変換される．戻り値の文字列はサーバ言語の式であり，それを評価するともとのRのオブジェクトと等価なオブジェクトが得られる．この文字列は $Eval() 等のメソッドによって "%s" フィールドに代入され，最終的には $ServerEval() の引数となる．

$AsServerObject() メソッドは単に `asServerObject(object, prototype)` という総称関数を呼び出すだけである．prototype はデフォルトではインターフェース言語を特定するオブジェクトになっており，通常はデフォルトのままでよい．asServerObject() に対するメソッドによって変換方式をカスタマイズする．カスタマイズは言語に依存しない方法もあるが，サーバ言語にRのクラスのよい類似物がある場合には，その言語に特化した方法もある（13.8.4項）．

サーバ言語の計算結果をRオブジェクトに変換するために，まず，サーバ言語から $ServerEval() へと返された文字列が valueFromServer() 関数によってあるオブジェクトに変換される．このオブジェクトは変換用の標準的構造（次項で説明する）を用いて生成される．その結果が今度は2つめの総称関数 asRObject() の引数となる（13.8.7項）．

変換用構造には3つの構成要素がある．1つは，ありうるオブジェクトの一部に対して，それに等価な文字列を定義する基本レベルの要素である．あとの2つは，Rとサーバ言語の任意のオブジェクトを記述するために，基本レベルの要素を用いて定義される表現方式である．

XR パッケージはこの変換用構造の実装を提供する．個々のインターフェースは変換方式を多かれ少なかれ修正することができる．XRPython パッケージと XRJulia パッケージがその例である．Python インターフェースは基本的な変換方式を実質的にそのまま使用している．Julia インターフェースは，Julia と R がより直接的に対応している箇所では，クラスの変換方式を置き換えている．

13.8.1　基本的なオブジェクト変換

XR パッケージは JSON 記法（JavaScript Object Notation：JavaScript オブジェクト記法）を用いて asServerObject() と valueFromServer() を実装している．JSON 記法で表現可能なオブジェクトが変換の基本レベルを構成する．XR の JSON 実装を使うイン

ターフェースパッケージが提供する必要があるのは，Rからオブジェクトを取得するために JSON 文字列をパースするサーバ言語側のソフトウェアと，Rに返ってくるサーバ言語側のオブジェクトを表現するために，Rと同様なサーバ言語のオブジェクトに対する JSON 文字列を生成するソフトウェアだけである．

JSON は単純なデータの交換に広く利用されている標準規格である．我々の目的のために，JSON は 3 種類のオブジェクトに対してオブジェクトのテキスト表現を定義している．

1. スカラー：(標準的な科学的記数法による) 数値，文字列，そして予約名である `true`，`false`，`null` からなる．
2. 表現可能なオブジェクトの名前なしリスト：オブジェクトはカンマで区切り，角括弧で囲む．
3. 表現可能なオブジェクトの名前付きリスト：各要素は，文字列による名前とそれに続く `":"`，さらにそれに続く要素の表現によって表される．

適切な R オブジェクトから JSON 文字列を生成したり，そうした文字列をパースして対応するオブジェクトを返したりするような，JSON の変換を実装している R パッケージがいくつかある．XR の現在の実装では `jsonlite` パッケージ [29] を利用している．これまでに論じてきたどのサーバ言語も，同様の変換を行うための独自のモジュールやパッケージを備えている．

JSON において 2 番目と 3 番目の形式は配列とオブジェクトと呼ばれている．だが，この用語法はここでは紛らわしすぎるので，一般的な用語が必要な場合には，2 番目の形式を JSON リスト，3 番目の形式を **辞書**（Python, Julia 等の辞書に相当するデータ構造）と呼ぶ．

JSON を使うことには，単純さと利用しやすさという利点がある．標準規格は 1 ページあれば説明できる (www.json.org)．JSON 記法は広く利用されており，インターフェースに必要な言語のほぼすべてに実装されているし，実装するのもそう大変な仕事ではない．既存の基本的なインターフェースパッケージのいくつかは JSON を利用している．Python[6] や JavaScript[28] へのインタフェース等である．

JSON 記法では表現可能なものに限界がある．JSON 形式で表現可能なオブジェクトは R のすべての **基本** オブジェクトを含んではいない．基本オブジェクトというのは，組み込みのデータ型に属するオブジェクトという意味である（6.1 節）．ベクトル型については，`"logical"`，`"character"`，それから `"integer"` と `"double"` の両形式の数値が JSON 記法で表現される．しかし `"complex"` と `"raw"` には対応できない．これらは任意の R オブジェクト用の表現形式によって取り扱われる．

また，要素がすべて同じ基本型のスカラーからなる R の `"list"` オブジェクトは，その基本型のベクトルと同一の JSON 表現を持つ．サーバ言語にそうした区別があることもあれば，ないこともある．Python には区別はないが Julia にはある．

インターフェースパッケージにとって自然な方針が何であるかはサーバ言語次第だ．Julia には JSON よりも R のベクトルによく似たものがある．XRJulia インターフェースはそれらの変換メソッドを（R と Julia の両方において）定義している．

Python には JSON と類似したオブジェクト階層があり，XRPython インターフェースはデフォルトの XR 構造を使用する．

13.8.2 任意の R オブジェクトの表現

辞書は任意の R オブジェクトを表現するための仕組みである．辞書は，それが ".RClass" という名前の要素を持つ場合に，一般の R オブジェクトとして解釈される．".RClass" 要素（オプションとして ".package" 要素を伴うこともある）の値によってクラスを指定する．

型と派生クラス用の予約名もある．これら予約名以外の辞書の残りの要素は，S4 クラス定義のスロットとして解釈される．そこには継承されたスロットもすべて含まれる．"vector" やベクトル型のどれかを拡張するクラスには，オブジェクトのデータ部分を表すための ".Data" という疑似スロットも付く．

たとえば，時系列データを表す "ts" クラスは S3 クラスだが，時系列パラメータの数値スロット "tsp" を持つ S4 のベクトルクラスだと見なしてもつじつまは合う．datasets パッケージにある uspop データの JSON 表現を示そう．

```
{ ".RClass" : "ts", ".package" : "",
  ".type" : "double", ".extends" : "ts",
  ".Data" : [3.93,5.31,7.24,9.64,12.9,17.1,23.2,31.4,39.8,
             50.2,62.9,76.0,92.0,105.7,122.8,131.7,151.3,
             179.3,203.2],
  "tsp" : [1790.0,1970.0,0.1] }
```

この表現形式は属性を持つ任意のベクトルへ一般化される．

同様のやり方で，配列とその特殊な場合である行列が XR の実装に含まれている．ただしこれらは実際には S3 クラスではない．XR の特殊なメソッドのおかげで，配列や行列が "dim" や "dimnames" というスロットとデータ部分を持つ形式的クラスに見えるようになっているのだ．もしインターフェースが特殊化された asServerObject() メソッドを備えていなければ，行列は汎用的表現によって変換される．以下の例において，ev は Python インターフェースの評価器である．

```
> mProxy <- ev$Send(matrix(1:12,3,4))
> ## Pythonでは辞書へと変換される
> ev$Command("print %s.keys()", mProxy)
[u'dim', u'.type', u'.package', u'.RClass', u'.Data', u'.extends']
```

```
> ## 回収すると辞書がデコードされる
> ev$Get(mProxy)
     [,1] [,2] [,3] [,4]
[1,]    1    4    7   10
[2,]    2    5    8   11
[3,]    3    6    9   12
```

ここでは Python でキー（要素名）を表示した．キーには，データ部分を表す ".Data" や，スロットの "dim" と "dimnames" が含まれている．さらに，特殊な名前を持つ要素も含まれている．サーバ言語の計算がこのオブジェクトを解釈し，よりその言語らしいものを生成する場合もあるだろう．だが，アプリケーションは辞書を直接使うだけでも何らかの値を修正する計算ができているし，その結果を R に返すのにもこの仕組みを用いている．

基本的なベクトルや他の組み込み型の変換では typeToJSON() 関数が使われる．この関数はオブジェクト内のデータに対する JSON 表現を生成するが，その際に利用するのは型とデータだけである．typeToJSON() による表現には，オブジェクトの情報が実質的には完全に含まれている．しかし，数値か文字列として表現できない型に関しては，直接その情報を与えるわけではない．別の方法として，個々の要素の整形と，最後の手段としてのオブジェクトのシリアライズとを組み合わせることで，少なくともデータを送信したあとで回収するための仕組みは提供される．詳細については 13.8.4 項を参照のこと．

オブジェクトのスロット自体が，基本データ型以外のクラスに属するオブジェクトだということはよくある．この場合にもオブジェクトの明示的表現が利用される．たとえば，10.2 節では "track" クラスの定義について検討した．

```
track <- setClass("track",
                  slots = list(lat = "degree", long = "degree",
                               time = "DateTime"))
```

このオブジェクトのスロットは，"degree" クラスと "DateTime" クラスに対する明示的表現を用いて JSON で表現されることになるだろう．

R のスロットでは，宣言されたクラスのサブクラスに属するオブジェクトも許容される．単純な継承であれば，サーバ言語側のソフトウェアが必要なスロットを見つけることもできる．"DateTime" のような仮想クラスに対しては，R 側でスロットをサーバ言語での計算に必要な特定の表現へ変換する必要があるかもしれない．前述の例の場合，もしサーバ言語が日時の "POSIXct" 表現を要求するのであれば，R 側で次のようにする必要があるだろう．

```
object@time <- as(object@time, "POSIXct")
```

これはアプリケーション固有のコード内に書いてもよいし，"DateTime" クラスに対する asServerObject() メソッドの中に書いてもよいだろう．

R の "vector_R" クラスのオブジェクトに対する ".RClass" による表現を利用すれば，

サーバ言語から特定の型の R ベクトルを JSON 記法で返すことができる．このクラスはベクトルを明示的な形で表現するものであり，ベクトルの型を明示的にスロットとして持つ．また，JSON リストで表現可能な "data" スロットと，R で NA にすべき要素を明示的に指定する "missing" スロットを備えている．詳細と例については 13.8.8 項を参照のこと．

13.8.3　任意のサーバ言語オブジェクト

XR にはサーバ言語の任意のオブジェクトを表現するための仕組みもある．この仕組みは汎用的だが，使われることが最も多いのは，名前付きのフィールドやスロットの組によって定義されるサーバ言語の何らかのクラスに属するオブジェクトを表現する場合である．

R に値を返す責任を持つサーバ言語のコードは，特定のサーバ言語オブジェクトを表現する "from_Server" クラスの R オブジェクトを返すために，".RClass" の仕組みを利用する． "from_Server" クラスには，サーバ側のクラス，モジュール，言語のためのスロットが備わっている．さらに，実質的に任意の構造を格納するためのスロットも備わっている．具体的には "data" スロットが任意の R オブジェクトを格納する．その一方で，"fields" スロットが，サーバ言語オブジェクトの名前付きフィールドに対応する名前を持つリストとなる．関連するスロットの内容は，変換されたオブジェクトを求めるリクエストに応答するサーバ言語側の計算によってセットされる．

サーバ言語のクラスがフィールドによって定義されている場合，変換されたオブジェクトは前節のプロキシクラスのオブジェクトとほぼ同様にして使用できる．フィールドの抽出や設定は $ 演算子で行うし，妥当なフィールドはサーバ言語のクラスに属するものだ．プロキシクラスとの違いは，こうした計算がすべて R の中で行われるということと，フィールドの内容が，それらのフィールドのクラスに適用される何らかのメソッドによって変換済みのものであるということだ．

サーバ言語インターフェースが "from_Server" をサブクラス化する場合もある．サブクラス化によって，サーバ言語の特殊なクラスの取り扱いを簡単にできる場合である．XRJulia パッケージは "from_Julia" クラスを定義している．この場合，実際にはクラスの特殊化のほとんどが，Julia 側で Julia の関数型 OOP を利用して行われている．一般的なオブジェクト変換の例については 15.6.2 項を参照のこと．

アプリケーションパッケージは，評価器のメソッドやプロキシ関数に .get = TRUE を与えることで，どのような計算結果であっても，プロキシではなく実際のオブジェクトを返すように要求することができる．インターフェースのサーバ言語側では，通常は JSON による仕組みを用いて基本オブジェクトを変換する．また，R に具体的な類似物が存在するような他のクラスのオブジェクト（たとえば Julia の配列）もインターフェースによって認識される．そして一般の場合には，フィールド内のオブジェクトが変換可能であれば，それらのフィールドによって定義されるサーバ言語のクラスに属するオブジェクト

も，"from_Server"の仕組みによって変換される．以上が任意のオブジェクトを変換するための一般的で再帰的な手続きである．

この手続きの限界は，**基本オブジェクト**の中には，端的にいってRに対応するオブジェクトが存在しないものもあるという点だ．したがって，個別のインターフェースかアプリケーションのいずれかが，以下の計算をうまく組み合わせる必要がある．

- サーバ言語オブジェクトの情報を，Rオブジェクトに対応した形式へと変換するサーバ言語側での計算
- 変換されたオブジェクトを，特定のアプリケーションに適合するようにサーバ言語オブジェクトの情報として解釈するR側での計算

XR構造が個々の問題を解決することはできない．だが，解決策がもし**存在する**なら，その変換方法は "from_Server" クラスに組み込めるはずだという意味において，XR構造によって任意の変換が可能になっている．その仕掛けは "from_Server" クラスの "data" スロットにあり，これは要するに「その他何でも」用のスロットである．

例として，サーバ言語の何らかのクラスかデータ型にRでの類似物が存在せず，そのサーバ言語オブジェクトをシリアライズすることに決めたとしよう．シリアライズしたオブジェクトをR内で "raw" ベクトルとして保持できるのであれば，そのベクトルを "data" スロットに持たせて，オブジェクトを "from_Server" オブジェクトに変換することができる．フィールドは不要だが，"serverClass" と "module" には適切な値を設定する．

大して物事が進んだように見えないかもしれないが，重要な利点が2つある．最も重要なのは，これによって，変換不能な型のフィールドを持つオブジェクトの変換が可能になり，その他のオブジェクトも変換可能になるということだ．さらに，おそらくは情報を失うことなく，Rオブジェクトをインターフェースのサーバ言語側に戻すことも可能になる．

13.8.4 Rオブジェクトの送信

サーバ言語に渡すべき文字列を定義するのは，

`asServerObject(object, prototype)`

という総称関数の戻り値である．Rオブジェクトをサーバ言語に渡す必要がある場合には，つねにこの関数が評価器から呼び出される．大抵は何らかの関数やメソッド呼び出しの引数として呼び出される．総称関数に対応する評価器のメソッドを呼び出せば，式を明示的に見ることができる．

`ev$AsServerObject(object)`

インターフェースのメソッドたちの中では，サーバ言語の式への変換が，実際にはすべて

このメソッドの呼び出しによって行われる.

asServerObject() の呼び出しにおいて，object 引数が変換すべき R オブジェクトである．prototype 引数は変換先を表している．このオブジェクトは，評価器のメソッドにおいては評価器の prototypeObject フィールドによって与えられるものであり，インターフェースを指定するクラスを備えている．たとえば "PythonObject" や "JuliaObject" などである．

サーバ言語への変換に用いられる JSON 互換の文字列は，objectAsJSON() という別の関数の呼び出しから返される．asServerObject() のデフォルトのメソッドを見ればその仕組みがわかる．

```
function(object, prototype) {
    jsonString <- objectAsJSON(object, prototype)
    if(is(jsonString, "JSONScalar"))
        jsonString
    else
        gettextf("objectFromJSON(%s)",
                 typeToJSON(jsonString, prototype))
}
```

スカラーの場合，変換後の文字列は "JSONScalar" を継承したクラスを持つ．このメソッドは，サーバ言語においてスカラー形式が定数式として正当なものだということを仮定している．他のオブジェクトの場合，このメソッドは，JSON 文字列を引数としてサーバ言語側の objectFromJSON() 関数の呼び出しを作成する．この関数の定義を与えるのは各サーバ言語のインターフェースだが，普通はその言語の JSON を扱うモジュールを単に呼び出すだけである．

XR パッケージに含まれる，asServerObject() のデフォルト以外のメソッドは，どれもサーバ言語側のオブジェクトの名前を返す．プロキシやプロキシクラスのオブジェクトに対するメソッドは，インターフェースによって生成されたサーバ言語側のユニークキーを含む文字列を返す．XR の方針では，プロキシオブジェクトはサーバ言語側でこのキーを名前として何らかの環境内に割り当てられているものと想定されている．この文字列キーが対応するサーバ言語のオブジェクトへの参照となっているのだ．

"name" クラスの R オブジェクトに対する asServerObject() のメソッドは，その名前をクオートなしの文字列として返す．アプリケーションが，

ev$Command("piBy2 = %s", pi/2)

という明示的な代入を行った場合，as("pyBy2", "name") を asServerObject() の引数にすると，それは割り当てられたオブジェクトを参照することになる．しかし一般には，インターフェースが生成したユニークキーを使ってオブジェクトを自動的に割り当てるほうがよい．

前述のメソッド内で objectAsJSON() が返す値は，R オブジェクトを表現する JSON 文

字列である．Rオブジェクトがスカラーとして扱われるのでない限り，この文字列はサーバ言語の objectFromJSON() 呼び出しへと代入される．したがって，たとえば 1:4 という R オブジェクトであれば，

```
objectFromJSON("[1,2,3,4]")
```

という文字列としてサーバ言語に送信されるだろう． objectAsJSON() 関数もまた総称関数である． objectAsJSON() が返す JSON 文字列は，スカラー，リスト，あるいは辞書を表現するものでなければならない．R の環境と名前付きリストに対する objectAsJSON() のメソッドは，直接的に辞書を生成する．

R 自体にはスカラーは存在しないが， objectAsJSON() は，JSON で表現可能な型については，長さ 1 のベクトルをサーバ言語側のスカラーとして解釈する．これは大抵の場合には正しい方針だろう．ただし，（たとえば，サーバ言語の関数が引数として配列を要求しているといった理由で，）スカラーだと解釈されるのを抑止するためには，

```
noScalar(object)
```

の呼び出しを通じてオブジェクトをインターフェースに渡す必要がある． noScalar() 関数は内部的な規約を用いて，生成される文字列が JSON のリストになるよう強制する．

その他のオブジェクトは，個別のインターフェースパッケージやアプリケーションがメソッドを追加していない限りは，デフォルトの objectAsJSON() メソッドを使用する．デフォルトメソッドでは 2 つの場合が区別される．R の基本データ型と，それよりも多くの構造を備えたあらゆるオブジェクトがある．後者には，形式的クラスや非形式的な S3 クラス，そして行列や配列のようなベクトル構造が含まれる．

説明のためにいくつか例を示そう．

```
> prototype <- ev$prototypeObject
> objectAsJSON(1:3, prototype)
[1] "[1,2,3]"

> objectAsJSON(list(1,2,3), prototype)
[1] "[ 1.0, 2.0, 3.0 ]"

> objectAsJSON(list(a=1,b=2,c=3), prototype)
[1] "{ \"a\" : 1.0, \"b\" : 2.0, \"c\" : 3.0 }"

> objectAsJSON(1, prototype)
An object of class "JSONScalar"
[1] "1.0"

> objectAsJSON(noScalar(1), prototype)
[1] "[ 1.0 ]"
```

13.8.5 JSONにおける基本データ型

Rの基本データ型に含まれるのは，様々な種類のベクトル，言語と関数を表現するための特別な型，"NULL"クラス，それから，外部参照やバイトコードといった特殊な型などである．

個々の要素がJSONのスカラーと対応付けられるようなベクトル型に対しては，JSONへの変換によってリストが作成される．すなわち，"numeric"，"integer"，"logical"，"character"のことである．ただし，欠損値については特別な考慮がなされる．その他の型は実質的にどれも，明示的に指定されたRのクラスという形式で送信される．このクラス表現は，適切な形式のエンコードによって，もとのデータに含まれるあらゆる情報を保持しようとする．その情報が使えるのかどうか，また，いかにして使えばよいのかは，サーバ言語側のソフトウェア次第である．

JSONの数値データには浮動小数点と整数を組み合わせたような記法がある．この形式には整数型と数値（浮動小数点）型の明示的な区別がない．XRにおける変換では，たとえばRの整数値の 1L は "1" へ，数値の 1 は "1.0" へと変換するようにJSON記法を拡張している．とはいえJSONでは "1" も "1.0" も違いはない．"numeric"型ベクトルが変換される際には，整数値に ".0" が付加される．

```
> objectAsJSON(1:4) # 整数(integer)
[1] "[1,2,3,4]"

> objectAsJSON(1:4+0.) # 数値(numeric)
[1] "[1.0,2.0,3.0,4.0]"
```

浮動小数点数に関して言えば，JSONには浮動小数点数の標準仕様である非数 (NaN) と無限大 (Rでは Inf と -Inf) が含まれていない．これらはJSON記法に対する「JavaScript拡張」というものによって提供される．XRにおける変換では非数や無限大が出力に含まれるが，各サーバー言語のJSONモジュールがそれに対応してくれるかはサーバ言語による（Pythonは対応しているがJuliaは非対応）．

変換に関するより一般的な問題は，Rではいくつかの基本型に対して欠損値 NA という概念があることだ．通常，数値データでは欠損値が標準規格の NaN で置換されるが，ほとんどのサーバ言語では，他の基本データ型に対して NaN のようなものが存在しない．この場合，XR は jsonlite に従って "NA" という文字列で欠損値を置換する．これはサーバ言語側で例外を生じさせるだろうが，一般的で満足できる解決策は存在しないのだ．

関数定義や言語オブジェクトの型，外部ポインタのようにベクトルではない特殊な型など，他の型にはJSONに直接の対応物を持たないものがある．NULL 型はJSONにおける類似物である "null" として送信される．"name"クラス（"symbol"型）は値を文字列にしたものが送信される．

その他の型に属するオブジェクトは，デパース (deparse) またはシリアライズされて，そのオブジェクトに等価なはずの文字列になる．次に，そうして得られたデータが，S4

クラスに対して用いられる R の明示的表現に組み込まれる．明示的表現とは，`".RClass"` という特別な要素を備えた辞書のことである（13.8.2 項）．この結果として得られる文字列が，サーバ言語の `objectFromJSON()` に対する引数として渡される．

JSON に等価物がないオブジェクトには `"raw"` 型や `"complex"` 型のベクトルもある．これらは文字列ベクトルに整形されて，やはり `".Rclass"` 要素を持つ辞書による明示的表現の形で送信される．

例として，また，変換過程を調べるための便利な方法を示すために，`"complex"` 型の小さなベクトルを作成しよう．

```
z <- complex(real = c(1.5, 2.5), imag = c(-1.,1.))
```

変換過程を見るには，サーバ言語がそうするように，`objectAsJSON()` を呼び出してその結果をパースすればよい．ただし，パースには jsonlite パッケージの `fromJSON()` 関数を用いる．

```
> zJSON <- objectAsJSON(z)
> jsonlite::fromJSON(zJSON)
$.RClass
[1] "complex"

$.type
[1] "complex"

$.package
[1] "methods"

$.extends
[1] "complex"          "vector"           "replValue"
[4] "number"           "atomicVector"     "simpleVectorJulia"
[7] "replValueSp"

$.Data
[1] "1.5-1i" "2.5+1i"
```

`"complex"` 型ベクトルは形式的クラスではないが，この表現は，仮に形式的クラスだとすればこうなるだろうというものになっている．つまり，`".Data"` はベクトル構造のデータ部分をいつでも参照するのに使える疑似スロットである．

R のクラスに属するオブジェクトに対して辞書による明示的表現があるおかげで，どんな R オブジェクトであれ適切な形式であれば解釈できるメソッドを，インターフェースのサーバ言語側コードに含めることが可能になっている．

13.8.6　オブジェクト送信用メソッド

変換方法をカスタマイズするには `asServerObject()` に対するメソッドを用いる．

あるいは，必要なのが JSON 文字列としての標準的表現を変更することだけなら，objectAsJSON() に対するメソッドを用いる．これらの関数に対する XR パッケージ内のメソッドは言語によらないものであり，シグネチャにはオブジェクトの引数だけが含まれている．インターフェースパッケージのメソッドは特定の言語向けに特殊化したものになるだろう．たとえば，"array" オブジェクトを Julia に送信するために，以下のように変換方法が特殊化されている．

```
setMethod("asServerObject", c("array", "JuliaObject"),
    function(object, prototype) {
        data <- asServerObject(as.vector(object), prototype)
        dims <- paste(dim(object), collapse = ",")
        value <- gettextf("reshape(%s, %s)", data, dims)
        value
})
```

ここでは，1次元配列を適切な多次元の形に変換するために，Julia の reshape() 関数を使っている．

このメソッドは，"vector" 型にしたデータを変換するために asServerObject() を再度呼び出して，変換結果の文字列を構築中の式に挿入する．ベクトルを Julia 向けに変換すると，reshape() の引数として適切な1次元配列になる．

この例にはもうひとつ注目すべき細部がある．Julia に対しては，dim() の各要素を別々の引数として reshape() に渡す必要がある．Julia におけるこの可変個引数の呼び出しは，R の paste() 呼び出しによって構築されている．"dim" スロットは Julia のフィールドになるのではなく，式の一部になる．サーバ言語の式を文字列として構築することで，この種の柔軟性を持たせることが可能になっているのだ．

JSON ベースの汎用的な変換技法は利便性が高く，任意の計算をサポートするという我々の目標を達成する助けになる．しかし，関連するデータが巨大だったり，通常の R オブジェクトとは大きく異なる構造を持っていたりする場合には，これが最良の選択肢だとは限らない．その場合には，R とサーバ言語の両方で利用可能な専用の変換機構を使うほうが望ましいかもしれない．

shakespeare の例で用いた XML データは，特別な取り扱いの必要性を示すよい例である．XML はそれ自体がデータ表現のための標準規格である．通常のサーバ言語や R それ自体は，どれも XML データを扱うモジュールを備えている．また，XML に対して1つまたは複数の内部表現も備えている．自明な変換方法は，XML 自体を中間形式として読み書きを行う方法である．XML オブジェクトを一般形でエンコードするのは定義が難しく，非効率であり，複雑な事例に対して誤りを生みかねない．

13.7.1 項の例では，Python モジュール内の parse() 関数に対するプロキシを用いて，XML ファイルを Python の "ElementTree" オブジェクトへと変換した．R の XML パッケージには XML データを表現するクラスがいくつかある．もしアプリケーションが R

内で XML オブジェクトを生成するのであれば，そのオブジェクトを Python に送信するのがよいだろう．これは asServerObject() に対するメソッドによって実装する．変換すべきオブジェクトは，ファイルに保存可能な適切なクラス，たとえば XML パッケージの "XMLInternalDocument" クラスに属しているだろう．XML を Python に送信する際に，この変換方法をデフォルトで使いたいのであれば，asServerObject() のシグネチャの prototype のクラスは一般の "PythonObject" のままにしておけばよい．

このメソッドの単純なバージョンでは，一時ファイルを作成して R オブジェクトをそこに保存してから，そのファイルを解析して Python の式を構築する．

```
setMethod("asServerObject",
    c("XMLInternalDocument", "PythonObject"),
        function(object, prototype) {
            file <- tempfile()
            XML::saveXML(object, file)
            gettextf("xml.etree.ElementTree.parse(%s)",
                    asServerObject(file, prototype))
})
```

asServerObject() は file の文字列をサーバ言語の文字列に変換するために再度呼び出される．実用上はもう少しよいメソッドが必要だろう．

ここでは R オブジェクトは一時ファイルに書き出した．このファイルは対応する Python のメソッドが読み終えるまでは存在している必要があるが，そのあとは削除すべきだ．"ElementTree" モジュールの parse() 関数を使うよりも，たとえば XMLFromR() というような，ファイルを削除してから終了する専用の Python 関数を書くべきだ．

JSON ベースの変換メソッドを置き換えるような asServerObject() のメソッドには，重大な制約がある．このアプローチは，所与のクラスに属するオブジェクトを変換するのにはよい．だが，そのようなオブジェクトを**含む**オブジェクトを変換する計算を行う場合には，重要なのは含む側のオブジェクトに対するメソッドである．もしそのメソッドが JSON 文字列を構築するのであれば，asServerObject() に対する我々のメソッドが呼び出されることはない．代わりに，変換の際には XML データを引数にして objectAsJSON() が呼び出されるだろう．これは，XML オブジェクトが通常のリストの要素であれば起こることだ．また，XML オブジェクトが，以前に論じた汎用的表現を用いて変換されるオブジェクトのスロットになっている場合にも起こる．

どうすればよいのだろうか？ 合理的なアプローチは次のようなものだろう．

- 標準的アプローチを置き換える特殊化されたメソッドが有用なのは，主に極めて巨大だったり複雑だったりするオブジェクトに対してである．通常，そうしたオブジェクトは一旦変換したらサーバ言語側で利用すべきものだ．そうだとすると，サーバ言語側でもとのオブジェクトに対するコンテナや高水準オブジェクトを構築するのが方針となるだろう．

- 高水準オブジェクトを一挙に変換することが意味をなす場合には，それらのオブジェクトに専用のクラスと，変換のための適切な asServerObject() メソッドを与える．XML オブジェクトのリストであれば，asServerObject() のメソッドを備えた "listOfXML" というクラスを持たせることができるだろう．
- JSON ベースのアプローチが単に少し劣っているというのではなく，許容不可能だと判断した場合には，エラーを通知するような objectAsJSON() のメソッドを含めるようにする．

変換方法が特殊なクラスを1つ以上含むような高水準オブジェクトに対するメソッドは，サーバ言語側のカスタム関数を用いると最もうまく動作させることができる場合が多い．たとえば，任意個数の引数を受け取って，引数の各々を要素とするリスト風オブジェクトを作る，listOf() という関数がサーバ言語にあるとしよう．すると，"listOfXML" メソッドの中で本質的な計算は次のようになるだろう．

```
calls <- sapply(object, function(x) asServerObject(x, prototype))
paste0("listOf(", paste(calls, collapse = ", "), ")")
```

1行目では文字ベクトルを作成する．その個々の要素は，たとえば我々の XMLfromR() 関数の呼び出しのような，object の要素を変換する式である．2行目では単一の listOf() 呼び出しを構築する．この呼び出しは巨大なものになりうる．

別の例としては，15.6 節における Julia の多次元配列の取り扱いを参照のこと．

13.8.7　サーバオブジェクトの取得

サーバが返す値はつねに文字列だ．これはまず JSON 記法によってパースされる．

JSON には型付き配列がないため，R の基本型のベクトルがサーバ言語に送信されて，JSON 記法を通じて返ってくると，リストになる．ユーザ（あるいはサーバ言語インターフェースを特殊化するパッケージ）がこれを回避するには，評価器の "simplify" フィールドを TRUE に設定すればよい．こうすると，要素がすべて基本的なスカラーであるような JSON のリストオブジェクトは，必要な型の R のベクトルに変換される．XR パッケージは，特殊化する際の方針と衝突しないように，デフォルトでは simplify = FALSE に設定されている．

JSON 文字列をパースして得られた R オブジェクトは，

```
asRObject(object, evaluator)
```

という総称関数に object 引数として渡される．この関数呼び出しの値が，サーバから返される実際のオブジェクトである．デフォルトのメソッドは単に object を返すだけだが，カスタムメソッドはアプリケーションにとって適切なことなら何でも行うことができる．evaluator 引数によって，メソッドシグネチャで特定のインターフェースクラス向けの計算を設定することができる．initialize() メソッドとは異なり，asRObject() は特

定のクラスのオブジェクトを返す必要はないし，つねに同じクラスのオブジェクトを返す必要もない．

　この直接的な変換処理では，13.8.2 項から説明してきた明示的辞書表現を用いることで，任意の R のクラスに属するオブジェクトを生成することが可能だ．そのためには，辞書オブジェクトか，または辞書のようなものとして R に返される何らかのオブジェクトを，サーバ言語側の関数やメソッドで構築する必要がある．そのオブジェクトには，適切なクラス名を持つ ".RClass" 要素と，R のクラス定義におけるスロット名を持つ他の要素が備わっていなければならない．

　XR インターフェースの計算においては，変換によってあるクラスの object が専用の辞書表現を通じて生成された後，そのオブジェクトに対して asRObject() が呼び出される．

　目標となる R のクラスの適切なオブジェクトを計算で生成するためには，R のクラス定義においてスロットに対して指定されたクラスのオブジェクトへと，各スロットを変換しなければならない．スロットの目標クラスをサーバ言語側で生成しにくい場合には，中間的な R のクラスを定義するのが最良だろう．中間的クラスには，サーバ言語側で生成しやすいスロットと，目標クラスを R 側の計算によって定義するために不可欠な情報を含むスロットを持たせる．型付きの R のベクトルを返すための仕組みが例となる．

13.8.8　"vector_R" クラス

　R の "vector" に類似したオブジェクトの取り扱い方は，サーバ言語によってだいぶ異なる．言語によっては，R の "list" のようなもの，すなわち，各要素に任意のデータを含む配列風オブジェクトしか，基本データ型として持たないこともある．このことは，XR において直接的な変換処理の基盤となっている，基本的な JSON 基本に対しても当てはまる．

　XR パッケージにおいて，一般のリストから望みのベクトル型への変換機能は，"type" スロットと "data" スロットを備えた "vector_R" クラスによって提供される．

```
setClass("vector_R",
         slots = c(data = "vector", type = "character",
                   missing = "vector"))
```

重要な区別は，サーバ言語側から返ってくるオブジェクトはリスト型の "data" スロットを持ちうるということだ．

　望みの型のベクトルを返すには，"vector_R" クラスのオブジェクトを生成するための適切な仕組みをサーバ言語側が提供する必要がある．XRPython と XRJulia には，これに対応する vector_R() というサーバ言語側の関数がある．JSON と同じく Python には型付きのベクトルがないので，R オブジェクトを特定の型のベクトルにしたい場合には，アプリケーションパッケージが vector_R() を呼び出して明示的に指定する必要がある．ただし，引数は Python の標準的なオブジェクトであるリストと文字列であればよく，変わった計算は必要ない．

Juliaには型付きの1次元配列と多次元配列がある．vector_R() クラスによるRへの変換は自動的に行われ，アプリケーション側で何かする必要はない．適切な "vector_R" オブジェクトの返却を実装するために，XRJulia インターフェースではJulia 自体の総称関数と関数型OOPを利用している．vector_R() は実際には，XRJulia の toR() 総称関数に対する1次元配列用のメソッドを実装している．この総称関数は，任意のJulia オブジェクトを，Rへ送信するために必要な形式へと変換するものだ．詳細は第15章を参照のこと．

"vector_R" クラスは型情報を提供するだけではなく，欠損値を明示する情報も提供する．JSONにも大抵のサーバ言語にも，様々な型のベクトルの欠損値を示すための統一的な仕組みはない．標準的な浮動小数点表現には類似の概念として非数を表すNaN があるが，整数型，論理型，文字列型のデータには同様の仕組みは存在しない．

"vector_R" に属するオブジェクトには "missing" スロットがあり，これは，NAとして扱うべきベクトルの全要素のインデックスからなるベクトルとして解釈される．型情報と同様，欠損値の情報も，R内で自動的に生成されてサーバ言語に渡される場合もあれば，"missing" スロットを含むRオブジェクトの表現を構築して，明示的に計算した上でRに返却される場合もある．

13.8.9 例外用オブジェクト

Rのクラスの明示的表現を返す別の重要な応用としては，エラーやその他の例外の処理がある．XR の設計では，エラーやその他の例外が発生した際には，特定言語用のインターフェースパッケージが "InterfaceCondition" クラスのサブクラスに属するオブジェクトを返す必要がある．それらサブクラスの中には "InterfaceError" と "InterfaceWarning" があり，Rにおいてエラーや警告として取り扱われることが期待されている．また，特定の言語やアプリケーションにとって意味をなすように特殊化されたサブクラスがあってもよい．どんなクラスであれ，通常と同じくスーパークラスである "InterfaceCondition" のスロットを継承することになる．

```
setClass("InterfaceCondition",
         slots = c(message = "character", value = "ANY",
                   expr = "character", evaluator = "Interface"))
```

"message" スロットは，（望むらくは）サーバ言語によって提供されるエラーやその他の例外を記述するメッセージである．"expr" スロットは，R側で与えられる評価用の式である．これらは両方とも文字列だ．

"value" スロットは，もし例外が生じていなければ返されたであろう式の値である．エラーの場合，value は無視される．警告例外の場合，ユーザに例外を通知したあとでvalue が通常通りに返される．データ変換という観点からは，value スロットに特別なことは必要なく，仮に例外が生じなかった場合の計算結果とまったく同様に処理される．

"evaluator" フィールドは，例外が発生したときに使われていた評価器オブジェクト

であり，インターフェースの R 側で挿入される．XR の doCondition() 関数が，個々のインターフェースの $ServerEval() メソッドから呼び出されるものと想定されている．doCondition() もまた総称関数である．doCondition() のデフォルトの仕組みでは，対応する R の条件が通知されるとともに，インターフェースに関する情報がオブジェクトのメッセージに付加される．"InterfaceCondition" を拡張する新しいクラスを定義すれば，アプリケーションは**条件ハンドリング** (condition handling) をさらに特殊化することができる．

doCondition(object) のメソッドによって，条件の処理を特殊化することができる．実際の条件の動作を継承するためには，メソッドを

callNextMethod()

で終えるべきだ．特に，これによって，"interfaceError" か "InterfaceWarning" を拡張した条件に対して，最終的には stop() か warning() が呼び出されることになる．

この時点よりも前に，"InterfaceCondition" オブジェクトを引数にして asRObject() が呼び出される．もしアプリケーションが R の条件ハンドリングとはまったく違うことをしたいのであれば，異なるオブジェクトを（おそらくは状況に応じて）返すような asRObject() のメソッドを定義することができるだろう．

第14章

Pythonへのインターフェース

14.1 RとPython

XRPython パッケージは，第13章で述べた XR インターフェース構造に従ってPythonへのインターフェースを実装する．本章では，Rを拡張するアプリケーションにおけるこのインターフェースの使い方を述べる．アプリケーションでは，何らかの計算をPythonで実行するのにインターフェースを利用し，その計算をアプリケーションのユーザのためのソフトウェアに組み込むRパッケージを実装することが多いだろう．XRPython パッケージと，それがインポートする XR パッケージ，そして shakespeare パッケージの例は，https://github.com/johnmchambers から取得可能である．

Pythonによる計算の主な構成要素は，関数呼び出しと，Pythonのクラスに属するオブジェクトのメソッドとフィールドの使用である．これらは，インターフェースの評価器のメソッドか，それと等価な関数呼び出しを通じて，直接的に使うことができる（14.2節）．

Pythonへのインターフェースを用いたRの拡張では，Rのアプリケーションパッケージで関数を提供するのが一般的である．それらの関数に，前記のようなPythonによる直接的計算を組み込むことができる．

モジュールのインポートのような，必要になることが多いPythonの他のプログラミング機能に対しても，インターフェースを提供するメソッドと関数呼び出しがある．

Pythonの特定の関数やクラスが有用だという場合には，Rのプロキシ関数やプロキシクラスによって，より単純なインターフェースが作れる（14.4節，14.5節）．関数呼び出しやオブジェクトに対する計算は，ユーザには通常のRの式のように見えるが，対応する計算はPythonの中で実行される．

XR インターフェース構造は，Pythonの計算結果に対するプロキシオブジェクトの作成や管理を行い，言語間で不必要なデータ変換が行われないようにする．任意のRオブジェクトをPythonで表現したり，任意のPythonオブジェクトをRに返したりといったデータ変換機能は，必要であれば利用可能だ（14.6節）．

Pythonはインターフェースプログラミングにとって貴重なリソースだ．Pythonは様々な計算技法の実装に使われる人気のプログラミング言語であり，その設計においては可読性と単純さが重視されている．我々の観点からすると，Pythonにはあらゆる種類の計算技法を網羅する数多くのモジュールが備わっている．Pythonはプログラミングがし

やすく，そのプログラミング構造の大部分が，RともXRインターフェース構造ともスムーズに連携可能である．とりわけ，既存のソフトウェアを拡張する場合にはそうである．

Pythonインターフェースを利用するパッケージでは，既存のソフトウェアを補完したり特殊化したりするために，そのパッケージ専用のPythonプログラミングを行う．Rのパッケージ構造は，Pythonコードのディレクトリを R のライブラリ内に組み込むことで，これをサポートする．Pythonコードは，パッケージからインポートされる，1つ以上のPythonモジュールから構成されるのが普通である．モジュールを変更したりテストしたりする際には，Jupyterアプリケーション[1]が提供するようなインタラクティブ環境を用いて，直接Pythonで作業するほうが便利だろう．

XRPython パッケージは，サーバ言語Pythonへのインターフェースの助けを借りつつ，Rで計算をするために設計されている．Pythonから始まるプロジェクトなら，これとは正反対のことができるだろう．広く利用されているPythonからRへのインターフェースとして rpy2 がある[2]．もしPythonを主に使うプロジェクトで作業しているのであれば，rpy2 について調べてみるとよい．とはいえ，我々の目標は，Rで相当な量のプログラミングやインタラクションを行うプロジェクト（第8章で述べた意味での大規模プログラミング）に貢献することだ．INTERFACE原則は，有用な計算，いまの場合であればPythonで書かれた計算を活用しようとする，こうしたプロジェクトを奨励している．

14.2 Pythonによる計算

XRPython を用いた Python の計算を実行するのは，Python インターフェースの評価器，すなわち "PythonInterface" クラスのオブジェクトである．現在のPython評価器は次のようにして取得する．

```
ev <- RPython()
```

もし評価器が存在しなければ，評価器がひとつ作成され，組み込み版のPythonが起動される．アクティブな評価器オブジェクトを複数持つことも可能ではあるが，通常は組み込みインターフェースを用いてそのようなことをする理由はない．

インターフェースによる計算はどれも，評価器オブジェクトのメソッドとフィールドを使用する．Rプログラマはメソッドを使うよりも関数型計算を使うほうが落ち着くだろう．以下で述べるように，すべてのメソッドに対して関数型の等価物を用意してある．本節の計算ではメソッドと関数のどちらで操作しようと違いはないが，14.3節のプログラミング操作においては少々違いが生じる．

本節に現れる計算は，プロキシ関数とプロキシクラスを利用するような他のすべての計

---

[1] https://jupyter.org
[2] https://rpy2.bitbucket.io

算の基盤となる．これはインターフェースによる計算を実装する上で最大級の柔軟性をもたらしてくれるが，プロキシを使う技法がふさわしい場合にはそちらのほうが単純である．特にアプリケーションパッケージのユーザにとっては，インターフェースに明示的に触れる必要なしに，計算が通常のRのように見えることが期待されている．インターフェースを直接使って計算するRの関数と，パッケージに組み込んだPythonのソフトウェアに対するプロキシを組み合わせることで，アプリケーションパッケージはインターフェースを隠蔽することができる．

インターフェースで直接計算を行うための主なメソッドは，値を返す式のための `$Eval()` と，その他のPythonの文や命令のための `$Command()` である．

```
ev$Eval(expr, ...)
ev$Command(expr, ...)
```

関数型の等価物もある．

```
pythonEval(expr, ...)
pythonCommand(expr, ...)
```

これらの関数や，メソッドに等価なその他の関数は，現在の評価器オブジェクトを取得して対応するメソッドを呼び出す．

これらの計算において，`expr` 引数にはPythonでパースして評価すべき文字列を指定する．残りの引数はオブジェクトであるが，これは以前の式で作られたプロキシオブジェクトでもよいし，Pythonへ変換されるべきRオブジェクトであってもよい．オブジェクトは `expr` に挿入されて，文字列内にあるC言語スタイルの `"%s"` フィールドを置き換える．

インターフェースによって評価されるすべての式は，`value_for_R()` というPythonの関数によって計算される．計算結果の型が標準的なスカラー型（数値型，論理型，文字列型，`None`）のどれかであれば，値は文字列へと変換され，それをRが評価して等価なRオブジェクトを得る．これ以外の場合，計算結果はPython内に割り当てられる．戻り値の文字列は，Rの中でプロキシオブジェクトとして解釈される．プロキシオブジェクトには，割り当てに使うための名前や，計算結果の記述（Pythonのクラスやオブジェクトの長さ，オプションとしてモジュールも）が含まれている．プロキシオブジェクトは，以後の計算で使用する際には名前へと変換される．したがって，インターフェースによるいかなる計算の結果であれ，いつでもPythonのほうに戻してさらに使用することが可能だ．

計算結果を強制的に変換するために，`$Eval()` メソッドとすべてのプロキシ関数はオプション引数として `.get` を受け取る．`.get=TRUE` を与えると変換が強制される．

オブジェクトを明示的に変換してもよい．`$Send()` メソッドは引数をPythonのオブジェクトへと変換し，その結果に対するプロキシオブジェクトを返す．`$Get()` メソッドは，可能な限りにおいて，プロキシオブジェクトを等価なRオブジェクトに変換する．どちらのメソッドも任意のオブジェクトに対して動作する．14.6節を参照のこと．

これらのメソッドについて説明するため，まず，3つの数値からなるPythonのリストを作成する．

```
> xx <- ev$Eval("[1, %s, 5]", pi)
> xx
R Object of class "list_Python", for Python proxy object
Server Class: list; size: 3
```

戻り値はリストに対するプロキシオブジェクトである．この例の1行目は次のように書いても結果は同じだろう．

```
xx <- ev$Send(c(1, pi, 5))
```

どんな計算結果もPython側で表示することができる．

```
> ev$Command("print %s", xx)
[1, 3.14159265358979, 5]
```

Rと異なり，Pythonではprintは式ではない[a]．

最初の例からわかるように，Pythonのリストは組み込みのプロキシクラスのひとつである．プロキシオブジェクト xx には通常のリストのメソッドがすべて備わっている．

```
> xx$append(4.5)
NULL
```

PythonのリストをRのオブジェクトとして取得するには次のようにする．

```
> as.numeric(ev$Get(xx))
[1] 1.000000 3.141593 5.000000 4.500000
```

Pythonには型付き配列がないので，数値リストを変換してR側の数値ベクトルにする．Python内で特殊なベクトルオブジェクトを構築して，それを変換するという代替手段もある．

```
> ev$Call("vectorR", xx, "numeric", .get = TRUE)
[1] 1.000000 3.141593 5.000000 4.500000
```

(この技法と他の例については，14.6節を参照のこと)

インターフェースの評価器内にあるオブジェクトが有効なのは，その評価器を実行している間だけである．同様に，Rのプロキシオブジェクトも，評価器の終了後には無効となる．セッションをまたいでプロキシオブジェクトを保持するには，ファイルへシリアライズすればよい．

```
ev$Serialize(xx, "./xxPython.txt")
```

---

[a] 訳注：printはPython 2系では本文の記述のとおり式ではないが，Python 3系では式（関数）である．本書では暗黙にPython 2系が想定されている．

こうしておけば，あとで `$Unserialize()` メソッドによってオブジェクトを復活させて，新しい評価器に持ってくることができる．

```
> xxx <- ev$Unserialize("./xxPython.txt")
> xxx
R Object of class "list_Python", for Python proxy object
Server Class: list; size: 4

> as.numeric(ev$Get(xxx))
[1] 1.000000 3.141593 5.000000 4.500000
```

シリアライズは Python スタイルで `pickle()` を用いて行われる．そのため，変換に関する問題が生じることはない．シリアライズのメソッドには，13.6.1 項で述べたようにオプション引数がある．

以上のすべてのメソッドに対して，メソッドと等価な同一の引数を持つ関数がある．

```
pythonGet(object); pythonSend(object)
pythonSerialize(object, file); pythonUnserialize(file)
```

14.3 Python プログラミング

前節における一般的なメソッドやプロキシオブジェクト，関数，クラスに加えて，`XRPython` インターフェースは Python の使用や拡張を支援するためのメソッドも提供している．Python モジュールの検索パスを追加してモジュールをインポートすれば，利用可能なソフトウェアを拡張することが可能だ．Python のソースコードは直接インクルードすることができる．Python のインタラクティブシェルからは，インターフェースで計算したオブジェクトにアクセスできる．

Python のモジュールとはソースファイルのことだ．ただしコンパイルされていることもある．Python の評価器は，R の `.libPath()` のように，それらのファイルをシステムのパスにあるディレクトリのリストから検索する．`XRPython` には，ディレクトリをシステムのパスに追加するための関数と，パスで見つかったモジュールからインポートするための関数がある．

ディレクトリをシステムのパスに追加するには次の関数を使う．

```
pythonAddToPath()
```

この関数呼び出しの予想される用途は，アプリケーションパッケージにある Python コードのディレクトリをパスに追加して利用可能にすることだ．アプリケーションパッケージでは，それ専用の関数やクラスといった計算を Python で書く必要があるのが普通だ．インターフェースの `XR` 構造には，アプリケーション内の Python コードを，インストール済みパッケージの `"python"` サブディレクトリに置くという規約がある．

アプリケーションパッケージ内の R のソースコードから上記のように引数なしで

pythonAddToPath() を呼び出すと，呼び出し元であるインストール済みパッケージの中の "python" という名前のディレクトリが，パスに追加される．

異なる複数のバージョンのコードを用意したり，オプションとして追加のコードを用意したりするために，アプリケーションで別のソースディレクトリを使いたいという場合があるかもしれない．その場合には，そのディレクトリを引数として与えればよい．たとえば "inst/pythonA" というソースディレクトリなら "pythonA" を引数にする．

パスに追加すべきコードが別の R パッケージにある場合には， package 引数を与える必要がある．

```
pythonAddToPath("plays", package = "shakespeare")
```

これによって R パッケージ shakespeare の "plays" ディレクトリがパスに追加される．"plays" ディレクトリは， shakespeare パッケージのソース内の "inst/plays" ディレクトリと対応している．どんな R パッケージの一部でもないディレクトリをパスに追加するには， package 引数に空文字列 " " を与えればよい．パス管理のための XR 構造の詳細については，13.4.2 項を参照してほしい．

必要なディレクトリがシステムの検索パスにあれば，Python は様々なコマンドによってモジュール（ファイル）をインポートし，その内容を利用することができる．それらのコマンドは pythonImport() を用いて R スタイルの構文で表現される．この関数呼び出しの第一引数はモジュール名であり，残りの引数はそのモジュールから明示的にインポートすべきオブジェクトの名前である．もし "getPlays.py" が，パスに追加済みのディレクトリにある Python コードのファイルだとすれば，

```
pythonImport("getPlays", "byTitle")
```

によって，そのファイルのコードから作成された byTitle オブジェクトがインポートされる．Python に慣れている人にとって，これは Python の

```
from module import ...
```

というコマンドと同じスタイルと考えてほしい． pythonImport() の引数はすべて文字列でなければならないが， "..." 引数が複数のオブジェクトの名前からなるベクトルであってもよい．評価器はインポートしたものを記録しており，同じインポートをくり返し呼び出しても Python に伝わるのは一度だけである． pythonImport() 呼び出しは，関数だけでなく任意のオブジェクトをインポートするためにも使える．

モジュール引数だけを与えるのは，Python の import ディレクティブと等価である．これは R の名前空間において単純な library() 呼び出しを行うのとは異なる．というのは，これによってオブジェクトの単純名が使用可能になるわけではないからだ．したがって，

```
pythonImport("getplays")
```

としても，"byTitle" が単純名で使えるようにはならないが，"getPlays.byTitle" という完全修飾名なら認識されるようになる．pythonImport() の第二引数を "*" にすれば，モジュール内のすべてのオブジェクトをインポートするという Python の規約が実行される．

14.4 節で説明したように R でプロキシ関数を定義して関数を取り扱うのであれば，関数やそのモジュールを明示的にインポートする必要はない．そうしたことはプロキシ関数が面倒を見てくれる．

pythonAddToPath() と pythonImport() という関数には，それぞれに対応する評価器のメソッドがある．メソッドは，それらを実行する特定の評価器のみに作用するという点で，関数とは異なる．関数バージョンは任意の評価器に対して適用されるので，評価器が存在しなくても呼び出せる．アプリケーションパッケージが自身のソースコードからこれらの関数を呼び出して，パッケージのロード時に実行できるということだ．どのような状況においても，関数バージョンを使うほうが適切である．

後述するプログラミングのための他のメソッドも，メソッドとしても関数としても同じように呼び出すことができ，同一の結果をもたらす．

Python のソースファイルを評価するには，pythonSource() か，メソッドの

```
ev$Source(filename)
```

を使う．ファイルは任意の式やコマンドを含んでいてよい．それらは評価器の他の式と同じ名前空間内で評価されるので，割り当てられた変数は以後の計算で使えるようになる．インターフェースの式において，明示的に割り当てられたオブジェクトを引数として参照するには，その名前を文字列ではなく R の "name" クラスのオブジェクトとして与える必要がある．したがって，もしソースファイルに

```
pi = 3.14159
```

という行があったとすれば，pi として割り当てられたオブジェクトは as.name("pi") を用いて参照しなければならない．

```
> ev$Eval("%s/2", as.name("pi"))
[1] 1.570795
```

ただし，ほとんどの場合にはプロキシオブジェクトによる参照のほうが簡単である．

XRPython は，単一の関数を定義するために $Define() というメソッドも備えている．これは引数として Python の関数定義を含んだテキストをとることができる．このメソッドは関数定義をコマンドとして Python に送信し，新しく定義された関数のプロキシを返す．つまらない例だが次の関数定義を考えよう．

```
def repx(x):
    return [x, x]
```

`$Define()` メソッドにとって，これは関数定義の各行を要素に持つ文字ベクトルと等価である．

```
text <- c("def repx(x):", "    return [x, x]")
repxP <- ev$Define(text)
```

これによってRのプロキシ関数が作成され，`repxP` に代入される．

```
> twice <- repxP(1:3)
> unlist(pythonGet(twice))
[1] 1 2 3 1 2 3
```

関数定義は `file` 引数を通じてファイルから受け取ることもできる．

```
repxP <- ev$Define(file = "./repx.py")
```

この結果，ファイルからすべての行が読み込まれ，改行で区切られたひとつの文字列へと結合される．同じメソッド呼び出しの中でプロキシ関数を作成する必要はないという場合には，`$Source()` のほうが効率的である．

評価器が使用しているのと同じワークスペース内でインタラクティブに計算を行うには，`$Shell()` メソッドかその関数バージョンである

```
pythonShell()
```

を用いる．これは単純なインタラクティブ環境を立ち上げて，式を読み込み，`$Command()` メソッドで評価するものだ．計算結果を見るにはPythonの `print` コマンドを使うか，他の出力を生成する関数を使う必要がある．評価器から抜けるには，Pythonの通常のコマンドである `"exit"` を与えればよい．

```
> pythonShell()
Py>: print repx([1,2,3])
[[1, 2, 3], [1, 2, 3]]
Py>: exit
```

このインタラクティブ環境がPythonプログラミングにとってあまり有用でないことは明らかだ．特に，複数行にわたって式を続けるには，最終行以外の行末をエスケープなしのバックスラッシュにする必要がある．`$Shell()` の利点は，インタラクティブ環境内の式が使用する作業環境が，インターフェースの他のメソッドと同一だというところにある．Pythonの関数を直接に定義するには，最終行以外をエスケープしつつ（さらに，Pythonでコードブロックを定義するためのスペースの使い方に従うよう注意しつつ），関数定義をこのシェルに打ち込むという方法もある．

```
> pythonShell()
Py>: def rep3(x):\
Py+:    return [x, x, x]
Py>: print rep3(pi)
Python error: Evaluation error in command "print rep3(pi)":
      name 'pi' is not defined
Py>: pi = 3.14159
Py>: print rep3(pi)
[3.14159, 3.14159, 3.14159]
Py>: exit
```

この例が示すとおり，Python のエラーが報告されても，シェルは行が "exit" と一致するまで実行を続ける．インタラクティブ環境における式は，インターフェースの他のメソッド呼び出しと同じコンテキスト内で評価される．ということは，インターフェースの計算で何が起こっているのかをよりよく理解するために，検索パスのようないろいろなシステムパラメータを問い合わせることが可能だということだ．

Python 内でプロキシオブジェクトを調べるには，（シェルの外で）`pythonName()` を呼び出して，その Python オブジェクトが割り当てられている名前を知る必要がある．

```
> pythonName(xx)
[1] "R_1_1"

> pythonShell()
Py>: print R_1_1
[1, 3.14159265358979, 5, 4.5]
Py>: exit
```

14.4　Python の関数

関数は Python にとって中心的なものだ．Python の大部分は，Python 自身のバージョンの FUNCTION 原則 に従って動作する．算術のような低水準の計算は関数呼び出しではない．少なくともそうした計算が基本的オブジェクトに対して適用される場合は関数呼び出しではない．それ以外では，Python のカプセル化 OOP 実装を含む，ほとんどすべてのものが関数呼び出しだ．1.5 節で区別したように，これは関数型**プログラミング**ではなく関数型**計算**である．オブジェクトは参照であり，関数呼び出しに副作用があることも想定されている．

プロキシ関数を利用すれば R から Python の関数を呼び出すのが簡単になる．プロキシ関数とは，それを呼び出すと対応する Python の関数呼び出しへと直接に変換されるような R の関数のことだ．大抵の関数型計算において，プロキシ関数があれば，インターフェースの評価器を直接扱う必要はなくなる．

Pythonの関数に対するプロキシは，`XRPython` パッケージの `PythonFunction()` を呼び出して作成する．

`PythonFunction(name, module)`

これは指定した名前を持つプロキシ関数オブジェクトを返す．オプションとして，関数をそこからインポートすべきモジュールも持つ．このプロキシ関数オブジェクトをRで呼び出すと，対応するPythonの名前付き関数の呼び出しが評価され，（通常は）その呼び出し結果に対するプロキシオブジェクトが返される．実際には `PythonFunction()` は `"PythonFunction"` クラスの生成関数である．このクラスは，Pythonの関数を記述する追加情報を備えた `"function"` のサブクラスだ．

例として標準的なPythonに含まれる `"xml"` モジュールでは，何階層か下の `"xml.etree.ElementTree"` モジュールに `parse()` 関数がある．`parse()` のプロキシ関数を作成するにはこうする．

`parseXML <- PythonFunction("parse", "xml.etree.ElementTree")`

このRの関数を呼び出すと，必要に応じてPythonのモジュールがインポートされ，Pythonの関数が呼び出される．

```
> hamlet <- parseXML("./plays/hamlet.xml")
> hamlet
R Object of class "ElementTree_Python", for Python proxy object
Server Class: ElementTree; size: NA
```

戻り値のプロキシオブジェクトは，関連するどんなPythonのクラスに属していてもよい．この例では `"ElementTree"` クラスだ．13.8.2項で論じたとおり，一般のRオブジェクト表現を返すために特別にPythonの関数を書いてもよい．その場合には，目標となるRのクラスに属するオブジェクトをインターフェースが構築することになる．

Rを拡張する上では，プロキシ関数をアプリケーションパッケージのソースコードの中で定義すべきである．そのパッケージのユーザは関数がプロキシだということを気にする必要がない．ユーザは `parseXML()` を通常のRの関数のように扱えるということだ．

プロキシ関数はプロキシクラスと相性がよい．もし `"ElementTree"` オブジェクトに対するPythonのメソッドやフィールドが有用だとすれば（実際，有用なのだが），アプリケーションパッケージはそのPythonクラスに対してプロキシを定義することになる．そうすれば，プロキシ関数と同様に，アプリケーションパッケージのユーザがインターフェースのことを気にかけずに，Rの参照クラスのようにメソッドを実行したりフィールドにアクセスしたりできる．このような例については次節で見ることにする．

前述の例で実際に生成されたRの関数を調べてみよう．

```
> parseXML
Proxy for Python function "parse", from module "xml.etree.ElementTree"
function (..., .ev = XRPython::RPython(), .get = NA)
{
    nPyArgs <- length(substitute(c(...))) - 1
    if (nPyArgs < 1)
        stop("Python function parse() requires at least 1 argument; got ",
            nPyArgs)
    if (nPyArgs > 2)
        stop("Python function parse() only allows 2 arguments; got ",
            nPyArgs)
    .ev$Import("xml.etree.ElementTree", "parse")
    .ev$Call("parse", ..., .get = .get)
}
```

すべてのプロキシ関数は，Python の関数に渡される引数に加えて，2つのオプション引数 .ev と .get を持つ．前者は使用すべき評価器を指定し，後者は計算結果を R オブジェクトに変換する際の方針を指定する．デフォルトの評価器は現在の Python インターフェースの評価器であり，ほとんどつねにデフォルトのものが使われる．

.get=NA に対応するデフォルトの変換方針は，スカラーは変換するが他はすべてプロキシオブジェクトとして返すというものだ．すべての計算結果が変換されるよう強制するには .get=TRUE という引数を含めるようにすればよい．

XRPython はプロキシ関数を構築する際に，関数オブジェクトに関する Python 内のメタデータを使用する．いまの例では Python の関数に2つの引数がある．ひとつは必須の引数で，もうひとつはオプション引数である．プロキシ関数の本体は，引数が少なすぎたり多すぎたりしないかチェックしてから，2つのことを行う．Python モジュールが必要な形式でインポートされるのを保証することと，評価器の $Call() メソッドを用いて Python の関数呼び出しを評価することだ．

Python にはインポートの仕方がいくつかあり，これがプロキシ関数にも選択肢を与えている．前述の PythonFunction() 呼び出しが意味していたのは，指定したモジュールから "parse" という名前のオブジェクトをインポートして parse() で呼び出す必要がある，ということだった．これを実行するのはプロキシ関数内の $Import() メソッドの呼び出しであり，実質的には以下の Python の命令を生成する．

```
from xml.etree.ElementTree import parse
```

別のやり方は，モジュールだけをインポートして，関数を完全修飾参照で呼び出すというものだ．上の例で実行するには，関数の完全修飾参照をすべて関数名のところに書く．

```
parse2 <- PythonFunction("xml.etree.ElementTree.parse")
```

結果として得られる関数は parse() と類似した Python の関数呼び出しを生成するが，その呼び出しは完全修飾版の関数に対するものである．また，下記の単純なインポート文が生成される．

```
import xml.etree.ElementTree
```

2つのバージョンは同一の計算を行うが，1つめのバージョンだけが Python の名前空間内に "parse" という局所変数を定義する．この違いは，R において関数をパッケージ内にインポートすることと，関数を shakespeare::parseXML のような式によって参照することとの違いに似ている．想定されるトレードオフも似ている．オブジェクトを明示的にインポートすればコードはより読みやすくなるが，標準モジュール内の関連する同名のオブジェクトをマスクしてしまうかもしれない．R のアプリケーションパッケージに parse() があると，場合によっては base パッケージの parse() 関数をマスクしてしまうかもしれないというのが，まさにそれだ．

プロキシ関数の引数リストは，引数の個数チェックを除けば，直接 Python に渡される．Python は引数の呼び出しにおいて R に近い柔軟性を持つ．たとえば，名前付き引数（Python 用語では「キーワード」）や，引数にデフォルト値（R のような式ではなく計算済みの値）があれば引数がある程度未指定でもよいこと等である．XRPython のプロキシ関数は，R の関数を呼び出した際の位置引数と名前付き引数のパターンを Python の関数に受け渡す．プロキシ関数は与えられた引数（名前も含む）を用いて Python の関数を呼び出す．

通常の必須引数とオプション引数以外にも，Python には R の "..." に似た任意個の引数を使うための（2種類の）仕組みがある．Python における *name と **name という形式の仮引数は，任意個の名前なし引数と，任意個の名前付き引数（キーワード引数）にマッチする．どちらのパターンが存在する場合でも，インターフェースは任意個の引数を Python の関数に与えることを許容する．

仮引数の具体的なリストは Python のメタデータから取得可能であり，ドキュメンテーションのためにプロキシ関数内に "serverArgs" スロットとして保持されている．

```
> parseXML@serverArgs
[1] "source"   "parser ="
```

末尾に付いている "=" はオプション引数だということを示している．関数が任意個の引数をとる場合は，このリストの最後の名前が "..." になる．Python の関数には，R の参照メソッドと同様にインラインドキュメントを持たせることができる．もしドキュメントが存在していれば，それは R のプロキシ関数内に "serverDoc" スロットとして保持される（parseXML() にはドキュメントがない）．

14.5　Pythonのクラス

Pythonでは，メソッド定義の集まりを含んだクラス定義を言語内で行うことで，カプセル化OOPを実装する．クラス定義を評価すると，それに対応したクラスオブジェクトが生成される．クラス定義からは，クラスと同じ名前を持つ，そのクラスに属するインスタンスの生成関数も自動的に作成される．Rと同様，メソッドというのは，クラスオブジェクトのメンバとして格納されている，やや特殊なPythonの関数のことである．

Pythonにはよくあることだが，このOOP実装は簡単に使えて内部も比較的単純である．制約がほとんどないので柔軟性が高い．ただし，クラス定義はフィールドについては何も触れないので，フィールドの型が検証できないし，そもそもクラス定義によってフィールドを特定することができない．このような制限はあるものの，RからPythonのクラスへのインターフェースは単純で役に立つ．

XRPython パッケージの `setPythonClass()` を呼び出すと，Pythonのクラスに対するプロキシクラス定義がR内に作成される．プロキシクラスはPythonのクラスに関するメタデータを XR 構造内に持つ．`setPythonClass()` がアプリケーションパッケージのソースコードから呼び出される場合，このメタデータはインストール時に必要となる．この要件を回避するにはロードアクションやセットアップステップが利用できるだろう．アプリケーションパッケージのロード時にクラスを定義したり，別のスクリプトを用いてクラスを定義したりするのだ（13.7.3項）．

Rのプロキシクラスのメソッドを定義するためのメタデータを取得するには，PythonのクラスとモジュールのことがわかれBb十分である．当該モジュールは `setPythonClass()` を呼び出すときにはPythonの検索パス上になければならないので，先に `pythonAddToPath()` を呼び出す必要があるかもしれない．

Pythonのフィールドは正式には定義されていないので，フィールドの取り扱いにはもっと手間がかかるだろう．可能な場合には，Pythonの当該クラスに属するオブジェクトが例として使用される．当該クラスから生成されるデフォルトオブジェクトに必要なフィールドが備わっていれば，そのオブジェクトが自動的に使用される．そうでない場合には，以下で示すように，`setPythonClass()` の呼び出しにおいて適切な `example` 引数が必要になる．

我々の `shakespeare` パッケージでXMLのデータを使う場合，`parseXML()` が返すオブジェクトはPythonの `"ElementTree"` クラスであり，クラスはPythonの `"xml.etree.ElementTree"` モジュールで定義されている．Rのプロキシクラスは次のようにして作成される．

```
ElementTree <- setPythonClass("ElementTree",
                    module = "xml.etree.ElementTree")
```

setPythonClass() 呼び出しの戻り値は通常と同様，クラスの生成関数である．しかし，適切なオブジェクトの作成は，前節の例のように，Python の何らかの関数呼び出しによって行うことのほうが多いだろう．そうした関数の戻り値となるプロキシオブジェクトが属するサーバ言語のクラスに対して，プロキシクラスが定義済みなのであれば，戻り値は自動的にそのクラスへと昇格され，メソッドとフィールドが利用可能になる．

いまの例では戻り値が Python の "ElementTree" クラスに属しており，このクラスは findtext() 等のメソッドを持つ．ひとたびプロキシクラスが定義されれば，戻り値のオブジェクトはこれらのメソッドをすべて直接に使うことができる．

```
> hamlet$findtext("TITLE")
[1] "The Tragedy of Hamlet, Prince of Denmark"
```

このクラスには興味を惹くようなフィールドがないが，そうなってしまったのはたまたまである．

Python には（R の S3 クラスと同様）クラスにおけるフィールドの正式な定義がないので，クラスに属するオブジェクトは，割り当てに用いられた任意の名前を持つフィールドを備えることになる．通常，Python ではこの割り当ては . 演算子を用いて行われる．フィールドはオブジェクトから推測するか，あるいは明示的に指定しなければならない．setPythonClass() の呼び出しには，いろいろな場合に対処するためのオプションがある．

setPythonClass() においてクラスとモジュールだけが指定される場合には，Python の当該クラスのデフォルトオブジェクトが適切なフィールドを与えるものだと想定されている．インターフェースは当該クラスに対する Python の生成関数を引数なしで呼び出してデフォルトオブジェクトを生成し，そのフィールドを検査する．いまの例ではこれがうまく動作する．どのみち役に立つようなフィールドが存在しないからだ．また，クラスが R のインターフェース用に特別に設計されている場合にもうまく動作するだろう．本節で後ほど論じる "Speech" クラスがその例である．

Python プログラミングにおいてより典型的なのは，少数のフィールドまたはフィールドなしでデフォルトオブジェクトを生成してから，様々なメソッドによってフィールドを追加していくという方法である．この場合，可能であればアプリケーションパッケージは適切なフィールドを実際に持つクラスのオブジェクトを計算し，そのオブジェクトに対するプロキシを setPythonClass() の example 引数として提供するべきだ．

我々の例において，構文木の要素は Python の "Element" クラスである．このクラスの適切なオブジェクトは "ElementTree" クラスの getroot() メソッドによって返される．"Element" のプロキシクラスを定義する計算は次にようにすればよいだろう．

```
hamlet <- parseXML("./plays/hamlet.xml")
Element <- setPythonClass("Element",
                      module = "xml.etree.ElementTree",
                      example = hamlet$getroot())
```

Element$fields() の出力ではフィールドが表示される．そのうちのいくつかはインターフェース用の特殊なフィールドである．"activeBindingFunction" クラスを持つ残りのフィールドは，Python の同名のフィールドに対するプロキシである．いまの場合，オブジェクトは "tag" 等のプロキシフィールドを持つ．ひとたび "Element" に対するプロキシクラスが定義されれば，フィールドが利用可能になる．

```
> hamlet$getroot()$tag
[1] "PLAY"
```

アプリケーションにはクラス定義等の独自の Python コードを追加すると便利なことが多い．そうしたクラスはプロキシで利用するために設計して，R からのインターフェース向けに便利な形でデータを構造化するのに役立てることができる．

いまの例では，XML 構造が極めて階層的なものであり，木を巡回するロジックや再帰的計算がふさわしい．シェイクスピアのデータでは，戯曲が ACT（役者）によって部分木に整理されており，それが今度は SCENE（場面）によって部分木に整理される．1つの場面には複数の台詞があり，部分木の第三階層をなす．他にト書きを表すノード等もある．

R と Python は両方ともより直線的な構造を好む傾向がある．それは R ではベクトル化された計算を自然にするためであり，Python では反復処理を単純にするためである．shakespeare の Python コードには，構造を「平坦化」するための関数とクラスが含まれている．特に，たとえば話者をひとつの戯曲内で比較したり，複数の戯曲にわたって比較するために，個々の台詞の内容を分析したい場合は多い．

shakespeare パッケージは構文木の各階層に対する Python クラスのプロキシを定義している．また，木を全役者，全場面，全台詞のリストの形へと平坦化するメソッドも定義している．特に，Python の getSpeeches() 関数は引数として与えた木の中にある全台詞のリストを返す．その各要素は "Speech" クラスのオブジェクトである．

このクラスのオブジェクトはすべて "play"，"act"，"acene"，"speaker"，そして "lines" というフィールドを持つ．はじめの4つのフィールドは文字列だ．最後のフィールドは台詞のテキスト行のリストであり，対応する XML のノードから抽出される．

オブジェクトは通常それに対応する SPEECH タグの XML ノードから作成される，というのがこのクラスのアイディアである．初期化メソッドはそのようなオブジェクトを引数として受け取ることを想定している．ただし，引数が与えられない場合でも初期化メソッドが適切に動作するようにしておくのが（Python であれ R であれ）よい習慣である．いまの場合にはクラスが R インターフェースと協調して動作するよう設計されているので，Python の初期化メソッドは関連するすべてのフィールドを意図的に作成するようになっている．

```python
    def __init__(self, obj = None,
                 act = '<Unspecified>', scene = '<Unspecified>'):
        self.act = act
        self.scene = scene
        ## クラスが正しく動作するよう，4つのフィールドを必ず設定する
        if obj is None:
            self.speaker = '<Unspecified>'
            self.lines = [ ]
        else:
            self.speaker = obj.findtext('SPEAKER')
            lines = obj.findall('.//LINE')
            linetext = []
            for line in lines:
                linetext.append(line.text)
            self.lines = linetext
```

台詞を分析する準備のため，ユーザは以前に戯曲のファイルをパースして得たXMLの木を引数にして，getSpeeches() 関数に対するRのプロキシを呼び出す．

```
> speeches <- getSpeeches(hamlet)
> speeches
R Object of class "SpeechList", for Python proxy object
Server Class: list; size: 1138
```

speeches オブジェクトはPythonの標準的なリストに対するプロキシであり，その要素は "Speech" クラスのオブジェクトだ．Pythonのリストと辞書に対するプロキシクラスは XRPython インターフェースに組み込まれているので，それらに対するメソッドをRの中でPythonと同様に使うことができる．shakespeare パッケージでは "Speech" に対するプロキシクラスが作成済みである．

例として，もし戯曲内の最後の台詞に興味があるなら次のようにする．

```
> last <- speeches$pop() # 最後の台詞を取得
> speeches$append(last) # もとに戻す
NULL

> last
R Object of class "Speech_Python", for Python proxy object
Server Class: Speech; size: NA

> last$speaker
[1] "PRINCE FORTINBRAS"

> last$lines
R Object of class "list_Python", for Python proxy object
Server Class: list; size: 9
```

次のトピックであるデータ変換の議論の際に，この例に戻ってくることになるだろう．

14.6　データ変換

　Pythonオブジェクトには様々な組み込みのクラスやユーザが定義したクラスがある（型とも呼ばれ，Pythonでは両方の用語が使われる）．プログラミングではなくアプリケーションにとって重要な組み込み型としては，いろいろなスカラー型がある．各種の数値型や文字列型，論理型のことだ．スカラー以外には，組み込みのコンテナ型として，（名前なし）リストオブジェクトを表す `"list"` や辞書を表す `"dict"` がある．

　デフォルトで XR が採用している方針は，名前付きリストと環境を `"dict"` オブジェクトとして Python に送信するというものである．その他の R のベクトルは（どんな型でも） `"list"` として送信される．ただし，デフォルトでは長さ 1 のベクトルはスカラーとして送信される．いくつか例を挙げよう．プロキシオブジェクトの `"Server Class"` が送信されたものを表す．

```
> pythonSend(1:3)
R Object of class "list_Python", for Python proxy object
Server Class: list; size: 3

> pythonSend(1)
Python proxy object
Server Class: float; size: NA

> pythonSend(1L)
Python proxy object
Server Class: int; size: NA

> pythonSend(list(first = 1, second = 2))
R Object of class "dict_Python", for Python proxy object
Server Class: dict; size: 2
```

最初と最後の例が示すとおり，リストと辞書には R のプロキシクラスがある．リストや辞書が持つ Python の通常のメソッドはすべて使えるはずだ．

```
> a <- pythonSend(1:3)
> a$reverse()
NULL

> as.integer(pythonGet(a))
[1] 3 2 1

> b <- pythonSend(list(first = 1, second = 2))
> b$has_key("first")
[1] TRUE
```

スカラー型に対してはプロキシクラスを作成していない．スカラー型には有用なメソッドがほとんどないので，通常はプロキシオブジェクトとしては保持しない．

長さ 1 のベクトルはデフォルトではスカラーとして送信される．`noScalar()` 関数はこのスカラー化のオプションをオフにする（それ以外にはオブジェクトの内容は変わらない）．

```
> pythonSend("testing")
Python proxy object
Server Class: str; size: 7

> pythonSend(noScalar("testing"))
R Object of class "list_Python", for Python proxy object
Server Class: list; size: 1
```

Python には R や Julia と違って型付き配列がない．オブジェクトが Python に送信されているとき，あるいはオブジェクトが式の値として返ってくるときに，アプリケーションが R のベクトルの型を示す必要がある場合には，R の `"vector_R"` クラスを利用するという技法がある（13.8.8 項）．このクラスにはベクトルを格納する `"data"` スロットがあるが，そのベクトルの型は `"type"` スロットによって明示的に与えられる．これは，オブジェクトが JSON に翻訳されるときや，Python のように R の基本型のベクトルをどれもリストオブジェクトとして扱うような言語に送信されるときに，ベクトルに対して意図している型が明確に保たれるようにするためである．

変換中のオブジェクトが明示的に `"vector_R"` クラスに属している場合，`asRObject()` メソッドはオブジェクトを宣言されているベクトル型へと変換する．これを Python の関数の中で使えば，リストオブジェクトを R に返す際にカスタマイズすることができる．XRPython インターフェースの Python 側には `vectorR()` という関数があり，

```
vectorR(obj, type, missing)
```

という引数を持つ．後ろ 2 つの引数はオプションであり，変換後のベクトルが属すべき R のクラスと，欠損として解釈されるべき要素のリストを指定するものだ．

以前扱った Python の `"Speech"` クラスに関する例では，`"lines"` フィールドのリストに文字列しか要素として含まれていないことがわかっている．`"Speech"` クラスには

```
def getText(self):
    return RPython.vectorR(self.lines, "character")
```

という，文字ベクトルを R に返すメソッドがある．

```
> pythonGet(last$getText())
[1] "Let four captains"
[2] "Bear Hamlet, like a soldier, to the stage;"
[3] "For he was likely, had he been put on,"
[4] "To have proved most royally: and, for his passage,"
```

```
[5] "The soldiers' music and the rites of war"
[6] "Speak loudly for him."
[7] "Take up the bodies: such a sight as this"
[8] "Becomes the field, but here shows much amiss."
[9] "Go, bid the soldiers shoot."
```

このような状況においては多数の選択肢があることが多い．欲しい型がわかっていれば，R側での計算でリストを特定の型へと変換することもできるだろう．Pythonオブジェクトのフィールド自体に `"vector_R"` クラスを持たせることもできるだろうが，そうするとフィールドに対するPythonでの計算が面倒になる．

第 15 章

Julia へのインターフェース

15.1 R と Julia

　本章では，Julia 言語による計算に対する R からのインターフェースについて述べる．実装は `XRJulia` パッケージにあり，第 13 章で述べた `XR` 構造に従っている．Julia で実装された関数やデータ型を利用する計算技法を R に統合し，それを組み込んだアプリケーションパッケージを通じて応用的なプロジェクトにおいて使われるのが，このインターフェースである．`XRJulia` パッケージとそれがインポートしている `XR` パッケージ，そして `juliaExamples` パッケージは，https://github.com/johnmchambers から取得可能である．

　Julia は「技術計算のための高水準で高性能な動的プログラミング言語」だと言われている[1]．想定されている応用先として重視されているのは，数値計算，科学計算等のアプリケーションのための計算手法である．Julia の設計は高水準のプログラミング構造を効率的なコードと組み合わせたものであり，コードは Julia 言語のソースコードから実行時にコンパイルされる．

　Julia の言語とユーザ環境は多くの点で R によく似ている．Julia とやりとりするには式を入力する．システムは結果を計算し，出力を表示して返す．関数定義と関数呼び出しは Julia によるプログラミングのまさに核心である．基本的な関数と演算子の多くが R と非常によく似ている．

　Julia と R に特に強い類似性があり，他の多くの言語には共有されていない点は，関数型 OOP を実装しているというところである．すなわち，関数呼び出しにおいて 1 つ以上の引数のクラスに応じて選択されるメソッドを備えた，総称関数のことである．Julia ではクラスは「型」と呼ばれており，型定義システムは R とは異なる仕方で動作する．なかでも，型とメソッドの定義にマクロ的なテンプレートを使用するのが重要な特徴だ．ただし R と同様，型定義はプロパティの仕様を含んだオブジェクトである．

　インターフェースは，`"JuliaInterface"` クラスに属する評価器オブジェクトのメソッドや，それと等価な R の関数呼び出しを通じて，Julia の関数呼び出し等の計算に対する

---

[1] http://julialang.org

直接的な類似物を提供する（15.2 節，15.3 節）．

インターフェースを用いるアプリケーションは，R でプロキシ関数を定義して Julia の対応する関数を呼び出すことができる．これには，それらの関数に対して定義されている関数型メソッドも含まれる（15.4 節）．Julia の型に合わせて R のプロキシクラスを定義することができ，フィールドへのアクセスは R の参照クラスと整合的である（15.5 節）．Julia にはカプセル化メソッドはない．

Julia はある種の関数型計算を重視しており，これは FUNCTION 原則 を想起させる．しかし Julia の設計は，副作用を防ぐという意味での関数型プログラミングとは無関係である．引数は参照として渡されるので，その意味では Julia の型は R の関数型 OOP のクラスよりは参照クラスのほうに類似している．

Julia のかなり多くの関数群（たとえば，いくつかのグラフィックスアプリケーション）において，関数の値はほとんど重要ではなく，関数呼び出しによる外部のオブジェクトに対する副作用が主要なポイントである．

とはいえ「小規模プログラミング」では，Julia によるプログラミングの大部分が関数定義に基礎を置いている．Julia 言語では簡単に関数を定義して，すぐに使うことができる．

```
function myMean(x)
  sum(x) / length(x)
end
```

これは関数を定義してそれを "myMean" に割り当てている．

関数はデフォルトで総称的である．Julia には選択的型付けがある．myMean() の引数の型を宣言しなかったことで，実質的にはデフォルトのメソッドを定義したことになっている．同名だが明示的な型宣言を持つ関数を定義することは，メソッドを定義することと等価である．メソッドの引数名は任意であり，正式な引数というものはない．

中規模プログラミングに対して Julia はパッケージ（ソースコードの集合体）を備えており，パッケージの中には**モジュール**がある．モジュールとはソースコードの集合体を囲む宣言群のことだ．他の言語と同じく，モジュールは様々な仕組みを用いてインポートでき，新しいアプリケーションのための名前空間を定義するのに使うことができる．

インターフェースを用いるアプリケーションでは，パッケージに関連付けられた（1 つ以上の）モジュール内で，Julia の関数と型をいくつか定義することが多いだろう．これらは，単に型に応じた引数を宣言することによって，既存の関数に対するメソッドを定義するのにも役立つだろう．また，それらの型もアプリケーションの Julia コード内で定義されることが多い．インターフェースにはパッケージとモジュールを Julia からインポートするための機能が含まれている（15.3 節）．

その他に R と Julia が強く類似しているのは，R の基本ベクトルや行列，配列の取り扱いにおいてである．Fortran に由来するこれらのデータ構造の実質的構成を，Julia は R と同様に引き継いでいる．XRJulia インターフェースは，こうした構造を持つデータを他言語の対応するクラスへと変換する．さらに，XR 構造に従う一般的なデータ変換の仕組

みもあり，これが両言語における任意のクラスの変換をサポートする（15.6 節）．

15.2　Julia による計算

XRJulia を用いた Julia による計算を実行するのは Julia インターフェース評価器，つまり "JuliaInterface" クラスのオブジェクトである．このクラスに属する現在の評価器は RJulia() 関数から返される．

```
ev <- RJulia()
```

評価器が存在しない場合には，評価器が 1 つ起動される．

XRJulia インターフェースはソケットを通じて，実行中の Julia プロセスに対する接続を使用する．このプロセスは，デフォルトでは R を実行しているマシン上のものになる．Julia プロセスは評価器の初期化時に起動され，それから，R プロセスからソケットに書き込まれるコマンドを受け入れて実行するように指示する起動スクリプトが与えられる．

本書執筆時点では XRJulia はまだ新しく，本書で示す例はデフォルトの設定を用いている．ただし設計上では，たとえば parallel パッケージに見られるような，より一般的なソケットの使用を想定している．現行と類似の起動スクリプトを用いて，Julia プロセスに対する既存のソケット接続と通信するように評価器を初期化することになるだろう．

```
ev2 <- RJulia(connection = jCon)
```

組み込み型ではなく接続型のインターフェースを選んだのは，第 14 章の Python インターフェースが組み込み型だったので，接続型アプローチについて説明するためというのが理由の一部ではある．だが他の利点もある．

組み込み型インターフェースは，少なくとも言語間の通信において効率を高めやすい．他方，接続型インターフェースは，サーバ言語を R プロセス内で実行するという設計に起因する制限から，サーバ言語による計算を解放する．

接続型インターフェースは独立したプロセスと通信するので，インターフェースのせいで Julia による計算に制限がかかることはないはずである．また，接続型インターフェースによって，計算を複数のマシンに分散させられる可能性が高まる．たとえば，性能が必要なときにはお金がかかるもっと強力なマシンを使用するが，より軽い計算ではローカルプロセスを使用するといったことだ．

一般の式やコマンドはメソッドを用いて評価できる．

```
ev$Eval(expr, ...)
ev$Command(expr, ...)
```

R とは対照的に，Julia ではすべての文が式として評価できるわけではない．そうした文には副作用はあるが戻り値はないのが普通であり，$Eval() を通じて呼び出すとエラーが送出される．これらの文に対して適切なメソッドは $Command() だ．これは $Eval() と同

じ引数を持ち，Julia の文字列を評価するが，結果を式として取り扱おうとはしない．

```
ev$Command("rtpi = sqrt(pi)")
```

Julia において完全で妥当などんなコード片も `$Command()` によって実行可能なはずである．

`$Eval()` メソッドと `$Command()` メソッド，それから本節に現れる他のすべてのメソッドには，等価な関数がある．`juliaEval()` や `juliaCommand()` 等である．これらの関数は，メソッドと同一の引数に加えて evaluator 引数を持つ．evaluator は基本的にデフォルトでは現在の Julia 評価器になり，もし評価器が存在しなければ新たに起動される．

特殊な評価器を必要としない計算では，関数型の形式のほうが R らしく見えるし，評価器オブジェクトを明示的に参照せずにすむ．これらの関数は単に対応するメソッドを呼び出すだけである．

これらのメソッドにおいて，expr は Julia 評価器にパースされて評価されるべき文字列である．追加の引数は，文字列内にある C 言語スタイルの `"%s"` フィールドに応じて式に挿入されるオブジェクトだ．これらのオブジェクトは，インターフェースを通じて事前に計算されて Julia オブジェクトのプロキシとして返される結果であってもよいし，R オブジェクトであってもよい．それらは，評価されると Julia における等価物を返すような文字列へと置換される．

```
> y <- juliaEval("reverse(%s)", 1:5)
> y
Julia proxy object
Server Class: Array{Int64,1}; size: 5

> juliaEval("pop!(%s)", y)
[1] 1
```

結果がスカラーなら通常は変換されて R の値に戻る．より大規模で構造化された結果であれば Julia の側に割り当てられて，プロキシオブジェクトが返される．

`$Send()` メソッドと `$Get()` メソッド，またそれらに等価な関数を用いれば，オブジェクトを明示的に Julia に送信したり Julia から取得したりできる．どちらの方向であれ，計算のためには二言語間で何らかのオブジェクト変換が必要だ．これについては 15.6 節でより詳しく考察する．

```
> juliaGet(y)
[1] 5 4 3 2

> x <- matrix(rnorm(1000),20,5)
> xm <- juliaSend(x)
> xm
Julia proxy object
Server Class: Array{Float64,2}; size: 100
```

```
> xjm <- juliaGet(xm)
> all.equal(x, xjm)
[1] TRUE
```

Julia は型付き配列を備えている．細部ではRと異なるものの，非常に自然にRの配列と対応付けられる．この例のように，数値行列を変換しても実質的に何の情報も失われない．

Julia は独自の FUNCTION 原則 に従って動作する．興味ある計算の大半は関数によって行われる．Rとちょうど同じように，新しい関数や新しい関数型メソッドを定義することが小規模プログラミングの中心的なステップとなっている．これは関数型プログラミングというよりは関数型**計算**なので注意が必要だ．関数には副作用があることが多い．たとえば先述した例において，`pop!()` の呼び出しはオブジェクト y を変更していた．

利便性のために，書式文字列を扱わずにすむ `$Eval()` のショートカット版を備えた関数呼び出しがある．その第一引数は Julia の関数名の文字列であり，残りはその関数呼び出しに対する引数である．`pop!()` 関数を呼び出す前述の式は次のように書いてもよい．

```
juliaCall("pop!", y)
```

`juliaCall()` や `$Call()` メソッドは，関数名が一定値ではなく計算によって与えられる場合や，関数を一度だけ呼び出す場合に役立つかもしれない．それ以外の場合には，15.4 節で論じるように，Rでプロキシ関数を定義するほうが通常は便利である．

`$Get()` を別途呼び出す代わりとして `.get` というオプション引数が `$Eval()` と `$Call()` には備わっている．これは `.get = TRUE` を与えることで，任意の計算結果を強制的に変換することができる．

```
> xt <- juliaCall("transpose", xm, .get=TRUE)
> dim(xt)
[1]  5 20
```

15.4 節で述べるプロキシ関数にも同じ意味を持つ `.get` 引数がある．

15.3　Julia プログラミング

RパッケージやPythonモジュールと同様，Juliaの関数やその他のオブジェクトを参照するための名前はモジュールによって組織化されている．その結果，3つの言語のすべてに，オブジェクトを完全修飾形式で参照する機能がある．Rでは `package::name` であり，PythonとJuliaでは `module.name` である．

評価器がモジュールあるいはその等価物を検索する際に，3つの言語はどれも異なる経路を経てソースコード構造にたどり着く．RとPythonでは，パッケージ（またはモジュール）が，そのパッケージのディレクトリとファイルの構造によって定義される．

Rのパッケージとは7.1節で論じた構造を持つディレクトリのことであり，Pythonのモジュールとは単一のソースファイルのことだ．Juliaは独自のスタイルでその両方の形式を持つ．

JuliaにはRと同様，特定の構造に従ってディレクトリとファイルが組織化されたパッケージ，という概念がある．しかしJulia評価器は，個別のソースコードファイルを".jl"というファイル拡張子によって認識もする．いずれにせよ，ディレクトリやファイルは，対応するモジュールの宣言をソースコードの中に特定の形式で含んでいなければならない．

たとえば XRJulia パッケージには，インターフェースを通じて使用されるいろいろな関数やデータ型を含むファイル兼モジュールがある．これにはどんな名前を付けてもよいが，ここでは単純にパッケージ名を用いることにし，コードをパッケージソース内の

```
inst/julia/XRJulia.jl
```

というファイルに配置する．このファイルが同名のモジュールを宣言する．

```
module XRJulia
... # Juliaのソースコード全体
end
```

評価器はパッケージやファイルを求めて，Rの .libPath() のような，宣言されたディレクトリの場所のリストのひとつを探しにいく．独自のJuliaモジュールを含むアプリケーションパッケージは，次の関数を呼び出してパッケージやファイルを利用可能にする必要がある．

```
juliaAddToPath(directory, package)
```

一般に，これによって任意の名前付きディレクトリが，指定したRパッケージから検索パスに追加される．あるいは package="" とした場合には，Rパッケージとは無関係なディレクトリが追加される．directory はパッケージのインストールディレクトリからの相対パスとして解釈される．package 引数を省略すれば，パッケージは自分自身のインストールディレクトリを参照できる．Juliaコードのファイルをパッケージソース内の "inst/julia" ディレクトリに配置するというXRの規約にパッケージが従っている場合には，そのディレクトリを引数なしの関数呼び出しによって検索リストに追加できる．

```
juliaAddToPath()
```

Rパッケージと関連付けられていないモジュールをインポートすると，移植性に関して問題が生じるかもしれない．13.4.2項でも説明しているので参照してほしい．

検索パス上に配置されてモジュールがアクセス可能になったら，その中のオブジェクトを参照できるようにするために，モジュールをインポートしなければならない．Rと同様，標準ライブラリ等の基本的オブジェクトはつねに利用できるようになっている．その

他のモジュールのオブジェクトはインポートして利用可能にする必要がある．R とは違い，完全修飾形式で参照してもモジュールが自動的にロードされることはない．

インターフェース関数の

```
juliaImport(module, ...)
```

は Julia 内に適切な "import" コマンドを生成する．モジュール名だけ与えて juliaImport() を呼び出せば，完全修飾形式でインポートが行われる．非修飾形式で名前を使うには，それを別の引数として明示的に与えればよい．もし Julia の Digits モジュールにある undigit() 関数を使いたいのであれば次のようにする．

```
juliaImport("Digits") # JuliaはDigits.undigit()を呼び出す
juliaImport("Digits", "undigit") # Juliaはundigit()を呼び出す
```

実は Julia には using と import という 2 つの命令があり，動作がやや異なる．主な違いは，using がエクスポートされる名前をすべて非修飾形式で使えるようにするという点だ．XRJulia パッケージは juliaImport() の引数リストを用いることによってこれと同じオプションをサポートしている．詳しくはオンラインドキュメントを参照のこと．

前節の関数とメソッドは本質的に等価なものだったが，本節におけるパスやインポートの操作では関数バージョンのほうが望ましい．パッケージのソースコードから juliaAddToPath() を呼び出すと，すべてのインターフェースに対して，ディレクトリがパスのリストのテーブルに追加される．同様に，juliaImport() 関数はインポート命令をテーブルに追加する．関数型の形式では，パスとモジュールの情報が，現在の "JuliaInterface" 評価器と将来の全評価器オブジェクトに対して追加される．

アプリケーションパッケージでは関数型形式のほうが望ましい．ただし，単一の評価器オブジェクトが自分専用のパスやインポートを必要とするという例外的な場合は除く．その場合には当該の評価器に対して $Import() メソッドを明示的に使用することになるだろう．

Julia では，モジュールを単一のソースファイルに対応付けることも可能ではあるが，モジュールとソースファイルというのは区別すべき概念である．juliaSource() 関数あるいはインターフェースの $Source() メソッドは，指定したファイルのコードを Julia の include() 関数を用いてパースし，評価する．

Julia の require コマンドと reload コマンドも指定したファイルの内容を評価するが，これらは評価結果をメインモジュール内に配置する．そのため，ファイル内で割り当てられたものがインターフェースの式からは見えない．juliaSource() は，インターフェースによる他の計算と同じモジュール内に結果が格納されるように評価器を動作させる．

R と同様，Julia はファイル内で最後に計算した式の値を返す．以下の小さなソースファイルでは，Julia の型を定義し，生成関数を呼び出してその型の例となるオブジェクトを返している．

```
type testT
    x::Array{Int64,1}
    y::String
end

testT([1,-99,666],  "test1")
```

これが R プロセスの現在の作業ディレクトリにある "testT.jl" というファイルだと仮定すると，これを使って testT() が返すオブジェクトに対するプロキシを計算することができる．

```
> xt <- juliaSource("testT.jl")
> xt
Julia proxy object
Server Class: XRJulia.testT; size: NA

> juliaGet(xt)
R conversion of Julia object of composite type "XRJulia.testT"

Julia fields:
$x
[1]   1 -99 666

$y
[1] "test1"
```

"from_Julia" クラスに属する R オブジェクトを作成するために juliaGet() 呼び出しを評価する際には，"testT" 型のオブジェクトのフィールド名が利用される．データ変換の技法については 15.6 節で議論する．

インターフェースのためのソフトウェアを開発する際には，計算結果を R オブジェクトに変換したり復元したりせずに，Julia に結果を表示させるほうが便利なこともあるだろう．この目的のためには juliaPrint() 関数が使える．この関数は引数を 1 つ受け取れるが，それはプロキシオブジェクトであることが多い．あるいは，複数の引数を与えて $Eval() メソッドのように解釈させ，その計算結果を表示することもできる．15.6.3 項の例を参照してほしい．

15.4 Julia の関数

特定の名前を持つ Julia の関数を呼び出すための R のプロキシ関数は，

JuliaFunction(name, module)

によって返される．module 引数は，対応するモジュールがデフォルトではインポートされない場合に，モジュールがインポートされることを保証するためにのみ必要である．た

とえばJuliaの`svdfact()`関数は行列の特異値分解を計算するが，それに対するRのプロキシ関数は次のようにして作成できるだろう．

```
svdJ <- JuliaFunction("svdfact")
```

`svdJ()`を呼び出すと，XRJuliaインターフェースを通じて`svdfact()`の呼び出しが生成される．`svdj()`の引数は必要に応じてRオブジェクトから変換される．単純なスカラーを除けば，引数は以前に計算したり変換したりしたJuliaのオブジェクトに対するRのプロキシであることのほうが多いだろう．デフォルトで使用される評価器は現在のJulia評価器であるが，これは必要なら起動される．オプション引数によって別の評価器を指定することもできる．`svdfact()`関数は標準ライブラリの一部なので，明示的にモジュールをインポートする必要はない．

15.2節で示したJuliaの配列`xm`の特異値分解を構成することができる．

```
> sxm <- svdJ(xm)
> sxm
Julia proxy object
Server Class: Base.LinAlg.SVDFloat64,Float64,Array{Float64,2}; size: NA
```

結果を表すJuliaの複合型は，Rの`svd()`関数の結果と実質的に同じ情報を持っている．次節でこの型に対するRのプロキシクラスを示す．15.6節で示すように，プロキシクラスがあろうとなかろうと，インターフェースの評価器は特異値分解に含まれる情報をR側で取得することができる．

Juliaの関数はデフォルトで総称的だ．すなわち，関数定義が実際に作成するのは，その関数名に関連付けられたメソッドである．引数に対する選択的型宣言によってメソッドのシグネチャを指定する．引数に対して別の型宣言を持つ同名の関数定義を追加すると，当該の総称関数に対して追加のメソッドが定義される．

Rと同様，関数呼び出しにおける実引数のクラス（型）が，その呼び出しに対して最も適切なメソッドを選択するために用いられる．ただし重要な違いは，Juliaが選択を行うのは，その場合に適切なメソッドをコンパイルするためだという点である．

この違いはRからのインターフェースに影響を与える．関数には正式な引数リストがなく，実のところ引数に既定の個数もない．異なるメソッドは異なる引数名を持つかもしれないし，引数の個数も異なるかもしれない．

Juliaのメソッドは，実際に実行されるメソッドを（コンパイルして）作成するための処方箋だとみなすのがよい．メソッドディスパッチにおいては，実引数の型にマッチするメソッドを見つけるために，既存のメソッドの型宣言が検査される．たとえば`svdfact()`関数は（今のところ）9つのシグネチャに対して実装されている．各シグネチャに対応する関数の宣言は以下のとおり．

```
svdfact(D::Diagonal, thin=true)
svdfact(M::Bidiagonal, thin::Bool=true)
```

```
svdfact{T<:BlasFloat}(A::StridedMatrix{T};thin=true)
svdfact{T}(A::StridedVecOrMat{T};thin=true)
svdfact(x::Number; thin::Bool=true)
svdfact(x::Integer; thin::Bool=true)
svdfact{T<:BlasFloat}(A::StridedMatrix{T}, B::StridedMatrix{T})
svdfact{TA,TB}(A::StridedMatrix{TA}, B::StridedMatrix{TB})
svdfact(A::Triangular)
```

これらの多くはテンプレートだ．すなわち，具体的な引数の型がマッチするシグネチャは，上記のメソッドにおける T，TA，TB のようなテンプレート引数をマクロのように置換したものである．これは Julia の設計の中核を構成する要素であり，これによって柔軟で動的なメソッド選択システムが提供される．しかし，プロキシ関数の引数が利用可能なメソッドと整合的かどうかを R 側でチェックするのは容易ではないだろう．

この例が示すとおり，引数名が総称関数によって制限されていないので，Julia の関数呼び出しでは引数を名前で参照することができない．だが実は，Julia は**キーワード引数**のための仕組みを用意している．キーワード引数は，個々のメソッドの仮引数リストにおいて，専用の構文を用いて定義される．実質的には，ある辞書の要素を，関数呼び出しの際にキーワード引数とマッチさせるものである．ただし通常の引数は，位置が正しくなければ受け付けられない．

こうした特性を考慮して，現行バージョンの XRJulia インターフェースでは，引数のチェックをインターフェースのサーバ言語側に委ねている．Julia の関数に対する R のプロキシ関数は，実引数を修正せずに受け渡す．実引数の個数と順番は Julia の関数呼び出しに対して意図されているとおりになっている必要がある．また，名前付き引数は同じ名前のまま受け渡される．名前付き引数（キーワード引数）は関数呼び出しの際に位置引数より後ろに置かなければならないので注意してほしい．

JuliaFunction() の呼び出しにおいて module 引数が指定された場合，指定された関数はその Julia モジュールからエクスポートされたものだと仮定される．プロキシ関数の本体は，そのモジュールをインポートするための関数呼び出しを含むことになる．XRJulia の評価器はインポートされたモジュールのテーブルを保持しているので，実際には Julia に対してインポートコマンドが発行されるのは一度だけである．Julia の関数を実際に呼び出す際には完全修飾名が使われる．したがって，プロキシ関数は別々のモジュールにある 2 つの同名の関数に対してインターフェースを繋ぐことができる．

15.5　Julia の型

Julia では「複合型」と呼ばれるものを定義できる．実質的には指定したフィールドを持つクラスの定義である．Julia はある種の関数型 OOP をサポートしているので，複合型は R の関数型クラスのように使われることが多い．Julia で複合型が現れるのは，メソッド定義内の型宣言においてである．これは R のメソッドのシグネチャに類似している．

複合型にはカプセル化メソッドは存在せず，PythonやJavaのクラスとは対照的だ．

Rの関数型クラスのオブジェクトとは違い，Juliaのオブジェクトは参照セマンティクスに従う．Juliaオブジェクトのフィールドを変更する場合，その変更は，変更が発生した関数内だけの局所的なものではないということだ．

`setJualiClass()` を呼び出すと，Juliaの型に対するプロキシクラスがRの中に作成される．

```
setJuliaClass(juliaType, module)
```

引数はJuliaの型名とモジュール名である．基本的なソフトウェアに含まれるクラスに対してはモジュール名を省略することができる．Julia内にあるメタデータによってフィールドが定義される．フィールドはRの参照クラスのフィールドとして，`$` 演算子を用いてアクセスできるようになる．

Juliaの重要な型の多くは**パラメータ付き** (parametrized) である．型の定義が1つ以上のテンプレート的，あるいはマクロ的な引数を含んでいるということだ．15.4節の例では，返ってくる結果が `"SVD{Float64,Float64}"` 型のオブジェクトに対するプロキシであった．`"SVD"` 型は（少なくとも）入力データと出力値を表す2つの数値型でパラメータ付けされている．

型がパラメータ付きの場合，具体的な型か，型の族全体の，どちらに対してRでプロキシクラスを定義してもよい．一般に，クラスのフィールド名は型ファミリによって定まる．具体的な型が影響を与えるのはフィールドの型だけである．ただし，具体的な型のすべてに対して同一のプロキシクラスを用いるのは，Rでは望ましくない．プロキシオブジェクトがJuliaから返ってくる際に，XRJuliaインターフェースはまずパラメータ付きの型に対するプロキシクラスを探し，そのあとに，パラメータがないバージョンの型に対するプロキシクラスを探す．アプリケーションパッケージはどちらのバージョンを用意するのか，あるいは両方を用意するのかを選択できる．

```
setJuliaClass("SVD")
```

という例では，型ファミリの任意のメンバに対してプロキシクラスが作成され，どれも `"U"`，`"S"`，`"Vt"` という同一のフィールドを持つ．仮にこのプロキシクラスが `svdJ()` プロキシ関数を用意する前に定義されていたら，次のようになっていただろう．

```
> sxm <- svdJ(xm)
> sxm
R Object of class "SVD_Julia", for Julia proxy object
Server Class: SVD{Float64,Float64}; size: NA

> sxm$S
Julia proxy object
Server Class: Array{Float64,1}; size: 5
```

Juliaの型には "immutable"（変更不可能）にするための追加オプションがある．これは実質的には，すべてのフィールドが第11章で述べた意味で読み込み専用になるということだ．フィールドへのアクセスは許可されるが代入はできない．重要なフィールドを読み込み専用にすることは，フィールド間に一定の関係が成り立っていなければならない場合に，オブジェクトが誤って不正なものになってしまうのを避けるために有用な手段である．これはまさに "SVD" やその他の行列分解に対して当てはまる．どのフィールドの値を操作しても，通常はオブジェクトが正しい行列分解ではなくなってしまう．そして実際，"SVD" 型は immutable だと宣言されている．

XRJulia は変更不可能な型を検出するとプロキシのフィールドを読み込み専用にする．

```
> sxm$S <- 0
Error: Server field "S" of server class "SVD{Float64,Float64}"
  is read-only
```

15.6　データ変換

XRJulia におけるデータ変換は，13.8節で述べた XR のデータ変換に基づいている．これには R と Julia の一般的オブジェクトを表現するための機能が含まれる．ただし，インターフェースを用いた数値計算やその他のアルゴリズム的なアプリケーションに特に関連するであろう追加機能もある．

R と Julia は重要な種類のデータの表現方法において類似点が多い．特に R のベクトル，行列，配列に相当するデータがそうである．また，R のクラスと Julia の複合型は自然に関係付けられる．XRJulia におけるデータ変換では，こうした特性を利用することで，デフォルトのデータ変換方針よりも，両言語をクリーンで直接的に対応させている．R の既知の型からなるベクトルや配列のクラスに属しているオブジェクトであれば，通常は R と Julia の双方向で自動的に変換されると想定してよい．また，変換可能なスロットやフィールドで構成されたクラスに属するオブジェクトも自動的に変換される．

アプリケーションは，そうすることが有益な場合には変換方法をカスタマイズしてもよい．Juliaへの変換では，JSON の中間形式を省略して asServerObject() に対するメソッドを直接実装する．Rへの変換（15.6.2項）では，Julia の総称関数 toR() と R の総称関数 asRObject() に対するメソッドを用いる．Julia のいくつかの型は変換に制限があるのであとで注意する．アプリケーションは，他方の言語における対応するクラスに対して，汎用的表現方式を用いて直接的に処理を行えることが多い．R の "data.frame" クラスを用いた例は 15.6.3項にある．Julia のクラスを用いた小さな例は 15.3節にある．

15.6.1　RとJuliaにおけるベクトルと配列

2つの言語の配列に対するアプローチは共通している．両言語において，配列は特定の型の要素からなるブロックによって定義される．つまり，R の用語でいうところの

"vector"である．このベクトルに，各次元のインデックスの範囲を表す k 個の整数を関連付けて，k 次元の配列として解釈するのである．Rではこの概念が，データと次元を表すスロットを持つ "array" クラスとして実装されている．Juliaにはパラメータ付き型のセットがあり，データと次元を表す明示的なフィールドこそ持たないものの，実質的には同じ種類のオブジェクトをサポートするようなプログラミングパラダイムを備えている．

　RとJuliaは配列の構造が言語間で一致しているだけでなく，配列のための様々な基本データ型もサポートしている．これは任意の要素からなるリストしかサポートしていないJSON記法とは対照的だ．Juliaの基本型がRのベクトル型のどれかに対応していれば，対応するクラス間の変換は両方向で自動的に行われる．

　Juliaには

```
Array{T,N}
```

という，パラメータ付けされた一連の Array 型がある．ここで T は要素の型に相当するJuliaの型であり，N は次元数である．

　Rのベクトルは Array{T,1} 型のどれかへと変換される．T はRにおけるベクトルの型から決まる．型パラメータ T は様々な値をとりうるもので，その範囲はRの基本型の範囲よりもかなり広い．整数，浮動小数点数，ビット列にはオプションとして長さがある．Rは "integer"，"numeric"，"raw" を，Rにおける実装を反映するJuliaの特定の型へと変換する．Juliaの "Any" 型はRの "list" 型に相当する．Rから様々な型のベクトルを送信すると，適切なJuliaの配列オブジェクトが作成される[2]．

```
> ev$Send(1:3)
Julia proxy object
Server Class: Array{Int64,1}; size: 3

> ev$Send(c(1, 2, 3))
Julia proxy object
Server Class: Array{Float64,1}; size: 3

> ev$Send(c("red", "white", "blue"))
Julia proxy object
Server Class: Array{String,1}; size: 3

> ev$Send(list("Today", 1:2, FALSE))
Julia proxy object
Server Class: Array{Any,1}; size: 3
```

Rのベクトルをサーバ言語であるJuliaの式で表すと，要素のリストになる．明示的に書き出せば次のようになる．

---

[2] 本節では実装の詳細を見るので，メソッドに等価な関数ではなく，メソッド版の $Send() に立ち返る．

```
> ev$AsServerObject(1:3)
[1] "[1,2,3]"

> ev$AsServerObject(c(1, 2, 3))
[1] "[1.0,2.0,3.0]"

> ev$AsServerObject(c("red", "white", "blue"))
[1] "[\"red\",\"white\",\"blue\"]"

> ev$AsServerObject(list("Today", 1:2, FALSE))
[1] "{ \"Today\", [1,2], false }"
```

Juliaはリストを必要な型の配列として解釈する．これはRのc()関数に似ているが，Rでは長さが1より大きい要素を扱うには実質的にリストオブジェクトを使う必要があるという点が異なる．

複素数はJuliaの基本型ではないが，実質的には値の組を表現するパラメータ付き型として存在する．Rの "complex" ベクトルはそれらのうちのひとつである．浮動小数点数の組に相当する．

```
> cx
[1] 7.8+3.8i 5.5+3.4i 5.2+3.1i 6.8+0.1i

> cxj <- ev$Send(cx)
> cxj
Julia proxy object
Server Class: Array{Complex{Float64},1}; size: 4

> ev$Get(cxj)
[1] 7.8+3.8i 5.5+3.4i 5.2+3.1i 6.8+0.1i
```

Rの複素数ベクトルは，Juliaの型に対する生成関数呼び出しを用いて送信される．

```
> ev$AsServerObject(cx)
[1] "complex([7.8,5.5,5.2,6.8], [3.8,3.4,3.1,0.1])"
```

JuliaのComplex型には，実部と虚部を表す2つのベクトルを引数に持つ生成関数がある．

Rの配列オブジェクトもまた，Juliaのパラメータ付き配列型のどれかへと変換される．たとえばdatasetsパッケージのiris3オブジェクトは3次元配列だ．

```
> dim(iris3)
[1] 50  4  3

> typeof(iris3)
[1] "double"
```

このオブジェクトをJuliaに送信すると，対応するJuliaの配列オブジェクトが生成さ

15.6 データ変換   349

```
> irisJ <- ev$Send(iris3)
> irisJ
Julia proxy object
Server Class: Array{Float64,3}; size: 600
```

Rの一般の配列オブジェクトがJuliaに送信される場合，まずデータ部分を持つ1次元の配列が作成され，それからJuliaの reshape() 関数を用いて次元が指定される．

```
> xm <- matrix(1:6, 3, 2)
> ev$AsServerObject(xm)
[1] "reshape([1,2,3,4,5,6], 3,2)"

> ev$Send(xm)
Julia proxy object
Server Class: Array{Int64,2}; size: 6
```

15.6.2 Julia オブジェクトの変換

JuliaのオブジェクトをRに変換する際には，Julia評価器がRに返すJSON文字列が保持される．Juliaの型に対応するRのクラスが存在する場合，JSON形式においては，".RClass" という名前の要素を含む特別な辞書を用いて，一般のRオブジェクトを表現する．変換によって対応するRのクラスに属するオブジェクトが生成される．Rの asRObject() に対するメソッドを用いて，このオブジェクトの変換方法をさらに特殊化してもよい．

2つの特別なRのクラスがとりわけ重要である．"vector_R" と "from_Julia" だ．前者はRの様々な型のベクトルを明示的に表現するものである．これなしでベクトルを単なるJSONのリストとして書き出すと，型が不明確になってしまう．後者は複合型のJuliaオブジェクトを明示的に特定するものだ．Juliaオブジェクトの変換には，（変換された）データを各スロットに持つ名前付きリストを用いる．この表現形式は，当該のJuliaの型に対してRのプロキシクラスが存在するかどうかには依存しない．

インターフェースのJulia側を構成するのは toR() 関数に対するメソッド群である．toR() の引数は任意のJuliaオブジェクトであり，戻り値は別のオブジェクトである．戻り値は，そのJSON表現からもとのJuliaオブジェクトに対応するRオブジェクトが生成されるようになっている．

パラメータ付きの "Array{T,N}" 型に属するオブジェクトは，Rのベクトルか配列として返される．戻り値のオブジェクトは N が 1 であればベクトルになり，そうでなければ配列となる．Rのベクトルの型は，Juliaのスカラー型 T に応じて数値型，整数型，論理型，または文字型となる．Any 型はリストとして返される．戻り値の配列は，配列を1次元に変形してから ".Data" スロット用に変換することで構築される．したがって，型の対

応付けはベクトルと同様である.

　辞書はその要素からなる名前付きリストとして返される．Julia の辞書はキーの型と要素の型でパラメータ付けされているが，名前付きリストのキーは文字列だ．JSON の辞書もキーは文字列である必要がある．したがって，JSON 文字列の生成に先立って必要な型変換が行われる．

　JSON で認識できる型のスカラーは，対応する R のベクトルクラスに属する長さ 1 のベクトルへと変換される．

　これらすべてを合わせると，変換可能な Julia オブジェクトに含まれるのは，

1. すべてのスカラー，配列，辞書
2. すべての複合型

となる．ただし，配列と辞書ならその要素，複合型ならそのフィールド自体が，変換可能なオブジェクトである場合に限る．`$Get()` あるいは `.get = TRUE` に設定したプロキシ関数を用いると，こうしたオブジェクトがどれも前述した単純な形式の R オブジェクトへと変換される．

　R の特定のクラスを生成したり，Julia オブジェクトのフィールドに対して何らかの変換を施したりするために，アプリケーションパッケージで戻り値のオブジェクトを特殊化したい場合もあるだろう．最も自然なアプローチは，Julia で `toR()` 関数に対する関数型メソッドを 1 つ以上書くことだ．XRJulia の Julia コードにおいて `toR()` が引数としてとるのは，式やコマンドの評価結果として得られる Julia オブジェクトである．`toR()` の戻り値は，JSON 表現に変換されて R へと送信される Julia オブジェクトになっている必要がある．

　たとえば 2 次元の配列オブジェクトは，`"matrix"` クラスに対する R の明示的表現を備えた辞書へと変換される．Julia の `RObject()` 関数がその明示的表現を生成する．配列オブジェクトに対する `toR()` のメソッドは，`RObject()` の戻り値に対して再度 `toR()` を呼び出してから終了する．

　アプリケーションにおけるメソッドでも似たようなことを行うことになるだろう．Julia の型を，選択したクラスの R オブジェクトへと変換するのだ．XRJulia パッケージの `"julia/XRJulia.jl"` ファイルにある，`toR()` に対するメソッドを見てみるとよい．

　場合によっては，こうやって返された特定のクラスの R オブジェクトに対して，`asRObject()` 関数のメソッドを R で定義して，さらに計算を行う必要があるかもしれない．メソッドを定義するためには，R と Julia の双方において，`asRObject()` 総称関数あるいは `toR()` 総称関数をアプリケーションパッケージへとインポートする必要がある．

　言語間で対応が付かない基本型があるため，現在のところデータ変換に関していくつかの制限がある．Julia には，R に直接的な対応物を持たないパラメータ付きスカラー型が多数存在する．こうした型がデータに基づくアプリケーションにとってどれほど重要なのかは明らかでない．だが XRJulia の機能をいくらか拡張すれば，将来的にはこうした型に

も対応できるだろう．

その他のJuliaの型には，プログラミングの手段としては有用だが，現在のデータ変換計算では扱いにくい中間形式を持つものがある．次項の例では，keys()関数の結果をRには変換するのではなく，それが返すオブジェクトをjuliaPrint()を用いて表示した．keys()が返すオブジェクトは辞書上のイテレータであり，Juliaでは有用な型である．しかし，このイテレータを変換すべき複合型として見ると，文字列としてのキーではなくて，その上で反復処理を行うべきオブジェクト全体を含んでしまっている．

15.6.3 一般のRクラスの表現例

特別なキーを持つ辞書として一般のRオブジェクトを表現することで，Juliaにおいて明確な対応物を持たないクラスに対する計算が可能になる．例としてもう一度"data.frame"を見よう．10.5節で論じたとおり，形式的に定義されているかどうかにかかわらず，実質的には"data.frame"とは"name"スロットと"row.names"スロットを加えて"list"を拡張したものであり，次のものと等価である．

```
setClass("data.frame",
         slots = c(names = "character",
                   row.names = "data.frameRowLabels"),
         contains = "list")
```

Juliaにはこれに直接対応する型がない．そのような型は，実質的には辞書に行名のフィールドを加えたものであり，辞書の要素には同数の観測値を持つ変数を表現すべしという要件が課せられる．そうした複合型の定義は可能かもしれないが，現在のところ，これに関してできることはあまりない．それより見込みがあるのは，Rでもよくやるように，Rから送信されたデータフレームをもとにして行列オブジェクトを得ることだ．

したがってデータフレームのJuliaへの変換では，一般のRクラスに対する辞書表現を用いる．13.8.2項では"ts"クラスに対するJSON記法の例を示した．Juliaの辞書形式も似たようなものである．データフレーム版の"iris"データから抽出した小さな標本を見てみよう．

```
> iSample <- iris[sample(150,6),]
> jSample <- juliaSend(iSample)
> jSample
Julia proxy object
Server Class: Dict{String,Any}; size: 7

> juliaPrint("keys(%s)", jSample)
String[".type", "names", ".Data", ".RClass", ".extends", "row.names",
       ".package"]
```

".type"，".extends"，".package"の各要素は，オブジェクトのクラスをさらに詳しく記述するものだ．他の要素はRオブジェクトのスロットであり，Juliaのオブジェクトへ

と変換される．`".Data"` 要素はデータフレームの5つの変数を持つ（`"Array{Any,1}"` 型の）リストである．

　何らかの Julia の計算によってこのオブジェクトが修正された，または類似のオブジェクトが作成されたと仮定する．そのオブジェクトを回収すると正しい R オブジェクトが作成される．次のように試してみることができる．

```
> iSampleBack <- juliaGet(jSample)
> all.equal(iSampleBack, iSample)
[1] TRUE
```

これが機能するのは R と Julia の双方におけるメソッドのおかげではあるが，どちらの言語の場合でも，`"data.frame"` という特定のクラスに対するメソッドのおかげではないというのが重要なところだ．

　Julia へ向かう方向において関連するメソッドは `asServerObject()` に対するものである．

```
> selectMethod("asServerObject",
+              c("data.frame", "JuliaObject"))
Method Definition:

function (object, prototype)
{
    attrs <- attributes(object)
    if (is.null(attrs) || identical(names(attrs), "names"))
        .asServerList(object, prototype)
    else .asServerList(XR::objectDictionary(object), prototype)
}
<environment: namespace:XRJulia>

Signatures:
        object       prototype
target  "data.frame" "JuliaObject"
defined "list"       "JuliaObject"
```

このメソッドは `"list"` に対するメソッドから継承されている．仮にオブジェクトが単なるリストだったとすれば，それが名前付きであろうとなかろうと，Julia の辞書や配列として直接に送信されていただろう．だが，`"data.frame"` のように `"list"` を拡張したクラスであれば必ず備えているであろう他の属性があるかどうかを，このメソッドは確認している．もしそうした属性があれば，`objectDictionary()` によって変換されたオブジェクトが，`".RClass"` という予約名を持つ要素を含んだ Julia の辞書へと変換される．いまの場合には `"data.frame"` を含んだ辞書になる．

　変換されたスロットは，そのスロットの名前を持つ辞書の要素に含まれる．インポートされる R オブジェクト向けに Julia での計算を設計すれば，これらの要素を修正したり，

同一の構造を持つ新たな Julia オブジェクトを構築したりできるだろう．

　R に戻る際には，オブジェクトはまず JSON の辞書になり，それが名前付きリストへと変換される．"list" に対する asRObject() のメソッドは，名前の中に ".RClass" があるかどうかを確認する．もしあれば，そのクラスのオブジェクトが構築される．

＃ 第 16 章

C++によるサブルーチンインターフェース

16.1 R，サブルーチン，そして C++

第13章で解説した XR インターフェース構造は，サーバ言語の評価器という観点からインターフェースをモデル化している．たとえば Python や Julia のユーザは，式をパースして評価する評価器とやりとりする．サブルーチンインターフェースはこれとは根本的に異なっており，XR 構造には適合しない．

とはいえ，XR 構造が目標としていることが意義を失うわけではない．特に利便性と一般性はサブルーチンインターフェースにおいても重要だ．R を拡張するアプリケーションパッケージでは，ユーザが基本的にはインターフェースのことを意識せずに済むようにしたいし，関数とオブジェクトが R において自然なものだと思えるようになっているべきだ．

アプリケーションを作るためのプログラミングもまた，利便性と一般性を備えているべきだ．XR 構造における 2 つの主要ツールは，サブルーチンインターフェースにとっても同様に重要だろう．すなわち，サーバ言語の関数とクラスに対するプロキシとなる，R の関数とクラスのことである．

XR インターフェースの場合と同様，サブルーチンインターフェースにおいても，サーバ言語による計算一般に対してアクセスが容易であってほしい．また，R のデータ一般を引数として使ったり計算結果として生成したりすることが可能であってほしい．

幸運にもすでに広く利用されているパッケージが存在する．C++ へのインターフェースである Rcpp だ．これは上述の目標を達成するために大きな役割を果たすものであり，プロキシ関数やプロキシクラス，そしてデータ変換のための一般的手法を含んでいる．Rcpp を用いて R を拡張するのが本章の主なトピックである．Rcpp は CRAN から取得可能だ．

16.2 C++ インターフェースプログラミング

Rcpp パッケージが提供する C++ へのインターフェースが R を拡張する上で有用となるシナリオはいくつかある．実際に必要となる C++ プログラミングの量は様々である．

1. 元々Rで使うために書かれたのではない既存のCやC++の関数ひとつに対してインターフェースを作成するのが目標である場合には，`Rcpp`によってインターフェースプログラミングの大部分を自動化できる．引数と計算結果のデータ型が`Rcpp`が対応済みの型に含まれていれば，インターフェースに必要なC++とRの関数の両方をセットアップステップで作成できる．C++でのプログラミングは不要である．
2. 高品質で有用な計算を含んだ大規模なソフトウェアが，C++ライブラリの形で存在している場合．そうしたライブラリへのインターフェースを作るには，Rから使用するC++の関数を特定したり開発したりすることが必要になることが多い．C++のクラスが必要な場合もあるだろう．
3. 新しいプログラミングのプロジェクトにおいて，適切な言語がC++だという場合がある．特に，Rとのインターフェースが目標のひとつになっている場合はそうである．私見では，C++で比較的カジュアルな計算をするのは，たとえばPythonやJuliaほどには易しくないだろう．しかし，現代のC++は幅広いアプリケーションに対して効率的なコードを生成できる強力な言語である．

これらのシナリオは互いに排他的なものではない．大きなプロジェクト（本書の用語では「大規模プログラミング」）では，様々な段階において3つのシナリオすべてに関わることになるだろう．

16.2.1 例

本章ではそれぞれのシナリオの例を見ることにする．単一のC++関数に対するインターフェースとしては，5.5節で考察した，あまり現実的ではないかもしれないが標準的な畳み込み関数の例を，C++の関数として見直すことにする（16.3.1項）．

既存ライブラリに対するインターフェースを重視する例としては，第13章のXR構造に沿った，RからJavaScriptへのインターフェースの作成について検討する．このプロジェクトでは`XRPython`や`XRJulia`に似たパッケージを作成することになる．パッケージ名は多少長くてもよければ`XRJavaScript`といったところだろう．

関連するC++ライブラリはV8（別名Chrome V8）だ．これはGoogleが「JavaScriptエンジン」として提供している，オープンソースのC++ライブラリとそれに関連するソフトウェアである．V8はChromeウェブブラウザやその他多くのアプリケーションで利用されている．V8の設計は興味深く，C++の機能を活用している．V8はウェブブラウザや他のプロジェクトにおいて大きな役割を果たしているので，V8が今後も発展し，十分にテストされ，サポートされ続けると期待してもよいだろう．

V8ライブラリに対するサブルーチンインターフェースがあれば，JavaScriptへのXRインターフェースを構築するための魅力的なツールになる．都合のよいことに，サブルーチンインターフェースはすでにほぼ完成している．`V8`という同名のパッケージ[28]がRからJavaScriptへのインターフェースを実装しているのだ．これはXRインターフェースではないが，類似の機能を多数備えているし，これから見るように，XRインターフェー

スのようなプロジェクトをサポートする重要なサブルーチンインターフェースが含まれている（V8 パッケージと XR パッケージは独立に実装されたものである）．

サブルーチンインターフェースの使用例として言語インターフェースを実装するというと，少々奇妙に思われるかもしれない．だが，これは実際には INTERFACE原則 に極めて忠実に従うことなのだ．我々は大規模なプロジェクトを念頭に置いており，次のような不可欠の要件を持っている．すなわち，JavaScript の式を評価したり，R から入力データを送信して計算結果を取得したりすることである．既存のソフトウェア（V8 ライブラリ）は必要な物事の多くを実行してくれるが，別の言語 (C++) によってである．INTERFACE原則 は，我々のプロジェクトに役立てるために，V8 へのインターフェースについて検討することを奨励する．

Google の V8 プロジェクトとそれに関連する C++ ライブラリ（ここで主に重点を置くもの）は，同名の R パッケージから区別する必要がある．そのために，本書では（ディレクトリ名に合わせて）小文字の "v8" を C++ ライブラリを指すのに使う．この話の続きはまたあとにしよう（16.3.2 項）．

3 番目のシナリオの例としては，進化する個体群をモデル化した R のカプセル化 OOP クラスの実装を見直す．9.5 節では，そのようなクラスを R で説明するために，極めて平凡なモデルを用いた．個体群は同種の個体から構成されており，各個体は各世代において所与の死亡率と出生率を持っていた．

このようなモデルは C++ にも向いているし，もしかすると R でやるより自然かもしれない．もしこうしたシミュレーションを大規模に実行するつもりであれば，C++ の優れた効率性が重要になってくるだろう．Rcpp はこうした目的のために使いやすいツール群を提供している．なかでも最も重要なことのひとつは，C++ 内での乱数生成を R のパラダイムと統合していることだ．これによって，C++ における大抵のアドホックなシミュレーションよりも一貫性があって理解可能な統計的結果が得られる．

我々は以前のモデルに対してもうひとつ機能を追加する．同じ種類の個体ではなく，各々が固有の出生率と死亡率を持つような n 個体から個体群が始まることにするのだ．したがって，個体群は birth と death という 2 つのベクトルによって定義できる．

個体群は以前と同様に進化するが，各個体は固有の確率に従って死亡したり分裂したりする．新たな個体は親からそれぞれの確率を継承する．進化の一ステップは次のように定義する．まず死亡過程により，個体群のメンバーが死亡率に従ってランダムに死ぬ．その後，生存個体が分裂するチャンスを得る．複製されたメンバーは個体群に追加される（出生率と死亡率は親と同じになる）．

実装される計算は非常に反復的であり，個体群を表すベクトルを出生と死亡に応じて伸縮させる必要がある．単純な反復計算なら当然 R よりも C++ のほうがはるかに高速だ．また，毎回コピーせずとも伸縮できるベクトルというのは，まさに C++ の標準テンプレートライブラリで実装できるように設計されているものである．もし効率性のことを気にかけるのであれば，C++ で標準テンプレートライブラリのベクトルのメソッドを使うほう

が，個体群の進化をはるかに高速に実行できる可能性が高い．

このような C++ クラス定義の候補を示そう．

```cpp
#include <Rcpp.h>
using namespace Rcpp ;

class PopBD {
  public:
    PopBD(void);
    PopBD(NumericVector initBirth, NumericVector initDeath);

    std::vector<double> birth;
    std::vector<double> death;
    std::vector<long> size;
    std::vector<int> lineage;
    void evolve(int);
};
```

このクラスは 4 つのフィールドを持つ．出生率 birth と死亡率 death という確率を持つ 2 つのベクトルと，各ステップの進化的イベント終了後の個体群サイズを持つベクトル，そして，現在の各メンバーの祖先だった初期個体群におけるメンバを特定するベクトル lineage である．コンストラクタは 2 つあるが，大事なのは出生率と死亡率を数値ベクトルとして R から受け取るほうである．メソッドは evolve() だけであり，これは指定した数の世代だけ死亡／出生の処理をくり返して個体群を進化させる．死亡した個体は lineage から削除され，新たに生まれた個体は，元々の祖先にあたるインデックスを lineage に付加することで追加される．このクラスについては，R から C++ のクラスへのインターフェースを作成するという文脈において，16.4 節で検討することになるだろう．実際の実装については，https://github.com/johnmchambers にある XRcppExamples パッケージを参照してほしい．

16.3 C++ の関数

プロキシ関数はインターフェースプログラミングのための強力な仕組みである．関数は R から呼び出されるが，それが実際にはサーバ言語の対応する関数への呼び出しとなっているのだ．Rcpp は C++ を通じてプロキシ関数を簡単に作成するための仕組みを提供する．

C++ のターゲット関数から始めよう．つまり R から呼び出したい関数のことだ．通常 C++ において，「関数」とは，名前を持ち，一連の引数とともに定義された，文の集まりのことを意味する．各々の引数と，名付けられた関数それ自体には，宣言された型が備わっている．この関数を，アプリケーションパッケージのソースに含めるか，あるいは利用可能な何らかの C++ ライブラリを通じて，R からアクセスできるようにする必要がある．

我々はこの関数を C++ 関数と呼んでいるが，C++ で書かれている必要があるのは外側のレイヤーだけである．C++ には，C に対する外部名を宣言する仕組みが備わっている．したがって，ここで説明するプロキシ関数インターフェースは，基本的な `.Call()` インターフェースの代わりになる．ただし `.Call()` インターフェースとは異なり，ターゲット関数の引数や戻り値の型を，R オブジェクトに対するポインタにする必要はない．

　C++ のターゲット関数の各々に対して，新しい関数が 2 つずつ生成される．C++ インターフェース関数と R インターフェース関数である．

- C++ インターフェース関数は，`.Call()` インターフェースを通じて R から呼び出すのに適している．その引数は C++ のターゲット関数の引数と対応しているが，インターフェース関数の引数と戻り値はすべて `.Call()` に必要な `SEXP` 型で宣言される．インターフェース関数は，各引数を，ターゲット関数の引数に対して宣言されている型のオブジェクトへと変換し，ターゲット関数を呼び出した後，その値を `SEXP` 型に変換して返す．

- R インターフェース関数は，C++ インターフェース関数と同じ引数のセットを受け取って，C++ インターフェース関数に対する `.Call()` 呼び出しの値を返す．デフォルトでは，R インターフェース関数は C++ のターゲット関数と同じ名前，同じ引数を持つ．

　こうして，パッケージのユーザは C++ 関数と同じ呼び出し手順を持つ R の関数を得る．R の関数を呼び出すと，それに対応する C++ 関数呼び出しの値が R オブジェクトとして返ってくる．

　C++ と R のインターフェース関数のソースコードは，パッケージがインストールされる前に，いわゆる**セットアップステップ**によって作成される（7.1.3 項）．R プロセスからこれを行うには Rcpp パッケージを用いる．

```
compileAttributes(pkgdir)
```

`pkgdir` でパッケージのソースディレクトリを指定する．`compileAttributes()` の最も重要な副作用は，C++ コードと R コードのファイルを作成することだ．C++ コードと R コードは，それぞれ `pkgdir` の適切なサブディレクトリに書き込まれる[1]．当該パッケージにおける R のプロキシ関数はすべて単一のファイルへと書き込まれる．C++ 関数も同様である．

　Rcpp によるインターフェースを動作させるために必須の条件は，C++ 関数の引数と戻り値のデータ型に関することである．実引数として与えられた R オブジェクトを，C++ で宣言されたデータ型へ変換するための定義が必要なのだ．関数値のデータ型から R オブジェクトへの変換についても同様である．

---

[1] `compileAttributes()` という名前は C++ の属性 (attributes) のことを指しているが，これらの属性は実際には使用されないし，何にせよ R における属性とは無関係である．

Rcppが認識できるクラスは多岐にわたって増加し続けている．最も重要なことは，この変換機構が，そして結果として属性インターフェースの全体が，新たなアプリケーションのために拡張可能なC++テンプレートプログラミング機構の上に構築されているということだ．

2つの例によって説明しよう．1つめはRで使うために書かれたC++の関数であり，2つめは既存のC++ライブラリを呼び出すいくつかの関数である．

16.3.1 例：RのためのC++

効率性とベクトル化について論じるにあたり，5.5.1項では今や標準的なRの関数となった convolve() 関数を用いた．そこでは単純なC言語の関数と対応するRの関数を示したが，これはまったくRには向いておらず，非常に低速であった．C言語の関数はC++で書くこともできる．Rcppの属性について解説するビネット [1] から直接とってきたバージョンを以下に示そう．

```
#include <Rcpp.h>

using namespace Rcpp;

// [[Rcpp::export]]

NumericVector convolveCpp(NumericVector a, NumericVector b) {

    int na = a.size(), nb = b.size();
    int nab = na + nb - 1;
    NumericVector xab(nab);

    for (int i = 0; i < na; i++)
    for (int j = 0; j < nb; j++)
        xab[i + j] += a[i] * b[j];
    return xab;
}
```

C++のクラスを使うことで不格好なマクロを使わずに済むし，SEXP型も不要なので，C++の関数は96ページで示したCバージョンよりも単純になっている．

変わった見かけの Rcpp::export というコメント行は，後続の関数がRからのインターフェースをつなぐべきターゲット関数だということを知らせるフラグである．これは，単純な用途であれば，Rのプロキシ関数を生成したいときに関数や関数宣言の前に必ず付けるおまじないだと考えておけばよい．

この例では，引数と戻り値がすべて NumericVector として宣言されている．これはRの "numeric" ベクトルに対応するように Rcpp で特別に定義されている C++ のクラスである．Rとの相互変換においては，実質的にRオブジェクトのデータ部分がC++の配列として扱われる．NumericVector クラスは size() 等のメソッドを備えており，これらは

Rのベクトルのプロパティに相当する．新しいオブジェクトを作成するには生成関数を使う．上記の例では戻り値となる xab を作成している．NumericVector クラスにはC++スタイルのメソッドもある．また，C++の配列に類似した動作をするようにオーバーロードされた演算子もあり，これは関数内で唯一の実質的な計算において使われている．

```
xab[i + j] += a[i] * b[j];
```

効率性のための鍵は，これらがC++の演算であってRの関数のようなオーバーヘッドがないということだ．

これまでどおり，我々はこの関数がRパッケージの一部になるものだと想定する．この場合には XRcppExamples という名前のパッケージだ．このパッケージのセットアップステップでは，パッケージのソースディレクトリに対して適用される compileAttributes() 関数を呼び出す．この関数は "Rcpp::export" というコメントを見つけると後続の関数宣言をパースして，関数と引数の型と名前を取得する．

compileAttributes() はその情報を用いて2つのインターフェース関数をC++とRにおいて生成する．生成されるC++関数の型宣言は次のとおり．

```
SEXP XRcppExamples_convolveCpp(SEXP aSEXP, SEXP bSEXP);
```

パッケージ名とターゲット関数の名前が結合されてインターフェース関数の名前になる．

Rのインターフェース関数は，C++のターゲット関数に対するプロキシであり，通常は同一の関数名と引数リストを持つ．

```
convolveCpp <- function(a, b) {
    .Call("XRcppExamples_convolveCpp", PACKAGE = "XRcppExamples", a, b)
}
```

基本的インターフェースである .Call() の引数は生成されたC++の関数であり，その関数が今度はターゲット関数を呼び出す．生成されたRとC++のコードはすべて "R/RcppExports.R" と "src/RcppExports.cpp" というファイルに含まれている．

C++インターフェース関数は "SEXP" 型の引数から "NumericVector" 型のオブジェクトを構築する．それからターゲット関数を呼び出し，結果を "NumericVector" から "SEXP" に変換して返す．さらに乱数生成を同期させるステップがあるが，この例では関係ない．ただし，次の例では必須である．

データ変換の詳細については16.5節で考察する．

ひとつ大事なことを注意しておく．"NumericVector" への変換ではRオブジェクトがコピーされない（基盤となっている .Call() インターフェースでも同様である）．したがって，ターゲットとなるC++コードでは，明示的なコピーを行わずに引数の値を変更してはならない．そのような変更を行えば，呼び出し側の関数にあるRオブジェクトを破壊してしまう恐れがある．convolveCpp() における xab のように，代入はC++コード内で生成された局所的オブジェクトに対して行うべきである．

16.3.2 例：C++ ライブラリに対するインターフェース

convolve() の例は Rcpp の仕組みを示してはいるが，インターフェースを用いた本物のアプリケーションからは程遠い．本物のアプリケーションの例として，C++ ライブラリの v8 へと話を戻して，Jeroen Ooms が開発した V8 パッケージのインターフェースを見てみよう．この C++ ライブラリは JavaScript と通信するための有用なサブルーチンインターフェースを提供するものだ．

我々の本来の目標は，JavaScript に対して XR 的なインターフェースを構築することだった．R の参照クラスを JavaScript に対して特殊化するための鍵となる 2 つのメソッドは，

```
$ServerExpression(expr, ...)
$ServerEval(string, key, get)
```

である（13.5 節）．

$ServerExpression() はいくつかの R オブジェクト（"..." 引数）を含む式を受け取って，"..." 引数の各々を expr 内でサーバ言語の式と置き換える．第 13 章では JSON を用いてこれを行う手続きを述べた．JSON は JavaScript Object Notation（JavaScript オブジェクト記法）の頭字語であることを考えれば，この XR のメソッドは変更せずに引き継げると期待してよい．2 つめのメソッドに移ろう．

$ServerEval() に必要なのは，文字列として与えられるサーバ言語の式やコマンドをパースして評価することだ．計算結果の値がスカラーであれば R オブジェクトに変換して返し，そうでなければ特殊な key の値を持つプロキシを返すというのが XR の方針である．また，get によって値の変換を強制したり，値を無視させたりする．どの場合でも，例外が発生すれば条件オブジェクトが返される．

XRPython パッケージと XRJulia パッケージではサーバ言語側の関数でこの方針を実装しており，引数は R のメソッドと同一である．JavaScript インターフェースでも同様の設計に従うことになるだろう．この場合，R 側ではサーバ言語側の関数呼び出しを構築して評価する必要がある．

v8 ライブラリはどんな役に立つのだろうか？ このライブラリを使うプロセスは，JavaScript の式を評価するための仮想マシン（エンジン）を起動する．ただし実際の評価は多くのコンテキスト (context) のうちのひとつで行われる．context オブジェクトは実質的には名前空間であり，その中で式を評価したり，割り当てたものを記録したりアクセスしたりできるものである．

コンテキストが XR における評価器と類似しているのは明らかだ．JavaScript 評価器の $initialize() メソッドでは，C++ の関数呼び出しを通じてコンテキストオブジェクトを作成し，それ（へのポインタ）を評価器の context といった名前のフィールドに保持することになるだろう．

こうして，我々が最初にターゲットとすべき C++ の関数は，コンテキストを作成する

関数だということになる．V8 パッケージにはそのための関数がある．

```
// [[Rcpp::export]]
ctxptr make_context(bool set_console){
    ....
}
```

戻り値の型 "ctxptr" は，Rcpp の強力な機能であるパラメータ付きの型 "XPtr" を利用して，typedef で定義された型である．この型は，R の "externalptr" 型を利用して，R 側と相互に変換されるポインタを用意するが，C++ の参照が持つ実際のデータ型に関する情報も含んでいる．

make_context() に対するプロキシ関数を使えばコンテキストオブジェクトを作成できる．次のステップはコンテキストオブジェクトを使って，式の文字列を評価するために JavaScript に送信することだ．V8 パッケージにはそのための context_eval() という C++ 関数もある．

```
// [[Rcpp::export]]
std::string context_eval(std::string src,
       Rcpp::XPtr< v8::Persistent<v8::Context> > ctx) {

    .....

}
```

引数の src は評価すべき式を含む文字列であり，ctx はその中で評価を行うべきコンテキストオブジェクトだ．この関数は計算結果の値を表現する文字列を返す．string 型は C++ 標準ライブラリで定義されている．Rcpp はこれらの型を変換してくれる．コンテキスト用に明示的にパラメータ付けされた XPtr 型は，make_context() が返す ctxptr 型の変種である．型宣言については 16.5 節でさらに述べる．XPtr については 369 ページで述べる．

以上 2 つの C++ 関数に対する R のプロキシ関数があれば，我々の仮想的な XRJavaScript プロジェクトはうまく進んでいくだろう．この例はどれくらい典型的なものだろうか？

明らかに我々は，鍵となる C++ の 2 つのターゲット関数を実装した既存の V8 パッケージに「ただ乗り」した．C++ ライブラリの v8 だけから始めていたら，もっと多くの学習とプログラミングが必要だっただろう．それがどの程度のものか評価するには，V8 パッケージのソース [28] を見てみるとよい．

他のプロジェクトがどうなるかは運次第だ．とはいえ，Rcpp を用いた既存のパッケージが数百とあるので，読者が必要とするものに関連するパッケージが見つかると期待しても不合理ではない．

いずれにせよ，C++ プログラミングにおける課題は明確に定式化できる．すなわち，関連する計算を実行し，そのアプリケーションのプロジェクトで必要となる情報を含んだオ

ブジェクトへの参照を返す，ターゲット関数を定義することである．引数と計算結果のデータ型が Rcpp の取り扱う範囲に含まれていれば，R のプロキシ関数は自動的に作成できる．

16.4　C++ のクラス

　C++ は「クラスを備えた C」として始まり，そのカプセル化 OOP という性質は，この言語を使う多くのアプリケーションにとって中心的なものとなっている．C++ のクラスのフィールドとメソッドにアクセスするために R のプロキシクラスを定義することが可能だ．Rcpp パッケージの exposeClass() 関数は，指定した C++ のクラスに対してプロキシを定義するための，R と C++ のソースコードを構築する．プロキシ関数用の compileAttributes() と同じく，exposeClass() はセットアップステップで呼び出され，ファイルをアプリケーションパッケージのソースディレクトリに書き込む．compileAttributes() と異なるのは，クラスの詳細が C++ のソースから推測されるのではなく，exposeClass() の引数によって与えられるというところだ．

　プロキシクラスを定義するために必要な情報を判断するのは，プロキシ関数のときより難しい．ソースの構造はより一般的になるし，クラス定義が他のクラスを継承していることも多い．それらのクラスが他のライブラリからインポートされている場合もありうる．現在のプロキシクラスの仕組みでは，R のプロキシを作成すべきフィールドとメソッドを定義するために，exposeClass() を呼び出す必要がある．さらに，継承されたフィールドとメソッドについては，exposeClass() の呼び出しにおいて追加の情報が必要になる．

　まずは，C++ のクラス定義にクラス継承が含まれないと仮定しよう．exposeClass() の主な引数は，公開すべき C++ クラスの名前である class と，以下のものたちだ．

- fields，methods：利用可能にすべき C++ のフィールドとメソッドの名前
- constructors：利用可能にすべきコンストラクタ関数の引数の型を各要素に持つリスト
- header：大抵は，クラス定義を含むファイルに対する #include 命令を表す，1 つ以上の文字列
- readOnly：R 側からは書き込み不可にすべきフィールドの名前

exposeClass() を呼び出す際には，アプリケーションパッケージのソースディレクトリの最上層を作業ディレクトリに設定しておく必要がある．C++ と R のファイルがサブディレクトリの "src" と "R" に書き込まれるからだ．

　例として，16.2.1 項で定義した，進化する個体群のモデルを表現する "PopBD" クラスを見よう．このクラスにはフィールドが 4 つ，コンストラクタが 2 つ，そして evolve() というメソッドが 1 つある．このクラスが XRcppExamples パッケージにおいて定義されているとすれば，この C++ クラスのプロキシ版を作成するためのファイルは，次のようにして生成される．

```
> require(Rcpp)
Loading required package: Rcpp

> setwd("XRcppExamples")
> exposeClass("PopBD",
+         constructors =
+           list("", c("NumericVector", "NumericVector")),
+         fields = c("lineage", "size"),
+         methods = "evolve",
+         header = '#include "PopBD.h"',
+         readOnly = c("lineage", "size"))
Wrote C++ file "src/PopBDModule.cpp"
Wrote R file "R/PopBDClass.R"
```

exposeClass() の引数を C++ のクラス定義と比べてみよう．fields 引数と methods 引数は，このクラスの R 版で利用可能にすべき引数の名前を指定している．constructors 引数は，コンストラクタを利用可能にすべきシグネチャのリストである．1 つめのコンストラクタには引数がない．2 つめのコンストラクタは 2 つの引数を持ち，両方ともデータ型は NumericVector だ．

生成された C++ コードは当該クラスの定義を見つけ出す必要があるが，これは header 引数の役割である．この引数は，結果として得られる C++ ファイルに必要な追加行を表す文字ベクトルでなければならない．大抵はいまの場合のように，クラスを定義する 1 つ以上のヘッダファイルがコードにインクルードされる．exposeClass() 内の計算ではこれらのファイルは使用されないが，パッケージをインストールする際に C++ のコンパイルで必要になる．

1 つのメソッドを公開することで R 側から進化シミュレーションを駆動できるようになり，2 つの公開フィールドによって現在の状態が要約される．birth フィールドと death フィールドは R 側から渡される定数なので，このインターフェースではそれらを非公開にしている．公開される 2 つのフィールドは，R 側からの代入によって誤ってモデルを破壊してしまうのを防ぐため，読み込み専用にしてある．

パッケージ，この場合には XRcppExample のインストール時には C++ コードがコンパイルされてリンクされる．パッケージのロード時には，生成された R ファイルによって準備されたロードアクションにより，参照クラスとその生成関数，すなわち PopBD クラスと PopBD() 関数が，C++ のクラスへの適切なポインタとともに作成される．

この R のクラスは，C++ のクラスのコンストラクタ，メソッド，フィールドに対するプロキシを備えている．例として，このクラスに属するオブジェクトを生成しよう．個体数は 20 とし，10 個体ごとに別々の出生率を持たせる．

```
> birth <- rep(c(.04, .06), 10)
> death <- rep(.02, 20)
> p1 <- PopBD(birth, death)
```

```
> p1$size
[1] 20

> p1$evolve(100)
> table(birth[p1$lineage+1])
0.04 0.06
  72  351
```

初期状態のモデル個体群は引数が2つのコンストラクタを用いて作成した．コンストラクタと $evolve() メソッドはすべての計算をC++内で実行する．$evolve() の呼び出しには通常のRの数値を与えていることに注目してほしい．数値が適切に変換されるのだ．C++ の引数のデータ型は int だが，引数として 100L を与える必要はない．100 進化ステップ後には個体群が 20 倍まで成長しており，少しだけ「繁殖力が強い」ほうの個体が支配的になり始めていることがわかる．

exposeClass() が書き出した C++ ファイルは Rcpp モジュールを定義する．モジュールは，C++ クラスの特定のコンストラクタ，フィールド，メソッドを，Rからの呼び出しが可能な形で公開する．詳しくは Rcpp パッケージの rcpp-modules ビネットを見てほしい．exposeClass() が書き出した R ファイルはロードアクションの準備をするだけであり，ロードアクションで今度は loadRcppClass() が呼び出される．その結果，パッケージのロード時にそのパッケージの名前空間内に，C++ のクラスに対応する参照クラスが作成される．パッケージはこのクラスをエクスポートしてもよいし，しなくてもよいが，それはパッケージの "NAMESPACE" ファイル内にある export ディレクティブに応じて決まる．

Rcpp モジュールの仕組みを用いてクラスを公開しても，継承したメソッドやフィールドを直接扱えるわけではないが，関連するデータ型に関する情報が与えられていれば，exposeClass() によってそれらに対するインターフェースが作成される．明示的に定義されているメンバはフィールドやメソッドの名前だけで特定できるが，スーパークラスから継承されたメンバを指定するには，フィールド，戻り値，メソッド仮引数のデータ型を含めなければならない．大抵の場合は，exposeClass() 呼び出しの fields 引数と methods 引数に名前付きリストを与える．そのリストの名前付き要素が，対応する C++ のデータ型を指定する文字ベクトルとなる．

以前の "PopBD" クラスを拡張するクラスの例を見てみよう．

```
#include "PopBD.h"

class PopCount: public PopBD {

  public:
    PopCount(void);
    PopCount(NumericVector initBirth, NumericVector initDeath);

    std::vector<long> table();

};
```

新しいクラスでは table() というメソッドを 1 つ追加している．このメソッドは lineage の各要素に対して，現在の個体群に存在する個体数を数えるものだ（C++ ならとても簡単にできる）．

このクラスを R と共有することができるが，PopBD クラスで共有していた lineage フィールドは省略して，table() メソッドによる要約のほうを選ぶことにする（現実の個体群と同様，個体群サイズは指数関数的に増大する可能性があり，lineage もそれに応じて増大する．table() メソッドでは R とのデータ交換が一定のサイズに保たれる）．これに対応する exposeClass() 呼び出しを示そう．

```
> exposeClass("PopCount",
+     constructors =
+       list("", c("NumericVector", "NumericVector")),
+     fields = list(size = "std::vector<long>"),
+     methods = list(evolve = c("void", "int"), "table"),
+     header = '#include "PopCount.h"', readOnly = "size")
Wrote C++ file "src/PopCountModule.cpp"
Wrote R file "R/PopCountClass.R"
```

継承した size フィールドがそのデータ型とともに指定されており，やはり読み込み専用になっている．継承した evolve() メソッドは，戻り値の型（void）と，この場合には 1 つしかない引数の型（int）を伴って与えられている．table メソッドは直接定義したものであって継承したものではないので，与える必要があるのは名前だけである．

以前と同一のデータに対しては次のようになる．

```
> birth <- rep(c(.04, .06), 10)
> death <- rep(.02, 20)
> p1 <- PopCount(birth, death)
> p1$evolve(100)
> ## 2つの出生率に対する表を作成
> tbl <- matrix(p1$table(), nrow = 2)
> rowSums(tbl)
[1]  72 351
```

この個体群を進化させ続けると 311 世代後にはサイズが 100 万を超えるので，C++ の効率性が重要になってくるだろう．

このクラスの拡張や修正を行って実験するために，プロキシクラスを継承する参照クラスを定義して，メソッドやフィールドをオーバーライドすることができる．ただし注意してほしいのは，プロキシクラスは C++ コード由来の情報を使うために，ロードアクションを利用して定義されているということだ．7.3 節で概説したパッケージロードの諸段階においては，ロードアクションの実行よりも前に，動的にリンクされたライブラリがプロセス内へロードされる．

同一パッケージ内にあるプロキシクラスのサブクラスとなる通常の R の参照クラスは，

ロードアクションで setRefClass() を呼び出して定義する必要がある．このロードアクションは，exposeClass() が生成した R ファイルによる，プロキシクラス自体のロードアクションよりもあとに実行されなければならない．サブクラスをプロキシクラスと同一のパッケージ内で定義する場合には，明示的な Collate ディレクティブを用いるにせよ，アルファベット順によるにせよ，exposeClass() が生成したファイルよりもあとに来るソースファイルでサブクラスのロードアクションを設定する必要があるということだ．プロキシクラスのために生成された R ファイルはそのクラスの名前を持つ．たとえば前述の例の 2 つめであれば "PopCountClass.R" となる．

C++ のプロキシ関数用の compileAttributes() の仕組みや，第 14, 15 章のプロキシクラスのどちらと比較しても，exposeClass() の仕組み全体は我々が望むほど簡単ではない．XR について論じる際に触れたインターフェース設計者，アプリケーション設計者，そしてエンドユーザにとって必要な仕事からなる理想的なピラミッド構造の観点から見ると，exposeClass() の仕組みはピラミッドの中間層に重荷を負わせすぎている．

よりよい仕組みのためには，C++ コンパイラが実際にクラスを記述するために構築した情報にアクセスする必要があるだろう．C++ 自体の仕様にはこの目的にふさわしいメタデータオブジェクトがないからだ．R, Python, Julia にはメタデータがあり，我々はそれらをプロキシクラスを定義するために利用した．C++ コンパイラは複数存在するし，C++ 自体が発展し続けているので，このプロジェクトは困難である．しかし将来この線に沿った貢献がなされれば，R の拡張は促進されるだろう．

16.5 データ変換

Rcpp におけるデータ変換は，それが実質的にはすべてサーバ言語側でプログラムされているという点で，XR インターフェースとは異なっている．具体的には，型名でパラメータ付けられたテンプレートを用いて定義された 2 つの C++ 関数が利用される．

```
template <typename T> T as(SEXP x) ;
```

```
template <typename T> SEXP wrap(const T& object) ;
```

C++ の特定のデータ型が，C++ の関数やメソッド呼び出しの入力引数として，あるいは R 側から代入されるフィールドの型として出現する場合には，Rcpp が R オブジェクトを変換できるよう，適切にテンプレート付けされたバージョンの as() が利用できるようになっている必要がある．同様に，関数呼び出しの値や C++ オブジェクト内でアクセスされるフィールドを，特定のデータ型で返すためには，オブジェクトを R オブジェクトに変換できるようにテンプレート付けされたバージョンの wrap() が必要である．

テンプレートプログラミングが必要だといっても，見かけほど恐ろしいものではない．幅広いデータ型に対してこのような関数定義がすでに存在している．Rcpp 自体の中にもあるし，他のソフトウェアに対するインターフェースのために Rcpp を用いている多くの

パッケージの中にも存在する．さらに，Rcpp を利用するどんなパッケージでも，クラス定義に次の 2 つのことを付け加えれば，そのパッケージが所有するクラスを拡張することができる．

1. 当該クラスに対して，一般の R オブジェクト（SEXP 型）を引数として受け取るコンストラクタを提供すれば，汎用的バージョンの as() が動作するようになる．
2. 同様に，一般の R オブジェクトへの型変換演算子，すなわち operator SEXP のメソッドを実装して宣言することで，汎用の wrap() でそのクラスを処理することが可能になる．

当該パッケージが所有していないクラスを提供するためには，新たなデータ型をサポートできるように as() と wrap() を特殊化した定義を実装するテンプレートメタプログラミングが必要になる．その手続きは Rcpp パッケージの拡張に関するビネット [16] で解説されている．

Rcpp は頻出する型の多くをカバーしている．提供されているクラスをいくつか挙げよう．

- R のベクトルと行列に対応する C++ のクラス：これらには，"Vector" や "Matrix" の前に大文字から始まるデータ型名を付加した名前を付ける規約になっている．たとえば前述の関数内に現れる "NumericVector" である．ただし例外として，R の "list" ベクトル型に対しては "ListVector" ではなく "List" が用いられる．
- R のその他の基本データ型とクラスに対応する C++ のクラス：インターフェースで役に立ちそうなオブジェクトの多くが該当する．通常は，データ型（typeof() の値）の頭文字を大文字にした名前を付ける方式になっている．たとえば "name" クラスに対しては "Symbol" であり，言語クラスに対しては "Language" である．重要な例外としては R の関数に対する "Function" があり，Rcpp はこれを極めて効率的に処理する．
"Formula" のように，よく使われる S3 クラスも Rcpp にはいくつか含まれている．そうしたデータ型の中には C++ において比較的少数のメソッドしか持たないものもあるが，それでも型検査や引数の受け渡しには役立つ．
- C++ のベクトルクラスと，標準テンプレートライブラリに含まれるその他のクラス：標準ライブラリは様々な型のデータを含むベクトルに対して，テンプレート付けされたクラス群を定義している．これらの「ベクトル」とは，動的にサイズ変更可能な配列に，反復処理やその他の共通基本演算に対するメソッドを加えたものである．たとえば std::vector<double> は数値のベクトルだ．Rcpp はこうしたオブジェクトを，数値ベクトルとして解釈可能な R オブジェクトと相互に変換する．

CRAN や他の場所では，Rcpp に依存する数百ものパッケージによって，さらに多くクラスが提供されている．

特定のデータ型に対するポインタとなっているオブジェクトは，XPtr<T> というパ

ラメータ付きの型を用いて宣言することができる．R にはポインタや参照一般を保持するための "externalptr" 型があるが，この型のオブジェクトは自分が何を参照しているのかに関する情報を持たない．Rcpp のテンプレート型 XPtr<T> は "externalptr" との相互変換が可能であり，参照先のオブジェクトの型 T に特化した計算を C++ コードで実行することができる．実際にはテンプレート付きのコードで 3 つのパラメータを用いる．型，ストレージスコープ，そして，参照先のオブジェクトが削除される際に呼び出されるファイナライザである．どんな場合でも，R へ返されるオブジェクトの型とクラスは "externalptr" であり，パラメータ付きの形式に関する情報は R 側では一切取得できない．

通常の R オブジェクトと相互に変換されるデータ型，とりわけベクトルについては，オブジェクトの一部を上書きする際に注意が必要だ．一般に，C++ インターフェースや .Call() インターフェースは R のベクトルに対する参照をコピーしない．"NumericVector" などの基本的な型では，R オブジェクトが破壊されないよう保証するために，要素を修正する前に copy() を使用する必要がある．ベクトル的なデータを保持できる C++ の他の型では，データをコピーせずに上書きする前に慎重に確認したほうがよい．

参考文献

[1] J.J. Allaire, Dirk Eddelbuettel, and Romain François. *Rcpp Attributes*. Vignette in the `Rcpp` package.

[2] Richard A. Becker and John M. Chambers. GR-Z: A system of graphical subroutines for data analysis. In *Proc. 9th Interface Symp. Computer Science and Statistics*, 1976.

[3] Richard A. Becker and John M. Chambers. *S: An Interactive Environment for Data Analysis and Graphics*. Wadsworth, Belmont CA, 1984.（渋谷政昭・柴田里程（訳）．Sシステム：UNIX上のデータ解析とグラフィックスのための対話型環境．共立出版，1987.）

[4] Richard A. Becker and John M. Chambers. *Extending the S System*. Wadsworth, Belmont CA, 1985.

[5] Richard A. Becker, John M. Chambers, and Allan R. Wilks. *The New S Language*. Chapman & Hall, Boca Raton, FL, 1988.（渋谷政昭・柴田里程（訳）．S言語：データ解析とグラフィックスのためのプログラミング環境．共立出版，1991.）

[6] Carlos J. Gil Bellosta. *rPython: Package allowing R to call Python*. R package https://CRAN.R-project.org/package=rPython.

[7] Matthias Burger, Klaus Juenemann, and Thomas Koenig. *RUnit: R Unit Test Framework*, 2015. R package https://CRAN.R-project.org/package=RUnit.

[8] John M. Chambers. *Computational Methods for Data Analysis*. John Wiley and Sons, New York, 1977.

[9] John M. Chambers. Interface for a Quantitative Programming Environment. In *Comp. Sci. and Stat., Proc. 19th Symp. on the Interface*, pages 280–286, March 1987.

[10] John M. Chambers. *Programming with Data: A Guide to the S Language*. Springer, New York, 1998.

[11] John M. Chambers. *Software for Data Analysis: Programming with R*. Springer, New York, 2008.

[12] John M. Chambers and Trevor Hastie, editors. *Statistical Models in S*. Chapman & Hall, Boca Raton, FL, 1992.（柴田里程（訳）．Sと統計モデル：データ科学の新しい波．共立出版，1994.）

[13] Winston Chang. *R6: Classes with reference semantics*. R package https://CRAN.R-project.org/package=R6.

[14] Wilfrid R. Dixon, editor. *BMDP Statistical Software*. University of California Press, 1983.

[15] Dirk Eddelbuettel. *High Performance and Parallel Computing*. `http://cran.r-project.org/web/views/HighPerformanceComputing.html`.

[16] Dirk Eddelbuettel and Romain François. *Extending Rcpp*. Vignette in the `Rcpp` package.

[17] Michael Fogus. *Functional JavaScript: Introducing Functional Programming with Underscore.js*. O'Reilly Media, 2014.

[18] HaskellR. *Programming R in Haskell*. URL `http://tweag.github.io/HaskellR/`.

[19] James Honaker, Gary King, and Matthew Blackwell. Amelia II: A program for missing data. *Journal of Statistical Software*, 45(7):1–47, 2011. URL `http://www.jstatsoft.org/v45/i07/`.

[20] Jeffrey Horner. *Rook: Rook-a web server interface for R*. R package `https://CRAN.R-project.org/package=Rook`.

[21] *SOAP II-Symbolic Optimal Assembly Program for the IBM 650 Data Processing System*. IBM, 1957. `http://bitsavers.trailing-edge.com/pdf/ibm/650/24-4000-0_SOAPII.pdf`.

[22] Ross Ihaka. *R : Past and Future History*, 1998. (draft for Interface Symp. Computer Science and Statistics): `https://cran.r-project.org/doc/html/interface98-paper/paper.html`.

[23] Ross Ihaka and Robert Gentleman. R: A language for data analysis and graphics. *Journal of Computational and Graphical Statistics*, 5: 299–314, 1996.

[24] Kenneth E. Iverson. *A Programming Language*. Wiley, 1962.

[25] Jessica Lanford(ed.), Spencer Aiello, Eric Eckstrand, Anqi Fu, Mark Landry, and Patrick Aboyoun. *Machine Learning with R and H2O*. `www.h2o.ai/resources`.

[26] C. Lattner and V. Adve. Llvm: A compilation framework for lifelong program analysis and transformation. In *Proc. of the 2004 International Symposium on Code Generation and Optimization (CGO'04)*, page 75– 88, San Jose, CA, USA, 2004. `http://llvm.org/`.

[27] Deborah Nolan and Duncan Temple Lang. *XML and Web Technologies for Data Sciences with R*. Springer, New York, 2014.

[28] Jeroen Ooms. *V8: Embedded JavaScript Engine*. R package `https://CRAN.R-project.org/package=V8`.

[29] Jeroen Ooms. *The jsonlite Package: A Practical and Consistent Mapping Between JSON Data and R Objects*. `http://arxiv.org/abs/1403.2805` [stat.CO], 2014.

[30] R Special Interest Group on Databases. *DBI: R Database Interface*. R package `https://CRAN.R-project.org/package=DBI`.

[31] rpy2. *R in Python*. URL `https://rpy2.bitbucket.io/`.

[32] Andrew Shalit. *The Dylan Reference Manual*. Addison-Wesley Developers Press, Reading, MA, 1996.

[33] Duncan Temple Lang. Compiling code in R with LLVM. *Statistical Science*, 29(2):181–200, 2014.

[34] Luke Tierney. Name Space Management for R. *R News*, 3(1):2–6, June 2003.

[35] Luke Tierney. A Byte Code Compiler for R. Technical report, University of Iowa, October 2014. URL `http://homepage.stat.uiowa.edu/~luke/R/compiler/compiler.pdf`.

[36] Hadley Wickham. *Advanced R*. Chapman & Hall/CRC, 2014.（石田基広・市川太祐・高柳慎一・福島真太朗（訳）．R言語徹底解説．共立出版，2016．）

[37] Hadley Wickham. *R Packages*. O'Reilly, 2015.（瀬戸山雅人・石井弓美子・古畠敦（訳）．Rパッケージ開発入門：テスト，文書化，コード共有の手法を学ぶ．オライリー・ジャパン，2016．）

[38] Hadley Wickham, Peter Danenberg, and Manuel Eugster. *roxygen2: In-Source Documentation for R*, . R package `https://CRAN.R-project.org/package=roxygen2`.

[39] Hadley Wickham, David A. James, and Seth Falcon. *RSQLite: SQLite Interface for R*. R package `https://CRAN.R-project.org/package=RSQLite`.

訳者あとがき

　本書は，John M. Chambers, "*Extending R*", CRC Press, 2016 の全訳です．現在，著者の Chambers 氏はスタンフォード大学統計学部の特任教授 (adjunct professor) ですが，何といっても R の前身である S の創始者として著名であり，また，R の開発の中心である R core チームの一員でもあります．Chambers 氏は S と R に関して多数の書籍も執筆しており，S に関する書籍はほぼ邦訳されていますが，R をテーマとする書籍としては本書が初の邦訳となります．

　本書は前著『データ分析のためのソフトウェア：R によるプログラミング（原題：*Software for Data Analysis: Programming with R*）』([11]，未邦訳）に続いて，R の「拡張」をテーマとして R プログラミングについて解説したものです．関数型プログラミングやオブジェクト指向から他言語へのインターフェースまで，言語の創始者，開発者自身が歴史や設計思想を含めて R の拡張について語った本書には，貴重な情報が数多く含まれており，R で本格的な開発をしたい方や言語としての R に関心がある方にとっては興味深い本だと言えます．

　ただし，本書は決して読みやすい本ではありません．また，すぐに使えるサンプルコードが多く含まれているというタイプの技術書でもありません．言語としての R にまだ馴染みが薄い方や，これからパッケージを作りたいという方には，むしろ本書でも参照されている Hadley Wickham 氏の『R 言語徹底解説』[36] や『R パッケージ開発入門』[37] をお勧めします．これらの後に本書を読めば，R についてより深く多面的な理解が得られるでしょう．

　本書の第 I 部，第 II 部は R の概要と歴史，そして R プログラミングのための基本的な構成要素（関数，オブジェクト，パッケージ）の解説です．本書冒頭で掲げられる三原則（OBJECT 原則，FUNCTION 原則，INTERFACE 原則）を意識して R を見直すことで，すでに R をかなり使っている方であっても新しい観点が得られるのではないでしょうか．また，著者の目を通じて語られるデータ分析とコンピュータの発展の歴史も興味深いものです．

　第 III 部と第 IV 部が本書の中心であり，それぞれオブジェクト指向プログラミング (OOP) と他言語インターフェースの解説です．R は高度な OOP の仕組み (S4, RC) を備えていますが，体系的な説明がなされたドキュメントは多くありません．第 III 部は R の

OOPの開発者自身による解説であり，多数あるRのOOPのうちどれを使うべきかを読者が比較検討するための助けになるでしょう．

Rには他の言語やシステムの機能を簡単に利用できるパッケージが多数存在し，読者もインターフェースの存在を意識すらせずに利用しているかもしれません．しかしそれらパッケージの存在もRの拡張性とインターフェースの開発者あってこそです．第IV部では著者自身によるXRという新しいインターフェースパッケージ開発の試みを通じて，他言語へのインターフェースの設計，開発にあたって考えるべき事柄が論じられています．自分でインターフェースを作りたいという方にとって参考になるのはもちろん，インターフェースのユーザにとっても自分が使うものの内部構造をある程度知っておくことは有用でしょう．

翻訳にあたっては，原著のわかりにくいと思われる点に訳者が説明的に言葉を補った点が少なくありませんが，技術書，実用書としての性格を考え，特に補足箇所を明示していません．また，本書翻訳時点でのPython，Juliaの最新版はそれぞれ3.7.2と1.1.0ですが，残念ながら本書で扱われるXRPythonパッケージはPython 2系，XRJuliaパッケージはJulia 0.6系までしか対応していないため，読者の環境では本書の結果が再現できない場合があることにご留意ください．

最後になりますが，株式会社ホクソエムの市川太祐，高柳慎一，牧山幸史の各氏には，本書翻訳の機会を頂くとともに，監訳として本書全体をレビューしていただきました．また，igjit氏にも本書の一部をレビューいただき，貴重なコメントを頂戴しました．本書の編集は共立出版株式会社の菅沼正裕氏が担当されました．以上の方々に記して感謝いたします．

2019年2月

訳者

索引

【記号・欧文】

$AsServerObject() メソッド　276, 298
$Call() メソッド　276, 291, 339
$callSuper() 関数　147
$Command() メソッド　337
$Define() メソッド　322
$Eval() メソッド　274, 275, 277, 282,
　　287–289, 298, 317, 337–339, 342
$field() メソッド　234
$fields() メソッド　227
$Get() メソッド　288, 317, 338, 350
$help() メソッド　237
$Import() メソッド　287, 325
$initialize() メソッド　147, 186, 227,
　　240–242
$lock() メソッド　232, 238
$MethodCall() メソッド　276
$methods() メソッド
　　カプセル化クラスに対する——　137,
　　146, 227, 228, 237
$ProxyName() メソッド　288
$Remove() メソッド　289
$Send() メソッド　317, 338
$Serialize() メソッド　289, 290, 318
$ServerClassDef() メソッド　293, 294
$ServerEval() メソッド　282–284, 286,
　　288, 298, 313
$ServerExpression() メソッド　282, 283,
　　286, 288
$ServerFunctionDef() メソッド　293
$ServerSerialize() メソッド　289
$ServerUnserialize() メソッド　289

$Shell() メソッド　280, 322
$show() メソッド　239
$Source() メソッド　287, 322, 341
$trace() メソッド　240
$Unserialize() メソッド　289, 290, 319
.C() インターフェース　87, 88
.Call() 関数　52, 54–56, 87, 359
.Fortran() インターフェース　88

【A】

APL　23, 27
args() 関数　52
as.call() 関数　83, 84
as.list() 関数　83, 84
asRObject() 関数 → インターフェースを
　　参照
asServerObject() 関数 → インターフェース
　　を参照

【B】

BMDP　18

【C】

callAsList() 関数　85, 86
callNextMethod() 関数　145
codetools パッケージ　84, 85
convolve() 関数 → 例を参照
CRAN　128–131

【D】

DBI パッケージ　255

索引　377

Dylan　15

【E】

eval() 関数　58
Excel　254, 264

【F】

Fortran　20, 21, 25, 26, 47, 48
　　　——ライブラリ　23–25

【G】

getClass() 関数　152
GitHub　130, 131

【H】

h2o　255
Haskell　12, 254

【I】

IBM 650　19
IBM シーケンスコントロール計算機　19

【J】

Java　161, 254, 260, 261
JavaScript　13, 254
JSON（JavaScript オブジェクト記法）
　　　204, 205, 254, 262, 298–302,
　　　304–307, 362
　　特殊な R のクラスに対する——　304
　　——で表現可能な対象　298–300
jsonlite パッケージ　255
Julia　15
Jupyter　255, 279

【L】

Lisp　7, 8, 29, 34, 83, 90, 101, 103, 107

【M】

makeImports() 関数　122
method.skeleton() 関数　161, 162

Multics　25

【N】

"NAMESPACE" ファイル　50, 72, 118–123,
　　　125, 218, 366
numpy　262

【O】

options() 関数
　　　——と関数型プログラミング　73

【P】

Python　236, 237, 254, 255, 258, 259,
　　　262, 289 → 第 14 章も参照
　　インターフェース用クラス　328

【Q】

QPE　31
quote() 関数　52

【R】

R core　34
R6 パッケージ　215
rapply() 関数　85
rJava パッケージ　255, 260, 261
rjson パッケージ　255
RJSONIO パッケージ　255
rJython パッケージ　255, 260
rnorm() 関数　52
RODBC パッケージ　255
rPython パッケージ　255, 260, 261
RSPerl パッケージ　255
R のマニュアル
　　R の拡張を書く　67, 88, 90, 92, 96,
　　　101, 106, 114–116, 120, 121, 256
R ユーザグループ　viii

【S】

S-Plus　33
SAS　18

selectMethod() 関数　152
setClass() 関数　140–143, 153–155
setGeneric() 関数　145, 163–167, 194–199
setMethod() 関数　144–146, 160–164
setRefClass() 関数　140–143, 225–227, 243
setValidity() 関数　187
shakespeare パッケージ → 例を参照
showMethods() 関数　152
Simula　37, 38
SQL　255

【T】

tools パッケージ　118
tracemem() 関数　79–81, 105
typeAndClass() 関数　52

【U】

UNIX　27

【V】

V8 パッケージ　255, 260, 262

【W】

walkCode() 関数　84, 85

【X】

XML　254, 255, 262, 264
　　Python インターフェース　328, 329
XR パッケージ　117, 177, 195, 203, 204, 244 → 第13章も参照
XRJulia パッケージ　205, 210, 245, 255, 311 → 第15章も参照
XRPython パッケージ　204, 228, 245, 255, 311 → 第14章も参照
XRtools パッケージ　viii, 50, 203, 220

【ア行】

青本　31
アルゴリズム　24, 25

インストール済みパッケージ　115
インターフェース言語　27–30, 32
インターフェース → データ変換および1.4節, 3.3節, 第IV部も参照
　　asRObject() メソッド　144, 145, 195, 204, 206, 208, 310, 313, 353
　　asServerObject() メソッド　167, 195, 204, 205, 209, 245, 283, 304, 307–310, 352
　　内部的――　55–56, 87–90
　　何に対する――か？　255–257
　　任意のRオブジェクトに対する――　300–302
　　任意のサーバ言語オブジェクトに対する――　300–303
　　――の実装　255–257
　　――パッケージに対する要件　116–118
　　プリミティブ関数と内部的関数　87–90
　　プロキシオブジェクト　287–290
　　プロキシ関数　291–292
　　プロキシクラス　292–293
　　例外を返す――　312–313
オブジェクト　5 → 1.2節, 3.1節, 第6章も参照
　　――の型　99–103, 106, 107
　　――のガベージコレクション　105
　　――の複製　105–108
オブジェクト管理　105–108
オブジェクト指向プログラミング → 1.6節, 2.5節, 第III部も参照
　　SとRにおける――の歴史　41–43
　　基本概念　14–16
　　歴史と発展　36–40
オブジェクトベース計算
　　基本概念　5–7
　　言語オブジェクト　81–87
　　――とOOPの比較　14, 41

【カ行】

科学技術計算　18, 21, 23
カプセル化OOP
　　$initialize() メソッド　240–242

$methods() メソッド　228
Rと他言語の比較　221–223
Rにおける参照クラスの使用　223–225
　setRefClass()　225–227
　関数型メソッド　244
　継承　227–228
　　　他のパッケージからの——, 228, 242–244
　フィールド　231–236
　　　——の代入, 237
　メソッド　236–244
　　　外部——, 242–244
　　　デバッグ, 239–240
　　　ドキュメント, 237
環境
　Rにおけるオブジェクト参照　48
　クラスのデータ部分としての—— 183–185
　使用上の注意　108
　——と名前付きリストとの違い　108, 264
　——による参照クラスの実装　223
関数 → 第5章と3.2節も参照
　——呼び出し　7, 51–55
　　　——オブジェクト, 51, 52
　総称—— → 総称関数を参照
関数型OOP　14–16
　callNextMethod()　212–214
　initialize() メソッド　186–188
　Juliaにおける——　335, 336
　method.skeleton()　161, 162
　setClass()　153–155
　setMethod()　160
　仮想クラス　176–180
　基本データ型　180–185
　クラス継承　170–175
　クラスユニオン　176–180, 182
　異なる引数を持つメソッド　161, 195
　スロット　155–158
　総称関数オブジェクト　191
　総称関数のシグネチャ　198–199
　妥当性検証メソッド　187, 188

データ部分　181–184
　——における参照オブジェクト 188–191
　——における接続オブジェクト　189
　プリミティブ関数に対する—— 180–181
　メソッド選択　200, 211
関数型オブジェクトベース計算　5
関数型計算　8
関数型プログラミング → 1.5節, 5.1節も参照
　Rの関数に対する要件　72, 73
　副作用の回避　74
木の巡回　84–87
局所的代入　76–77
組み込み型　282
クラス
　仮想——　143, 176–180
　——継承　158, 159
グレゴリオ暦　35
計算効率　10, 90–92, 265–267
形式的クラス　58
言語オブジェクト　81–87, 101
検索パス
　サーバ言語の——　280, 281
検索リスト　49, 50, 126–127
個体群モデル → 例を参照

【サ行】

サブルーチン
　——ライブラリ　25, 26
参照
　Javaにおける　261
　Rにおける　48–51, 108
参照オブジェクト → 第11章も参照
　使用上の注意　108–111, 139, 188–191
　——の型　101
参照クラス
　——のフィールド　231–236
　——のメソッド　236–249
シグネチャ　15

辞書　263
（Rの例外処理における）条件　284
条件式　7
条件ハンドリング　313
ステートレス（状態なし）　12
スプレッドシート　5
生成関数　39
接続　44
接続型（インターフェース）　282
線形モデル
　　　BMDPにおける――　18
　　　Fortranにおける――　26, 89
　　　――オブジェクトのクラス　29, 37, 109
　　　最初のバージョンのSにおける――　27
　　　――のアルゴリズム　24
　　　――の形式的クラス定義　146–147
選択的型付け　156
総称関数　15, 144–146, 151, 152, 160, 163–167, 191–199
　　　暗黙的――　152, 194–195
　　　グループ――　207
　　　非標準――　200
（Rにおける）属性　103–104

【タ行】

代入　9
単純参照　76
単純名　126
遅延評価　53, 110
　　　――とメソッド選択　200
遅延ロード　119
置換関数　76–79
置換式　75–77
抽出関数　77
直接のスーパークラス　179
ディレクティブ　50
データフレーム → 例を参照
データベース管理システム　43, 254
データ変換
　　　C++　368–370
　　　JSON　299, 306–307

Juliaの複合型　349
Juliaのベクトルと配列　346–349
Pythonのベクトル　332
行列と配列　262
欠損値　263, 332
スカラーとベクトル　262, 332
　　　――のためのメソッド　297–298, 303, 304, 307, 308
ベクトル型　262, 311
適格（メソッド）　207
手続き型モデル　23, 51, 88
デパース　306
統計モデル
　　　――とOOP　33, 41, 42
　　　――と白本　33

【ナ行】

名前空間　6
名前付きリスト　100

【ハ行】

バイトコンパイル　91, 95, 119
配列
　　　Fortranにおける――　21, 26
　　　Sにおける――　28
　　　――の "dim" 属性　103
パッケージ → 第7章も参照
　　　インストール　118–120
　　　――からの関数のインポート　122–123
　　　基本インターフェース用――　253–255
　　　コンパイル済みサブルーチン　125–126
　　　参照クラスを継承する――　227–228, 238–239
　　　セットアップステップ　116–118, 124, 296, 297
　　　――におけるクラスとメソッド　167–168, 191–193, 203, 204
　　　――のドキュメント　117
　　　――の配布　127–131
　　　――のファイルの場所　257, 258
　　　ロード　120–124, 168–169

ロードアクション 123–124, 294, 295
パラメータ付き 345
評価
　　トップレベルにおける―― 58
　　――の仕組み 56–59
評価器 56–59
複合型 294
プリミティブ関数 11, 52, 80, 89, 101, 102
　　置換のストレージ効率 79–81
プロキシオブジェクト → インターフェース
　　を参照
プロキシ関数 → インターフェースを参照
プロキシクラス → インターフェースを参照
プロパティ 6
プロミスオブジェクト 52–54
変更不可能 147
方針 4
本体 12

【マ行】

ミックスイン 171
メソッド → 第10章，第11章，9.4節も参照
　　Juliaにおける―― 342–344
　　――の骨格の定義 146
メソッド選択 169, 193, 200, 211
　　coerce()に対する非標準的――
　　　210–211
　　S3メソッドにおける―― 217–220
　　曖昧な―― 209
　　グループ総称関数と―― 207
　　総称関数内の――テーブル 206
モデルフレーム 217

【ヤ行】

優先的（メソッド） 207

【ラ行】

例
　　convolve()関数 11, 40, 92–97, 266,
　　　360–361
　　"data.frame" 140, 143, 170–175,
　　　230, 248, 265, 351
　　shakespeareパッケージ 258, 296,
　　　297, 327–330
　　個体群モデル 38, 149, 357, 358
　　線形モデル 12, 26, 27, 39, 109, 148
　　バードウォッチング vii, 265
ロードアクション → パッケージを参照

【ワ行】

割り当て 9

【著者紹介】
John M. Chambers

現在，スタンフォード大学統計学部特任教授 (adjunct professor)．ベル研究所に長らく所属し，統計計算の分野において現代のデータサイエンスにつながる多くの業績がある．特に R の前身となった S の開発者として著名．S システムによってデータの分析，可視化，操作の方法を革新した業績で 1998 年 ACM ソフトウェアシステム賞受賞．9 冊の著書，共著書がある．

【訳者紹介】
中村道宏（なかむら みちひろ）

東京大学大学院総合文化研究科広域科学専攻修士課程修了．
現在は株式会社金融エンジニアリング・グループに勤務．データ分析に基づくコンサルティングや事業開発，技術開発等に従事．

【監訳者紹介】
株式会社ホクソエム

機械学習とデータ分析を使って，みんなが笑って暮らせる社会を作ることを目的としてリブートした分散型人工知能リーディングイノベーションカンパニー．社員の技術力の高さには定評があり，執筆，翻訳，技術顧問，受託分析，研究開発，セミナーを主なサービスとしている．『R プログラミング本格入門』（監訳，共立出版，2017），『前処理大全』（監修，技術評論社，2018），『機械学習のための特徴量エンジニアリング』（翻訳，オライリー・ジャパン，2019）．会社ホームページ：https://hoxo-m.com

プロフェッショナル R	著　者　John M. Chambers（チェンバース）
―関数型プログラミング，オブジェクト指向， 他言語インターフェースによる拡張―	訳　者　中村道宏　　　ⓒ 2019
（原題：*Extending R*）	監訳者　株式会社ホクソエム
	発行者　南條光章
2019 年 4 月 25 日　初版 1 刷発行	発行所　共立出版株式会社 〒112-0006 東京都文京区小日向 4-6-19 電話番号 03-3947-2511（代表） 振替口座 00110-2-57035 URL www.kyoritsu-pub.co.jp
	印　刷　啓文堂
	製　本　加藤製本
検印廃止 NDC 007.64, 417	一般社団法人 自然科学書協会 会員
ISBN 978-4-320-12448-6	Printed in Japan

JCOPY ＜出版者著作権管理機構委託出版物＞

本書の無断複製は著作権法上での例外を除き禁じられています．複製される場合は，そのつど事前に，
出版者著作権管理機構（TEL：03-5244-5088，FAX：03-5244-5089，e-mail：info@jcopy.or.jp）の
許諾を得てください．

R言語徹底解説

Hadley Wickham［著］
石田基広・市川太祐・高柳慎一・福島真太朗［訳］
A5判・532頁・定価（本体5,400円＋税）・ISBN978-4-320-12393-9

Rプログラミングの決定版!!

Rパッケージ作者として有名な著者によるR言語の解説書。ここでは著者自身の10年を越えるプログラミング経験にもとづき，関数や環境，遅延評価など，ユーザが躓きやすいポイントについて丁寧に説明されている。本書を通じて，読者はコードをコピペする受動的なユーザから能動的なプログラマへと変貌を遂げることができる。またPythonやC++などのプログラマであれば，本書一冊でRの基本構造をマスターできるだけでなく，自身のスキルを高めるヒントを得られるだろう。

CONTENTS

1 導入
本書が想定する読者層／メタテクニック／他

第Ⅰ部　基本編

2 データ構造
ベクトル／属性／行列および配列／クイズの解答／他

3 データ抽出
データ抽出の型／データ抽出演算子／応用例／他

4 ボキャブラリ
基本的な関数群／よく使われるデータ構造／他

5 コーディングスタイルガイド
表記および命名／文法／コードの構造化

6 関数
関数の構成要素／レキシカルスコープ／他

7 オブジェクト指向実践ガイド
基本型／S3／S4／RC／他

8 環境
環境の基礎／環境の再帰／関数の環境／他

9 デバッギング，条件ハンドリング，防御的プログラミング
デバッグ技法／デバッグのツール／他

第Ⅱ部　関数型プログラミング

10 関数型プログラミング
モチベーション／無名関数／クロージャ／他

11 汎関数
初めての汎関数：lapply()／リストの操作／他

12 関数演算子
挙動に関わるFO／出力に関わるFO／他

第Ⅲ部　言語オブジェクトに対する計算

13 非標準評価
表現式の捕捉／subset()における非標準評価／他

14 表現式
表現式の構造／名前／呼び出し／ペアリスト／他

15 ドメイン特化言語
HTML／LaTeX

第Ⅳ部　パフォーマンス

16 パフォーマンス
Rはなぜ遅いか／マイクロベンチマーキング／他

17 コードの最適化
パフォーマンスの測定／パフォーマンスの改善／他

18 メモリ
オブジェクトのサイズ／即時修正／他

19 Rcppパッケージを用いたハイパフォーマンスな関数
C++を始めよう／属性とその他のクラス／欠損値／他

20 RとC言語のインターフェイス
RからC言語の関数を呼び出す／ペアリスト／他

（価格は変更される場合がございます）

https://www.kyoritsu-pub.co.jp/　共立出版

公式Facebook https://www.facebook.com/kyoritsu.pub